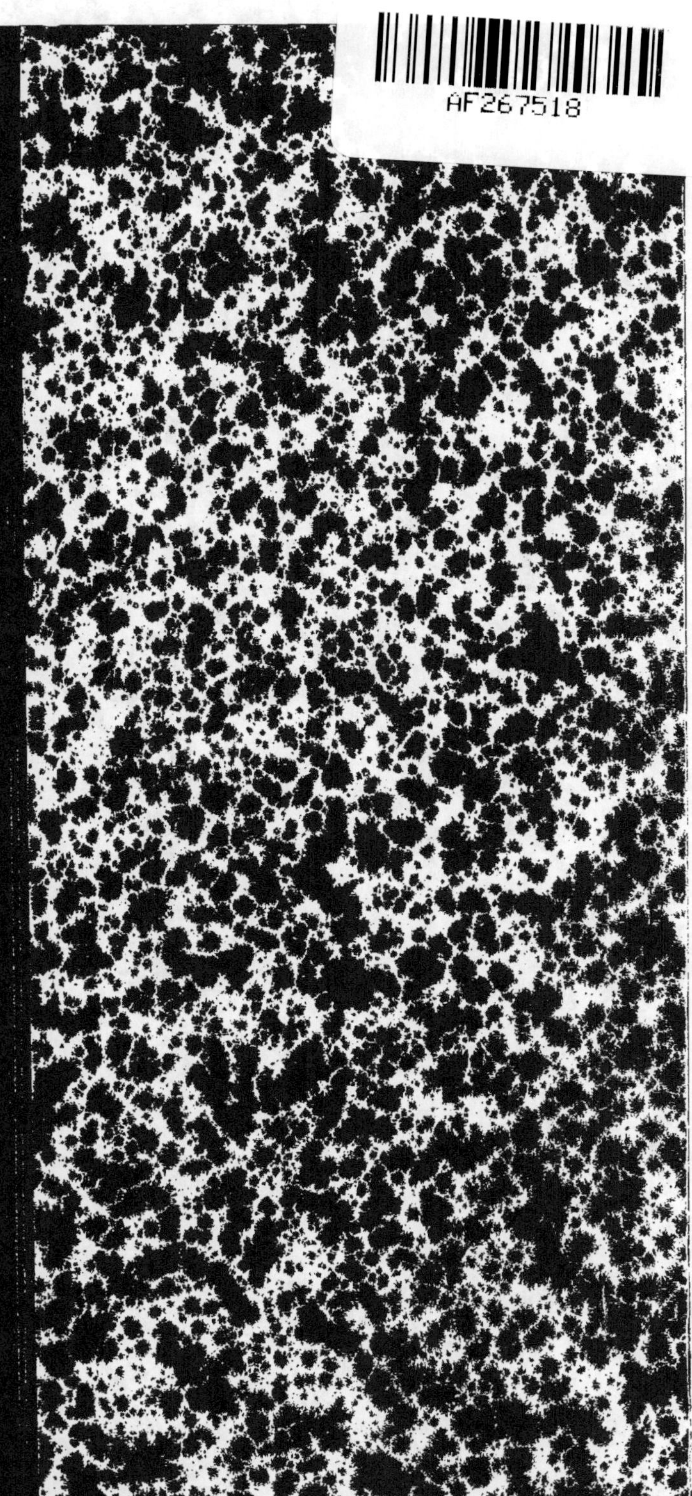

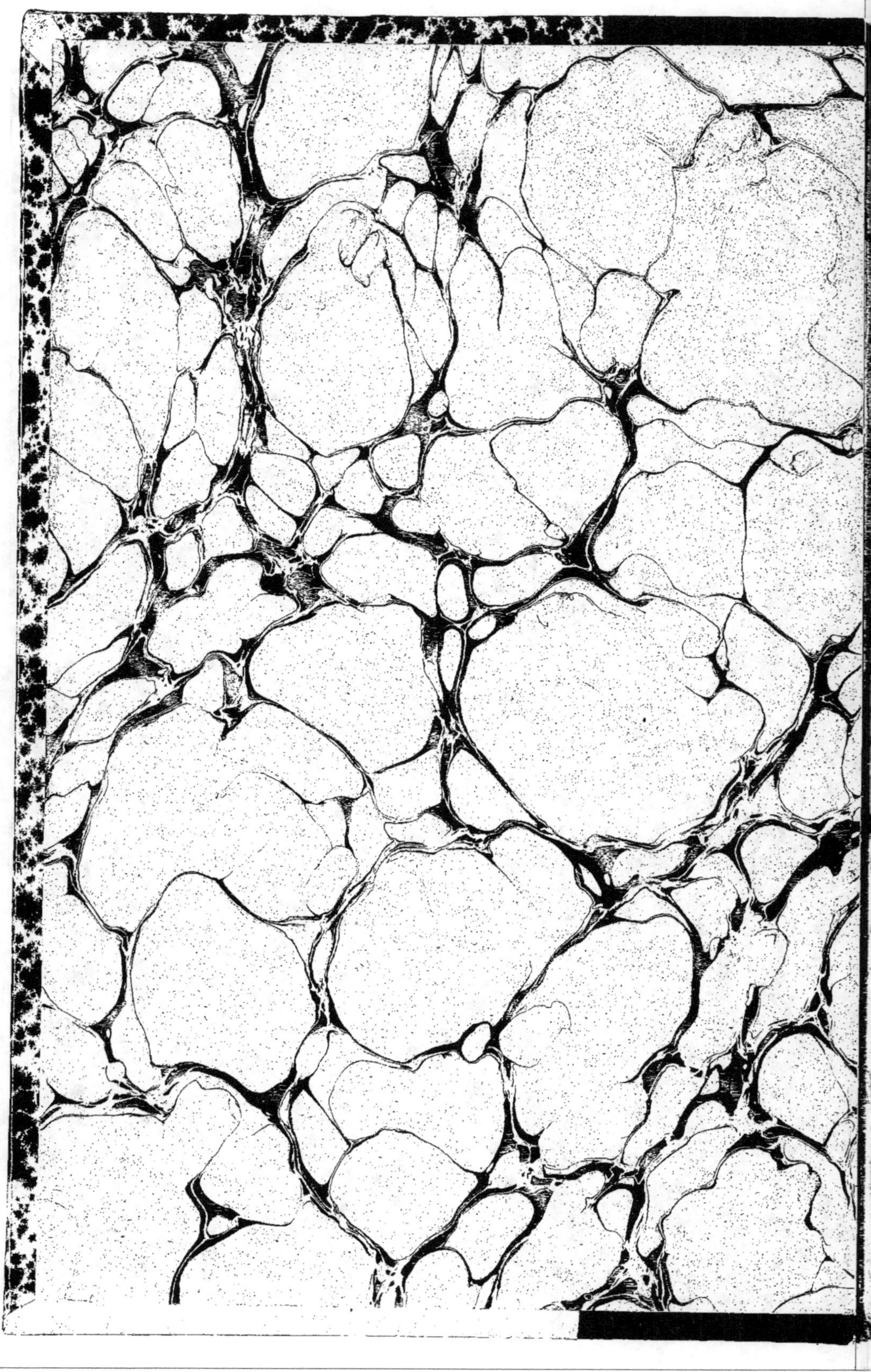

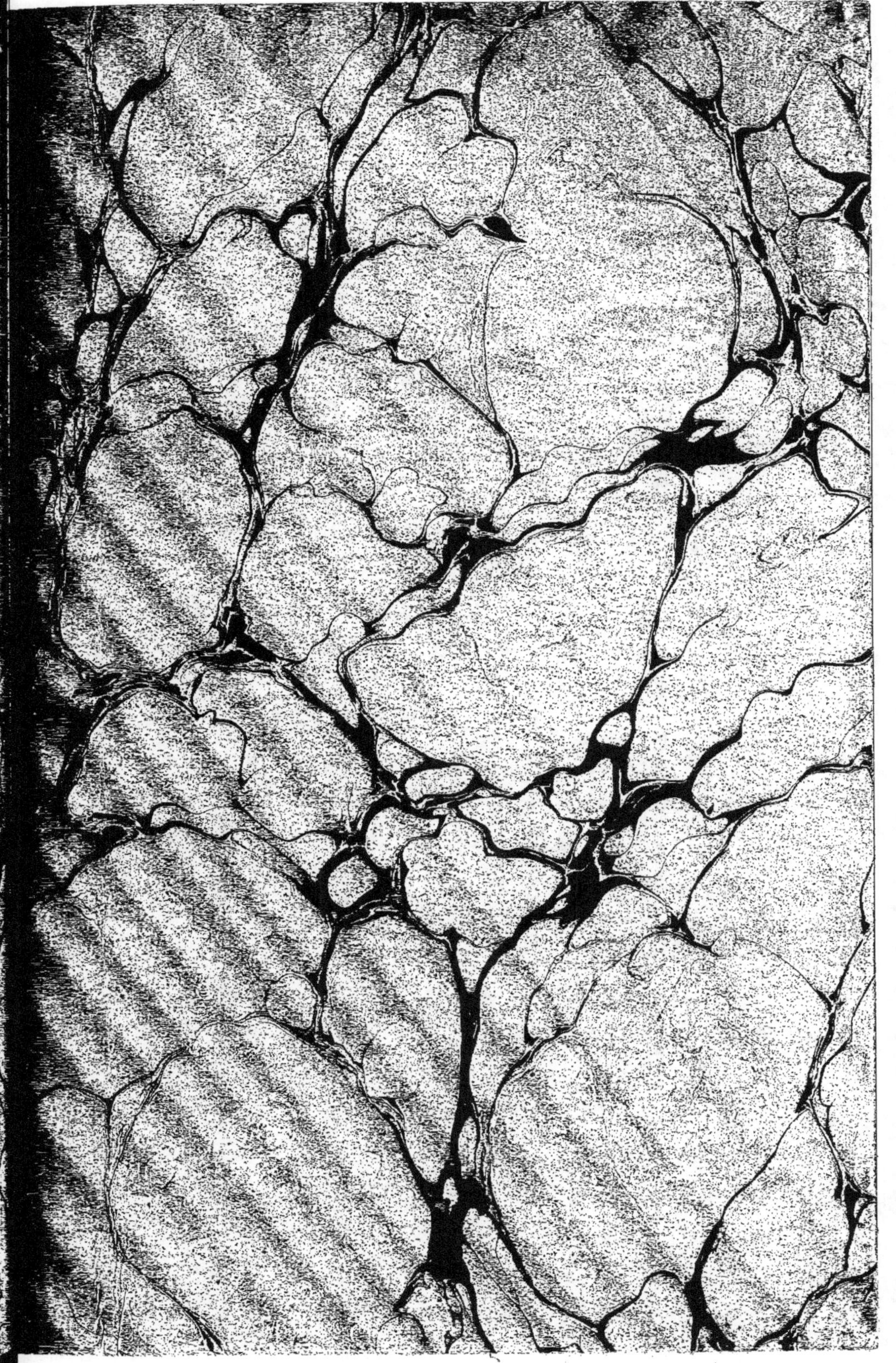

JOLEAUD

Étude Géologique

de la

Chaîne Numidique

et des

Monts de Constantine

(Algérie)

MONTPELLIER

Montane, Sicardi et Valentin

1912

ÉOLOGIQUE

LA

UMIDIQUE

MONTS DE CONSTANTINE

(ALGÉRIE)

PAR

Léonce JOLEAUD

DOCTEUR ÈS-SCIENCES

Collaborateur au Service de la Carte Géologique de l'Algérie

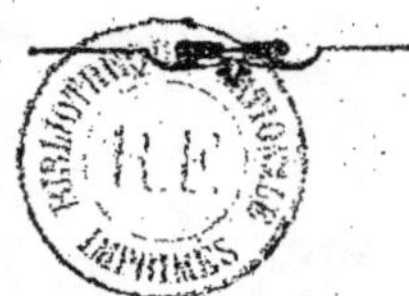

MONTPELLIER

IMPRIMERIE MONTANE SICARDI ET VALENTIN

3, RUE FERDINAND-FABRE, 3

1911

ÉTUDE GÉOLOGIQUE

DE LA

CHAINE NUMIDIQUE

ET DES

MONTS DE CONSTANTINE

(ALGÉRIE)

PAR

Léonce JOLEAUD

DOCTEUR ÈS-SCIENCES

Collaborateur au Service de la Carte Géologique de l'Algérie

MONTPELLIER

IMPRIMERIE MONTANE SICARDI ET VALENTIN

3, RUE FERDINAND-FABRE, 3

1911

Ex Libris.
Léonce
Joleaud

ÉTUDE GÉOLOGIQUE

DE LA

CHAINE NUMIDIQUE

ET DES

MONTS DE CONSTANTINE

(ALGÉRIE)

AVANT-PROPOS

J'ai commencé, guidé par mon père, mes courses géologiques dans la région de Constantine pendant l'année 1896 et je les ai poursuivies avec lui jusqu'en 1900. En 1905, M. l'Ingénieur en Chef des Mines Jacob et M. le Doyen Ficheur ont bien voulu me charger de lever les feuilles au $\frac{1}{50.000}$ des régions de Philippeville et de Constantine : une seule d'entre elles avait été publiée antérieurement, en 1901, la feuille de Constantine, par MM. Jacob et Ficheur. Depuis 1905, j'ai consacré, chaque année, une campagne de 8 à 10 mois aux travaux sur le terrain, dans ces deux régions. Des 20 feuilles sur lesquelles ont déjà porté mes explorations, une première, Smendou, a été imprimée en 1908, une seconde, El Aria, en 1909, une troisième, Sidi Dris, en 1910 ; les tracés de plusieurs autres enfin sont achevés ou très avancés.

En dehors des régions de Constantine et de Philippeville, il m'a été donné de visiter plus ou moins complètement diverses autres parties de l'Afrique mineure. J'ai ainsi parcouru, avec mon père, les zones avoisinant Bougie, Biskra, Batna, Tunis, soit avant mon premier séjour à Constantine, soit pendant ce séjour. J'ai vu seul les environs d'Alger, de Blida, de Sétif, de Bône, de Canrobert, une partie des Babors et des Bibans, le Nord de l'Aures et le voisinage de Sfax. Enfin j'ai été chargé par le Gouvernement général de l'Algérie de plusieurs missions spéciales : pour la recherche d'eaux artésiennes dans les régions situées entre Souk Ahras et le djebel Ouenza, et entre la sebka Djendeli et Batna ; à l'occasion d'un projet de chemin de fer dans la zone comprise entre Constantine et Djidjelli ; en vue de déterminer l'extension des formations de phosphate de chaux entre Tebessa, Gafsa et Négrine, où j'ai découvert des gisements considérables, peut-être les plus importants et les plus riches de toute l'Algérie (djebel Onk, etc.).

Plusieurs de mes collègues ont bien voulu que je les accompagne dans des tournées effectuées sur leurs terrains d'études, M. Blayac, auprès d'Hammam Meskoutin, de Souk Ahras, de Clairfontaine ; M. Dareste de la Chavanne, autour de Guelma ; M. Joly, du côté de Saint-Donat, d'Ain Mlila et d'Ain Fakroun. De plus, MM. Ficheur, Flamand, Brives et Savornin m'ont permis d'examiner une partie des importants matériaux recueillis par eux au cours de leurs explorations et déposés au

Laboratoire de Géologie de l'Université d'Alger, à côté des belles séries rassemblées autrefois par Pomel. Enfin, j'ai pu étudier en détail la collection Tissot au lycée de Constantine, ainsi qu'une partie des fossiles donnés au Musée communal de cette ville par Heinz. J'ai pu ainsi faire d'intéressantes comparaisons entre la géologie des différentes régions de l'Afrique mineure et celle des environs de Philippeville et de Constantine.

J'ai aussi tiré grand profit, au point de vue synthétique, des recherches que je poursuis depuis longtemps sur la stratigraphie et la paléontologie de la plaine du Comtat et de la Basse Provence.

Si dans de petites zones, au voisinage des voies ferrées et aux environs des villes et des principaux villages européens des régions de Philippeville et de Constantine, les observations géologiques peuvent être effectuées dans des conditions relativement satisfaisantes, il est bien loin d'en être de même dans la plus grande partie du territoire qui fait l'objet de cette monographie, où il est nécessaire de camper constamment. Aussi, les résultats de mes dix années d'études sur le terrain sont-ils loin d'être partout aussi complets que je l'aurais désiré. Dans les formations bathyales, qui dominent vers le Nord, les fossiles semblent d'ailleurs très rares, ce qui rend tout particulièrement difficile la détermination exacte des terrains. J'ai pensé néanmoins qu'il convenait de publier dès maintenant les résultats de mes explorations.

La partie méridionale de la région de Philippeville, où se dresse la chaîne Numidique, et la partie médiane de la région de Constantine, où s'élèvent les monts du même nom, constituent, avec la ligne des dépressions intermé-

diaires, une zone remarquablement complexe au point de
vue tectonique, où entrent en contact deux systèmes de
plis de direction différente, plis Ouest Est, au Nord, plis
Sud-Ouest Nord-Est, au Sud : c'est cette zone qui fait
plus particulièrement l'objet de ce mémoire. J'ai cru
néanmoins devoir donner, au début de chaque chapitre,
une description sommaire des reliefs situés plus au Nord
et plus au Sud, la Kabylie de Collo, d'une part, les plateaux de Constantine, d'autre part, pays où mes levés de
détail ne sont pas encore achevés. Enfin, j'ai été fréquemment obligé, pour arriver à une interprétation rationnelle
de mes observations, d'étendre mes études comparatives
aux régions voisines, de constitution géologique similaire,
en choisissant de préférence celles que j'ai pu voir moi-
même plus ou moins complètement.

Au cours de mes recherches, les instructions de
M. Ficheur, doyen de la Faculté des Sciences de l'Université d'Alger et directeur-adjoint du Service de la Carte
géologique de l'Algérie, m'ont été précieuses : il a bien
voulu m'accompagner à plusieurs reprises sur le terrain ;
je suis heureux de pouvoir lui exprimer ici toute ma
reconnaissance.

Je me suis efforcé d'appliquer les méthodes exposées
dans son cours de la Sorbonne par M. le Professeur
Haug, auprès de qui je n'ai cessé de rencontrer la plus
grande bienveillance ; je le prie d'agréer l'expression de
ma profonde gratitude.

Je ne saurais oublier non plus l'excellent accueil que
j'ai constamment reçu de M. l'Ingénieur en Chef des
Mines Jacob, directeur du Service de la Carte géologique
de l'Algérie et les savants conseils de M. l'Inspecteur

général Douvillé, professeur à l'Ecole supérieure des Mines, qui m'a fait l'honneur de présenter à l'Institut le résumé de mes principales observations.

J'ai tiré le plus grand profit de l'exposé qu'a bien voulu me faire M. le Doyen Depéret de sa classification du Tertiaire algérien.

M. le Maître de conférences Gentil, dont j'ai eu la bonne fortune de suivre les leçons à la Sorbonne, a consenti à déterminer plusieurs de mes roches.

M. Sayn a eu l'extrême amabilité, lors de son dernier passage à Marseille, d'examiner mes collections d'Ammonites ; les entretiens que j'ai eus avec lui ont été pleins d'enseignements pour moi.

J'ai puisé aussi de très utiles indications auprès de M. Pervinquière, chargé de conférences à la Sorbonne, de M. Lemoine, chef de travaux pratiques au Museum, de M. Robert Douvillé, préparateur à l'Ecole supérieure des Mines et de M. Gignoux, préparateur à l'Université de Grenoble.

M. Flamand, directeur-adjoint du Service de la Carte géologique des Territoires du Sud, et mes collègues du Service de la Carte géologique de l'Algérie, MM. Blayac, Brives, Dareste de la Chavanne, Joly et Savornin, par les renseignements qu'ils m'ont donnés sur certains de leurs travaux, ont facilité mes interprétations.

M. l'Ingénieur des Mines Mérigeault m'a grandement aidé à différentes reprises dans mes explorations et m'a communiqué d'importants matériaux paléontologiques.

MM. Boussac et Pallary ont eu l'amabilité de déterminer quelques-uns de mes fossiles.

M. le Contrôleur des Mines Foulquier m'a fait part des renseignements géologiques recueillis au cours de ses tournées, en même temps qu'il m'a permis de profiter de ses récoltes.

M. l'Ingénieur Espinasse m'a accompagné dans les mines dont il dirige l'exploitation au djebel Felten et au Kheneg.

M. Bonafous, sous-préfet de Philippeville, M. Bernard, inspecteur des Forêts, MM. les Administrateurs Revel, de la commune d'El Milia, Lovichi, de la commune de Jemmapes, Marage, de la commune d'Aïn Mlila, se sont mis gracieusement à ma disposition, lorsque j'effectuais des levés sur les terrains relevant de leur autorité.

M. Garbe, membre du conseil d'administration, et M. Clavel, directeur de la Compagnie algérienne, m'ont assuré les moyens de parcourir les environs d'El Aria et du bordj Sabat.

À tous ceux qui m'ont ainsi donné la possibilité de poursuivre avec fruit mes explorations, je tiens à adresser ici mes plus vifs et mes plus sincères remerciements.

Enfin je ne peux méconnaître tout ce dont je suis redevable à mon père, qui sut de bonne heure m'inspirer un goût si vif des sciences naturelles. Je suis tout particulièrement heureux de pouvoir lui dédier aujourd'hui, en hommage de profonde reconnaissance, cette étude d'une région où il guida mes premiers pas de géologue, il y a quinze ans passés. Depuis, non seulement il n'a cessé de m'aider de ses conseils dans mes recherches tant en Algérie qu'en France, mais encore il a bien voulu collaborer, avec mes sœurs, à la correction des épreuves d'une partie de mes mémoires.

BIBLIOGRAPHIE

1838. — Boblaye (P.). Note sur la géologie des provinces de Bône et Constantine. *C. R. Ac. Sc.*, VII, p. 239.

1839. — de Verneuil. Note géologique sur les environs d'Alger. *B. S. G. F.*, 1, IX, p. 76.

1839. — Saget. *B. S. G. F.*, 1, IX, p. 86.

1839. — Boblaye (P.). Note sur l'Algérie. *B. S. G. F.*, 1, X, p. 88.

1843. — Renou. Aperçu sur la constitution géognostique de l'Algérie. *Ann. Min.*, 4, IV. p. 529.

1846. — Fournel (H.). Mémoire sur les gisements de muriate de soude en Algérie. *Ann. Min.*, 4, IX, p. 541.

1848. — Renou (E.). Géologie de l'Algérie. *Exploration scientifique*.

1849-54. — Fournel (H.). Richesse minérale de l'Algérie. Paris, in-4°.

1850 — Gervais (P.). Sur des débris fossiles de Mastodonte et d'*Elephas* africains découverts en Algérie. *Actes S. Sc. Lett. Montpellier*, I, p. 415.

1851. — Morelet. Appendice à la conchyliologie de l'Algérie. *Journ. Conchyl.*, II, p. 354.

1852. — Coquand. Tableau des terrains de la province de Constantine. *B. S. G. F.*, 2, IX, p. 339.

1852. — Coquand. Sur les directions de l'Atlas. *B. S. G. F.*, 2, IX, p. 346.

1852. — Coquand. Note sur les richesses paléontologiques de la province de Constantine. *Journ. Conchyl.*, III, p. 418.

1853. — d'Archiac et Haime. Monographie des Nummulites. Paris.

1853. — Morelet. Catalogue des Mollusques de l'Algérie. *Journ. Conchyl.*, IV, p. 288.

1854. — Coquand (H.). Description géologique de la province de Constantine. *Mém. S. G. F.*, 2, V, 1re part.

1854. — Duboco. Sur des ossements de Mammifères de Constantine. *B. S. G. F.*, 2, XI, p. 343.

1858. — Lebrun-Virlay. Excursion géologique et minéralogique dans le cercle de Philippeville (Algérie) en avril et mai 1858. Paris, in-8°.

1859. — Gervais (P.). Zoologie et paléontologie françaises, nouvelles recherches sur les animaux vertébrés dont on trouve les ossements enfouis dans le sol de la France et sur leur comparaison avec les espèces propres aux autres régions du globe, 2e édition, p. 75.

1859. — Ollivier (E.). Note sur un fragment de tête fossile trouvé près de Constantine en mars 1859. Constantine, in-8°.

1861-2. — Crosse. Diagnoses d'hélicéens fossiles des environs de Constantine. *Journ. Conchyl.*, IX, p. 356, et X, p. 84.

1862. — Joba. Note sur un terrain tertiaire des environs de Constantine. *Journ. Conchyl.*, X, p. 150.

1862. — Crosse. Description des mollusques terrestres des gisements de Coudiat-Aty et d'Aïn-el-Hadj-Baba, suivie de considérations sur les caractères de cette faune. *Journ. Conchyl.*, X, p. 152.

1862. — Bourguignat (J.-R.). Paléontologie des mollusques terrestres et fluviatiles de l'Algérie. Paris, in-8°.

1862. — Coquand. Géologie et paléontologie de la région sud de la province de Constantine. *Mém. S. Emul. Provence*, II.

1863. — Bourguignat. Sur la paléontologie des mollusques terrestres et fluviatiles de l'Algérie. *B. S. G. F.*, 2, XX, p. 25.

1867. — Coquand. Sur quelques points de la géologie de l'Algérie. *B. S. G. F.*, 2, XXIV, p. 380.

1868. — Hardouin (L.). Sur la géologie de la subdivision de Constantine. *B. S. G. F.*, 2, XXV, p. 328.

1868. — Ville (L.). Voyage d'exploration dans les bassins du Hodna et du Sahara. Paris, in-4°.

1868. — Coquand. Sur l'âge des gisements de sel gemme (djebel Melah), l'origine des ruisseaux (oued Melah) et des lacs salés (chotts et sebkas) de l'Algérie. *B. S. G. F.*, 2, XXV, p. 431.

1869. — VILLE (L.). Notice sur les gîtes minéraux et les matériaux de construction de l'Algérie. *Ann. Min.*, 6, XVI, p. 133.

1872. — POMEL (A.). Le Sahara, observations de géologie et de géographie physique et biologique avec des aperçus sur l'Atlas et le Soudan et discussion de l'hypothèse de la mer saharienne à l'époque préhistorique. *B. S. Climat. Alger*, VIII.

1873-91. — COTTEAU (G.), PERON (A.) et GAUTHIER (V.). Echinides fossiles de l'Algérie. Description des espèces déjà recueillies dans ce pays et considérations sur leur position stratigraphique. Paris, in-8°, 10 fasc.

1873. — PAPIER (A.). Essai d'un catalogue minéralogique algérien, alphabétique et descriptif. *B. Ac. Hippone*, XI et XII.

1877. — TOURNOUER. Description d'une nouvelle espèce de Mélanopside provenant des terrains tertiaires de la province de Constantine. *Journ. Conchyl.*, 3, XVIII, p. 275.

1878. — THOMAS (Ph.). Note sur une tortue fossile des terrains supérieurs du Mansoura (province de Constantine). *Rev. Sc. Nat. Montpellier.*

1878. — TOURNOUER. Au sujet de la découverte de dents d'*Hipparion* dans la formation supérieure d'eau douce de la province de Constantine. *B. S. G. F.*, 3, VI, p. 305.

1878. — TISSOT (J.). Notice géologique et minéralogique sur le département de Constantine. *Expos. univers. Paris*, in-**8°**.

1878. — GAUDRY (A.). Les enchaînements du monde animal. III, Paris, in-8°, p. 73.

1879. — THOMAS (Ph.). Recherches sur les Equidés fossiles des environs de Constantine. *B. S. Climat. Alger.*

1880. — THOMAS (Ph.). Note sur quelques Equidés fossiles des environs de Constantine. *Rev. Sc. Nat. Montpellier.*

1880. — COQUAND (H.). Etudes supplémentaires sur la paléontologie algérienne faisant suite à la description géologique et paléontologique de la région sud de la province de Constantine. *B. Ac. Hippone*, XV.

1881. — POMEL. L'Algérie. Géologie et minéralogie. *Notices pour le 10ᵉ congrès de l'A. F. A. S., Alger*, in-8°, p. 33.

1881. — Velain. L'Algérie et le pays des Kroumirs. *Rev. Scient.* 30 avril.

1882. — Pomel. L'Algérie et le Nord de l'Afrique aux temps géologiques. *A. F. A. S.*, X, Alger, p. 42.

1882. — Thomas (Ph.). Recherches sur les Bovidés fossiles d'Algérie. *B. S. Zool. F.*

1882. — Tissot (J.). Carte géologique provisoire au 1/800.000 de la province de Constantine et du cercle de Bou-Saada, et texte explicatif. Alger, in-f° et in-8°.

1882. — Parran. Carte géologique du département de Constantine, par Tissot. *B. S. G. F.*, 3, X, p. 299.

1882-3. — Tournouër. Description d'un nouveau genre de *Melanopsidinæ* fossile du terrain tertiaire supérieur de l'Algérie. *Journ. Conchyl.*, 3, XXII, p. 59.; 3, XXIII, p. 58. Observations de Fischer, p. 60.

1883. — Péron (A.). Essai d'une description géologique de l'Algérie pour servir de guide aux géologues dans l'Afrique française. *Ann. Sc. Géol.*, XIV, art. n° 4.

1884. — Thomas. Sur quelques formations d'eau douce tertiaires de l'Algérie. *C. R. Ac. Sc.*

1884. — Thomas. Sur quelques formations d'eau douce quaternaires de l'Algérie. *C. R. Ac. Sc.*

1884. — Thomas (Ph.). Recherches stratigraphiques et paléontologiques sur quelques formations d'eau douce de l'Algérie. *Mém. S. G. F.*, 3, III, n° 2.

1884. — Raulin. Note sur la carte géologique provisoire de l'Algérie de MM. Pomel et Pouyanne (Oran et Alger) et Tissot (Constantine). *B. S. Géog. Bordeaux*, mars.

1885. — Gauthier (V.). Recherches sur le genre *Micraster* en Algérie. *A. F. A. S.*, XIII, Blois, p. 242.

1885. — Foresti. Note sur le sous-genre *Smendovia*, Tournouër. *Mém. S. Roy. Malac. Belgique*, XX.

1887. — Thomas (Ph.). Notes additionnelles sur les vertébrés fossiles de la province de Constantine. *B. S. G. F.*, 3, XV, p. 139.

1887. — Gürich. Ueberblick über den geologischen Baudes Afrikanischen Kontinents Atlas. *Pet. Mitt.*, XXXIII, p. 257.

1888. — Blanckenhorn (M.). Die geognostischen Verhältnisse von Afrika. I. Der Atlas, das Nord-afrikanische Faltengebirge. *Pet. Mitt.*, Erg., XX, n° 90.

1888. — Thomas (Ph.). Sur une forme ancestrale de l'*Helix* (*Leucochroa*) *candidissima*, Draparnaud. Sur la filiation paléontologique d'un type de coquille terrestre de l'Algérie. *B. S. Sc. Nancy*, 2, IX, fasc. 21, p. 37.

1888. — Gauthier (V.). Types nouveaux d'Echinides crétacés. *A. F. A. S.*, XVI, Toulouse, 2ᵉ p., p. 527.

1889. — Sayn (G.). Ammonites d'Algérie. *Feuilles jeunes nat.*, XIX, p. 1664.

1889-90. — Carte géologique provisoire de l'Algérie au 1/800.000, 2ᵉ éd., et explication : description stratigraphique générale de l'Algérie par A. Pomel, suivie d'une étude succincte sur les roches éruptives de cette région par Curie et Flamand. *C. G. Algérie.*

1889. — Julien (A.). Aperçu sur le mode de distribution des plantes de la région de Constantine. *A. F. A. S.*, XVII, Oran, 2ᵉ p., p. 275.

1889. — Ficheur (E.). Deuxième note sur les Nummulites de l'Algérie (Eocène moyen et supérieur). *B. S. G. F.*, 3, XVII, p. 447.

1889. — Nicklès. Sur le Néocomien du sud-est de l'Espagne. *C. R. Ac. Sc.*, CVIII, p. 73.

1890. — Sayn. Sur la faune d'Ammonites pyriteuses barrémiennes du Djebel-Ouach, province de Constantine. *C. R. Ac. Sc.*, CX, p. 1381.

1890. — Sayn. Description des Ammonites du Barrémien du Djebel-Ouach, près Constantine. *B. S. Agric. Lyon.*

1890. — Ficheur (E.). Les terrains éocènes de la Kabylie du Djurjura. *Thèse* et *C. G. Algérie.*

1890. — Rothpletz (A.). Das Atlasgebirge Algeriens. *Pet. Mitt.*, XXXVI, p. 288.

1891. — Pomel et Ficheur. Les formations éocènes de l'Algérie. *C. R. Ac. Sc.*, CXIII, p. 26.

1892. — Depéret. Sur les formations néogènes de l'Algérie et du Sud-Est de la France. *C. R. S. G. F.*, p. XII.

1893. — Pomel (A.). *Bubalus antiquus. C. G. Algérie.*

1894. — Pomel (A.). Bœufs-taureaux. *C. G. Algérie.*

1894. — Ficheur (E.). Le bassin lacustre de Constantine et les formations oligocènes en Algérie. *C. R. Ac. Sc.*

1894. — Ficheur (E.). Les terrains d'eau douce du bassin de Constantine. *B. S. G. F.*, 3, XXII, p. 544.

1895. — Pomel (A.) Les Antilopes, Pallas. *C. G. Algérie.*

1896. — Ficheur (E.). Les terrains éocènes dans la chaîne des Mouïas (Constantine). *A. F. A. S.*, Bordeaux, 2ᵉ p., p. 565.

1896. — Ficheur (E.). Programme explicatif des excursions dans le massif de Blida, en Kabylie et dans la province de Constantine, *C. R. S. G. F.*, nᵒ 14, p. CXXVII.

1896. — Bertrand (M.). Sur des Myophories du Trias d'Algérie *B. S. G. F.*, 3, XXIV, p. 790.

1896. — Carnot (A.). Sur les variations observées dans la composition des apatites, des phosphorites et des phosphates sédimentaires. Remarques sur le gisement et le mode de formation de ces phosphates. *Ann. Min.*, 9, X, p. 137.

1897. — Papier (A.). Notice sur les recherches et découvertes paléontologiques de Charles Heinz, membre correspondant de l'Académie d'Hippone. *B. Ac. Hippone*, XXVIII, p. 106.

1897. — Depéret (Ch.). Réflexions au sujet des formations tertiaires de l'Algérie visitées par la Société Géologique. *B. S. G. F.*, 3, XXIV, p. 1115.

1897. — Ficheur (E.). Comptes-rendus des excursions du 20 au 27 octobre dans la province de Constantine. Réunion extraordinaire de la Société Géologique de France en Algérie. *B. S. G. F.*, 3, XXIV, p. 1150.

1897. — Sayn (G.). Note sur le néocomien du Djebel-Ouach. *B. S. G. F.*, 3, XXIV, p. 1162.

1897. — Bertrand (M.). Sur le Trias du Djebel-Chettaba. *B. S. G. F.*, 3, XXIV, p. 1184.

1897. — Depéret (C.). Découverte du *Mastodon angustidens* dans l'étage cartennien de Kabylie. *B. S. G. F.*, 3, XXV, p. 518.

1897. — Lahache (J.). Etude sur quelques charbons fossiles du département de Constantine. *Arch. Méd. Pharm. milit.*, XXX, p. 33.

1898. — FLAMAND (G.-B.-M.). Notions élémentaires de lithologie et de géologie appliquées aux grandes zones culturales de l'Algérie et de la Tunisie. Paris, in-8°.

1898. — POMEL (A.). Les Ovidés. *C. G. Algérie.*

1898. — POMEL et POUYANNE. Rapport sur les travaux du service géologique de l'Algérie pour l'année 1897. *Ann. Min.*, 9, XV.

1899. — PALLARY. Sur les faunes fossiles des mollusques terrestres et d'eau douce de l'Algérie. *B. S. G. F.*, 3, XXVII, p 374.

1899. — FICHEUR (E.). Le massif du Chettaba et les îlots triasiques de la région de Constantine. *B. S. G. F.*, 3, XXVII, p. 85.

1899. — PALLARY (P.). Sur quelques Hélices bidentées de l'Oligocène algérien. *B. Mus. H. N.*, n° 6, p. 314.

1899. — BOULE (M.). Les Mammifères quaternaires de l'Algérie, d'après les travaux de Pomel. *L'Anthropologie*, X, p. 563.

1900. — Carte géologique de l'Algérie au 1/800.000, 3° éd. *C. G. Algérie.*

1900. — FICHEUR (E.). Les chaînes calcaires du littoral algérien. *C. R. Congr. nat. S. fr. Géogr.*, XX, Alger, p. 278.

1900. — BOULE (M.). Observations sur quelques Equidés fossiles *B. S. G. F.*, 3, XXVII, p. 532.

1901. — SOULEYRE (A). Le cañon de Constantine. *Rev. sc.*, 4, XV, p. 235.

1901. — FICHEUR (E.). Notice sommaire sur la carte géologique de l'Algérie (3° édition). *Cong. géol. intern.*, p. 729.

1901. — PALLARY (P.). Sur les Mollusques fossiles terrestres, fluviatiles et saumâtres de l'Algérie. *Mém S. G. F. Paléont.*, IX, fasc. 1.

1901. — JOLEAUD (A.). Contribution à l'étude de l'infracrétacé à faciès vaseux pélagique en Algérie et en Tunisie. *B. S. G. F.*, 4, I, p. 113.

1901. — JACOB (H.) et FICHEUR (E.). Carte géologique détaillée de l'Algérie au 1/50.000. Feuille n° 73. Constantine, et notice explicative. *C. G. Algérie.*

1902. — FICHEUR. Les massifs anciens de la Berbérie. *A. F. A. S.*, XXX, Ajaccio, 2, p. 345.

1902. — Ficheur (E.). Historique et esquisse de la Carte géologique de l'Algérie. *B. S. Géogr. Alger.*

1902. — Bernard (A.) et Ficheur (E.). Les régions naturelles de l'Algérie. *Ann. Géogr.*, XI, p. 221.

1902. — Termier (P.). Sur le granite alcalin du Filfila (Algérie). *C. R. Ac. Sc.*, CXXXIV, p. 371, et *B. S G. F.*, 4, III, 1903, p. 130.

1903. — Termier (P.). Sur les roches granitiques et sur les terrains cristallophylliens du massif des Beni-Toufout, entre El Milia et Collo (Algérie). *C. R. Ac. Sc.*, et *B. S. G. F.*, 4, III, 1903, p. 130.

1903. — Ficheur (E.). Les terrains anciens et l'éocène métamorphique dans les massifs numidiens. *B. S. G. F.*, 4, III, p. 406.

1904. — Jacob et Ficheur. Note sur les travaux récents du service de la Carte géologique de l'Algérie. *Ann. Min.*, 10, VI, p. 395.

1906. — Termier (P.). Sur les phénomènes de recouvrement du Djebel Ouenza (Constantine) et sur l'existence de nappes charriées en Tunisie. *C. R. Ac. Sc.*, CXLIII, p. 137.

1906. — Haug (É.). Sur les relations tectoniques et stratigraphiques de la Sicile et de la Tunisie. *C. R. Ac. Sc.*, CXLII, p. 1105, et *B. S. G. F.*, 4, VI, p. 355.

1906. — Grund (A.). Die Probleme der Geomorphologie am Rande von Trockengebieten. *Sitz. kais. Akad. Wiss. Wien. Math.-naturv. Kl.*, CXV, 1.

1907. — Termier (P.). Rapports tectoniques de l'Apennin, des Alpes et des Dinarides. *B. S. G. F.*, 4, VII, p. 421.

1907. — Joleaud (L.). Note sur la géologie de la région de Négrine (Algérie). *B. S. G. F.*, 4, VII, p. 263.

1907. — Pervinquière Etudes de Paléontologie tunisienne. I. Céphalopodes des terrains secondaires. *C. G. Tunisie.*

1907. — Blayac (J.). Le Trias dans la région de Clairfontaine au Sud de Souk-Ahras. Observations sur le Trias de l'Algérie et de la Tunisie. *B. S. G. F.*, 4, VII, p. 272.

1907. — Joleaud (L.). Le cañon de Constantine. *B. S. Géogr. Alger*, XII, p. 237.

1907-10. — HAUG (É.). Traité de Géologie. In-8°.

1908. — JOLEAUD (L.). Esquisse comparative des séries miocènes de l'Algérie et du Sud-Est de la France. *B. S. G. F.*, 4, VIII, p. 284.

1908. — JOLEAUD (L.). Sur les faunes de l'Eocène inférieur et moyen du Sud algérien et tunisien. *B. S. G. F.*, 4, VIII, p. 295.

1908. — TERMIER (P.). Notes de tectonique tunisienne et constantinoise. *B. S. G. F.*, 4, VIII, p. 102.

1908. — JOLEAUD (L). Le régime des eaux dans la région de Constantine. *La Mine algérienne.*

1908. — PASSARGE (S.). Morphologische Skizze des Atlas zwischen Philippeville und Biskra. *Globus*, XCIV, n° 11, p. 169.

1908. — JOLEAUD (L.). Sur les terrains crétacés et tertiaires de la région de Constantine (Algérie). *C. R. Ac. Sc*, CXLVI.

1908. — JOLEAUD (L.). Sur l'existence d'une nappe de charriage dans le Nord-Est de l'Algérie. *C. R. Ac. Sc.*, CXLVII, p. 480.

1908. — GOURGUECHON (G.). Sur l'interprétation tectonique des contacts anormaux du Djebel Ouenza (Algérie) et de quelques phénomènes similaires observés en Tunisie. *B. S. G. F.*, 4, VIII, p. 46.

1908. — JOLEAUD (L.). Carte géologique... Feuille n° 52. Smendou, et notice explicative. *C. G. Algérie.*

1909. — JULIEN et DOUVILLÉ. Sur les couches lacustres de la province de Constantine. *B. S. G. F.*, 4, XI, p. 11.

1909. — JOLEAUD (L.) et JOLY (A.). Nomenclature de vestiges anciens relevés dans la province de Constantine (1907-1908). *Rec. S. Archéol. Constantine*, XLII, p. 29.

1909. — DEBRUGE (A.). La grotte des Ours, suivie d'une note sur les Vertébrés fossiles par M. PALLARY. *Rec. S. Archéol. Constantine*, XLII, p. 117.

1909. — JOLEAUD (L.). Carte géologique... feuille n° 74, El Aria, et notice explicative. *C. G. Algérie.*

1909. — JOLEAUD (L.). Sur l'âge et la nature des plissements les plus récents des reliefs intérieurs de l'Atlas tellien oriental (Algérie). *C. R. Ac. Sc.*, CXLVIII.

1909. — JOLEAUD (L.). Les tremblements de terre dans la région de Constantine. *La Mine Algérienne.*

1909. — Joly (A.) et Joleaud (L.). Sur la structure de la partie centrale des Hautes plaines constantinoises (Algérie). *C. R. Ac. Sc.*, CXLVIII.

1909. — Gautier (E.-F.). La Meseta Sud-Oranaise. *Ann. Géogr.*, XVIII, p. 328.

1909. — Termier (P.). Sur les relations tectoniques de l'île d'Elbe avec la Corse et sur la situation de celle-ci dans la chaîne alpine. *C. R. Ac. Sc.*, CXLIX, p. 11.

1909. — Blayac (J.). Observations stratigraphiques au sujet des Echinides maestrichtiens de Bordj-Sabath (Algérie). *B. S. G. F.*, 4, IX, p. 275.

1910. — Joleaud (L.). Sur un Reptile fossile du djebel Nador (Algérie). *B. S. G. F.*, 4, IX, p. 274.

1910. — Joleaud (L.) et Joly (A.). Phénomènes de capture observés dans le bassin du Haut-Rummel (Algérie). *A. F. A. S.*, XXXVIII, Lille, p. 1216.

1910. — Savornin (J.). Sur l'évolution paléogéographique du cap Bon et sur la direction des plissements de l'Atlas considérée comme la résultante de deux actions orogéniques orthogonales. *C. R. Ac. Sc.*

1910. — Savornin (J.). Remarques sur la formation progressive du sol de la Berbérie. *B. S. H. N. Afrique du Nord*, II, p. 46.

1910. — Gautier (E.-F.). Les hauts plateaux algériens. *La Géographie*, XXI, n° 9, p. 89.

1910. — Joleaud (L.). Sur l'évolution de l'hydrographie quaternaire dans la région de Constantine (Algérie). *C. R. Ac. Sc.*

1910. — Joleaud (L.). Sur les faunes de Mammifères quaternaires de la Berbérie. *B. S. H. N. Afrique du Nord*, II, p. 102.

1910. — Joleaud (L.) et Joly (A.). Ruines et vestiges anciens relevés dans la province de Constantine. *Rec. S. Archéol. Constantine*, XLIII, p. 101.

1910. — Joleaud (L.). Les sources thermo-minérales de la région de Constantine (Algérie). VIII° *Cong. intern. Hydrologie*, Alger, 1909, p. 1045.

1910. — Termier (P.). Sur la tectonique de l'île d'Elbe. *B. S. G. F.*, 4, X, p. 134.

1910. — Douvillé (H). Etudes sur les Rudistes : Rudistes de Sicile, d'Algérie, d'Egypte, du Liban et de la Perse. *Mém. S. G. F.*, *Paléont.*, XVIII, 1, 41.

1910. — Dareste de la Chavanne (J.). La région de Guelma. Etude spéciale des terrains tertiaires. *Thèse et C. G. Algérie.*

1910. — Dussert (M.). Etude sur les gisements métallifères de l'Algérie (minerais autres que ceux du fer). *Ann. Min.*, XVII, p. 24, 97.

1910. — Blayac (J.) et Cottreau (J.). Echinides maëstrichtiens de Bordj Sabath (Algérie). *B. S. G. F.*, 4, IX, p. 416.

1910. — Debruge (A.). Fouille de la Grotte du Mouflon (Constantine). *A. F. A. S.*, XXXVIII, p. 813.

1911. — Termier (P.). Les Problèmes de la Géologie tectonique dans la Méditerranée occidentale. *Rev. gén. Sc.*, 30 mars.

1911. — Joleaud (L.). Carte géologique... feuille n° 51, Sidi Dris et notice explicative. *C. G. Algérie.*

CHAPITRE PREMIER

GÉOGRAPHIE

A. — CONSIDÉRATIONS GÉNÉRALES
SUR LA GÉOGRAPHIE DES RÉGIONS DE PHILIPPEVILLE
ET DE CONSTANTINE

Les régions de Philippeville et de Constantine, qui font partie de l'*Atlas tellien*, constituent, dans leur ensemble, un pays surtout montagneux, dont le modelé remarquablement accentué, est sous la dépendance plus ou moins directe du climat méditerranéen, profondément différent du climat steppique des Hautes Plaines, qui s'étendent plus au Sud.

Toutefois, par nombre de caractères, les régions de Philippeville et de Constantine apparaissent comme distinctes.

Les conditions physiques restent franchement méditerranéennes dans la région de Philippeville (partie de la *Petite Kabylie, bled el Kebail el Hadra*), jusque et y compris la *chaîne sublittorale (chaîne Numidique)*. Là dominent les forêts de chênes-lièges et le maquis ; les dépressions et les pentes des coteaux (les *sahels*) y sont souvent occupées par des orangeries et des jardins maraîchers.

Au Sud, commence la région de Constantine (partie de

la zone des *Reliefs du Tell intérieur, bled es Serraoual*),
dont le sol comprend principalement des terres cultivées
en blé et en orge, et des pâturages nourrissant de nombreux troupeaux de bœufs. On y trouve encore, de distance en distance, des sortes de sahels ou d'*oasis* (Mila,
le Hamma), où sont établis, dans des dépressions très
arrosées, des orangeries et des jardins maraîchers. Des
montagnes gréseuses (Beni Medjaled) s'y voient aussi,
avec des forêts de chênes-lièges moins étendues que
celles de la Kabylie. Parmi les rochers calcaires (Sidi
Mcid, Mansoura) commencent les forêts de pins, et au
voisinage, sur les plateaux (Ain el Bey), déjà dominent
la culture de l'orge et l'élevage du mouton.

Cette zone à climat presque continental conduit insensiblement à la zone à climat tout à fait continental des
Hautes Plaines (pays des *chotts* et des sebkas, *bled es
Sbakh*), dont la limite septentrionale, dans l'Algérie orientale, passe à Sétif, Saint-Arnaud, au Nord de Châteaudun-
du-Rummel, à El Guerra, à Sigus, au Nord de Montcalm,
à Sedrata, à Khemissa, à Tifech, à Mdaourouch, au Sud
du bordj des Hammama. Dans l'Est du département le
climat franchement désertique du *Sahara* ne commence
que bien plus loin, sur le bord méridional de l'*Aurès*, l'un
des principaux reliefs des *chaînes présahariennes*, habi-
tuellement désignées sous le nom d'*Atlas saharien*.

L'ensemble des régions de Philippeville et de Constantine est limité (*pl. II*) :

Au *Nord*, par la *Méditerranée* ;

A *l'Ouest*, par les *chaînes des Babors*, les *monts du
Ferdjioua* et le *plateau de Sétif* ;

Au *Sud*, par les *hautes plaines des Ouled Abd en Nour* ;

A l'*Est*, par le *plateau de Rénier*, les *monts de Guelma*, les *dépressions de Bône* et le *massif de l'Edough*.

La région de Philippeville comprend :

Au *Nord*, le SAHEL DE DJIDJELLI, les MASSIFS DE LA KABYLIE DE COLLO (*massifs d'El Milia, de Collo, de Philippeville, des Radjeta*), le SAHEL DES SENHADJA ;

Au *centre*, les DÉPRESSIONS DE SAINT-CHARLES (*dépressions de Robertville, de Jemmapes*) ;

Au *Sud*, la CHAINE NUMIDIQUE (*chainons du Zouara, des Mouia, du Msouna, des Zerdeza*.

La région de Constantine renferme :

Au *Nord*, les DÉPRESSIONS DE CONSTANTINE (*dépressions des Ouled Kebbeb, de Mila, du Smendou*) ;

Au *centre*, les MONTS DE CONSTANTINE (*djebel Chettaba, djebel Ouach*) ;

Au *Sud*, les PLATEAUX DE CONSTANTINE (*plateaux de Bou Malek, de Gueltar el Aich, des Amer Cheraga*.

Le LITTORAL de la région de Philippeville, qui s'étend depuis le *promontoire de Djidjelli* jusqu'à l'embouchure de l'Oued el Kebir de l'Est, présente deux larges indentations : celle de l'Ouest ou du *golfe de Djidjelli*, peu développée vers l'intérieur des terres, celle de l'Est ou du *golfe de Stora*, largement ouverte et, en outre, profondément creusée entre les *presqu'îles du cap Bougaroun et du cap de Fer*. Ces deux puissants massifs sont constitués exclusivement par des roches éruptives, des granites principalement, qui s'abîment vers le Nord, en formant sur la mer de hautes et sauvages abruptes, puis se continuent sous les eaux marines jusque vers l'isobathe de 300 mètres, ce qui correspond à une dénivellation de 1.300 mètres pour une longueur de 10 kilomètres.

On observe de même dans la presqu'île du cap de Fer que le djebel Lassan (481^m) est à 1.000 mètres de la côte et à 4 kilomètres de l'isobathe de 300 mètres, soit un écart de 800 mètres en hauteur pour une distance de 5 kilomètres seulement.

Le golfe de Stora offre presque constamment dans sa moitié occidentale, entre l'embouchure de l'oued Guebli et Philippeville, de hautes falaises gneissiques ou schisteuses, et il en est de même au voisinage immédiat de Djidjelli, à cette différence près que les falaises sont ici gréseuses. Au contraire, la côte orientale du golfe de Djidjelli, depuis les coteaux de Duquesne jusqu'au delà de l'embouchure de l'oued el Kebir de l'Ouest, présente une longue série de cordons de dunes courant parallèlement à une côte presque rectiligne sur près de 40 kilomètres. La même disposition se retrouve dans la partie Est du golfe de Stora, où seul le djebel Filfila vient rompre la monotonie des dunes, entre l'embouchure du Safsaf et celle de l'oued el Kebir de l'Est. Sur la rive occidentale de ce dernier cours d'eau, les dunes s'enfoncent dans l'intérieur des terres d'une douzaine de kilomètres.

Entre le SAHEL DE DJIDJELLI, aux coteaux argilo-sableux qu'entaillent les oueds Saabia, Mencha, Bou Radja, Bou Krah, Nil et Saioud, et le SAHEL DES SENHADJA, en partie couvert de marécages au milieu desquels serpente l'oued el Kebir de l'Est, se dresse l'imposant pâté montagneux de la KABYLIE DE COLLO, sans lignes de crêtes bien accusées, sans orientation orographique nette. Ses pentes, relativement raides, sont découpées par un réseau inextricable de chabas peu importants, qui aboutissent finalement dans les profondes découpures correspondant aux vallées des oueds el Kebir de l'Ouest, Guebli et Safsaf. Celles-ci s'élargissent vers la mer pour donner naissance aux petits *sahels des Beni Bel Aid*, de *Collo*, de *Philippeville.*

Chacun des massifs qui constituent la Kabylie de Collo est lui-même divisé en plusieurs zones montagneuses par des vallées secondaires. Le *massif d'El Milia* est formé des monts des Beni Amram, des Beni Idder, des Beni Aicha (djebel Mochaouen, 1.357ᵐ) et des Beni Ketteb que séparent les oueds Djinedjen, Nil, Irdjana et Tamendjar. Le *massif de Collo* renferme les monts des Achech (Moul ed Demaïnen, 1.176ᵐ), des Beni Ferguen, de la presqu'île du cap Bougaroun (djebel Goufi, 1.183ᵐ), des Beni Toufout et des Ouled el Hadj (Guern Bou Takouk, 1.190ᵐ) compris entre les oueds el Kebir de l'Est, Bou Siaba, Zour, Beni Zid et Guebli. Le *massif de Philippeville* se divise en monts des Beni Mehenna, des Ouled Nouar, des Zeramna, des Medjadja (dra Bou Medjoud, 695ᵐ) et des Estaya, limités par les oueds Guebli, Oudina, Akmes et Zeramna. Le *massif des Radjeta* est constitué par le djebel Filfila (586ᵐ), les monts des Lassaha (djebel el Hallia, 661ᵐ) et des Arb Skikda que découpent les oueds Rira et el Krab.

Les DÉPRESSIONS DE SAINT-CHARLES, à sous-sol essentiellement argileux, étaient naguère encore en partie occupées par des marécages. Relativement étroite vers l'Ouest, la *dépression de Robertville*, qui s'insinue entre la Kabylie de Collo et la chaîne Numidique, s'élargit du côté de l'Est. Elle est continuée, dans cette direction, par la *dépression de Jemmapes*, qui fait partie du bassin de réception du lac Fetzara.

La CHAINE NUMIDIQUE, qui renferme les plus hauts sommets de l'ensemble de la région (djebel Mcid Aicha, 1.496ᵐ) est distante, en moyenne, de 40 kilomètres du rivage de la Méditerranée. Sa ligne de crêtes, qui commence au col de Fedoules, reste à une grande hauteur du côté de l'Ouest, où elle est directement accolée aux massifs littoraux. Elle s'abîme rapidement vers l'Est dans les dépressions de la région de Bône. Les gorges de l'Oued el Kebir, le col des Oliviers et la cluse du Safsaf la divisent en 4 chaînons secondaires : *chaînons du Zouara* (kef Sidi Marouf, 1.225ᵐ), *des Mouia* (djebel Mcid Aicha, 1.496ᵐ ; kef Sidi Dris, 1.273ᵐ), *du Msouna* (kefs Toumiets, 892 et 883ᵐ, kef Msouna, 820ᵐ), *des Zerdeza* (djebel El Rdir, 698ᵐ et Tangoust, 649ᵐ).

A ses pieds, du côté du Sud, s'étendent les DÉPRESSIONS DE CONSTANTINE, assez larges au Nord de cette ville (*dépression de Mila*), mais réduites à d'étroits couloirs à à l'Ouest du col de Zeraia (*dépression des Ouled Kebbeb*) et à l'Est du col de Bizot (*dépression du Smendou*).

Au-delà, se dressent les crêtes rocheuses du Chettaba et du djebel Ouach, dont les revers Nord sont relativement raides. Le *massif du Chettaba*, limité vers l'Ouest par le tenia Termest comprend les monts des Rhoumerian (djebel el Akhal, 1.256ᵐ) et des Serraouia (djebels Zouaoui, 1.316ᵐ, et Karkara, 1.186ᵐ) entre lesquels s'ouvre le passage de Sidi Khalifa. Plus à l'Est, au delà du vallon de l'oued Melah, commence le *massif du djebel Ouach* (1.186ᵐ), dont les vallons des oueds Rorfen, Sabat et El Aria détachent les reliefs des Beni Medjaled (1.065ᵐ) au Nord-Est, et des Zenatia (djebel Mdoüer, 1.151ᵐ) au Sud-Est.

Les nombreuses ondulalations du revers Sud de ces montagnes conduisent graduellement aux *plateaux de Bou Malek, de Guettar el Aich* et *des Amer Cheraga*. Au milieu de ceux-ci émergent d'importantes montagnes calcaires (djebels Felten, 1.121^m, et Oum Settas, 1.326^m), en général moins étendues que les chaînons des hautes plaines des Ouled Abd en Nour, dont le point culminant dans le Guerioun, atteint 1.727^m, c'est-à-dire 256 mètres de plus que le Mcid Aicha.

Le principal oued de la région de Philippeville, le *Safsaf*, a son cours supérieur situé dans la partie orientale de la dépression du Smendou. Le bas Safsaf, qui recoupe la chaîne Numidique dans les gorges des Zerdeza, entre ensuite dans la dépression de Robertville, puis sépare le massif des Radjeta de celui de Philippeville et atteint finalement la mer un peu à l'Est de cette dernière ville.

Le *Rummel*, le plus important des cours d'eau de la région de Constantine, commence dans les monts du Ferdjioua, puis gagne les hautes plaines des Ouled Abd en Nour. Le moyen Rummel sépare le plateau de Bou Malek et le djebel Chettaba, du plateau de Guettar el Aich, puis arrive dans la dépression de Mila. Cette partie de la vallée est marquée par de multiples décrochements qui indiquent chacun la traversée d'un chaînon rocheux. Au sommet des angles formés par ces décrochements, l'oued s'engouffre dans des cañons, tels que ceux de Constantine et du Kheneg. Le bas Rummel franchit la chaîne Numidique dans des gorges profondes, sépare ensuite les massifs d'El Milia et de Collo, puis va aboutir à la mer dans la partie orientale du golfe de Djidjelli.

Son principal affluent est l'*oued Bou Merzoug*, dont

la vallée, qu'emprunte la voie ferrée d'Alger à Tunis, constitue en quelque sorte l'axe de la région au point de vue économique.

Les eaux du Bou Merzoug, largement utilisées pour l'irrigation, fertilisent une merveilleuse zone de prairies, les plus belles peut-être de toute la Berbérie. L'important groupement thermal de l'ain Fesguia, situé vers la tête de la vallée, a été capté en partie et alimente en eau potable la ville de Constantine, bâtie près du confluent du Bou Merzoug et du Rummel.

La vallée du Rummel, en amont et en aval de Constantine, a aussi une grande importance agricole, mais surtout au point de vue de la culture des céréales. Une voie ferrée actuellement à l'étude la desservira prochainement.

Vers le Nord, les relations entre le chef-lieu du département et la mer sont assurées par la voie ferrée Constantine-Philippeville, qui emprunte le col des Oliviers pour franchir la chaîne Numidique. Cette ligne traverse, entre Constantine et la chaîne, une fertile dépression, qui produit d'abondantes récoltes de blé autour de Smendou.

Dans la région de Philippeville, les efforts des agriculteurs européens semblent s'être limités jusqu'à présent à la mise en valeur des sahels voisins des ports de Djidjelli, de Collo et de Philippeville, et des dépressions de Saint-Charles, que traversent les chemins de fer de Constantine à Philippeville et de Saint-Charles à Bône.

Tout ce territoire est réparti entre une trentaine de

communes de plein exercice (1) ; quant aux zones montagneuses éloignées des centres de colonisation, elles sont divisées entre une dizaine de communes mixtes (2) de grande superficie.

Les anciennes divisions en tribus (3) ou en caidats ne correspondaient souvent même pas à des entités ethnographiques : la plupart de ces tribus parlaient autrefois des dialectes kabyles, au Nord de Constantine, et chaouias, au Sud. Aujourd'hui l'arabe, de plus en plus répandu, est seul en usage dans la région. Le souvenir de la langue berbère est rappelé à chaque pas par les dénominations géographiques.

Cinq agglomérations humaines importantes n'ont cessé d'exister dans le pays, depuis une haute antiquité : Djidjelli (*Igilgili*), Collo (*Chullu*, *El Koll*), Philippe-

---

(1) Djidjelli, Duquesne, Strasbourg, Chekfa, Collo, Stora, Philippeville, Robertville, Col des Oliviers, El Arrouch, Gastonville, Saint-Charles, Jemmapes, Gastu, Zeraia, Sidi Merouan, Mila, Grarem, Ain Kerma, Ain Tinn, Rouffach, Constantine, le Hamma, Bizot, Condé-Smendou, Oued Athmenia, Oued Seguin, Ain Smara, Guettar el Aich. le Kroub, Ouled Rahmoun, Ain Abid, Oued Zenati.

(2) Djidjelli, Taher, El Milia, Collo, Jemmapes, Edough, Fedj Mzala, Châteaudun-du-Rummel, Ain Mlila.

(3) *Tribus kabyles :* Beni Amran, Beni Siar, Beni Affer, Beni Idder, Beni Aicha, Mchat, Achech, Beni Toufout, Ouled el Hadj, Beni Sala, Beni Ferguen, Zeramna, Tahabna, Medjadja, Zouara, Mouia, Beni Haroun, Beni Tlilen ;

Tribus kabyles arabisées : Beni Mehenna, Radjeta, Sanhadja, Guerbes, Djendel, Beni Ouelben, Eulma Mesla, Ouled Atia, Zerdeza ;

Tribus chaouias arabisées : Ouled Kebbeb, Rhoumcrian, Serraouia, Arb Chetaia, Zenatia.

Tribu arabe berbérisée : Amer Cheraga.

ville (*Ruscicada*), Mila (*Milevum*), Constantine (*Cirta, Ksentina*). Ces quatres dernières villes, bien qu'elles aient eu chacune, à l'époque romaine, le titre de *colonia*, ne possédaient alors qu'un seul corps de magistrats, dont l'autorité s'étendait sur presque tout l'ensemble des régions de Philippeville et de Constantine.

Ces deux régions, en effet, bien que séparées l'une de l'autre par le relief remarquablement accentué de la chaîne Numidique, n'en communiquent pas moins entre elles assez facilement par plusieurs cols, dont ceux de Sfardjela et d'El Kantour, ainsi que par les cluses de l'oued el Kebir et du Safsaf.

B. — DESCRIPTIONS LOCALES

§ I. Chaîne Numidique

La chaîne Numidique est surtout remarquable par ses pics calcaires, au profil hardi et déchiqueté : Sidi Marouf, Mcid Aicha, Sidi Dris, Toumiets, etc. De pittoresques gorges, dont le creusement a été facilité par l'existence d'une épaisse série marneuse, la découpent, comme nous l'avons dit, en plusieurs chaînons inégaux.

Le chainon du Zouara s'étend du col de Fedoules (limite Est de la chaîne des Babors) aux gorges de l'oued el Kebir.

Le chaînon des Mouia s'allonge depuis les gorges de l'oued el Kebir jusqu'au col des Oliviers.

Le chaînon du Msouna court du col des Oliviers aux gorges de l'oued Safsaf.

Le chaînon des Zerdeza continue la ligne de reliefs, des gorges de l'oued Safsaf à la dépression du lac Fetzara.

La crête principale du Chaînon du Zouara, que limite au Nord, le vallon de l'oued Itera, et au Sud, celui de l'oued Endjas, orientés l'un et l'autre Ouest Est, est jalonnée par le djebel Bou Rhar (1.277^m), le kef Bou Hamara (1.337^m), les djebels Mehalla (1.230^m) et Moul el Mcid (1.292^m). Du flanc Nord de cet axe orographique se détache une crête secondaire qui va s'accoler au revers Sud des monts des Beni Ketteb (massif d'El Milia). Elle comprend, sur la rive droite de l'oued Itera, le kef ed Darja (1.124^m), sur la rive gauche du même torrent, le *kef Sidi Marouf* (1.225^m), le kef Bou Rhaleb (582^m), le kef Sassem (534^m) et finalement le dra di Mira (290^m), au delà de l'oued el Kebir. Cette arête a été ainsi profondément entaillée par l'érosion, alors que la crête principale conservait presque entière sa carapace gréseuse.

Le chaînon du Zouara, très isolé des centres européens, est occupé par des montagnards berbères primitifs. Leurs mechtas sont installées surtout dans le vallon de l'oued Itera, au milieu de la zone déboisée comprise entre les forêts d'El Milia, des Arres et de Maklat.

A son entrée dans la chaîne Numidique, l'oued el Kebir recoupe deux barres calcaires entre lesquelles s'insinue l'oued Dib. Il est bientôt après enserré entre les grandes abruptes marneuses que dominent les rochers du djebel Massissa (793^m) et les kefs Amallal (920^m) et Bou Rabia. Plus au Nord, il se creuse un petit cañon en divisant en deux le kalaa et Touma, dont les Romains avaient utilisé l'un des sommets pour y établir leur castellum de *Tucca* (aujourd'hui henchir el Abiod). La vallée s'élargit et devient très sinueuse à la hauteur des confluents des oueds Itera et Rararef. L'oued s'engage ensuite dans la gorge profonde de 480 mètres, qui sépare le kef Sassem du dra di Mira ; puis, il longe sur près de 5 kilomètres, le pied de la montagne calcaire du djebel Maharda (881^m). L'on voit alors les massifs boisés et les vallons aux luxuriantes olivettes de Kabylie succéder aux reliefs en très grande partie dénudés de la chaîne Numidique. Aucun chemin carrossable n'a été établi encore dans les *gorges de l'oued el Kebir*, qu'empruntent seulement de mauvais sentiers muletiers.

Les sommets rocheux du CHAINON DES MOUIA, *djebel Mcid Aicha* (1.462^m), *kefs Sema* (1.345^m) et *Sidi Dris* (1.273^m), djebel Ayata (830^m), kef Sidi Cheikh Bou Rohou (768^m), occupent des surfaces d'autant moins grandes qu'ils sont situés plus à l'Est des gorges de l'oued el Kebir. A l'Ouest du col de Sfardjela, la ligne de faîte est jalonnée par ces rochers, tandis que plus à l'Est, elle suit la ride gréseuse du djebel Bit ed Djazia (837^m), au Sud de l'Ayata et du Bou Rohou. Au Nord-Est de ces derniers reliefs s'étend le contrefort schisteux du koudiata Tebel ben Seid (682^m), qui domine le cirque du col des Oliviers ou bled Bou Zian.

Entre le kef Sema et le Sidi Dris, le revers méridional de la crête principale porte la forêt de chênes-lièges des Mouia. Ici, comme dans le Zouara, le ravinement a été plus actif au Nord qu'au Sud : aussi l'érosion a-t-elle découpé dans les marnes du bord septentrional un réseau très fouillé de petites ravines ou chabets. Des forêts ont dû exister jadis de ce côté de la chaîne, car on y observe encore un petit bois près du sommet du kef Sema.

Les Indigènes des Mouia se livrent de préférence à l'élevage des bœufs ; le blé et l'orge ne mûrissent qu'assez tardivement dans cette zone où la colonisation ne s'est guère développée. Ainsi les petits villages ou groupes de fermes de Hamala, Gravelotte, Ayata, Sainte-Wilhelmine, l'Armée française, El Kantour sont peu prospères et plus ou moins délaissés par les colons.

Le COL DES OLIVIERS n'a d'importance qu'au point de vue des voies de communication. Là passait autrefois la voie romaine de *Cirta* à *Ruscicada*, bien conservée encore aujourd'hui dans la plus grande partie des dépressions de Constantine et de Saint-Charles. Le col est maintenant emprunté par la route nationale et par le chemin de fer.

Le CHAINON DU MSOUNA forme, avec celui des Zerdeza, la terminaison orientale de la chaîne Numidique : il ne présente pas de masses rocheuses aussi étendues et aussi hautes que celles signalées plus à l'Ouest. Son altitude est de plus notablement inférieure à celle des monts de Guelma [Hahouner (1.023^m), Rhar (1.078^m), Taya (1.208^m), Debar (1.060^m)], qui *le relayent* vers l'Est.

L'orientation Ouest Est constante dans la partie Ouest de la chaîne s'infléchit ici vers l'Est-Nord-Est.

Les montagnes les plus élevées du chaînon, les *kefs Toumiels* (892 et 883^m) et *Msouna* (820^m) sont situées au Nord de la ligne de partage des eaux qui est formée par les sommets gréseux, calcaires ou marneux du djebel Kantour (718^m), du dra el loudi (837^m), du djebel Cheraga (870^m), du djebel Bou Aded (863^m), du djebel Sesnou (704^m). Ainsi les ravines très actives du versant méditerranéen ont poussé leurs têtes au-delà des plus hauts sommets, reportant la ligne de partage des eaux à plusieurs kilomètres au Sud de sa position normale.

D'importantes olivettes ont dû exister autrefois dans le chaînon du Msouna, comme semblent en témoigner les dénominations de mechta et bled Bou Zitoun, de mechta Zitouna, etc. On n'en rencontre plus aujourd'hui qu'au pied du djebel Sesnou, en contre-bas des bois de chênes-lièges du revers Sud de cette montagne.

Ces bois font partie du groupe de forêts de l'OUED SAFSAF, qui s'étendent des deux côtés des *gorges des Zerdeza*, depuis le djebel Deira (430ᵐ) jusqu'au djebel Makla (668ᵐ). Malheureusement aucun chemin carrossable n'est ouvert dans cette partie de la vallée dont les lièges ne peuvent par suite être sérieusement exploités.

Dans sa traversée de la chaîne Numidique le Safsaf recoupe tout d'abord entre les djebels Sesnou et Makla une zone argilo-marneuse, où les pentes ne sont pas encore très raides. Il s'engage ensuite dans une profonde échancrure entre les rochers du Msouna et du Sebargoud.

A l'Est du Safsaf, au-dessus de la dépression de Jemmapes, se dresse le CHAINON DES ZERDEZA, dont le revers méridional est séparé de la chaîne du Taya par les vallons des oueds Khemakem, el Kebir de l'Est et Bou Messous.

Ce chaînon présente trois crêtes sensiblement parallèles ayant comme principaux sommets : celle du Nord, le *kef Sebargoud* (609ᵐ), les *djebels el Rdir* (698ᵐ), *Tasselemt* (540ᵐ), *Tangoust* (649ᵐ) ; celle du milieu, les djebels Makla (546ᵐ), Guettara (883ᵐ), Moulm Defa (572ᵐ) et Chbebik (447ᵐ) ; celle du Sud, le koudiata Bel Ouhahem (881ᵐ) et le djebel Arb el Ouldja (725ᵐ).

Les reliefs de la crête septentrionale et de la partie orientale de la crête médiane sont surtout formés par des calcaires, les autres par des grès.

La crête Nord est séparée de celle du milieu par des vallons et des cols qu'emprunte partiellement le chemin venant du Safsaf et desservant La Robertsau (Souk es Sebt), village assez prospère situé dans un cirque argileux occupé par de belles olivettes. Entre l'arête médiane et celle du Sud s'intercalent les vallons des oueds Mera ed Dab, Medjez er-Remer, el Hadjer, Aïn el Kessaba, Aïn Bibit. Presque perpendiculairement à ces lignes de dépression se creusent les gorges des oueds Fendek et Hamimin.

Au Nord-Est le chaînon des Zerdeza finit au-dessus du lac Fetzara par les koudiatas Gertrouila, Nekoub et Mazouz des Eulma Khecha.

Tandis que dans l'Ouest et le centre de la chaîne Numidique la végétation arborescente ne s'est maintenue que sur des espaces relativement restreints, au voisinage de la ligne de crêtes, dans le chaînon des Zerdeza, elle forme, en continuité, les importantes forêts de l'oued Safsaf, des Beni Taieb, de Tangoust, des Oum-Mehal, de la Robertsau et de Melila.

§ 2. Dépressions de Constantine

Les dépressions de Constantine sont plus ou moins profondément encaissées entre la chaîne Numidique et les monts de Constantine. Elles comprennent les trois cuvettes argileuses des Ouled Kebbeb, de Mila et du Smendou.

La dépression des Ouled Kebbeb s'étend de l'Ouest à

à l'Est, depuis le djebel Bou Cherf (1.150ᵐ) jusqu'au djebel Tazerarin (532ᵐ). Elle comprend au Nord le vallon de l'oued Endjas, au Sud ceux des oueds Melah et Radjedas, que séparent les coteaux calcaires du dra Tindjarin (561ᵐ), du djebel Chelrhat (432ᵐ), du Moukouf (487ᵐ), du ras el Mzair (602ᵐ).

L'*oued Endjas*, qui vient du Ferdjioua, entre dans la dépression au pied du djebel Sibous. Il y conserve constamment une direction générale Ouest Est. Il reçoit l'oued Melah au-dessous des coteaux de Kripsa et aboutit au Rummel près de Sidi Merouan, non loin de l'entrée des gorges. Son vallon, qui s'élargit graduellement, atteint 1 kilom. 1/2 à la hauteur de Rouached, puis se resserre vers le koudiat el Hamra, à la limite Est de la dépression. Sauf vers les fermes de Kripsa, il est entièrement cultivé par les Indigènes. Le chemin carrossable de Mila à Djidjelli le parcourt dans toute sa longueur.

L'*oued Melah* prend naissance en contrebas du fedj Mzala, entre le Bou Cherf et le Skrouna. Ses ravines de tête, fortement inclinées, entaillent activement les argiles des coteaux situés à l'Est du col ; tandis que le revers Ouest de la ligne de partage des eaux présente une pente douce qui conduit insensiblement à un vaste marécage faisant partie du bassin de l'oued Bou Sala. La tête de l'oued Melah tend donc à capter le marécage de Fedj Mzala.

Sur le revers Nord des coteaux de Kripsa, l'oued Melah est rejoint par l'*oued Radjedas*, qui prend naissance dans l'Ouest du Chettaba, au pied du djebel Chouafa, et dont le vallon n'offre une largeur appréciable que vers Seraghna.

Si ce dernier village est peu prospère, par contre, les

nombreux centres situés plus à l'Ouest, dans le bassin de l'oued Melah, Richelieu (Rhoumerian), Radjas Ferrada, Zeraia, Rouached, Tiberguent, Lucet (Beni-Guecha) se sont tous rapidement développés. La dépression des Ouled Kebbeb, ou tout au moins la zone méridionale de cette dépression paraît donc assurer un avenir satisfaisant à la colonisation.

Les conditions économiques sont inverses dans la DÉPRESSION DE MILA ; la zone Nord y paraît plus favorisée que la zone Sud au point de vue agricole.

La dépression de Mila est à peu près deux fois plus étendue que celle des Ouled Kebbeb, dont elle est séparée par la ligne des collines Ksarnou, Bel Aid. Vers l'Est, elle est limitée par les hauteurs d'El Benia (657^m), de la mechta Guettara (589^m), du Kheneg (602^m), du djebel Bergli (769^m), enfin par le djebel Ouach ; tous ces reliefs sont sableux ou gréseux, sauf le Kheneg, qui est formé de calcaires massifs.

Comme la région des Ouled Kebbeb, celle de Mila est constituée par deux zones argileuses déprimées : au Nord, la vallée du Rummel entre le Kheneg et Siliana ; au Sud, les vallons des oueds Mila, el Koton, Begrats, et la portion de la vallée du Rummel qui s'étend de Constantine au Kheneg. Entre ces deux dépressions s'élève une ligne de collines gréseuses que jalonnent le Sidi Khenenou (726^m), le djebel Nougra (726^m), et le djebel el Khenga (672^m).

Après avoir franchi les cascades de Sidi Mcid, et jusqu'à son entrée dans le Kheneg, le Rummel conserve une direction Sud-Est Nord-Ouest. Sur ses rives, entre Constantine et le confluent de l'oued Hamma, s'étend la suite ininterrompue des vergers et jardins maraîchers des oasis de Sidi Mcid, de Menia, de Sala bey, de Cherka, du Hamma. L'irrigation est ici assurée, non seulement par les canaux dérivés de l'oued, mais encore par de nombreuses seguias distribuant les eaux chaudes des importantes sources de Sidi Mcid (ain er Raba), de Sala bey et du Hamma. De nombreuses ruines romaines éparses çà et là révèlent l'antique prospérité de toute cette zone. Cependant il ne s'est point créé ici, à proprement parler, de villages français. Seuls les Indigènes cultivent la terre. Les Européens se sont contentés d'utiliser les puissantes chutes d'eau du Rummel et du Hamma pour actionner des moulins à farine et des fabriques de papier. Au Nord-Est du Hamma, le village de Bizot (El Hadjira) est environné de bonnes terres de culture, mises en valeur par des Européens.

En aval du confluent de l'oued Hamma, le Rummel serpente au milieu d'une nappe d'alluvions sablonneuses d'où il paraît tirer son nom. Puis la vallée se resserre un peu pour atteindre l'entrée des gorges du Kheneg, où le fleuve coule ses eaux entre des parois rocheuses abruptes. Les ingénieurs du futur chemin de fer de Djidjelli y ont récemment fait tailler un sentier en corniche. Le Rummel s'y décroche une première fois à 2 kilomètres de son entrée dans les gorges, puis une seconde fois à sa sortie de celles-ci, à la hauteur de Dar el Oued. Le rocher du Kheneg, limité par des falaises au Nord et au Sud, se raccorde vers l'Ouest et vers l'Est aux collines tertiaires qui coupent en deux la dépression de Mila. Il portait, à l'époque romaine une petite ville du nom de *Tiddi*, située sur la voie de *Cirta* à *Chullu*; on y voit encore, à côté des ruines de cette cité, une importante nécropole mégalithique.

A 2 kilomètres au Nord de Dar el Oued, le Rummel se grossit de l'oued Smendou. Il décrit ensuite une nouvelle série de boucles au milieu de collines argileuses, tout en conservant une orientation générale Est Ouest.

Au-delà de son double confluent avec l'oued Metlili et l'oued el Koton, il reçoit l'oued Mila et traverse en une cluse étroite la colline gréseuse du koudiata Tadrar (404^m). Celle-ci fait partie d'un système de coteaux sablonneux qui entourent les cirques argileux au milieu desquels ont été établis les villages prospères de Grarem, au Sud-Est, et de Siliana, au Nord-Ouest. Le cours d'eau décrit, en dessous de ces villages une grande boucle dans laquelle vient aboutir l'oued Endjas, puis, sous le nom d'oued el Kebir, il s'engage dans la longue série des gorges qui recoupent la chaîne Numidique.

L'*oued el Begrats* naît sur le revers Nord du Chettaba, au pied du djebel Zouaoui. Il traverse d'abord les terres du village de Rouffach, l'ancien *Castellum Mastarense*, puis gagne le Sud du djebel el Kranga et va finalement tomber dans le Rummel, un peu en amont du mamelon Vert, auprès du hameau d'Ain Kerma. Des collines sablonneuses avoisinantes émergent deux rochers calcaires, le kef Beni Hamza (679^m) et le relief de Bir el Menten.

L'*oued el Koton*, de direction générale Sud Nord, comme le précédent, vient du kef Bonano, situé dans la région Ouest du Chettaba. Il coule au-dessous du djebel Akhal, puis s'engage dans la dépression de Mila, passe près d'Ain Tinn et d'Azeba, contourne l'extrémité Ouest du koudiata Tafouda et aboutit enfin au Rummel.

L'*oued Mila* se forme dans le vallon de l'oued Bou Hallouf, à l'Ouest de Mila. Il se dirige d'abord, du Sud au Nord, puis, tourne à l'Est, à la hauteur du coteau gréseux de Sidi Bou Rhzar et revenant ensuite vers le Nord, gagne le Rummel, après avoir reçu l'oued Bou Kansir. Celui-ci est formé par les sources importantes dites aioun el Kef et ain el Hamsa : il a vu se développer sur ses bords la belle oasis de Mila, avec sa longue suite de vergers et de jardins maraîchers, ses nombreux moulins, sa vieille ville (*Milevum*), encore entourée de remparts byzantins, ses briqueteries déjà exploitées à l'époque romaine. Tout ici est resté aux mains des Indigènes, qui cultivent même les champs de céréales donnés autrefois aux colons : le village français n'est plus qu'un centre administratif et un relai de diligences.

Les hameaux établis le long de la route de Constantine à Mila, Rouffach (Ain Zied), El Mala, Ain Tinn (Belfort), Azeba (Delacroix), sont peu importants. Peuplés pour la plupart par des Alsaciens-Lorrains, ils avaient reçu, lors de leur fondation, des noms aujourd'hui tombés en désuétude, dont plusieurs avaient été empruntés au pays d'origine des premiers colons. Ceux-ci en se livrant exclusivement à la culture de la vigne assurèrent au début une certaine prospérité au pays, qui fut presque ruiné ensuite par la crise viticole.

La DÉPRESSION DU SMENDOU s'étend de l'Ouest à l'Est, depuis le rocher du Kheneg jusqu'au kef Hahouner, vers la limite des communes mixtes de Jemmapes et de l'oued Cherf. Trois oueds principaux en drainent les eaux : le Smendou, le Safsaf, le Khemaken.

Le *Smendou* descend, sous le nom d'oued Attaf, du

revers Nord du djebel Ouach. Après avoir franchi dans des gorges l'abrupte Nord de ce massif gréseux, il entre dans une dépression argileuse, y décrit plusieurs coudes très brusques et se termine dans le Rummel, en aval du rocher du Kheneg. Sa direction générale dans la dépression reste constamment Ouest Est. Le plus important des cours d'eau qui en sont tributaires est l'oued Sbikra, qui arrive des collines du même nom. Celui-ci reçoit le chabet Said, qui vient du col de Sfardjela, puis s'engage entre les rochers du Rara et du Souari, et atteint le Smendou en amont de Takouh.

La vallée du Smendou, qui dans son ensemble est bien moins large que celle du Rummel, présente un beau développement agricole, grâce aux excellentes terres à blé de Condé-Smendou et des fermes qui dépendent tant de ce village que de Bizot.

De même que le vallon du Khemakem, la vallée du haut Safsaf ne constitue qu'un étroit sillon resserré entre la chaîne Numidique et le djebel Ouach.

Le *Safsaf* prend naissance, sous le nom d'oued Beni Brahim, au pied Sud de la chaîne Numidique, entre le djebel Bit ed Djazia et le djebel Kantour. L'une de ses ravines de tête part exactement du Sud du fedj el Kantour.

A la hauteur de Condé, cet oued reçoit l'eau des chabets venant du revers Est du fedj Raina, qui domine de 50 mètres le lit du Smendou, situé à moins de 500 mètres à l'Ouest. Celui-ci a donc une tendance à capter la tête du Safsaf.

Les principaux affluents du haut Safsaf viennent du Sud : ce sont les oueds Kranga, Rararef et Rorfen.

Après son confluent avec ce dernier, et avant de tourner au Nord pour s'engager dans la chaîne Numidique à

travers les gorges des Zerdeza, le Safsaf reçoit encore,
l'*oued Khemakem*, dont le vallon continue la dépression
de Smendou vers l'Est, jusqu'au pied du Hahouner.

§ 3. MONTS DE CONSTANTINE

Les monts de Constantine présentent dans leur
ensemble une pente raide au Nord, douce au Sud. Leur
modelé, qui participe à la fois des caractères de la montagne et de ceux du plateau, a été déterminé par la
fréquence plus grande des chutes d'eau sur le revers
Nord, tourné vers la Méditerranée, que sur le revers Sud,
tourné vers le Sahara.

D'importants pics calcaires, djebels Akhal, Zouaoui,
Karkara, Sidi Mcid, Kelal, Sala, se dressent au milieu des
marnes qui constituent la masse principale du djebel
Chettaba, à l'Ouest, et des grès qui couvrent le djebel
Ouach, à l'Est.

LE DJEBEL CHETTABA commence à l'Ouest au tenia
Thermest (941^m) sur le chemin de Châteaudun-du-Rummel
à Fedj Mzala. Sa ligne de faîte assez mal dessinée tout
d'abord dans les *monts des Rhoumerian*, entre les coteaux
des Ouled Kebbeb, au Nord, et le plateau de Bou Malek,
au Sud, s'élève graduellement vers l'Est et arrive à 1.133^m
au chouf Melouk. Elle descend ensuite peu à peu dans
le djebel Chouafa (1.079^m), le kef Lakrera (1.061^m) et
n'atteint plus que 890^m au col de Sidi Khalifa qu'emprunte
le chemin d'Oued Athmenia à Ain Tinn. Au Nord de
cette ligne se dressent les rochers calcaires du Bou
Chareb (1.063^m) et du djebel Akhal (1.256^m).

A l'Est du col de Sidi Khalifa, les *monts des Serraouia*

présentent tout d'abord une crête principale Ouest-Est, qui est à la cote 1.167 à El Kalaa et se termine un peu plus loin, au-dessus du cirque marécageux des Ouled Rahmoun. Cette arête est relayée vers l'Est par des montagnes rocheuses orientées Sud-Sud-Ouest Nord-Nord-Est, djebels Zouaoui (1.316^m), Karkara (1.186^m), Chettaba *s. s.* (1.099^m), Sidi Bou Chakour (884^m), en partie occupées par une forêt de chênes rabougris.

Le djebel Chettaba semble avoir été largement pénétré par la colonisation romaine ; il était alors divisé en deux circonscriptions territoriales : la *respublica Phuensium* (Aïn Fououa) et le *castellum Arsacalitanum* (el Goulia). Actuellement il n'existe dans l'intérieur du massif qu'un seul village européen, Sidi Khalifa, qui est même en partie abandonné.

Le nombre des Indigènes du Chettaba est, d'ailleurs, peu élevé ; la ville voisine de Constantine exerce sur eux une déplorable attraction. Ici cependant non seulement l'agriculture, mais encore l'exploitation des calcaires et des gypses demanderait une main d'œuvre abondante. Malheureusement l'accès de ces montagnes, situées à quelques kilomètres à peine du chef-lieu du département est rendu très difficile, souvent même impossible, par l'absence de chemin carrossable allant de Constantine vers le centre du relief.

Le djebel Chettaba est limité vers l'Est par le vallon profondément encaissé d'un affluent du Rummel, l'oued Melah, prolongé par le chabet Hall el Merdj. Sur la rive droite de ce torrent, se dresse un dernier contrefort occidental du djebel Ouach, la montagne calcaire de Sidi Mcid (785^m), dont le rocher de Constantine (654^m) est séparé par le cañon du Rummel que recouvrent sur plusieurs points des voûtes naturelles de travertin.

Ce cañon, long de 2.800^m, présente, au début, une profondeur de 35^m.

Ses parois, en pente douce au voisinage de la surface du rocher, se rapprochent graduellement jusque vers le tiers supérieur de l'anfractuosité, puis s'écartent de nouveau, pour se réunir enfin et dessiner l'étroit et serpentueux lit du fleuve.

A 700^m environ de l'entrée du ravin, le Rummel passe sous une petite voûte naturelle. Puis il tourne presqu'à angle droit, abandonnant son orientation première Sud-Ouest Nord-Est, pour aller au Nord-Ouest. Au sommet de l'angle ainsi formé, le chabet Sfa (chabet Ain el Arb) vient déboucher dans la gorge, dont il prolonge exactement en direction la partie amont. Cette ravine arrive au faîte de la paroi du cañon, en n'y pratiquant qu'une très faible indentation.

A El Kantra commencent les grandes voûtes travertineuses, sous lesquelles les eaux disparaissent à plusieurs reprises. La dernière précède de peu les superbes cascades de Sidi Mcid, où le Rummel se précipite d'une hauteur de 80 mètres.

Le rocher de Constantine, qui surplombe la vallée vers le Nord-Ouest de 203 mètres, doit à sa position, presque inexpugnable jadis, de porter l'une des plus importantes villes de l'Afrique mineure.

Vers l'Est de la ville, s'élève le DJEBEL OUACH, dont le point culminant domine le Sidi Mcid de 500 mètres environ. Au Nord et au Nord-Ouest, cet important massif se termine par des abrupts au-dessus des oueds Safsaf, Smendou et Hamma. Au Sud, il finit en pente douce, en face du plateau des Amer Cheraga. A l'Est, entre Ain Regada et le bordj Sabat, l'étroit couloir argilo-marneux de l'oued Zenati s'intercale entre le djebel Ouach et les pitons gréseux des Sellaoua Announa (monts de Guelma).

Les vallons des oueds Rorfen, Sabat et el Aria divisent le djebel Ouach en trois grandes zones de relief : à l'Ouest, le djebel Ouach proprement dit ; au Nord-Est, les monts des Beni Medjaled ; au Sud-Est, les monts des Zenatia.

Le signal de l'Ouach et les kefs qui l'entourent forment un remarquable *nœud hydrographique* : des nombreux chabets qui en descendent, les uns vont aboutir dans le golfe de Djidjelli, par le Rummel ; les autres, dans le golfe de Stora, par le Safsaf, ou dans le golfe de Bône, par la Seybouse.

La ligne de faîte du massif est orientée Nord Est Sud-Ouest. Elle a pour principaux sommets le ras el Djenan (1.064^m), el hadjar es Safra (1.202^m), le signal de l'Ouach (1.289^m).

Au Sud de cette crête principale, on observe une série de chaînons dirigés Nord-Est Sud-Ouest, le bled el Kenif (1.018^m), le stah el Omaida (1.078^m), le djebel Djenan el Lobba (1.008^m), le djebel el Aria (977^m).

Au Sud-Ouest, la même orientation se retrouve dans un certain nombre de rides parallèles moins élevées, djebel Massin (936^m), dra ez Zeriba (805^m).

A l'Ouest, le massif se termine par les collines calcaires du Mansoura (718^m), du Sidi Mcid (785^m), de Bou Keira (722^m), du Sala (741^m), du Kelal (893^m).

Au Nord, se présentent de hautes lignes rocheuses, toutes alignées Nord-Est Sud Ouest, kef el Arba (1.191^m), kef Akhal (1.192^m), koudiat el Homaida (1.131^m).

Au Nord-Est, se dressent les pitons du djebel Agueb (788ᵐ), d'el arba djebel Ouach (976ᵐ), du djebel el Hadjer (1.112ᵐ), du kef Sebssi er Roumi (1.116ᵐ) et du djebel Melliani (1.111ᵐ).

A l'Est, au-delà du vallon de l'oued Rorfen, s'étendent les *monts des Beni Medjaled* (1.665ᵐ), couverts de belles forêts de chênes-lièges.

Les gorges de l'oued Sabat les séparent des *monts des Zenatia,* dont le point culminant, le djebel Mdouer (1.151ᵐ) occupe le centre d'un important relief gréseux, presque complètement dénudé.

Le djebel Ouach, dont la surface et l'altitude moyenne sont notablement supérieures à celles des autres reliefs de la région de Constantine, est situé en face d'un remarquable abaissement de la chaîne Numidique, correspondant à la région du col des Oliviers. Aussi bénéficie-t-il, malgré son éloignement relatif de la Méditerranée (60 kilomètres à vol d'oiseau), d'une certaine abondance de précipitations atmosphériques, qui y favorisent grandement la végétation.

Malheureusement ces conditions physiques ne semblent pas encore avoir eu une influence suffisante pour en assurer le développement économique. Seul le revers Sud-Ouest a été partiellement acquis au domaine de la colonisation, autour de Sidi Mabrouck, Lamblèche, El Aria et Mahadjiba.

En dehors de cette dernière localité, les vestiges laissés par les Romains dans l'intérieur du massif sont relativement rares. Par contre, des nécropoles mégalithiques y existent, dans le dra en Naga, chez les Beni Medjaled, les Ouled-Djebarra et les Zenatia.

Dans le Nord-Est du djebel Ouach se trouvent les

grandes forêts de chênes liéges des Ouled Atia et des Beni Medjaled.

Les terres du centre du massif portent d'excellents herbages, où l'on élève une race de bœufs indigènes assez estimée.

§ 4. PLATEAUX DE CONSTANTINE

La partie méridionale de la région de Constantine comprise entre les plaines de Châteaudun et de Temlouka est divisée par le Rummel et le Bou Merzoug en trois grandes zones, légèrement en relief au-dessus des vallées : à l'Ouest, le plateau de Bou Malek ; au milieu, le plateau de Guettar el Aich ; à l'Est, le plateau des Amer Cheraga.

Plusieurs imposantes masses calcaires en émergent : au Sud-Ouest, le djebel Grouz ; au Nord, les djebels Ouled Selem et Felten ; au Nord-Est, le djebel Oum Settas ; au Sud-Est, le djebel Daffa. Ces pics rocheux dominent de larges surfaces mollement ondulées, formées surtout de sables et de limons, s'inclinant doucement au Sud vers les steppes des Ouled Abd en Nour (hautes plaines de Telergma, d'Ain Mlila et bahiret Touila).

Le PLATEAU DE BOU MALEK commence à l'Ouest, au-dessus du vallon de l'oued Dekri, avec les terrasses du bled el Knateur (874^m), du bled Fouara (854^m) et du dra es Sabour (878^m), qui entourent le *djebel Grouz* (1.188^m). Ce plateau se prolonge vers l'Est dans les coteaux du koudiata Sidi Siden (795^m), du kef es Saker (861^m) et du koudiat Bou Ahmar (805^m).

Il n'y existe qu'un petit nombre de mechtas. Trois villages européens y ont été créés à Bled Youssef (Ribeau-

villé), Bou Malek (Eguisheim) et Ain Melouk (Obernai).
Ils sont encore peu développés.

Le Rummel, dont une partie du cours sépare le plateau de Bou Malek de celui de Guettar el Aich, prend
naissance au Sud-Est des hauteurs de Tachouda, dans le
Ferdjioua. Il est d'abord orienté Nord-Ouest Sud-Est,
puis Ouest Est à partir de son entrée dans la plaine de
Châteaudun-du-Rummel, en amont de Saint-Donat.
Avant d'atteindre Oued Athmenia, il se décroche en franchissant dans des gorges l'extrémité orientale de la
barre du Grouz et arrive ainsi dans la zone des plateaux
constantinois. Sa vallée, large et peu profonde, fait, après
le confluent de l'oued Seguin, un coude à angle droit
à la hauteur du rocher de Bir Brinnes. Elle se resserre
très sensiblement au Nord d'Ain Smara, décrit alors
une boucle presque fermée et s'insinue entre les tables
calcaires du djebel el Hadj Baba et du plateau d'Ain el
Bey, en conservant une direction générale Sud-Ouest
Nord-Est. Après avoir reçu l'oued Mrarouel, le Rummel
se trouve à l'altitude et au *voisinage immédial* des ravines
de tête du chabet Hall el Merdj, dont il ne reçoit les
eaux, réunies à celles de l'oued Melah, que 8 kilomètres
plus en aval. Son lit dessine ensuite plusieurs sinuosités
peu importantes au milieu d'argiles plus ou moins gypseuses, puis il devient très étroit et entaille en cluse une
remarquable barre de poudingues rouges avant de rece-
voir les eaux du Bou Merzoug. Les Romains avaient jeté,
d'un bord à l'autre de cette cluse, un aqueduc en partie
conservé aujourd'hui, qui amenait à *Cirta* les eaux de
l'ain Fesguia. Grossi du Bou Merzoug, le Rummel gagne

le pied du rocher de Constantine, pour s'engager dans le superbe cañon décrit précédemment.

Dans sa traversée des plateaux, la vallée du Rummel est bien cultivée ; de belles fermes européennes y ont été établies, particulièrement entre les deux villages d'Oued Athmenia et d'Ain Smara.

Le grand PLATEAU DE GUETTAR EL AICH, dont l'extrémité Nord s'intercale entre le Chettaba et le djebel Ouach, est entièrement compris entre le Rummel et le Bou Merzoug. Il est constitué par les petits plateaux d'Ain el Bey, des Arb Chetaia et d'Ain Guerfa. Son altitude moyenne est de 700 à 800 mètres, mais il présente au Nord-Ouest d'importants accidents orographiques formés par des calcaires massifs, le *djebel Ouled Sellem* (921^m) et le *djebel Felten* (1.121^m).

Le *plateau d'Ain el Bey*, limité à l'Ouest par l'oued Seguin et à l'Est par les vallonnements qu'emprunte le chemin de Guettar el Aich, se relève vers le Sud dans le piton calcaire de Tigmerit, et dans les reliefs gréseux des Ouled Anen (952^m) et du Medelsou (1.091^m).

Le *plateau des Arb Chetaia* n'a qu'un relief peu accentué, que dominent les coteaux de Dambar (938^m) et le djebel Toukouia (1.106^m).

Du *plateau d'Ain Guerfa* émergent un certain nombre de collines calcaires, djebel Fezza (1.010^m), koudiata Taouze (846^m), djebel Chaima (974^m), qui se dressent au-dessus de la vallée du Bou Merzoug.

Deux villages, Oued Seguin et Guettar el Aich, ainsi qu'un certain nombre de fermes européennes prospèrent dans cette zone.

Les Indigènes séjournent de préférence sur le plateau

pendant l'été, et dans la plaine d'Ain Mlila en hiver. Les territoires de leurs douars dessinent d'ailleurs de longues et étroites bandes, courant du Nord au Sud sur plus de 25 kilomètres, depuis le bord du djebel Felten jusqu'à la crête du Nif En Necer.

La source chaude de Fesguia, tête du Bou Merzoug, forme un vaste marécage au pied des djebels Nif En Necer et Guerioun. C'est de là que sort le Bou Merzoug. Sa vallée, à peine dessinée dans les hautes plaines, se resserre, en passant dans la région de Constantine, entre les rochers d'El Guerra (940^m) et du Tesselia (1.149^m). Il fait ensuite un premier coude brusque près de la mechta Kremis Ed Debas et recueille les eaux thermales des aioun Bou Merzoug. Au nord de la gare des Ouled Rahmoun, il présente deux remarquables décrochements consécutifs déterminés par l'existence d'une série de barres calcaires dirigés Sud-Ouest Nord-Est.

A partir de son confluent avec l'oued Berda, sa vallée s'élargit considérablement au milieu de terrains argileux et marneux. Le Bou Merzoug décrit alors de nombreux méandres dans la large nappe des limons plus ou moins marécageux de son lit majeur. Après avoir reçu l'oued el Hamimin et la rivière des Chiens, il se jette dans le Rummel, un peu en amont de Constantine, auprès des Arcades romaines.

Tout le long du cours du Bou Merzoug, depuis El Guerra jusqu'à Constantine, s'échelonnent d'importants moulins, de belles fermes et les villages ou hameaux prospères d'El Guerra, d'Ouled Rahmoun, du Kroub, au milieu de superbes prairies que dominent des coteaux fertiles, très propres à la culture des céréales. N'était le

développement du paludisme, lié à la présence des marécages, le Bou Merzoug serait tout à fait comparable à
une rivière de France par le calme de ses eaux abondantes en toutes saisons et la merveilleuse végétation qui
couvre ses rives.

Le grand PLATEAU DES AMER CHERAGA commence au
pied du djebel Ouach dans le relief boisé du Meridj
(826^m). Au Nord le petit *plateau du Kroub* a son point
culminant (778^m) qui porte le monument de style greco-
punique désigné sous le nom de Souma.

A l'Est se dresse l'imposante masse rocheuse du djebel
Oum Settas (1.326^m), où prend naissance l'oued Zenati le
plus occidental des affluents de la Seybouse. Une voie
romaine, encore conservée sur une assez grande longueur, empruntait une ligne de dépressions séparant le
djebel Oum Settas des pitons calcaires des Mazela (1.040
et 1.070^m).

Au Sud, sur la rive gauche de l'oued Berda, s'étend le
plateau des Ouled Nacer, découpé en son milieu par
de nombreuses ravines limitant les coteaux des Ouled
Sahker et des Mokbachia.

Au Sud-Est s'élève la montagne calcaire du djebel
Daffa, dite aussi djebel Amar (1.278^m), qui se prolonge
par les djebels Foum el Alik (1.079^m) et Fortass des
Ouled Aziz (1.112^m) entre les plaines de Touila et de
Temlouka.

Au Sud-Ouest, le plateau des Amer Cheraga, est limité
par le vallon de l'oued el Keleb, dans lequel sont situés le
village de Sigus et les fermes de Sila. Il est dominé par le
massif rocheux du Guerioun (1.729^m), qui occupe plus de

250 kilomètres carrés entre les plaines de Touila et d'Ain Mlila.

Sur de nombreux points de la bordure du plateau des Amer Cheraga comme en flanc du Guerioun sont conservées de superbes nécropoles mégalithiques, notamment près de Mahadjiba, Bou Nouara, Ain Regada, Ain Bou Merzoug, Sigus et Texas. Les ruines romaines y sont aussi très nombreuses.

La colonisation française est encore peu développée dans cette zone ; on ne compte sur le plateau que quatre villages ou hameaux européens, Bou Nouara, Ain Abid, Ain Regada, Sigus. A Bou Nouara et à Ain Regada, les terres à blé de la Compagnie Algérienne donnent de très bonnes récoltes. Ailleurs existent de grandes propriétés indigènes avec des fermes importantes.

CHAPITRE II

STRATIGRAPHIE DES TERRAINS PALÉOZOIQUES, TRIASIQUES ET JURASSIQUES

A. — APERÇU HISTORIQUE

Renou (1) (1848) réunit dans le Nummulitique tous les calcaires de la chaîne Numidique ; il voit dans les gypses du Chettaba le résultat d'une transformation locale des marnes crétacées.

Coquand (2) (1854) attribue au Trias les grès et les schistes d'El Kantour, des Toumiets, du Chbebik (Gastu), etc.; au Lias, les calcaires inférieurs fossilifères de ces mêmes localités.

Hardouin (3) (1868) rapporte au Silurien tous les schistes de la région de Philippeville.

Tissot (4) (1881) confond les calcaires inférieurs d'El Kantour avec les calcaires nummulitiques ; les grès et les

---

(1) *Géologie de l'Algérie*, p. 22 et suiv.
(2) *Mém. S. G. F.*, 2, V, p 44 et suiv.
(3) *B. S. G. F.*, 2, XXV, p. 328.
(4) *C. G. provisoire de Constantine*.

schistes de ce même point avec les schistes cristallins. Il assimile au Crétacé moyen les schistes, grès et calcaires de la dechret el Guitoun, près du kef Sassem, de Fouia, près du kef Sidi Marouf, du djebel Mcid Aïcha et du kef Sema.

Pomel (1) (1889) place dans l'Archéen (ζ) les schistes cristallins de la zone littorale, dans le Précambrien (X) les grès et schistes d'El Kantour, dans le Lias inférieur (l^a) les calcaires du voisinage de ce village.

M. Ficheur (2) (1896) signale le Lias au Sidi Marouf, dans les gorges de l'Oued el Kébir, dans les djebels Maharda (mechtas Taskif et Gardjima), Berra, Mcid Aicha, Sidi Dris et Ayata ; il attribue au Néocomien les calcaires, les grès et les schistes du kef Sema et du Nord du Mcid Aicha.

Marcel Bertrand (3) (1896) indique la présence du Trias fossilifère au Chettaba.

M. Ficheur (4) (1899) relève les lambeaux de Trias d'Ain Goulia, du Zouaoui, de l'Akhal, du Beni Hamza, d'Ouled Rahmoun, d'El Guerra et considère de nouveau comme triasiques les grès et schistes d'El Kantour.

Il admet pour l'ensemble de la région la classification stratigraphique suivante (1900) (5) :

---

(1) *C. G. de l'Algérie*, 2ᵉ éd.
(2) *A. F. A. S.*, Bordeaux, p, 565.
(3) *B. S. G. F.*, 3, XXIV, p. 790.
(4) *B. S. G. F.*, 3, XXVII, p. 85.
(5) *C. G. de l'Algérie*, 3ᵉ éd.

ζ Archéen. — Schistes cristallins des Toumiets, du djebel Lakdar, de la Robertsau, de Gastu ;

X Précambrien. — Schistes cristallins d'El Kantour;

t Trias. — Argiles gypsifères du Chettaba, du Beni Hamza, d'Ouled Rahmoun ;

l Lias. — Calcaires du Sidi Marouf, du Mcid Aicha, d'El Kantour, des Toumiets, etc.;

em Eocène moyen. — Calcaires du Bou Aded, du Sebargoud, du Lakdar, du Chbebik, etc.

M. A. JOLEAUD (1) (1901) fait connaître le TRIAS fossilifère du Bon Pasteur (Mansoura).

D'après M. TERMIER (2) (1902), les terrains cristallophylliens de la région littorale constantinoise appartiendraient à l'Eocène métamorphique.

M. FICHEUR (3) (1903), persiste à les considérer comme archéens et précambriens. Il revient à l'attribution de Coquand en ce qui concerne les calcaires à Bélemnites du Chbebik, du Lakdar, des Zerdeza, des Toumiets.

---

(1) *B. S. G. F.*, 4, I, p. 113.
(2) *C. R. Ac. Sc.*, 2 et 10 février ; V. aussi *B. S. G. F.*, 4, III, 1903, p. 130.
(3) *B. S. G. F.*, 4, III, p, 407 ; V. aussi *Ann. Min.*, octobre 1904.

B. — CONSIDÉRATIONS GÉNÉRALES SUR LES TERRAINS PALÉOZOIQUES, TRIASIQUES ET JURASSIQUES DE L'AFRIQUE MINEURE

§ 1er PALÉOZOÏQUE

Les terrains paléozoïques, qui font presque complètement défaut dans la région de Constantine, sont très développés dans celle de Philippeville. Ils occupent dans ce dernier pays une grande partie des massifs d'El Milia, de Collo, de Philippeville et des Radjeta, et affleurent, en outre, sur des étendues assez importantes, dans la chaîne Numidique.

Dans la Kabylie de Collo, ces terrains ne semblent comprendre que des formations métamorphiques ; dans la chaîne Numidique, au contraire, ils sont fréquemment constitués par des roches non métamorphisées.

Dans le massif de Philippeville, en particulier, j'ai pu reconnaître la série suivante en allant de Philippeville à Collo :

Phyllades, chloritoschistes, talcschistes, quartzites ;
Schistes micacés, quartzophyllades ;
Miscaschistes ;
Gneiss feuilletés ;
Gneiss glanduleux, fibreux, etc. ;
Gneiss granitoïdes.

L'on voit un peu partout, dans le massif ancien des calcaires plus ou moins cristallins, généralement gris bleuté, quelquefois blanchâtres. Il ne paraissent occuper

nulle part de grandes surfaces. Au Nord-Est du caravan-
sérail de Tamalous, on en trouve une quantité de petits
lambeaux de dimensions minuscules, n'excédant pas
quelques mètres cubes. Au Sud-Ouest de Stora, ils
dessinent une bande étroite, longue de plusieurs kilomètres.

On constate de plus, que des *granulites* et des *pegma-
tites* ont traversé, sur un certain nombre de points, les
schistes en déterminant à la périphérie de leurs filons, des
auréoles de schistes granulitisés.

Dans la chaîne Numidique, les terrains paléozoïques
métamorphiques semblent appartenir tous aux termes
les moins cristallins : phyllades, chloritoschistes, calcaires
bleus à peine cristallins, etc.

Ceux qui n'ont que peu ou pas subi l'influence du
métamorphisme comprennent la série ci-après :

Permien
5. Schistes, phyllades argilo-schisteux, grès quartziteux rouges.
4. Poudingues grossiers formés de cailloux de quartz, de schistes et de phtanites.

Carbonifère
3. Schistes argileux gris, calcaires lithographiques plus ou moins cristallisés et schisteux.
2. Schistes noirs à silex (phtanites) et lits charbonneux à restes de Végétaux indéterminables.
1. Schistes satinés blanchâtres ou rougeâtres, phyllades, grès quartziteux micacés verdâtres, conglomérats à petits grains de quartz.

Cet ensemble est identique comme faciès et comme
situation stratigraphique, ainsi que M. Ficheur l'a constaté
dans une course qu'il a bien voulu faire avec moi au Col

dés Oliviers, aux dépôts du Djurjura rapportés par lui (1)
et par Marcel Bertrand (2) au Carbonifère et au Permien.

Les schistes carbonifères, en particulier, sont analogues, d'après M. Ficheur, aux schistes à lydiennes du
Dinantien de Roquebrun (Montagne Noire).

Les formations métamorphiques subordonnées de la
chaîne Numidique seraient donc ante-carbonifères, ainsi
que celles de même facies observées dans le massif de
Philippeville.

Des gneiss, des micaschistes, des schistes satinés, des
quartzites micacés, des calcaires cristallins se retrouvent
sur d'importantes surfaces plus à l'Est et plus à l'Ouest,
dans les massifs littoraux de l'Edough, de la Grande
Kabylie, de la Bouzarea. Ville (3), MM. Welsch (4), Curie,
Flamand (5) et Gentil (6), en ont aussi signalés dans le
Tell, les Hautes Plaines et l'Atlas saharien de l'Algérie
occidentale, mais seulement en lambeaux isolés, de très
peu d'étendue, ou encore au milieu d'affleurements triasiques, ou enfin à l'état de bombes dans les produits de
projection de volcans relativement récents.

Dans le Maroc sud-occidental (Meseta et Grand Atlas),
la série schisteuse paléozoïque comprend, au-dessus de
formations métamorphiques analogues : à la base, des
schistes correspondant à l'Ordovicien et au Gothlandien,
ensuite des schistes argileux, intercalés de lits de calcaires

<hr>

(1) *Ann. Min.*, octobre 1904.
(2) *B. S. G. F.*, 3, XXIV, 1897, p. 1135 et suiv.
(3) *Notice Minéral. Alger et Oran*, 1857, p. 38.
(4) *B. S. G. F.*, 3, XVII, 1889, p. 361.
(5) CURIE et FLAMAND, *C. G. Algérie, Explication*, 1889, p. 19-62;
FLAMAND, *B. S. G. F.*, 4, VIII, 1908, p. 256.
(6) *Bassin de la Tafna*, 1903, p. 190.

bleus avec fossiles dévoniens, et au sommet des schistes argileux à silex noirs (phtanites), représentant le Carbonifère inférieur (1).

Des schistes non métamorphiques, offrant les facies du Paléozoïque du Maroc occidental, se retrouvent d'ailleurs dans le Maroc septentrional et dans l'Algérie nord-occidentale. Généralement attribués au Silurien, ces dépôts comprendraient aussi, dans la région d'Oudjda du moins, du Dévonien (?), du Carbonifère inférieur et du Carbonifère moyen (?). Le Carbonifère serait représenté par des argiles schisteuses et des schistes à silex noirs (phtanites), alternant avec des grès verts ou bruns et des conglomérats à petits éléments (2).

Ce système présente en somme le même facies (phtanites et roches détritiques verdâtres à petits éléments) dans la chaîne Numidique, dans le Djurjura, dans le Maroc nord-oriental et sud-occidental. Par contre, les couches plus anciennes de l'Algérie nord-orientale diffèrent partiellement de celles de l'Algérie nord-occidentale et du Maroc. Ici, comme je viens de le dire, l'on rencontre immédiatement au-dessous du Carbonifère, des schistes argileux et des quartzites, et ce n'est que bien plus bas que l'on arrive aux schistes et calcaires plus ou moins cristallins analogues à ceux de la Kabylie de Collo. Il est très possible, en conséquence, que la partie supérieure des formations métamorphiques de Philippeville doive être rapportée au Dévonien (calcaires bleus) et au Silurien (schistes).

La première assise franchement détritique que j'ai

---

(1) Gentil, *Nouv. Arch. Miss. scient.*, XVIII, 1901, etc.
(2) Gentil, *Nouv. Arch. Miss. scient.*, XVI, 1908.

observée dans l'Algérie nord-orientale date seulement du
Permien : c'est le poudingue de l'Armée française (4 de la
série paléozoïque non métamorphisée de la chaîne
Numidique). J'y ai trouvé des phtanites remaniés. Ce
conglomérat, toujours discordant sur le Carbonifère ou
sur les terrains plus anciens, se retrouve, surmonté par
des grès et argiles gréseuses rouges, sur de nombreux
points de l'Afrique mineure : Algérie (environs de Souk
Ahras, de Guelma, de Constantine, chaîne Numidique,
Djurjura, régions de Miliana, de Tifrit, d'Oran, de la
Tafna) ; Maroc (Riff, Chaouia, Grand Atlas occidental).
Ses caractères pétrographiques et stratigraphiques sont
d'ailleurs exactement ceux du Permien moyen et supérieur
de l'Espagne, des Pyrénées, de la Provence, des Alpes
orientales, etc.

§ 2. TRIAS

Le Trias a été, jusqu'à il y a peu d'années, rapporté par
les géologues algériens aux termes les plus éloignés des
séries secondaire et tertiaire (Trias-Pliocène).

En 1896, Marcel Bertrand reconnut, dans les fossiles
recueillis au Chettaba par Tissot et par M. Goux, l'existence de Myophories triasiques. Quelques années après,
mon père découvrit d'autres fossiles de même âge dans
deux autres localités de la même région, au kef Beni-Hamza
et au Bon Pasteur. Mes levés détaillés m'ont permis de
reconnaître ce même terrain sur nombre de points de la
chaîne Numidique et des monts de Constantine, points où
il n'avait pas encore été signalé et dont on trouvera l'énumération plus loin.

§ 3. Lias

Le Lias n'existe que dans un petit nombre d'endroits de la région de Constantine ; il est, par contre, bien développé dans la chaîne Numidique. L'extrême rareté des fossiles y rend malheureusement la distinction des niveaux très délicate. Sa base est formée par des cargneules, des dolomies et des calcaires dolomitiques (Rhétien-Hettangien) ; puis viennent des calcaires régulièrement stratifiés à *Arielites* (Sinémurien) ; ensuite des calcaires bleuâtres à silex, dont la stratification est le plus souvent indiscernable. Ces calcaires bleuâtres rappellent tout à fait, par leur facies, les assises du Lias moyen fossilifère d'Oudjda, du Djurjura et de Guelma décrites par MM. Gentil (1), Ficheur (2) et Dareste de la Chavanne (3). Le tout est surmonté par des calcaires bien lités alternant avec des marno-calcaires schisteux. La présence vers la base de ce système, dans le djebel Maharda, de *Phylloceras frondosum* Reyn., *Amaltheus spinatus* Brug., *Cymbites sp.* paraît indiquer le sommet du Lias moyen (Domérien supérieur, zone à *Amaltheus spinatus*). Enfin, à un niveau assez élevé de cet ensemble, j'ai rencontré des Inocérames, Ammonites, Belemnites indéterminables, comme dans le Lias supérieur de la Grande-Kabylie.

---

(1) *B. S. G. F.*, 4, VIII, 1908, p. 65.
(2) *Eocène de la Kabylie du Djurjura*, 1890, p. 63.
(3) *C. R. Ac. Sc.*, 27 janvier 1908.

§ 4. Oolithique

L'Oolithique, en parfaite continuité avec le Lias supérieur, dans les chaînons du Zouara et des Mouia, comprend :

1° A la base des calcaires gréseux ou schisteux, des grès et des marnes schisteuses rougeâtres ou grisâtres : j'y ai recueilli *Avicula Munsteri* Bronn à la dechret el Guitoun, et M. Foulquier y a trouvé *Phylloceras aff. tortisulcatum* Orb. et *Perisphinctes aff. plicatilis* Sow à la mechta Ark el Bir (Oolithique inférieur, Bajocien à Oxfordien) ;

2° Ensuite des marno-calcaires et des calcaires. qui m'ont fourni des *Perisphinctes* indiquant, d'après l'examen qu'a bien voulu en faire M. Haug, l'Oolithique moyen (Lusitanien, Kimeridjien) ;

3° Enfin des marnes schisteuses, des calcaires schisteux et des grès noirs, correspondant peut-être encore à une partie de l'Oolithique moyen et à l'Oolithique supérieur (Portlandien).

Aucun dépôt du Lias supérieur, ni de l'Oolithique n'avait encore été signalé dans le Tell constantinois ; mes observations montrent qu'en réalité la chaîne Numidique s'est comportée, au milieu de l'ère secondaire, exactement comme l'Algérie occidentale, dont les facies jurassiques, étudiés par M. Ficheur (1) dans l'Ouarsenis et par M. Gentil (2) aux environs d'Oran, sont absolument comparables à ceux de ma région.

---

(1) *Ann. Min.*, octobre 1909.

(2) *Bassin de la Tafna*, 1903, p. 115-122 ; *B. S. G. F.*, 4, VIII, 1908, p. 403-407.

C. — DESCRIPTIONS LOCALES

§ 1ᵉʳ. Chaîne Numidique

Le plus occidental des rochers de la chaîne Numidique, le kef ed Darja est constitué par un bloc de calcaires liasiques, subparallélipipédique, d'un peu plus de 2 kilomètres de long, à stratification le plus souvent indiscernable. La cassure de la roche varie du blanc au bleu et au gris.

Le kef Sidi Marouf (*pl. IV, fig. 1*), qui se dresse au Nord-Est du kef ed Darja, forme un relief bien plus important que celui-ci et s'étendant sur une longueur de 5 kilomètres environ de l'Ouest à l'Est.

C'est aussi un rocher massif de calcaire liasique (Lias moyen), d'une centaine de mètres de hauteur, qui repose sur 40 mètres environ de calcaires bien lités, intercalés de marno-calcaires schisteux. M. Haug, à qui j'ai soumis quelques fossiles, recueillis par moi dans ces marno-calcaires, y a reconnu des *Perisphinctes* de l'Oolithique moyen.

Calcaires bien lités et marno-calcaires schisteux sont superposés en concordance à des marnes schisteuses, des calcaires schisteux et des grès noirâtres bien développés au lieu dit Fouia, où ils atteignent 200 à 250 mètres de puissance. Il faut peut-être encore en rapporter une partie à l'Oolithique moyen, mais la masse principale représente plus vraisemblablement l'Oolithique supérieur. Quoi qu'il en soit, la série du Sidi Marouf est manifestement renversée.

Au voisinage de cette montagne, j'ai découvert une série de lambeaux de Trias également en situation anormale. Immédiatement au Sud du Sidi Marouf, sur les bords de l'OUED ITERA, les argiles irisées gypsifères viennent s'intercaler dans les schistes de l'Oolithique supérieur (*pl. IV, fig. 1 bis*).

Plus à l'Ouest, au KEF GOUSSAM, l'intercalation a lieu dans les marnes méso-néocrétacées ; au milieu des argiles irisées émergent des calcaires dolomitiques bleuâtres, formant de remarquables klippes, qui dominent de plus de 100 mètres les croupes argileuses voisines.

Le Trias existe encore dans la même zone près du KALA ET TOUMA (*pl. IV, fig. 2*) sur les deux rives de l'oued el Kebir, où il est renversé sur le Lias vers le Sud. Vers le Nord-Ouest et le Nord-Est, il s'insinue, comme au Goussam, dans les marnes du Méso-néocrétacé. Il nous a fourni la série habituelle des roches et minéraux qui accompagnent les argiles irisées en Algérie, ophites, grès permiens, calcaires jaune de miel, calcaires bleus dolomitiques, cristaux de quartz enfumé et de dolomie noire, gypse, pyrite de fer en dodécaèdres pentagonaux, etc. Le sentier qui suit la rive gauche de l'oued el Kebir recoupe, en une tranchée peu profonde le contact du Trias et du Lias, à la hauteur du kala et Touma ; la série paraît légèrement renversée ou subverticale, mais continue : au-dessus des argiles irisées, l'on observe des cargneules et des dolomies jaunâtres, en partie pulvérulentes, qui passent à des calcaires dolomitiques ; le tout est surmonté par les calcaires liasiques, qui se dressent en de vertigineuses abruptes dominant l'oued el Kebir.

Quoiqu'il en soit, la base du Lias est ici intimement liée au Trias, comme sur plusieurs autres points de la région. Il en est d'ailleurs ainsi dans les monts de Guelma (1), le Djurjura (2), les monts du Hodna (3), la plateforme de Saida et les monts des Ksours (4). Il en est autrement dans le Nord-Ouest de l'Oranie et au Maroc, où M. Gentil (5) a constaté la transgression du Rhétien et celle du Lias moyen sur le Paléozoïque.

Au Nord du kala et Touma, les calcaires massifs du Lias moyen forment une série de pointements rocheux sur les deux rives de l'oued el Kebir, d'abord non loin du confluent de l'oued Itera, puis, dans la direction d'El Milia, aux KÉFS BOU RHALEB et SASSEM, au DRA DI MIRA, au djebel Maharda, entre les mechtas Gardjima et Taskif (*pl. IV, fig. 2*).

Dans le DJÈBEL MAHARDA, en particulier, au-dessus des calcaires massifs, viennent en concordance, sur 50 mètres de hauteur environ, des calcaires nettement stratifiés alternant avec des marnes schisteuses. M. Foulquier a recueilli vers la base de cet ensemble les espèces ci-après qu'a bien voulu déterminer M. Haug :

Phylloceras frondosum Reyn. ;
Amaltheus spinatus Brug. var. ;
Cymbites sp. ;
Belemnopsis sp.

---

(1) DARESTE DE LA CHAVANNE, *C. R. Ac. Sc.*, 27 janvier 1908.
(2) FICHEUR, *Ann. Min.*, octobre 1909.
(3) SAVORNIN, *C. R. Ac. Sc.*, 2 mars 1908.
(4) FLAMAND, *B. S. G. F.*, 4, VIII, 1908, p. 71 et 257.
(5) *Arch. Miss. scient.*, XVIII, 1909 ; *C. R. Ac. Sc.*, 24 février 1908.

Cette faunule paraît indiquer le sommet du Lias moyen (Domérien supérieur, zone à *Amaltheus spinatus*).

J'y ai trouvé des *Ostrea* dans la tranchée du chemin de Siliana à la mer, le long de l'abrupte qui surplombe l'oued el Kebir.

Enfin, assez haut dans cette série, à 200 mètres environ à l'Ouest-Nord-Ouest de l'entrée de la principale galerie de la mine de Gardjima, existe un point fossilifère, qui m'a été trés aimablement indiqué par M. Armandy, chef-mineur. Un coup de mine a dégagé un banc calcaire présentant des :

> *Inoceramus*,
> *Belemnites*,
> *Ammonites* (diverses espéces),

le tout malheureusement en très mauvais état de conservation.

En raison de leur situation, ces calcaires nettement stratifiés m'ont paru devoir être attribués au Lias supérieur. Tel a été aussi l'avis de M. Ficheur (1) qui a observé dans le Djurjura des calcaires analogues renfermant une belle faune d'Ammonites du Lias supérieur (Toarcien) associée d'ailleurs à de nombreuses empreintes d'Inocérames.

Le Lias supérieur n'avait point encore été signalé dans les chaînes littorales de l'Est de l'Algérie, ce qui constituait une véritable anomalie, étant donnée l'homogénéité géologique du Djurjura, des Babors et de la chaîne Numidique.

Le Lias, sur les deux rives de l'oued el Kebir, vers la

---

(1) *B. S. G. F.*, 3, XXIV, 1896, p. 1143-1144.

sortie des gorges, est recouvert par un puissant ensemble de marnes schisteuses, de calcaires schisteux et de grès rougeâtres ou grisâtres. Vers la base de cette série, j'ai trouvé, un peu à l'est de la DECHRET EL GUITOUN, des plaquettes à

Avicula Munsteri Bronn,

répondant exactement aux figures données par M. Coss-mann (1) du Bajocien inférieur de May et de Port-en-Bessin. Plus à l'Est, près de la MECHTA ARK EL BIR, M. Foulquier a recueilli, toujours dans cette même série, mais à un niveau vraisemblablement plus élevé,

Phylloceras aff. tortisulcatum Orb.,
Perisphinctes aff. plicatilis, Sow.

comparables à des espèces de l'Oxfordien des environs de Batna et d'Oran. Dans les régions de la Tafna et des Beni Snassen (2), l'Oolithique inférieur, depuis le Bajo-cien jusqu'à l'Oxfordien rappelle d'ailleurs, par son facies, les formations supraliasiques de l'oued el Kebir.

Le Lias moyen reparaît au Sud-Est de la mechta Gar-djima, sur la rive droite de l'oued Rararef, près de l'AIN ES SEFLA. Il est en relation avec un complexe d'assises carbonifères et permiennes, qui sont bien mieux déve-loppées autour du Sidi Dris, mais dont je n'ai pas trouvé

---

(1) *A. F. A. S.*, XXXIV, Cherbourg, 1906, pl. III, *fig.* 23-26.
(2) GENTIL, *Bassin de la Tafna*, 1903, p. 115-119 ; *B. S. G. F.*, 4, VIII, 1908, p. 403-406.

trace dans la région intermédiaire, au contact du Lias du Mcid Aicha.

Le MCID AICHA (*pl. IV, fig. 3*) proprement dit est constitué par une grande épaisseur de calcaires massifs présentant le facies habituel du Lias moyen. Cet important affleurement, de plus de 5 kilomètres de long sur 2 de large, ne m'a malheureusement pas donné de fossiles ; à l'exploitation minière de la Vieille-Montagne qui y est installée depuis plusieurs années, l'on n'a encore rencontré qu'un unique Echinide. Vers l'Ouest et vers l'Est, ces calcaires massifs sont renversés sur des alternances de calcaires bien lités et de marnes schisteuses présentant l'aspect du Lias supérieur de Gardjima. En dessous viennent, toujours en concordance, des calcaires gréseux, des grès et des schistes rougeâtres ou grisâtres, analogues à ceux de l'Oolithique inférieur de l'oued el Kebir. Une remarquable flexion de l'ensemble liasique fait affleurer du côté de l'Est, au milieu des schistes et des grès oolithiques, une série d'anticlinaux formés par les calcaires du Lias supérieur. Le plus important de ceux-ci, le KEF SEMA (*pl. IV, fig. 4*) m'a fourni vers le col d'El Mekamen, dans des marno-calcaires schisteux, des tronçons de *Belemnites*. L'Oolithique inférieur, autour de ce kef, débute par des calcaires gréseux, que surmontent des alternances de grès rouges et d'argiles schisteuses grises et se termine par des schistes rouges ou lie de vin, particulièrement visibles au-dessus de la mechta Habacha.

La région axiale de la chaîne Numidique est plus à l'Ouest entièrement occupée par des terrains crétacés et nummulitiques jusqu'à la hauteur du col situé au Sud

du kef Debban. Entre ce point et le col de Sfardjela
affleurent sur près de 9 kilomètres de long un ensemble
de schistes métamorphiques antecarbonifères, de schistes
argileux, de grès et de conglomérats carbonifères et permiens, d'où émergent une série de rochers massifs formés
par le Lias moyen. Le plus important d'entre eux est le
KEF SIDI DRIS (*pl. IV, fig. 5*).

Des lambeaux des mêmes roches liasiques, permiennes,
carbonifères et antecarbonifères se retrouvent à l'Est du
Sidi-Dris, sur les bords du cirque de Tarkount, dans le
DJEBEL AYATA (*pl. IV, fig. 7*), et dans le KEF SIDI CHEIK
BOU ROUOU (*pl. IV, fig. 8*).

Là les tranchées de la voie ferrée et de la route recoupent, depuis le ravin situé au Sud du hameau de l'Armée
française jusqu'à la carrière de l'usine à chaux, la série
suivante :

Lias supérieur. . . .	12. Marno-calcaires schisteux grisâtres ;
Lias moyen	11. Calcaires massifs bleuâtres, à strati-fication peu discernable, renfermant souvent des rognons siliceux ;
Lias inférieur. . . .	10. Calcaires en bancs bien lités et assez épais, à cassure bleuâtre, présentant des tronçons de Bélemnites et de rares empreintes d'Ammonites ;
	9. Calcaires bien lités, à cassure blan-châtre ;
	8. Calcaires gris, en bancs assez épais, souvent dolomitiques, offrant parfois aussi l'aspect de cargneules ;
Trias.	7. Argiles irisées gypsifères ;
Permien	6. Grès quartziteux, phyllades argilo-schisteux et schistes rouges ;
	5. Poudingues grossiers, formés de cailloux de quartz, de schistes et de phtanites ;

Carbonifère . . .
4. Schistes argileux gris où s'intercale un épais banc de calcaires lithographiques plus ou moins cristallins, schisteux par endroits ;
3. Schistes noirs à silex (phtanites) et lits charbonneux à Végétaux indéterminables ;
2. Schistes satinés blanchâtres ou rougeâtres, phyllades, grès quartziteux micacés verdâtres, conglomérats à petits grains de quartz ;

Paléozoïque ancien.
1. Schistes satinés gris, chloritoschistes, talcschistes, etc.

L'épaisseur de chacune de ces assises est difficile à déterminer en raison des nombreux reploiements secondaires qui ont affecté l'ensemble de la série. Il n'est pas rare, en effet, qu'au milieu des strates du Carbonifère et du Permien reparaissent des schistes métamorphiques, comme on le voit dans la tranchée de la voie ferrée au Nord du passage à niveau de la route nationale entre l'Armée française et El Kantour. L'existence de phénomènes d'étirement est d'ailleurs évidente ici : les argiles irisées triasiques n'y sont visibles que sur 1 ou 2 mètres, alors que plus à l'Ouest, dans la région du Sidi Marouf, elles sont beaucoup plus développées en hauteur. Ces faits trouveront leur explication dans l'interprétation tectonique que je donnerai plus loin de la chaîne Numidique.

Dès 1854, Coquand (1) signalait la présence au kef Sidi Cheik bou Rohou et dans les TOUMIETS de fossiles du Lias inférieur (Sinémurien) : *Belemnites acutus* Müll.,

---

(1) *Mém S. G. F.*, 2, V, 1854.

Ammonites Kridion Hehl, *Pecten Hehli* Orb., *Penta-crinus tuberculatus* Müll. Plus tard, Ville recueillit aussi à l'Armée française quelques Ammonites qui font aujourd'hui partie des collections de l'Université d'Alger avec d'autres fossiles trouvés par M. Foulquier aux Toumiets. M. Ficheur a bien voulu me faire voir les unes et les autres : elles paraissent appartenir au genre *Arietites.*

J'ai moi-même rencontré des empreintes indéterminables d'Ammonites avec des tronçons de Bélemnites dans la carrière de l'Armée française. Je n'ai, par contre, pas pu retrouver le gisement des Toumiets, malgré de patientes recherches, soit seul, soit en compagnie de M. Foulquier ; il est probable que les dalles couvertes d'Ammonites sont à l'heure actuelle cachées par la végétation si touffue des ravines abruptes du flanc Nord de ces montagnes.

Le Paléozoïque métamorphique, le Carbonifère, le Permien et le Lias offrent exactement les mêmes caractères pétrographiques dans les chaînons du Msouna et des Zerdeza. Les terrains primaires anciens et récents affleurent en outre, dans les gorges de l'oued Hammam (entre les Toumiets) (*pl. IV, fig. 9*), dans la cluse du Safsaf, etc. Les calcaires liasiques constituent toute une série de pics rocheux, dont certains, très étendus (DJEBEL EL RDIR), d'autres de dimensions infimes (GASTU) ; ils forment, en particulier, une bonne partie des djebels Toumiets, MSOUNA, SEBARGOUD, (*pl. IV, fig. 10*), TASSELEMT, TANGOUST, CHBEBIK, etc.

Des filons de *granulite* ont, sur plusieurs points de la chaîne, modifié les schistes satinés du Paléozoïque ancien,

qu'ils ont transformé en schistes granulitisés (Toumiets, etc.). J'y ai observé en outre dans le vallon de
l'oued Hallel un *gneiss à sillimannite* que M. Gentil a bien
voulu déterminer.

§ 2 Monts de Constantine

Les pointements triasiques sont nombreux dans la
région de Constantine ; la plupart d'entre eux, toutefois,
n'occupent que de faibles surfaces.

A l'Ouest de Sidi Merouan, en flanc du KOUDIAT EL
AHMRA, les argiles irisées en relation avec l'Eocène inférieur supportent une masse calcaire d'une cinquantaine
de mètres de hauteur, d'âge probablement liasique.

Sur le revers Nord du DJEBEL AKHAL (*pl. V, fig.
11*), au voisinage de la route de Mila, M. Ficheur (1) a
indiqué deux petits affleurements d'argiles irisées, cargneules, dolomies et calcaires jaunes, l'un au contact du
rocher éocrétacé, l'autre sur la rive droite du ravin, vers
le point coté 639 de la carte d'Etat-Major au 1/50.000. En
réalité, ce terrain a ici un bien plus grand développement :
d'une part, on le suit tout le long de l'abrupte Nord du
djebel Akhal entre les points 580 et 761 ; d'autre part, il
s'étend sur la rive gauche du ravin, au Sud-Est d'Ain
Tinn, jusque vers le point coté 615. Dans cette zone, le
Trias, étiré au milieu des marnes du Néocrétacé et des
argiles du Tortonien, chevauche vers le Sud les calcaires
dolomitiques néocomiens de la flexure Nord du djebel
Akhal.

____

(1) *C. G. Algérie*, feuille 73, Constantine, 1901.

M. Ficheur a en outre signalé du Trias sur presque tout le pourtour du rocher éocrétacé du KEF BENI HAMZA et près du BIR EL MENTEN. Mon père a, en 1900, recueilli, au milieu du second de ces affleurements, *Myophoria vulgaris* Schloth, dans des calcaires jaunâtres dolomitiques subordonnés à des argiles irisées et superposés à des dolomies pulvérulentes et à des grès rouges analogues à ceux du Permien de la chaîne Numidique.

J'ai récemment découvert, un peu plus au Nord, une bande de Trias, sur le bord occidental du rocher du KHENEG : elle affleure avec plus ou moins de continuité, depuis le voisinage de la mechta Dar el Oued, jusqu'au Sud de la ferme Durili. L'étude des argiles irisées gypsifères y est particulièrement aisée à l'entrée des galeries de mine de la Compagnie du Felten.

M. Ficheur (1) avait signalé plus au Sud divers autres affleurements triasiques : 1° à l'ouest du ZOUAOUI, près de la ferme Lecavelier, au milieu des argiles du Tortonien ; 2° à Ain Goulia ; 3° à l'Ouest de la crête du djebel Chettaba (*s. s.*), dans le djebel Bou Chakour.

A AIN GOULIA, les argiles irisées, calcaires jaunes, cargneules, etc., forment un étroit ruban d'une épaisseur de 8 à 10 mètres, se poursuivant sur plus de 2 kilomètres de long.

Au BOU CHAKOUR (*pl. V, fig. 12*), dans le djebel Chettaba, le Trias occupe une assez grande surface. L'affleurement principal a 4 kilomètres de long sur 3 de

---

(1) *B. S. G. F.*, 3, XXVII, 1899, p. 85.

largeur moyenne. De plus, une série de petits pointements existent un peu plus à l'Ouest ; indépendamment de ceux déjà indiqués par MM. Jacob et Ficheur (1), j'en ai observé 4 dans le mamelon dominant à l'Ouest le point coté 765, au Nord-Est des Plâtrières ; puis un autre à 500 mètres au Nord de l'affleurement principal, dans le fond du chaba Tatha.

La masse principale du Trias du Chettaba est constituée par des *argiles* irisées, qui renferment du *gypse* saccharoïde, principalement au Nord-Est, dans les mamelons dominant les chabets Alem Saltrara, Sidi Malek et Ain Mtaira, et au Sud-Est, dans la zone des Plâtrières. Le *sel gemme* n'affleure nulle part en masse distincte : il y a seulement imprégnation du gypse par le sel ; la présence du chlorure de sodium est d'ailleurs manifeste dans les eaux de l'*oued Melah*, dont une grande partie du bassin de réception correspond à l'affleurement triasique. Des cristaux de *quartz* bipyramidés, pour la plupart enfumés, ne sont pas rares dans les argiles irisées ; accidentellement, ils sont partiellement ou totalement hyalins, ou encore légèrement colorés en rouge (quartz hématoïdes), ou en violet (quartz améthystes). Quelquefois la région prismatique des cristaux est relativement allongée par rapport à la hauteur totale des pyramides ; généralement elle n'excède pas celle-ci ; enfin elle peut être très réduite ou manquer complètement (2). Indépendamment du quartz, l'on trouve encore dans ce Trias des

---

(1) *C. G. Algérie*, feuille de Constantine, 1901.

(2) Au contraire, dans le Trias de l'Ouenza, les cristaux de quartz, généralement hyalins, présentent une partie prismatique très allongée par rapport à la hauteur totale des pyramides.

Plaquette de Calcaire jaune à Myophoria
vulgaris sihloth. var. petite et Gervilia
sp. du Trias du Chettaba (Constantine).

dodécaèdres pentagonaux de *pyrite de fer* et des paral-
lélipipèdes obliques de *dolomie* : les premiers sont presque toujours oxydés et transformés, soit complètement
soit superficiellement en limonite ; les seconds sont le
plus souvent noirs ; avec les argiles irisées, l'on trouve
des *cargneules* jaunâtres, quelquefois rougeâtres ou verdâtres.

Au milieu de ces formations, l'on observe deux horizons calcaires. L'un formé de plaquettes dolomitiques
généralement de couleur jaune, quelquefois rougeâtres,
a fourni *(planche I)* :

> *Myophoria vulgaris* Schloth, var. petite ;
> *Hœrnesia socialis* Quenst. ;
> *Hœrnesia* ou *Gervillia sp.*

Immédiatement au-dessous viennent des marno-calcaires bleuâtres où les Myophories ont conservé leur test
et présentent bien tous les détails de leur ornementation.
Ces fossiles ne me sont connus que de la partie Nord
de l'affleurement principal, à l'Ouest et à l'Est du mamelon 828.

L'autre horizon calcaire, souvent aussi très dolomitique, est formé de bancs gris bleuâtre, assez épais, se
présentant en rochers isolés, principalement dans la
partie Sud du djebel Bou Chakour ; j'y ai observé, au Sud
du mamelon 765, des empreintes de *Mytilus psilonoti*
Quenst., identiques à celles que MM. Blayac et Gentil (1)
ont signalé de Souk Ahras.

L'on admet le plus souvent que, dans les régions

---

(1) *B. S. G. F.*, 3, XXV, 1897, p. 528 et suiv.

méditerranéennes, les argiles irisées représentent le Trias supérieur. Quant aux calcaires jaunes, leur faune indique nettement le Trias moyen (Muschelkalk). Tel serait donc à peu près aussi l'âge des calcaires bleus ; toutefois stratigraphiquement et paléontologiquement ces derniers semblent représenter un niveau un peu plus récent (base du Trias supérieur ?)

L'on trouve, en outre, dans le Trias du Chettaba, une klippe de calcaires à cassure esquilleuse, très différents de ceux dont je viens de parler. Leur aspect rappelle assez nettement celui de certaines assises du Lias de la chaîne Numidique. Ils se montrent dans la partie Nord de l'affleurement principal, au koudiata Tala, vers le point coté 786. Leur stratification souvent peu nette est sensiblement verticale.

Des *psammites* jaunâtres ou rougeâtres, en bloc isolés plus ou moins considérables, sont disséminés sur divers points, au voisinage des calcaires à Myophories. Il semble qu'ils sont comme ceux-ci antérieurs à la masse principale des argiles irisées.

J'ajouterai qu'au Sud-Ouest du koudiata Tala, le sentier de Sala bey recoupe une bande étroite de *tufs méláphyriques* au voisinage du Trias du Bou Chakour.

Bien plus près de Constantine, un peu à l'Ouest du couvent du Bon Pasteur, mon père (1) a reconnu, en 1897, un petit lambeau de Trias remarquable par ses caractères lithologiques, paléontologiques et tectoniques. Des calcaires bleus, partiellement dolomitisés, et où abondent les empreintes de *Mytilus psilonoti* Quenst., et de

---

(1) *B. S. G. F.*, 4, I, 1901, p. 131-132.

divers autres petits Lamellibranches indéterminables, y dessinent un anticlinal fort net, couché au Nord, au milieu des argiles irisées. Des calcaires jaunes existent aussi sur ce point, mais ils ne m'ont point fourni de fossiles. J'ai de plus trouvé dans cet affleurement des blocs de grès que je crois permiens.

Enfin au Nord-Est et à l'Est de Constantine, dans les derniers contreforts sud-occidentaux du DJEBEL OUACH, j'ai observé toute une série de klippes (1), formées, les unes de calcaires liasiques, les autres de calcaires ou de grès vraisemblablement oolithiques. Le facies de ces rochers rappelle celui des dépôts de même âge de la chaîne Numidique. Les silex sont abondants dans les calcaires liasiques dont la cassure est généralement d'un gris bleuâtre. Les grès oolithiques présentent les mêmes colorations rouges ou grises que plus au Nord. Ces klippes sont irrégulièrement alignées depuis le Nord-Est du rocher de Sidi Mcid jusqu'au delà de la ferme de Lamblèche. Leurs dimensions sont toujours très réduites. Une seule d'entre elles m'a fourni des fossiles : elle est située dans le premier mamelon qui se dresse au Nord-Est du rocher de Sidi Mcid, un peu en contre-bas du sommet du-dit mamelon. Le calcaire gris clair, légèrement cireux, y est rempli d'Ammonites qu'il est impossible de dégager. Je n'ai pu y reconnaître qu'une ligne suturale de *Phylloceras*.

______

(1) L. JOLEAUD, *C. G. Algérie*, feuille d'El Aria, 1908.

§. 3. Plateaux de Constantine

M. Ficheur (1) a signalé du Trias dans les plateaux de Constantine entre Ouled-Rahmoun et El Guerra. J'en ai depuis rencontré des lambeaux : 1° sur le revers Nord-Ouest du djebel Felten ; 2° près de Guettar el Aich ; 3° à Sigus ; 4° au fedj el Melah, sur la route de Sigus à Ain Abid. Sur tous ces points, d'ailleurs, le Trias présente les mêmes caractères que dans les monts de Constantine.

Au Nord-Ouest du djebel Felten (*pl. V, fig. 11*), il est déversé sur le Nummulitique ; son affleurement, qui m'a été indiqué par M. Foulquier, occupe un assez grand espace entre la masse principale du Felten et le petit rocher de Bir Brinnes (vallon du chabet el Melah et ravines voisines).

Sur le plateau de Guettar el Aich, les argiles irisées se montrent sur plusieurs points : c'est à leur présence qu'est due la salinité des eaux des nombreuses sources dites Ain el Melah et Ain el Baroud, répandues depuis l'extremité Sud-Ouest du Felten jusqu'auprès de Guettar el Aich.

Au koudiat el Mra, près d'Ouled Rahmoun (*pl. V, fig. 16*), les calcaires bleus et les cargneules jouent un rôle important dans la topographie. Des *tufs mélaphyriques* ont été découverts non loin de leur base par M. Ficheur. Dans la zone comprise entre le djebel Chaima

______

(1) *B. S. G. F.*, 3, XXVII, 1899, p. 111 et suiv.

et le kef el Areb, cet ensemble est souvent réduit à de minces lames pincées dans les plis imbriqués du Néocrétacé, du Nummulitique et du Miocène supérieur.

Le Trias a exactement la même allure au Nord-Est de Sigus, depuis le voisinage immédiat du village jusqu'au dra el Bey : là aussi il est en relation avec le Néocrétacé et le Nummulitique.

Il en est encore ainsi au FEDJ EL MELAH, sur la route d'Ain Abid à Sigus, où il dessine une bande longue et étroite au milieu des argiles du Nummulitique.

Peut-être enfin des argiles irisées existent-elles au Nord-Est des plateaux de Constantine, à la base du DJEBEL OUM SETTAS, où une source salée (Ain el Melah) sort du pied de rochers calcaires très probablement liasiques.

Ces rochers qui forment deux alignements sur l'emplacement de la voûte effondrée de l'anticlinal de l'Oum Settas (1), m'ont présenté la succession ci-après, du sommet à la base :

3. Calcaires massifs bleus à silex ;
2. Calcaires blancs en bancs bien lités ;
1. Calcaires dolomitiques, cargneules.

Je n'y ai pas trouvé de fossiles.

§ 4.—Résumé

La succession des assises paléozoïques, triasiques et jurassiques des régions de Philippeville et de Constantine est résumée dans le tableau ci-après :

----

(1) L. JOLEAUD, *C. G. Algérie*, feuille d'El Aria, 1908.

DIVISIONS STRATIGRAPHIQUES			MASSIF DE PHILIPPEVILLE	KEF SIDI MAROUF	DJEBEL MAHARDA	L'ARMÉE FRANÇAISE	CHETTABA
JURASSIQUE	OOLITHIQUE	SUPÉRIEUR		Marnes schisteuses, calcaires schisteux et grès noirâtres de Fouia (?)			
		MOYEN		Calcaires bien lités, intercalés de marno-calcaires schisteux du Sidi Marouf à *Perisphinctes.*			
		INFÉRIEUR			Marnes schisteuses et grès rougeâtres de la mechta Ark el Bir à *Phylloceras tortisulcatum.* Calcaires en plaquettes de la dechret el Guitoun à *Avicula Munsteri.*		
	LIAS	SUPÉRIEUR			Calcaires bien lités alternant avec des marnes schisteuses du djebel Maharda à *Inoceramus.*	Marno-calcaires schisteux grisâtres du kef Cheik Bou Rohou.	
		MOYEN		Calcaires massifs bleuâtres à silex et stratification peu discernable du Sidi Marouf.	Calcaires lités du djebel Maharda à *Amaltheus spinatus.* Calcaires massifs bleuâtres à silex et stratification peu discernable du djebel Maharda.	Calcaires massifs bleuâtres à silex et stratification peu discernable du kef Cheik Bou Rohou.	Calcaires du koudiata Tala (?)
		INFÉRIEUR				Calcaires bien lités du kef Cheik Bou Rohou à *Arietites.* Calcaires dolomitiques grisâtres du Cheik Bou Rohou.	
TRIAS		SUPÉRIEUR		Argiles irisées gypsifères du kef Goussam.		Argiles irisées du kef Cheik Bou Rohou.	Argiles irisées avec gypse saccharoïde, cargneules jaunâtres, cristaux de quartz, de pyrite de fer, de dolomie du Chettaba.
		MOYEN		Calcaires dolomitiques bleuâtres du kef Goussam.			Calcaires dolomitiques bleuâtres du Chettaba à *Mytilus psilonoti.* Calcaires dolomitiques jaunâtres en plaquettes du Chettaba à *Myophoria vulgaris.*
ANTHRACOLITHIQUE	PERMIEN	SUPÉRIEUR ET MOYEN				Grès quartziteux, phyllades argilo-schisteux et schistes rouges du kef Cheik Bou Rohou. Poudingues grossiers du Cheik Bou Rohou.	
	CARBONIFÈRE	INFÉRIEUR				Schistes argileux gris intercalés de calcaires lithographiques du kef Cheik Bou Rohou. Schistes noirs et phtanites du kef Cheik Bou Rohou à Végetaux. Schistes satinés rougeâtres, phyllades, grès quartziteux micacés verdâtres, conglomérats à petis grains du kef Cheik Bou Rohou.	
DÉVONIEN			Calcaires plus ou moins cristallins, généralement gris bleuté, quelquefois blanchâtres de Sidi Zerzour. (?)				
SILURIEN ETC.			Phyllades, chloritoschistes, talcschistes, quartzites; schistes micacés, quartzophyllades; micaschistes; gneiss feuilletés, gneiss glanduleux; gneiss granitoïdes (?)	Micaschistes, gneiss du djebel Ta Fortas (?)		Schistes satinés, chloritoschistes, talschistes du kef Cheik Bou Rohou (?)	

§ 5. Liste des fossiles du Trias et du Jurassique

a) *Trias moyen*

Myophoria vulgaris Schloth. — Bir el Menten, Chettaba.
Hœrnesia socialis Quenst. — Chettaba.
— ou *Gervilia sp.* — Chettaba.
Mytilus psilonoti Quenst. — Chettaba, Bon Pasteur.

b) *Lias inférieur*

Arietites sp. — L'Armée française, Toumiets.
Belemnopsis cf. acutus Müll. — L'Armée française, Toumiets.

c) *Lias moyen*

Phylloceras frondosum Reyn. — Djebel Maharda.
Amaltheus spinatus Brug. — Djebel Maharda.
Cymbites sp. — Djebel Maharda.
Belemnopsis sp. — Djebel Maharda.

d) *Lias supérieur*

Ostrea sp. — Djebel Maharda.
Inoceramus sp. — Djebel Maharda.
Ammonites sp. — Djebel Maharda.
Belemnopsis sp. — Djebel Maharda, kef Sema.

e) *Oolithique inférieur*

Avicula Munsteri Bronn. — Dechret el Guitoun.
Phylloceras aff. tortisulcatum Orb. — Mechta Ark el
Arbi.
Perisphinctes aff. plicatilis Sow. — Mechta Ark el Arbi.

f) *Oolithique moyen.*

Perisphinctes sp. — Kef Sidi-Marouf.

D. — ESSAI SUR LA PALÉOGÉOGRAPHIE DE L'AFRIQUE MINEURE PENDANT LES TEMPS PALÉOZOIQUES, TRIASIQUES ET JURASSIQUES

Au Silurien, l'Afrique mineure faisait partie intégrante du *géosynclinal* méditerranéen. Mais, dès le début du Dévonien, des plissements se produisaient dans le Sahara central (1). Peut-être même des mouvemements orogéniques se manifestèrent-ils alors en Berbérie : c'est ce que semble indiquer la présence d'un conglomérat de base dans l'Éodévonien de la Chaouia marocaine (2). Quoi qu'il en soit le Moghreb paraît s'être comporté, depuis le Dévonien jusqu'au Trias, comme une *région marginale de géosynclinal*. De même que les contrées de l'Europe situées vers le bord méridional de la chaîne calédonienne (Irlande, Grande-Bretagne, Allemagne), le Nord et l'Ouest de l'Afrique étaient vraisemblablement émergés au Carbonifère supérieur avec le Sud et le centre de l'Espagne (Meseta) (3). Après avoir subi les poussées tangentielles hercyniennes la Berbérie fut complètement rattachée au continent de Gondwana (4). De multiples lagunes s'y formèrent, occupant, avec celles du Sud-Est de

---

(1) Haug, *C. R. Ac. Sc.*, CLXI, 1905, p. 374.
(2) Gentil, *C. R. S. G. F.*, 7 juin 1909, p. 68.
(3) Haug, *Traité de Géologie*, 1909, p. 816 et fig. 272.
(4) Haug, *Traité de Géologie*, 1909, fig. 294.

l'Espagne, le bord Sud du géosynclinal méditerranéen occidental (1), tandis que, sur le bord Nord du même géosynclinal, s'étendaient symétriquement les lagunes pyrénéennes et provençales.

Les conditions climatériques du pays devaient être alors ce qu'elles sont aujourd'hui dans la zone tropicale désertique ou subdésertique : pluies violentes et de courte durée, longues périodes de grande sécheresse, insolation intense, évaporation très active, etc.

C'est surtout à la fin du Trias que *l'évaporation devint considérable dans les lagunes nord-africaines*, où il ne se déposait plus guère que du gypse, de l'anhydrite et du sel gemme. En Algérie, le gypse domine dans le Tell et dans le Nord des Hautes Plaines, tandis que le sel forme de véritables montagnes dans le Sud des Hautes Plaines et dans l'Atlas saharien. Cette répartition qui n'a rien de tout à fait absolu d'ailleurs, peut tenir, soit à des causes actuelles, soit à des causes anciennes. D'une part, en effet, le sel étant dissous par les eaux pluviales plus facilement que le gypse, a disparu plus tôt des régions relativement pluvieuses proches de la Méditerranée, que des régions subdésertiques à climat très sec. D'autre part, le sel s'est déposé en plus grande quantité dans les lagunes voisines du continent saharien recevant très peu d'eau douce, que dans celles situées vers le Nord et peu éloignées de la vraie mer.

Au Lias, la mer envahit à nouveau presque toute

---

(1) Ce géosynclinal reliait la Catalogne à la Sicile par les Baléares et la Sardaigne.

l'Afrique mineure. Cependant une partie de la contrée semble se comporter encore comme les *aires de surélévation* de l'Europe occidentale : le Rhétien repose sur les schistes anciens dans la région de Saida (1) ; le Lias moyen est transgressif dans le Nord-Ouest de l'Algérie et le Nord-Est du Maroc (2) ; le Lias supérieur est régressif dans le Nord de la Tunisie (3).

A l'Oolithique, deux régions océanographiques s'individualisent en Berbéric.

La première, qui embrasse le Nord et le centre de la Tunisie, l'Algérie orientale et le Nord de l'Algérie occidentale, présente une allure franchement *géosynclinale :* l'Oolithique inférieur y est régressif, tandis que l'Oolithique moyen et l'Oolithique supérieur y sont transgressifs (4).

La seconde, qui comprend le centre et le Sud de l'Algérie occidentale, l'Extrême-Sud tunisien et probablement aussi une partie du Maroc méridional, reste sous la dépendance de la Meseta marocaine et du continent saharien (5). Elle oscille comme les *aires d'ennoyage* de

---

(1) FLAMAND, *B. S. G. F.*, 4, VIII, 1908, p. 71.

(2) GENTIL, *C. R. Ac. Sc.*, 24 février 1908.

(3) HAUG, *Traité de Géologie*, 1910, p. 1031 et fig. 309.

(4) HAUG, *Traité de Géologie*, 1910, p. 987 et fig. 298.

(5) Le Tithonique, franchement bathyal aux environs immédiats de Tunis (Bou Kournin, Oust, Ben Seidan), devient néritique au Sud-Est (Ressas, Zaghouan) (HAUG, *Traité de Géologie*, 1910, p. 1104), ce qui laisserait supposer l'existence sous la Petite Syrte d'un massif ancien effondré ; le Jurassique néritique des Matmata, qui est superposé à du Trias et peut-être même à du Permien (JOLY, *B. S. Géogr. Alger*, XIII, 1908) se serait déposé sur le bord sud-occidental de ce massif paléozoïque.

l'Europe occidentale et centrale : l'Oolithique inférieur,
tantôt néritique, tantôt bathyal, y est transgressif (1) ;
l'Oolithique supérieur, toujours néritique, y est régressif.

---

(1) Callovien et Oxfordien du Nord de la plateforme de Saïda
(GENTIL et LEMOINE, *A. F. A. S.*, XXXIII, 1905, p. 641) ; Bathonien,
Callovien ou Oxfordien du djebel Hadid (GENTIL et LEMOINE, *A. F.
A. S.*, XXXIV, 1906, p. 331) ; Bathonien des Matmata (JOURDY (H.)
et DOUVILLÉ (H.), *B. S. G. F.*, 4, VIII, 1908, p. 144-154).

CHAPITRE III

STRATIGRAPHIE DES TERRAINS CRÉTACÉS

A. — APERÇU HISTORIQUE

Coquand (1) (1854) classe ainsi le Crétacé des environs
de Constantine :

Néocomien supérieur (2) — Marnes à Ammonites pyriteuses (*Amm. Nisus*, etc.) du Mansoura et de Fijesmark (3) ;

Néocomien moyen (4)... — Calcaires à Rudistes (*Caprotina ammonia*, etc.) du rocher de Constantine.

Revenant complètement sur sa première manière de
voir, Coquand (5), en 1862, propose les nouvelles attributions ci-après :

Nummulitique .... Marnes noires du Mansoura ;

---

(1) *Mém. S. G. F.*, 2, V, 1, p. 109-110, 148-149.
(2) Aptien de la classification actuelle.
(3) Lisez fedj es Smar, col situé entre El Aria et Lamblèche.
(4) Barrémien de la classification actuelle.
(5) *Mém. Soc. Emul. Provence*, II, 1862, p. 40-43, 74-80, 102-107,
139-143, 281-305.

Santonien............	Calcaires marneux à *Micraster brevis* du Mansoura, du Chettaba et du Sud des Toumiets ;
Provencien...........	Calcaires à *Hippurites organisans* de Constantine ; Calcaires à *Hippurites cornuvaccinum, Sphærulites Sauvagesi* et *S. sinuatus* de Constantine et du Karkara ;
Mornasien	Marnes calcarifères de Constantine et du Karkara ;
Angoumien..........	Calcaires noirâtres à *Radiolites lumbricalis* du Karkara ; calcaires de la partie moyenne du rocher de Constantine ;
Carentonien	Calcaires à *Caprina adversa* et *Sphærulites foliaceus* de Constantine et du Karkara ;
Néocomien...........	Calcaires marneux à Ammonites pyriteuses (*Amm. Grasianus*, etc.) du djebel Ouach.

Hardouin (1) (1868) résume ainsi la série crétacée de Constantine :

Sénonien	Marnes noires, calcaires gris ou blanc ;
Turonien.............	Calcaires de Constantine à *Hippurites cornuvaccinum* ;

____

(1) *B. S. G. F.*, 2, **XXV**, p. 328.

Cénomanien........... { Calcaires de Constantine (base du rocher), du djebel Akhal, du Fortas.

Coquand (1) changeant encore d'opinion en 1880 attribue les marnes à *Epiaster* du Mansoura au Santonien.

Tissot (2) (1881) figure sur sa carte les principaux affleurements crétacés de la région avec les notations suivantes :

ν Suessonien .... { Marnes noires de la chaîne Numidique, du Meridj, du Chettaba, de Bou Nouara ;

χ_3 Crétacé supérieur.... { Marno-calcaires du Nord du Sidi Dris, du Chettaba, d'Ain Smara, du Sud de Guettar el Aich ;

χ_2 Crétacé moyen....... { Calcaires de Constantine et du Sud-Est de l'Oum Settas ;

χ_1 Crétacé inférieur..... { Calcaires du Kheneg, du Zouaoui, du Karkara, de l'Ouled Sellem, du Felten, d'Oued Athmenia, du Tessala, de l'Oum Settas, des Mazela ; Marno-calcaires et marnes de Rorfen, d'Aioun ed Dehan, du Mansoura. de la route du Grand Séminaire, du djebel Ouach.

_____

(1) *B. Ac. Hippone*, XV, p. 231.
(2) *C. G. province de Constantine.*

Peron (1) (1883) place dans le Lias les calcaires d'Oued Athmenia.

Gauthier (2) (1885-1887) pense que les couches de Guettar el Aich à Inocérames, *Micraster Aichensis* et *Guettardia Angladei* sont santoniennes.

MM. Nicklès (3) et Sayn (4) (1889) indiquent la présence du Barrémien au djebel Ouach.

Pomel (5) (1890) divise ainsi l'ensemble du Crétacé de Constantine :

e_{vb} Suessonien moyen ..		Marnes du Mansoura, du Chettaba, du Meridj ;
c^9 Sénonien	Dordonien (Danien)	Calcaires à Inocérames d'Ain Smara, du Sud de Guettar el Aich ;
	Santonien	Marnes à *Hemiaster verrucosus* du Mansoura : Marnes à *Micraster Peini* du Mansoura ;
c^6 Turonien...........		Calcaires de Constantine, du Sud-Ouest de l'Oum Settas, du Chettaba ;
c_v Valanginien		Marnes à Ammonites pyriteuses du djebel Ouach ;
l^2 Lias inférieur........		Calcaires d'Oued Athmenia.

---

(1) *Ann. Sc. Géol.*, XIV, 16, art. 4, p. 22.
(2) *A. F. A. S.*, XIII, p. 244-247 et XV, p. 531.
(3) *C. R. Ac. Sc.*, CVIII, 7 janvier, p. 75.
(4) *Feuille jeunes Nat.*, octobre, p. 164.
(5) *C. G. Algérie*, 2ᵉ éd., *Descr. strat. gén.*, p. 16, 48, 86, 98, 114.

M. Sayn (1) (1890) signale la présence d'Ammonites
aptiennes à côté de fossiles barrémiens au djebel Ouach ;
le Barrémien supérieur y existe probablement au-dessus
d'un Barrémien inférieur absolument incontestable.

M. Ficheur (2) (1894-1896) admet les attributions suivantes pour les assises crétacées de la région :

Sénonien................ { Marnes noires de la chaîne Numidique, du Nord du Smendou, de Bou Foua, de Ferdoua, du Chettaba, du Mansoura ;

Cénomanien-Turonien .. { Calcaires du Sala, du Kelal, de Constantine ;

Néocomien............. { Marnes à Ammonites ferrugineuses du djebel Ouach.

En 1898, il précise l'âge de plusieurs d'entre elles (3) :

Turonien................ { Calcaires de Constantine à Hippurites ;

Cénomanien supérieur.. { Calcaires de Constantine à Foraminifères ; Calcaires de Constantine à *Caprina cf. communis* ; Calcaires de Constantine à Nerinées ;

Rhodanien-Aptien...... { Calcaires inférieurs du Karkara.

____

(1) *C. R. Ac. Sc.*, 30 juin et *Ann. S. Agric. Lyon.*
(2) *B. S. G. F.*, 3, XXII, 1894, p. 549, 554, 565, pl. XVI ; *A. F. A. S.*. XXIV, 1896.
(3) *B. S. G. F.*, 3, XXIV, p. 1189-1167.

M. Sayn (1) (1898) fait connaître à la base du Barrémien inférieur du djebel Ouach un horizon calcaire à *Leptoceras cf. subtile*, et au sommet de cette même série des couches à Poissons pouvant correspondre à l'Aptien.

M. Ficheur (2) (1899) décrit la série suivante du Chettaba et des environs de Constantine :

Sénonien	supérieur....	Calcaires à nodules siliceux du Chettaba ;
	inférieur	Marnes noires à rognons de calcaires jaunes ; Marno-calcaires à Inocérames et *Micraster Peini* ;
Turonien.............		Calcaires à *Hippurites cf. inferus* de Constantine ;
Cénomanien		Calcaires à *Caprina cf. communis* de Constantine, du Chettaba ;
Albien (?)...........		Calcaires à Réquiénies du Zouaoui ;
Aptien	supérieur......	Marno-calcaires grumeleux à *Ostrea aquila* et *Epiaster restrictus* du Zouaoui et du Karkara ; Calcaires à Ostracées du Zouaoui ; Calcaires à Réquiénies et Polypiers du Karkara ;
	inférieur.......	Calcaires à Réquiénies du Zouaoui, Karkara, Kheneg, Hamma (Bergli) ;

(1) *B. S. G. F.*, 3, XXIV, p. 1162-1165.
(2) *B. S. G. F.*, 3, XXVII, p. 89-96.

Barrémien	Marnes et calcaires à Ammonites pyriteuses *(Pulchellia cf. Sauvageaui. Desmoceras Seguenzæ)* du djebel Akhal;
Néocomien	Calcaires rubanés du djebel Akhal; Calcaires dolomitiques du djebel Akhal.

En 1901, M. A. JOLÉAUD (1) signale dans le djebel Ouach et autour de Constantine les étages ci-après :

Montien (??)	Calcaires marneux jaunâtres avec traces d'Algues (?) du Bon Pasteur et du Nord du Sidi Mcid;
Danien (?)	Marnes grises avec plaquettes de calcaires jaunes à Inocérames près de la route de la Pépinière;
Aturien	Marnes noires à *Epiaster verrucosus, Thecidium cf. papillatum* et Ammonites pyriteuses *(Baculites cf. anceps, Lytoceras sp.)*;
Emschérien	Calcaires blancs en dalles à *Micraster Peini* et *Ostrea proboscidea;*
Turonien.............	Calcaires gris à *Sphærulites* et *Hippurites cf. inferus* de Constantine;

______

(1) *B. S. G. F.,* 4, I, p. 114-132.

Cénomanien............	{ Calcaires gris à *Nerinea cf. Pailleleana* et *Caprinula Boissyi* de Constantine ;
Aptien...............	{ Calcaires à Réquiénies du Kelal ;
Barrémien	{ Marnes à Ammonites pyriteuses du djebel Ouach.

MM. JACOB et FICHEUR (1) (1901) complètent par les indications suivantes les données de leurs travaux antérieurs résumés ci-dessus :

$C^{5\text{-}4}$ Cénomanien. — Calcaires du flanc Est du Kheneg et du flanc Ouest du djebel Akhal.

$C_{II\text{-}V}$ Néocomien-Aptien. — Calcaires du Kheneg, du kef Beni Hamza, du Bir el Menten.

M. PERVINQUIÈRE (2) (1907) confirme l'attribution stratigraphique proposée précédemment par mon père pour les marnes du Mansoura ; il ajoute à la liste des Ammonites pyriteuses déjà donnée de cette assise *Lytoceras Kayei* et *Scaphites Cunliffei*, qui indiquent, dit-il, « au moins le Campanien supérieur ».

Pour M. BLAYAC (3) (1909) cette faune serait maestrichtienne, comme aussi celle des couches à *Ovulaster* du bordj Sabat.

---

(1) *C. G. Algérie,* feuille de Constantine.

(2) *C. G. Tunisie,* Céphalopodes des terrains secondaires, p. 70 et 128.

(3) *B. S. G. F.,* **4**, IX, p. 419.

B. — CONSIDÉRATIONS GÉNÉRALES SUR LES TERRAINS CRÉTACÉS DES RÉGIONS DE PHILIPPEVILLE ET DE CONSTANTINE

Dès 1908, j'ai montré (1) que le Crétacé de la région de Constantine offre deux séries de facies : l'une (*Série A*) composée exclusivement de sédiments bathyaux ; l'autre (*Série B*) comprenant des dépôts néritiques depuis le Néocomien jusqu'au Turonien, et des dépôts bathyaux correspondant au Sénonien. La série A est seule représentée dans la chaîne Numidique comme la série B dans les plateaux de Constantine. Dans la région intermédiaire (dépressions et monts de Constantine) la série A chevauche la série B sous la forme d'une nappe de charriage.

Ces conclusions ont été corroborées, depuis 1908, par plusieurs nouvelles découvertes paléontologiques.

Dans l'état actuel de nos connaissances, la *Série A* présente cinq niveaux fossilifères principaux :

2 dans le BARRÉMIEN : *Barrémien moyen* (zone à *Pulchellia pulchella*) à Sfardjela, au djebel Ouach, au bordj Sabat ;

Barrémien supérieur (zone à *Heteroceras Astieri*) dans les Mouia, à Sfardjela, au djebel Ouach, au Mansoura, à Rorfen, au bordj Sabat ;

2 dans l'APTIEN : *Bedoulien* (zone à *Hoplites Deshayesi*) au djebel Ouach ;

______

(1) L. JOLEAUD, *C. R. Ac. Sc.*, 1ᵉʳ juin et 7 septembre.

Gargasien supérieur (zone à *Douvilleiceras nodo-socostatum*) au djebel Akhal ;

1 dans l'ALBIEN : *Albien moyen* (zone à *Hoplites dentatus*) au djebel Akhal.

La série B en présente neuf :

2 dans l'APTIEN : *Bedoulien à facies rhodanien* (zone à *Heteraster oblongus*) au Zouaoui, au Karkara et au djebel Oum Settas ;

Gargasien à facies urgonien (zone à *Toucasia Seunesi*) au djebel Oum Settas ;

1 dans l'ALBIEN (zone à *Caprina Choffati*) au koudiat Sidi Rmann ;

1 dans le CÉNOMANIEN : *Cénomanien supérieur* (zone à *Caprinula Boissyi*) au Sidi Mcid ;

1 dans le TURONIEN : Angoumien inférieur (zone à *Hippurites Taburni*) au Sidi Mcid ;

1 dans le CONIACIEN : *Coniacien inférieur* (zone à *Barroisiceras Haberfelneri*) au Karkara ;

2 dans le MAESTRICHTIEN : *Maestrichtien inférieur* (zone à *Bostrychoceras polyplocum*) au Chettaba, à Ain Smara, au Mansoura, au Meridj, à El Guerra ;

Maestrichtien supérieur (zone à *Parapachydiscus neubergicus*) au Chettaba, au Mansoura, au bordj Sabat, au Sidi Mcid, au Kelal, à l'Ouled Sellem, à El Guerra.

C. — DESCRIPTIONS LOCALES

§ 1er. Chaine Numidique et nappe de charriage de Constantine
(Série A)

a) Éocrétacé

Le Néocomien est vraisemblablement représenté dans
la chaîne Numidique et dans la nappe de charriage de
Constantine, soit par la partie terminale des schistes
noirâtres de l'Oolithique supérieur, soit par la partie
inférieure des schistes grisâtres qui nous ont fourni des
Ammonites pyriteuses barrémiennes.

Le Barrémien et l'Aptien sont surtout fossilifères au
djebel Ouacii (1) (pl. V, fig. 14-15). Dans le flanc
sud-occidental de ce massif, ils se montrent sur une
longueur de plus de 16 kilomètres, en une bande de
marnes et de marno-calcaires, reposant directement ou
non, depuis l'oued Zied jusqu'à El Aria, sur le Néocrétacé
en place des monts de Constantine (marnes à *Scaphites
Cunliffei* de la *série B*). Sur nombre de points l'ensemble
Barrémien-Aptien paraît directement recouvert par le
flysch.

---

(1) Coquand, *Mém. S. Emul. Provence*, II, 1862, p. 42 ; *B. Ac.
Hippone*, XV, 1880 ; Cotteau, Peron et Gauthier, *Echinides de
l'Algérie*, 2, 1884, p. 64 ; Nicklès, *C. R. Ac. Sc.*, CVIII, 1889, p. 75 ;
Sayn, *Feuille jeunes Naturalistes*, 1889, p. 164 ; *C. R. Ac. Sc.*,
CX, 1890, p. 1381 ; *B. S. Agric. Lyon*, 1890 ; *B. S. G. F.*, 3, XXIV,
1896, p. 1162 ; A. Joleaud, *B. S. G. F.*, 4, I, 1901, p. 114 ;
L. Joleaud, *C. G. Algérie*, feuille d'El Aria, 1909.

Les strates fossilifères inférieures de ce lambeau de recouvrement sont des marno-calcaires et des marnes à *Leptoceras cf. subtile* Uhlig et *Crioceras cf. silesiacum* Uhlig, qui affleurent dans le haut vallon de l'oued el Berrarit.

Plus haut se montrent des marnes feuilletées intercalées de nombreux bancs calcaires d'un gris blanchâtre. C'est la zone par excellence des Ammonites pyriteuses. Il n'est pas rare qu'au pied des croupes, aux endroits où la pente diminue, on trouve en abondance *Phylloceras Rouyi* Orb., *P. cf. serum* Oppel, *Pulchellia Sauvageaui* Herm., *Holcodiscus diversecostatus* Coq., *H. metamorphicus* Coq., *H. Henoni* Coq., *Leptoceras Cirtæ* Coq. Cet horizon est particulièrement riche au-dessous du chemin de la Pépinière, à l'Ouest du point 816, et sur la rive gauche de l'oued Berrarit, à l'Ouest du bordj Ben Tarzi. Il correspond exactement par sa faune au Barrémien moyen (horizon de Combepetite, de M. Kilian : zone à *Pulchellia pulchella*).

De nouvelles marnes feuilletées bleuâtres ou grisâtres viennent ensuite. Elles renferment, à leur partie inférieure, des calcaires en bancs de quelques décimètres d'épaisseur et, plus haut, des calcaires schistoïdes avec *Macroscaphites, Hamulina*, etc. A leur partie supérieure, M. Goux a découvert au-dessus du chemin du djebel Ouach, à l'Ouest du mamelon coté 904, des schistes couverts d'écailles de Poissons et de petits Poissons entiers ou non, mais mal conservés et difficilement déterminables. Une étude stratigraphique minutieuse m'a permis de suivre ces couches, constamment fossilifères, depuis le col emprunté par la piste de Constantine à Smendou jusqu'à tout près du lit de l'oued el Berrarit, au voisinage de la ferme qui domine son confluent avec le chabet el Beida. Dans cette série marno-calcaire on rencontre surtout *Phylloceras Rouyi* Orb., *Lytoceras numidum* Coq., *Desmoceras strettostoma* Uhlig, *D. Seguenzæ* Coq., *D. Monicæ* Coq., *D. Nabdalsa* Coq., *Silesites Seranonis* Orb., *Saynella Gouxi* Sayn, etc.

L'ensemble de cette faune indique le Barrémien supérieur et l'Aptien inférieur. La présence de ce dernier sous-étage aux environs de Constantine paraît démontrée par l'existence d'un certain nombre d'espèces caractéristiques, telles que *Lytoceras Duvali* Orb., *L. Jauberti* Orb., *Macroscaphites striatisulcatus* Orb., *Ptychoceras læve* Math., etc., et aussi par la découverte en Europe, dans plusieurs gisements bedouliens ou gargasiens, d'Ammonites décrites pour la première fois du djebel Ouach, *Lytoceras numidum* Coq., *Desmoceras Seguenzæ* Coq., *Puzosia Angladei* Sayn.

Toutefois, il est extrêmement difficile de faire le départ, dans les fossiles du sommet de l'Éocrétacé du djebel Ouach, entre ceux qui proviennent du Barrémien supérieur et ceux qui proviennent de l'Aptien inférieur. La distinction stratigraphique des deux étages y paraît d'ailleurs impossible, les zones supérieures de cette série vaseuse ayant sans doute subi une réduction plus ou moins considérable par laminage, pendant le charriage auquel la nappe a été soumise.

En outre, comme les fossiles en pyrite ou en calcite qui arrivent en surface sur les pentes marneuses sont rapidement entraînés vers le fond des ravines, tant par leur propre poids, que par l'action des agents atmosphériques, il est souvent très difficile de déterminer l'horizon dont ils proviennent.

Par contre, de bons repères sont donnés par les strates calcaires où les fossiles restent plus longtemps en place avant de se détacher.

Des recherches prolongées m'ont permis de constater ainsi que les formes franchement aptiennes, rares au-dessous des couches à Poissons, sont plus abondantes au-dessus. L'on pourrait alors considérer les strates immédiatement subordonnées aux couches à Poissons comme appartenant au Barrémien supérieur (zone à *Heteroceras Astieri* : horizon de Morteiron dans la montagne de Lure). Les couches à Poissons elles-mêmes et celles qui les surmontent correspondraient à l'Aptien inférieur ou Bedoulien (zone à *Parahoplites Deshayesi*).

Quoiqu'il en soit, le Barrémien supérieur et l'Aptien inférieur apparaissent au djebel Ouach comme deux sous-étages assez peu distincts l'un de l'autre.

Le fait paraît d'ailleurs général dans la Berbérie orientale. Au Sud du djebel Bou Sba, près de Guelma, M. Dareste de la Chavanne (1) a reconnu une faune d'Ammonites pyriteuses « caractérisant le Barrémien supérieur et voisine de l'Aptien » : *Desmoceras difficile* Orb. y est associé à *D. Seguenzæ* Coq. A l'oued Cheniour M. Blayac (2) a distingué 2 niveaux à Ammonites dans l'Aptien, dont l'inférieur renferme, avec *Macroscaphites striatisulcatus* Orb. et *Desmoceras Seguenzæ* Coq., des formes généralement considérées comme localisées dans le Barrémien, telles que *Desmoceras strettostoma* Uhlig. De même en Tunisie, M. Pervinquière (3) signale du

---

(1) *C. G. Algérie*, feuille de Guelma, 1910.
(2) *B. S. G. F.*, 4, VI, 1896, p. 446.
(3) *C. G. Tunisie*, Céphalopodes, 1907, p. 416.

djebel Tella (Est du djebel Oust), de Moghran et du djebel Ahmar une faune qui, d'après lui, « doit se trouver sensiblement à la limite des deux étages » barrémien et aptien : l'on y trouve à la fois *Lytoceras heterosulcatum* Anth., *Macroscaphites Ficheuri* Sayn, *Ptychoceras læve* Math., *Desmoceras strettostoma* Uhlig, *D. Monicæ* Coq., *Puzosia Melchioris* Tietze, *P. Ibrahim* Coq., *P. Angladei* Sayn, *Silesites Seranonis* Orb., etc.

Les récentes découvertes de M. Sayn ont montré, d'autre part, qu'il n'existe aucune différence importante entre les faunes du Barrémien supérieur et du Bedoulien dans les formations zoogènes du Sud-Est de la France. Je crois donc que l'on est en droit de se demander s'il ne conviendrait pas de réunir la zone à *Parahoplites Deshayesi* au Barrémien et de faire débuter l'Aptien seulement avec la zone à *Oppelia Nisus*. L'on ne connait de faune particulière au Bedoulien que dans les dépôts néritiques à Céphalopodes (type occidental de M. Kilian). Et encore faut-il observer que persistent dans ces sédiments des formes franchement barrémiennes, comme *Macroscaphites Yvani* Puzos (1), *Costidiscus recticostatus* Orb. Un seul groupe d'Ammonites fait d'ailleurs son apparition dans le Bedoulien, le groupe de *Douvilleiceras Cornueli* Orb.

Au contraire, le Barrémien, tel qu'il est défini dans le Traité de Géologie de M. Haug, est parfaitement caractérisé : 1° par la localisation à son niveau des *Pulchellia, Heteroceras, Paraspiticeras* ; 2° par le maximum de développement des *Desmoceras, Holcodiscus, Leptoceras* ; 3° par l'apparition des *Gaudryceras, Jauberticeras*,

---

(1) Sayn, *C. R. S. G. F.*, 1910, p. 140.

Tetragonites, Kosmatella, Costidiscus, Macroscaphites, Pictetia, Hamulina, Uhligella, Silesites, Ancyloceras.

De même le Gargasien qui, dans la classification envisagée ci-dessus, marquerait le début de l'Aptien, est remarquable par l'apparition du sous-genre *Latidorsella* et des groupes d'*Oppelia Nisus*, de *Paraholites furcatus*, de *Par. crassicostatus*, de *Par. Treffryanus* et de *Douvilleiceras Martini.*

Au Sud-Ouest du djebel Ouach, un paquet de marnes à Ammonites pyriteuses de l'Éocrétacé a été conservé sur le flanc Sud du Mansoura, au-dessus des marno-calcaires et des grès du Maestrichtien supérieur.

J'ai retrouvé le Barrémien et l'Aptien à l'extrémité Est du massif du djebel Ouach, au Sud du bordj Sabat, dans les vallons du chabet Berail, du chabet Bir Menten et de l'oued Bou Skoum, tout autour du koudiat el Henchir. A l'Ouest, les marno-calcaires à Ammonites pyriteuses semblent directement subordonnés au flysch. A l'Est, ils passent sous les marnes schisteuses du Mésocrétacé à *Mortoniceras cf. inflatum* Sow., qui semblent ellesmêmes chevaucher les marnes à *Ovulaster Auberti* Gauth. du Maestrichtien. La situation et les caractères de ces divers horizons paraissent être exactement les mêmes ici qu'aux environs de Constantine.

Au Nord du djebel Ouach, dans le douar Rorfen, au lieu dit Bou Merdja, sur la rive droite de l'oued Rorfen, en contre-bas des points cotés 481 et 417, j'ai aussi reconnu les mêmes marno-calcaires avec fossiles du

Barrémien supérieur (1). Cet étage est ici encore subordonné, dans la direction du Sud, à une puissante série crétacée vaseuse, tandis qu'il est recouvert, à l'Ouest et à l'Est, par le flysch, et au Nord, par les couches rouges du Pontien.

J'ai enfin découvert deux autres lambeaux de Barrémien-Aptien à Ammonites pyriteuses plus au Nord, dans le chaînon des Mouia. L'un affleure au douar SFARDJELA (*pl. IV, fig. 6*), sur les pentes des ravines tributaires de l'oued Hamma et de l'oued Hallel (2), où il forme un lambeau de recouvrement au-dessus du Méso-Néocrétacé et de l'Eocène. Il est constitué par des marnes schisteuses d'un gris bleuâtre, alternant avec des calcaires en plaquettes, où j'ai trouvé *Lytoceras numidum* Coq., *Pulchellia compressissima* Orb., *Silesites Seranonis* Orb.

L'autre lambeau est situé au Sud-Ouest de la forêt des MOUIA (3) (*pl. IV, fig. 4*), entre l'ain Brakber et la mechta Dra el Oust. Il chevauche les marnes néocrétacées à lentilles de calcaire jaune (facies de la région de Constantine). Parmi les fossiles les plus caractéristiques je citerai *Lytoceras crebrisulcatum* Uhlig et *Silesites Seranonis* Orb. Aux Mouia, comme à Rorfen, je n'ai point rencontré de fossiles du Barrémien moyen.

On trouvera groupées dans la liste ci-après les espèces que j'ai recueillies dans ces différents gisements barré-

____

(1) L. JOLEAUD, *C. G. Algérie*, feuille du Smendou, 1908.
(2) L. JOLEAUD, *C. G. Algérie*, feuille du Smendou, 1908.
(3) L. JOLEAUD, *C. G. Algérie*, feuille du Sidi Dris, 1911.

miens et bedouliens avec celles observées précédemment par mon père au djebel Ouach.

Chondrites (?) *sp.* — Horizon inférieur : djebel Ouach (rr).

Trochocyathus (?) *sp.* — Horizons inférieur et supérieur : djebel Ouach (rr).

Platycyathus (?) *sp.* — Horizons inférieur et supérieur : djebel Ouach (rr).

Melaporhinus Heinzi Coq. (?). — Horizons inférieur et supérieur : djebel Ouach (r).

Terebratula (Glossothyris) cf. hippopus Rôm. — Horizon supérieur : djebel Ouach (rr).

Inoceramus sp. — Horizons inférieur et supérieur : djebel Ouach, Mouia (rrr).

Pecten alpinus Orb. — Horizons inférieur et supérieur : djebel Ouach (rr).

Nucula Ouachensis Coq. — Horizons inférieur et supérieur : djebel Ouach, Rorfen (ar).

Nucula Henoni Coq. — Horizons inférieur et supérieur : djebel Ouach (ar).

Nucula sp. Plusieurs espèces. — Horizons inférieur et supérieur : djebel Ouach (rr).

Leda Ouachensis Coq. — Horizons inférieur et supérieur : djebel Ouach (r).

Leda nana Coq. — Horizons inférieur et supérieur : djebel Ouach (r),

Lucina sculpta Phill. — Horizons inférieur et supérieur : djebel Ouach (ac).

Lucina Zamma Coq. — Horizons inférieur et supérieur : djebel Ouach (ar).

Cardium modestius Coq. — Horizons inférieur et supérieur : djebel Ouach (rrr).

Cardium sp. — Horizons inférieur et supérieur : djebel Ouach (rrr).

Venus sp. — Horizons inférieur et supérieur : djebel Ouach (rr).

Cytherea sp. — Horizons inférieur et supérieur : djebel Ouach (rr).

Trochus sp. Plusieurs espèces. — Horizons inférieur et supérieur : djebel Ouach (rr).

Cerithium Adherbal Coq. — Horizons inférieur et supérieur : djebel Ouach (ac).

Cerithium sp. Plusieurs espèces. — Horizons inférieur et supérieur : djebel Ouach (r r).

Avellana sp. — Horizon supérieur : djebel Ouach (rrr).

Rhynchoteuthis Henoni Coq. — Horizon inférieur : djebel Ouach (rrr).

Phylloceras cf. Ernesti Uhlig *in* Sayn (1). — Horizon supérieur : djebel Ouach, bordj Sabat (rr).

Phylloceras cf. Guettardi Raspail *in* Orbigny (2). Une Ammonite du djebel Ouach de 25^{mm} de diamètre rappelle tout à fait, par son mode d'accroissement et son ornementation, les jeunes *Phyll. Guettardi* du diamètre de 15-18^{mm}, de l'Aptien des Basses-Alpes. — Horizon supérieur : djebel Ouach (rrr).

Phylloceras sp. (*aff. Guettardi* Raspail *in* Orbigny). Les individus du djebel Ouach sont moins épais que le type

---

(1) *Ammonites du Djebel Ouach*, 1890, p. 12, pl. I, fig. 2.

(2) *Paléontologie française, Céphalopodes crétacés*, 1840, p. 169, pl. LIII, fig. 1-3.

figuré par d'Orbigny, à sillons moins arqués et moins profonds, atténués vers la fin du dernier tour. — Horizon supérieur : djebel Ouach, bordj Sabat. Des Ammonites présentant ces caractères ont été signalées par M. Pervinquière (1) dans l'Aptien de Mateur (Tunisie) et par M. Jacob (2) dans le Gargasien inférieur de Lesches (Drôme).

Phylloceras lateumbilicatum Pervinquière (3). Dans ce Céphalopode, l'ombilic, relativement large chez le jeune, ne s'accroît pas par la suite en proportion de la taille. Ainsi un individu du djebel Ouach de 10^{mm} de diamètre a un ombilic de 4^{mm}, c'est-à-dire égal aux 2/5 du diamètre total, tandis qu'un autre exemplaire de la même localité, de 20^{mm} de diamètre, a un ombilic de 5^{mm}, c'est-à-dire égal au 1/4 du diamètre total. Au cours de son développement cette espèce acquiert donc progressivement, comme a bien voulu me le faire remarquer M. Sayn, les caractères d'Ammonites figurant dans la collection d'Orbigny sous le nom *Ammonites Carlavanti* et dont la taille est très sensiblement plus grande que celle des *Phylloceras* du djebel Ouach ou de Tunisie. — Horizon supérieur : djebel Ouach, bordj Sabat, Rorfen (ar). Les types du *P. lateumbilicatum* ont été rencontrés dans des couches situées vers la limite de l'Aptien et de l'Albien à Béja (Tunisie) ; ceux de l'*Amm. Carlavanti* Orb. (4) proviennent de l'Aptien d'Hièges (Basses-Alpes).

Phylloceras semisulcatum Orb., var. *cf. Kiliani*

---

(1) *Céphalopodes de Tunisie*, 1907, p. 60.
(2) *Crétace moyen des Alpes*, 1907, p. 21.
(3) *Céphalopodes de Tunisie*, 1907, p. 60, pl. III, fig. 13-15.
(4) *Prodrome Paléont.*, 1850, p. 113.

Sayn (1). Un certain nombre de petites Ammonites du djebel Ouach, ayant au maximum 12^{mm} de diamètre, ont paru à M. Sayn, comme à moi-même, pouvoir être rapportées à *Ph. semisulcatum*. Elles offrent toutes les caratères distinctifs de la variété *Kiliani* du Valanginien de Sisteron, variété qui se retrouve aussi d'ailleurs dans le Tithonique (2). Cependant, elles sont, en outre, remarquables par leurs sillons qui, très accentués au diamètre de 3^{mm}, s'atténuent jusqu'à disparaître un peu plus tard, au diamètre de 10^{mm} environ. — Horizons inférieur et supérieur : djebel Ouach, bordj Sabat (ac). M. Paquier (3) a indiqué, sous le nom de *Ph. aff. semisulcatum*, une Ammonite différant du type du Valanginien par une ligne suturale plus évoluée et par une rosette ombilicale dès le très jeune âge : jusqu'à présent, cette forme était la plus récente du groupe de *Ph. tatricum* Pusch. ; elle avait été rencontrée dans la zone à *Streblites Sayni* du Diois (Barrémien inférieur, d'après M. Haug).

Phylloceras infundibulum Orb. On trouve dans les gisements de la région de Constantine des *Phylloceras* à section très large et à ombilic ponctiforme, qui, déjà à un très petit diamètre (8^{mm}), présentent sur la région siphonale des côtes assez bien marquées. Ces Ammonites appartiennent donc à une forme différente de celles qui, à la même taille, ont des tours absolument lisses (var. *Baborensis*). Elles paraissent identiques par tous leurs autres caractères. Au lieu de les rapporter à des espèces

---

(1) *Mém. S. G. F., Paléont.*, IX, 23, 1901, p. 12, pl. I, fig. 12.
(2) Gevrey, *B. S. Stat. Isère*, 4, I, 1892, p. 7.
(3) *B. S. Stat. Isère*, 4, V, 1900, p. 191.

distinctes, comme le propose M. Kilian (1), peut-être pourrait-on avec plus de raison les considérer comme deux variétés d'une même espèce, ayant vécu, ainsi que l'a montré M. Sayn (2), depuis le Valanginien jusqu'à l'Aptien. — Horizons inférieur et supérieur : djebel Ouach, bordj Sabat (ar).

Phylloceras infundibulum Orb., forme aplatie [= ? *Amm. cf. Rouyanus* Tietze (3) = *Phyll. cf. infundibulum* Sayn (4)]. Ammonite qui, notablement plus aplatie latéralement que *Ph. infundibulum* type, a le galbe général de *Amm. picturatus* et présente de larges côtes, en petit nombre, s'étendant depuis l'ombilic jusqu'à la région siphonale. — Horizon supérieur : djebel Ouach (rrr). Des formes ayant à peu près les mêmes caractères ont été indiquées dans l'Aptien du Sud-Est de la France, du Banat (Swintza) et d'Algérie (oued Cheniour).

Phylloceras infundibulum Orb. var. Individu très épais, différant du type par la présence de côtes ombilicales larges et peu élevées, qui font place, vers la région siphonale, à de nombreuses stries très fines et peu marquées. —Horizon supérieur : djebel Ouach (ccc).

Phylloceras infundibulum Orb., var. *Baborensis* Coq. *in* Heinz (5) (*pl. I*ᵇⁱˢ, *fig. 1-3*). De grands exemplaires absolumennt lisses de cette espèce existent au djebel Ouach à côté de formes costulées de même diamètre se rattachant à *Ph. infundibulum* type. La plupart sinon

---

(1) *Montagne de Lure*, 1889, p. 267.
(2) *Ammonites du djebel Ouach*, 1890, p. 9.
(3) *Jahrb. d. k. k. Geol. Reichsanst*, XXII, 1872, pl. IX, fig. 8.
(4) *B. S. G. F.*, 3, XXIV, 1896, p. 1163.
(5) *Fossiles décrits par Coquand*, 1886, pl. I.

même la totalité des individus trouvés par moi dans la région de Constantine présentent les caractères spéciaux attribués par M. Pervinquière (1), d'après la figure de Heinz, à la var. *Baborensis* : flancs régulièrement incurvés, dont la plus grande épaisseur se trouve vers le milieu du tour. Au contraire, le *Phylloceras* aptien auquel M. Kilian (2) voudrait voir réserver le nom de *Ph. Rouyi* est remarquable, d'après M. Jacob (3), par sa « région ventrale très large ». Je ferai observer que d'Orbigny indique dans la Paléontologie française (4) *Amm. Rouyanus* comme provenant des couches inférieures du Neocomien (*s. l.*), et non des couches supérieures qui correspondent seules à l'étage aptien des géologues modernes. — Horizon inférieur et supérieur (maximum dans l'horizon inférieur) : djebel Ouach, bordj Sabat, Rorfen, Sfardjela, Mouia (ccc).

Phylloceras infundibulum Orb., var. *Baborensis* Coq. *in* Heinz, forme aplatie [== ? *Amm. picturatus* Orb.]. Cette Ammonite diffère de *Ph. infundibulum* var. *Baborensis* par sa section ogivale, son bord siphonal moins épais, son ombilic moins profond. Le caractère de la ligne suturale de *Amm. picturatus*, dont le lobe siphonal serait légèrement plus court que le premier latéral, ne m'a pas paru constant sur les nombreux individus que j'ai examinés ; d'ailleurs, cet écart de longueur, quand il existe, est extrêmement faible. Aussi pourrait-on voir, me semble-t-il, dans *Amm. picturatus* une simple forme

---

(1) *Céphalopodes de Tunisie*, 1907, p. 56.
(2) *Montagne de Lure*, 1889, p. 267.
(3) *Crétacé moyen des Alpes*, 1907, p. 59.
(4) *Céphalopodes crétacés*, 1840, p. 440.

de *Ph. infundibulum.* — Horizons inférieur et supérieur : djebel Ouach, bordj Sabat (ac):

Phylloceras Thetys Orb. — Horizon inférieur : djebel Ouach, bordj Sabat (ar).

Phylloceras Thetys Orb., forme aplatie [= ? *Amm. Moreli* Orb.]. — Horizon supérieur : djebel Ouach (r).

Phylloceras Tetys Orb. var. [= *Phyll. cf. Thetys* Orb. *in* Sayn (1)]. — Horizon inférieur : djebel Ouach (r).

Phylloceras serum Oppel, var. *perlobata* Sayn (2). Horizons inférieur et supérieur : djebel Ouach, bordj Sabat, Mouia (cc).

Phylloceras serum Oppel, var. *perlobata* Sayn, forme épaisse. — Horizon inférieur : djejel Ouach (rr).

Lytoceras cf. strangulatum Orb. (*pl. I*^{bis}, *fig. 6-7*). Cette espèce qui rappelle tout à fait *Lyt. strangulatum* Orb. par sa ligne suturale relativement découpée n'offre cependant que 4 sillons comme *Lyt. quadrisulcatum* Orb. — Horizon supérieur : djebel Ouach (r). *Lyt. strangulatum* ou des formes affines ont été signalés depuis le Néocomien jusqu'à l'Albien.

Lytoceras crebrisulcatum Uhlig. — Horizons inférieur et supérieur : djebel Ouach, bordj Sabat, Rorfen, Mouia (ac).

Lytoceras (Costidiscus) Hamilcar Coq. (3). Ammonite à ligne suturale de *Costidiscus*, rappelant la figure de Coquand, tant par son ornementation fine et régulière, que par son accroissement assez rapide en largeur et en hauteur. — Horizon supérieur : djebel Ouach, bordj Sabat (rr).

---

(1) *Ammonites Djebel Ouach*, 1890, p. 11, pl. I, fig. 1.
(2) *Mém. S. G. F., Paléont.*, IX, 23, 1901, p. 7, pl. I, fig. 7-8.
(3) *Mém. S. G. F.*, 2, V, 1854, p. 142, pl. III, fig. 16-17.

Lytoceras (Costidiscus) nov. sp. (aff. Hamilcar Coq). Cette Ammonite diffère de la précédente par ses tours subquadrangulaires et ses côtes bien plus fines, ainsi que par la présence de 6 sillons obliques à la direction des côtes. — Horizon supérieur : djebel Ouach (rrr).

Lytoceras (Gaudryceras) numidum Coq. *in* Sayn (*pl. I*^{bis}, *fig. 1-5*). Cette espèce offre de très nombreuses variétés qui, comme l'a déjà indiqué M. Jacob (1), relient entre eux presque tous les sous-genres de *Lytoceras*. Ces variétés ont comme caractères communs : 1° un accroissement très rapide ; 2° une section toujours plus ou moins arrondie ; 3° une ouverture légèrement échancrée par le retour de la spire ; 4° une ligne suturale ayant au moins trois selles. Le plus souvent, en outre, elles sont ornées, vers la fin du dernier tour, de stries et de sillons peu marqués. A côté du type, tel qu'il a été figuré par M. Sayn (2), l'on trouve une forme à peine distincte par l'ensemble de ses caractères, mais dont les tours très peu embrassants rappellent ceux des vrais *Lytoceras (Fimbriati)*. — Horizon supérieur : djebel Ouach, bordj Sabat, Rorfen (ar). Cette espèce décrite primitivement des environs de Constantine a été par la suite retrouvée dans les marnes aptiennes du Sud-Est de la France (Hièges) (1).

Lytoceras (Gaudryceras) numidum Coq., var. passant à *Lytoceras (Gaudryceras) Æolus* Orb. Forme peu éloignée de *Lyt. numidum*, mais présentant 4 sillons

---

(1) *Crétacé moyen des Alpes*, 1907, p. 63-68 ; *Mém. S. G. F., Paléont.*, XV, 1907, 3-4, p. 12-13, pl. I, fig. 4-8.

(2) *Ammonites du Djebel Ouach*, 1890, p. 14, pl. 1, fig. 3-4.

(3) Kilian, *B. S. G. F.*, 3, XXIII, 1896, p. 765.

bien accusés et franchement obliques en avant, des flancs assez comprimés, un accroissement relativement rapide et un deuxième lobe latéral beaucoup plus court que le premier. — Horizon supérieur : djebel Ouach (rr).

Lytoceras (Gaudryceras) numidum Coq., var. passant à *Lytoceras (Gaudryceras) Bourrili* Pict. Forme plus éloignée de *Lyt. numidum*, dont elle conserve cependant l'accroissement très rapide, mais à région ventrale déprimée, bien qu'encore franchement arrondie, à tours plus larges que hauts, à ombilic très profond. — Horizon supérieur : djebel Ouach (rrr).

Lytoceras (Gaudryceras) numidum Coq., var. passant à *Lytoceras (Jauberticeras) Jauberti* Orb. [= *Lyt. Jauberti* var. Sayn (1) et Jacob (2)]. Au diamètre de 8^{mm} cette forme a encore des tours franchement arrondis, alors que le type de d'Orbigny montre des carènes bien accusées ; son ombilic est moins profond et son accroissement moins rapide en largeur. — Horizon supérieur : djebel Ouach (r). Des Ammonites présentant les mêmes caractères ont été signalées dans le Gargasien du Sud-Est de la France.

Lytoceras (Gaudryceras) numidum Coq., var. passant à *Lytoceras (Kossmatella) Agassizi* Pict. Cette forme diffère du type par l'accentuation des sillons sur la fin du dernier tour, dès le diamètre de 12^{mm} environ ; les flancs dessinent alors de véritables gibbosités largement arrondies et finement striées. — Horizon supérieur : djebel Ouach (rr).

Lytoceras (Gaudryceras) numidum Coq., var. passant

---

(1) *Ammonites du Djebel-Ouach*, 1890, p. 16.
(2) *Crétacé moyen des Alpes*, 1907, p. 64.

à *Lytoceras (Kossmatella) rencurelensis* Jacob. Certains caractères du sous-genre *Kossmatella*, qui ne sera tout à fait différencié qu'au Mésocrétacé, sont déjà bien apparents dans cette forme : tours plus larges que hauts, nettement arrondis au pourtour ; saillies tuberculiformes latérales distantes, correspondant chacune à une fine côte ombilicale. — Horizon supérieur : djebel Ouach (rrr).

Lytoceras (Gaudryceras) numidum Coq., var. passant à *Lytoceras (Tetragonites) Duvali* Orb. Cette Ammonite diffère de la forme figurée par M. Sayn par l'apparition, à un diamètre d'ailleurs très variable, de constrictions généralement peu marquées. Son accroissement est plus rapide en largeur, et sa section est subquadrangulaire, à angles arrondis, surtout du côté du siphon. — Horizon supérieur : djebel Ouach, bordj Sabat, Rorfen, Sfardjela (ac).

Lytoceras (Gaudryceras) numidum Coq., var. passant à *Lytoceras (Tetragonites) Jallaberti* Pict. Variété se distinguant de la précédente par ses tours bien arrondis, plus larges que hauts, ornés de sillons très accusés sur les flancs, nettement obliques en avant, atténués sur le dos. — Horizon supérieur : djebel Ouach (rrr).

Lytoceras (Gaudryceras) numidum Coq., var. passant à *Lytoceras (Tetragonites) Jurini* Pict. Nouvelle forme encore assez voisine des deux précédentes, mais dont les tours ont une section ovale, plus large que haute, dont les flancs sont un peu comprimés, l'ombilic largement ouvert et l'accroissement très rapide. — Horizon supérieur : djebel Ouach (rr).

Lytoceras (Jauberticeras) Jauberti Orb. — Horizon supérieur : djebel Ouach (rrr). Le type provient de l'Aptien de Hièges (Basses-Alpes).

Lytoceras (*Tetragonites*) *Duvali* Orb., var. *Ibrahim* Heinz *in* Sayn (1). M. Sayn (2) a montré que l'*Amm. Ibrahim* figurée par Heinz (3) était une var. du *Lyt. Duvali*, différant du type par ses étranglements plus nombreux et un peu plus droits et par son ombilic moins profond. Ces caractères, comme l'a indiqué M. Jacob (4) et comme j'ai pu le constater sur mes échantillons du djebel Ouach en font une forme intermédiaire entre *Lyt.* (*Gaudryceras*) *numidum* et *Lyt.* (*Tetragonites*) *Duvali*, plus voisine de la seconde de ces espèces que de la première. Depuis M. Pervinquière (5) a établi que l'*Amm. Ibrahim* de Coquand était différente de celle de Heinz et devait être rapportée au genre *Puzosia*. — Horizon supérieur : djebel Ouach, bordj Sabat. Le type de *Lyt. Duvali* provient de l'Aptien des Basses-Alpes.

Macroscaphites striatisulcatus Orb. — Horizon supérieur : djebel Ouach, bordj Sabat (r). Le type a été trouvé dans l'Aptien du Sud-Est de la France.

Macroscaphites striatisulcatus Orb., var. *afra* Sayn. — Horizon supérieur : djebel Ouach, bordj Sabat (rr).

Macroscaphites sp (*aff. striatisulcatus* Orb.). Enroulement sans crosse différant de *Macr. striatisulcatus* par son accroissement plus rapide, ses sillons à peine indiqués, ses côtes moins fines et moins serrées, enfin

---

(1) *Ammonites du Djebel Ouach*, 1890, p. 15, pl. I, fig. 5-6.
(2) *Ammonites du Djebel-Ouach*, 1890, p. 15.
(3) *Fossiles décrits par Coquand*, 1886, pl. I.
(4) *Crétacé moyen des Alpes*, 1907, p. 66.
(5) *Céphalopodes de Tunisie*, 1907, p. 154.

par la présence, vers la fin du dernier tour de côtes plus fortes, débutant au-dessus de l'ombilic par une saillie peu prononcée et se bifurquant presque immédiatement. — Horizon supérieur : djebel Ouach (rrr).

Macroscaphites Ficheuri Sayn (1) (*pl. I*^{bis}*, fig. 8-9*). — Horizon supérieur : djebel Ouach (r).

Pictetia sp. Fragments d'Ammonites déroulées assez fortement incurvées, à section subquadrangulaire, à ornementation formée de nombreuses stries fines ; la ligne suturale est très découpée. — Horizon inférieur : djebel Ouach (ar).

Pictetia (?) *sp.* Fragments assez incurvés d'Ammonites déroulées, à coquille aplatie latéralement, ornée de côtes simples, étroites, bien accusées, alternativement fortes, avec un tubercule siphonal, et faibles, non tuberculées. — Horizon inférieur : djebel Ouach (rr).

Hamulina subcylindrica Orb. — Horizons inférieur et supérieur : djebel Ouach, Rorfen (ac).

Hamulina sp. — Fragments d'Ammonites déroulées, ornées de côtes très atténuées et un peu obliques ; lignes suturales formées chacune d'éléments relativement courts et peu découpés. — Horizon inférieur : djebel Ouach, bordj Sabat (ar).

Hamulina Quenstedti Uhlig. — Horizons inférieur et supérieur : djebel Ouach, bordj Sabat (ar).

Hamulina sp. (*aff. Quenstedti* Uhlig). Fragments d'Ammonites déroulées, à coquille lisse, à accroissement relativement rapide et à lignes suturales rapprochées les unes des autres. — Horizon inférieur : djebel Ouach, bordj Sabat (r).

------

(1) *B. S. G. F.*, 3, XXIV, 1896, p. 1163.

Hamulina cf. hamus Quenst. Fragments rectilignes d'Ammonites déroulées, à coquille ornée de côtes assez accentuées, séparées par des intervalles deux fois plus larges qu'elles-mêmes. — Horizon inférieur : djebel Ouach, bordj Sabat (r).

Hamulina sp. (aff. hamus Quenst.). Espèce voisine de la précédente mais présentant des côtes de deux sortes, les unes plus fortes, les autres plus faibles, alternant régulièrement. — Horizon inférieur : bordj Sabat (rrr).

Hamulina cf. Boutini Math. Fragments rectilignes d'Ammonites déroulées ornées de côtes obliques assez fortes, quoique bien arrondies et séparées par des intervalles moins larges qu'elles-mêmes. — Horizon inférieur : djebel Ouach (r).

Hamulina incerta. Orb. — Horizon inférieur : bordj Sabat (rrr).

Hamulina sp. (aff. incerta Orb.). Diffère du type de d'Orbigny par sa section plus comprimée latéralement, surtout dans la région siphonale, et par sa ligne suturale moins divisée (selles plus massives, etc.). — Horizon inférieur : djebel Ouach (rrr).

Ptychoceras læve Math. — Horizon supérieur : djebel Ouach (ar). Le type provient de l'Aptien du Sud-Est de la France.

Oppeliidæ indet. — J'ai recueilli dans le Barrémien-Aptien du djebel Ouach un certain nombre d'Ammonites très aplaties, à accroissement rapide, à ombilic extrêmement étroit, à ligne suturale très finement découpée. Par l'ensemble de leurs caractères, ces Céphalopodes rappellent les *Oppeliidæ.* — Horizons inférieur et supérieur djebel Ouach, bordj Sabat (ar).

Desmoceras difficile Orb. — Horizons inférieur et supérieur : djebel Ouach, bordj Sabat (ac).

Desmoceras strettostoma Uhlig. — Horizons inférieur
et supérieur : djebel Ouach, bordj Sabat, Mouia (ac).

Desmoceras (Uhligella) Monicæ Coq *in* Pervinquière (1)
(*pl. I*^{bis}, *fig. 10-11*). — Horizon supérieur : djebel Ouach,
bordj Sabat (ar).

Desmoceras (Uhligella) Sequenzæ Coq *in* Sayn. —
Horizon supérieur : djebel Ouach, bordj Sabat, Sfar-
djela, Mouia (c). Cette espèce a été retrouvée dans le
Gargasien du Sud-Est de la France.

Desmoceras (Uhligella) impressa Orb. Mes Ammonites ne diffèrent du type de d'Orbigny que par l'absence
ou tout au moins l'atténuation très prononcée du sillon
voisin de la région siphonale. Leur ligne suturale les
classe dans le sous-genre *Uhligella*. — Horizon supérieur : djebel Ouach (r). Le type provient de l'Aptien de
Vergons (Basses-Alpes).

Puzosia Nabdalsa Coq *in* Sayn (*pl. I*^{bis}, *fig. 12-13*). —
Horizon supérieur : djebel Ouach, bordj Sabat, Mouia (c).

Puzosia Ouachensis nov. sp. [= *Desmoceras aff.
Nabdalsa* Sayn (2)] (*pl. I*^{bis}, *fig. 14*). Cette espèce, dont
la ligne suturale, très découpée, rappelle tout à fait
celle de *Puz. Nabdalsa* Coq., diffère de cette dernière par
ses tours bien plus épais, largement arrondis sur les
flancs et vers la région siphonale, terminés au-dessus de
l'ombilic par une sorte d'abrupte ; leur accroissement
est relativement lent ; les sillons, au nombre de 5 à 6,
y sont profondément marqués. Elle se distingue de

------

(1) *Céphalopodes de Tunisie*, 1907, p. 135, pl. V, fig. 21-24.
(2) *Ammonites du Djebel Ouach*, 1890, p. 43, pl. II, fig. 12.

P. Emerici Rasp., par sa première selle latérale plus haute que la siphonale, son accroissement moins rapide, etc. — Horizon supérieur : djebel Ouach, Rorfen (ar).

Puzosia Getulina Coq *in* Sayn (*pl. I^bis, fig. 15-17*). — Horizon supérieur : djebel Ouach (r).

Puzosia Angladei Sayn. — Horizon supérieur : djebel Ouach, bordj Sabat, Rorfen (r). Cette forme a été rencontrée aussi dans le Gargasien du Sud-Est de la France.

Silesites Seranonis Orb. — Horizon supérieur : bordj Sabat (rrr).

Silesites Seranonis Orb., var. *interpositus* Coq. — Horizon supérieur : djebel Ouach, bordj Sabat, Rorfen, Mouia (a c).

Silesites Seranonis Orb., var. *imparecostatus* Coq. Je possède un individu de cette variété atteignant 20^mm de diamètre, dont les tours sont complètement lisses. — Horizon supérieur : djebel Ouach, bordj Sabat, Rorfen (ar).

Silesites sp. (*aff. Seranonis* Orb.). Diffère du type de d'Orbigny par ses tours beaucoup plus larges et très déprimés, son ombilic plus profond. L'ornementation est exactement celle de *Sil. Seranonis* var. *interpositus* et la ligne suturale est très voisine de celle du type français. — Horizon supérieur : djebel Ouach (rrr).

Silesites sp. (du groupe de *S. Seranonis* Orb.). Se distingue par l'absence de sillons et par ses côtes toutes égales, très accusées sur les flancs, bi- ou trifurquées sur la région siphonale qu'elles traversent en s'atténuant notablement. — Horizon supérieur : djebel Ouach (rrr).

Silesites vulpes, Coq., var. presque lisse. — Horizon supérieur : djebel Ouach, bordj Sabat (rrr).

Silesites sp. (*aff. vulpes* Coq.). Cette Ammonite, que

sa ligne suturale classe nettement dans le genre *Silesites* (lobes auxiliaires remontant en avant vers l'ombilic (1), rappelle par sa physionomie générale certaines variétés de *Puzosia Mayori* Orb. Toutefois, elle est plus aplatie et se rapproche dans cet ordre d'idées de *Sil. vulpes* Coq. et de *Puzosia thos* Perv. Elle diffère nettement de ces deux espèces par son ombilic extrêmement étroit (diam. : $3^{mm}5$, pour un diamètre total de la coquille de 12^{mm}) et est marquée sur les flancs de 5 sillons qui décrivent, en arrivant sur le dos, une sinuosité en avant. — Horizon supérieur : bordj Sabat (rrr).

Silesites nov. sp. Par sa ligne suturale, cette espèce appartient incontestablement au genre *Silesites*, dont elle s'éloigne grandement et par son ornementation et par son mode d'accroissement. L'ombilic, très étroit dans le jeune âge (2^{mm} au diamètre de 11^{mm}), devient plus tard proportionnellement plus grand ($3^{mm}5$ au diamètre de 15^{mm}). La région siphonale est arrondie. Les flancs comprimés sont couverts de stries falciformes, qui partent de l'ombilic, sont généralement bifurquées vers le milieu du tour et décrivent un sinus en avant sur le dos. Chaque tour porte, en outre, 4 sillons qui ont la même direction que les côtes. La ligne suturale, assez peu découpée, présente de larges selles et des lobes terminés par trois grandes branches. — Horizon supérieur : bordj Sabat (r).

Holcodiscus fallax Math., var. passant à *H. Gastaldii* Orb. — Horizon inférieur : djebel Ouach, bordj Sabat (rr).

---

(1) Pervinquière, *Céphalopodes de Tunisie*, 1907, p. 169-170.

Holcodiscus Caillaudi Orb., var. passant à *H. Gastaldii* Orb. — Horizon inférieur : djebel Ouach (ac).

Holcodiscus Gastaldii Orb. — Horizon inférieur : bordj Sabat (ac).

Holcodiscus Henoni Coq. J'ai pu étudier complètement la ligne suturale sur des individus de 15 à 17^{mm} de diamètre, provenant du bordj Sabat et en excellent état de conservation ; elle rappelle tout à fait celle de *Holc. diversecostatus* Coq. L'ornementation, extrêmement fine dans certains exemplaires, l'est beaucoup moins dans d'autres ; toutefois l'on observe tous les passages entre les types extrêmes à côtes très faibles et ceux à côtes assez fortes ; ces derniers finissent d'ailleurs par ne pas être très éloignés des formes extrêmes de *Holc. Gastaldii.* — Horizon inférieur : djebel Ouach, bordj Sabat (cc).

Holcodiscus sp. (*aff. Henoni* Coq.) Ammonites de 7 à 12^{mm} de diamètre présentant tout d'abord, sur le tour externe, au voisinage de l'ombilic, de fines côtes bifurquées qui traversent la région siphonale en dessinant une courbe en avant et ne sont ni tuberculées, ni atténuées dans cette zone. Vers le milieu et la fin du même tour ces côtes sont, au contraire, groupées généralement par 2 sur les bords de la région siphonale, où elles donnent naissance à un faible tubercule ; elles se subdivisent à nouveau pour passer sur le siphon, puis s'atténuent et gagnent finalement les tubercules du côté opposé. Ces tubercules siphonaux dessinent ainsi deux rangées où ils sont assez serrés les uns contre les autres. — Horizon inférieur : djebel Ouach (r).

Holcodiscus algirus Sayn (*pl. 1bis, fig. 30-31*). - Horizon inférieur : djebel Ouach (rr).

Holcodiscus diversecostatus Coq. — Horizon inférieur :
djebel Ouach (ac).

Holcodiscus diversecostatus Coq., var. à côtes fines,
Sayn (1) (*pl. I^bis, fig. 24-25*). — Horizon inférieur : djebel
Ouach (ac).

Holcodiscus diversecostatus Coq., var. à côtes ombilicales tuberculées Sayn (2). — Horizon inférieur : djebel
Ouach (r).

Holcodiscus diversecostatus Coq., var. à fortes côtes
Nicklès (3). — Horizon inférieur : djebel Ouach (r).

Holcodiscus cf. diversecostatus Coq., à ornementation
plus grossière que dans la variété précédente et rappelant
un peu *Holc. Gastaldii* Orb. — Horizon inférieur : djebel
Ouach, bordj Sabat (rr).

Holcodiscus metamorphicus Coq. (*pl. I^bis, fig. 18-20*). —
Horizon inférieur : djebel Ouach, bordj Sabat (ac).

Holcodiscus metamorphicus Coq., var. à quatre tubercules [= *Holc. Geronimæ* Sayn (4) *non* Hermite (5)]. —
Horizon inférieur : djebel Ouach, bordj Sabat (cc).

Holcodiscus Sayni nov. spec. [= *Holc. Menglonensis*
Sayn (6) *non* Lory et Sayn (7)] (*pl. I^bis, fig. 26-27*). —
L'*Holc. Menglonensis* figuré par MM. Lory et Sayn du
Barrémien de Pinet (Drôme) n'a pas de tubercules sipho-
naux à 40^mm de diamètre, tandis que mes échantillons du

---

(1) *Ammonites du Djebel Ouach*, 1890, p. 53, pl. III, fig. 1.

(2) *Ammonites du Djebel Ouach*, 1890, p. 55.

(3) *Paléontologie S.-E. Espagne*, I, 1890, pl. I, fig. 21-24.

(4) *Ammonites du Djebel Ouach*, 1890, p. 59, pl. III, fig. 4.

(5) *Géologie des Baléares*, 1879, p. 315, pl. V, fig. 6-7.

(6) *Ammonites du Djebel Ouach*, 1890, p. 59, pl. III, fig. 10.

(7) *Crétacé de Chatillon-en-Diois*, 1895, pl. I, fig. 6.

djebel Ouach de 23-25^{mm} en présentent sur une partie du tour externe. M. Sayn n'ayant eu en mains que des individus d'Algérie de 17^{mm} et moins n'a pas pu observer le stade tuberculé de l'*Holcodiscus* holcostéphaniforme de Constantine. Une côte sur 10 environ y est tuberculée ; les 9 autres conservent la même allure générale que dans *Holc. Menglonensis* de Pinet. *Holc. Sayni* ne saurait pas davantage être confondu avec *Holcostephanus Alcoyensis* Nicklès, qui, au diamètre de 28^{mm}, ne présente pas de tubercules siphonaux. Par tous ses autres caractères cependant l'espèce du djebel Ouach est bien voisine du type de la Querola : celui-ci, rapproché par M. Nicklès (1) de *Simbirskites Phillipsi* Rœm., a été considéré par M. Sayn (2) comme un *Holcodiscus*, par M. R Douvillé (3) comme un *Simbirskites* et par M. Haug (4) comme un *Craspedites*. La place taxonomique de l'espèce du djebel Ouach est exactement fixée par la découverte d'un stade tuberculé. — Horizon inférieur : djebel Ouach, bordj Sabat (ac).

Holcodiscus astieriformis Sayn. — Horizon inférieur : djebel Ouach (rrr).

Holcodiscus Perezi Orb *(pl. I^{bis}, fig. 28-29).* — Horizon inférieur : djebel Ouach, bordj Sabat (ar).

Holcodiscus Sophonisba Coq *(pl. I^{bis}, fig. 21-23).* — Horizon inférieur : djebel Ouach, bordj Sabat (ac). —

---

(1) *Paléontologie S.-E. Espagne*, I, 1890, p. 20.
(2) *Crétacé de Chatillon-en-Diois*, 1895, p. 24.
(3) *C. R. S. G. F.*, 1909, p. 90, note infrapaginale.
(4) *Traité de Géologie*, 1910, p. 1211.

— 125 —

Holcodiscus sp. (aff. *Sophonisba* Coq. *in* Sayn (1). — Horizon inférieur : djebel Ouach (rrr).

Holcodiscus Van den Heckei Orb. — Horizon inférieur : djebel Ouach (ar).

Holcodiscus cf. Seunesi Kilian. A ornementation plus grossière que le type. — Horizon inférieur : djebel Ouach (rrr).

Pulchellia Moltoi Nicklès. — Horizon inférieur : bordj Sabat (rrr).

Pulchellia Bergeroni Nicklès. — Horizon inférieur : bordj Sabat (rrr).

Pulchellia Fouquei Nicklès. — Horizon inférieur : djebel Ouach (rrr).

Pulchellia OEhlerti Nicklès. — Horizon inférieur : djebel Ouach (rrr).

Pulchellia Sauvageaui Hermite. Quelques individus diffèrent de la variété commune du djebel Ouach par leur ornementation accentuée et leur premier lobe latéral terminé en deux pointes nettes. Ces caractères, qui distinguent, d'après MM. Sayn (2) et Nicklès (3) le type espagnol du type algérien, ne s'observent pas dans la plupart des jeunes du djebel Ouach. Je ne pense donc pas qu'ils puissent être considérés comme indiquant une forme juvénile. — Horizon inférieur : djebel Ouach (rrr).

Pulchellia Sauvageaui Hermite, var. *Dutrugei* Coq. (*pl. 1ᵇⁱˢ, fig. 34-36*). Cette variété présente certains caractères incomplètement fixés. L'écartement des lignes suturales varie de telle façon qu'au diamètre de 14ᵐᵐ

---

(1) *Ammonites du Djebel Ouach*, 1890, p. 64, pl. III, fig. 9.
(2) *Ammonites du Djebel Ouach*, 1890, p. 25.
(3) *Paléont. S.-E. Espagne*, I, 1890, p. 10, fig. 5-6.

certains individus présentent jusqu'à 19 lignes, alors que
d'autres en ont seulement 9 ; d'ailleurs, sur un même
individu, cet écartement change très irrégulièrement. Le
premier lobe latéral est tantôt aussi large que la première
selle latérale, tantôt bien plus étroit qu'elle, arrivant
même à n'avoir que la moitié à peine de la largeur de
celle-ci. L'accroissement est tantôt très rapide, tantôt
relativement lent. Les flancs peuvent être régulièrement
courbes et faiblement bombés ; mais il arrive aussi qu'ils
sont très épais près de l'ombilic, puis brusquement
déprimés vers la région siphonale. — Horizon inférieur :
djebel Ouach, bordj Sabat (c).

Pulchellia Sauvageaui Hermite var. Cette forme diffère
des précédentes par sa ligne suturale plus profondément
découpée, particulièrement le 1ᵉʳ lobe latéral, qui est
terminé par deux pointes relativement grandes. Les flancs,
assez épais vers l'ombilic, s'amincissent brusquement
vers la région siphonale. Les costules sont peu marquées.
— Horizon inférieur : djebel Ouach (rr).

Pulchellia Ficheuri nov. spec. (pl. Iᵇⁱˢ, fig. 32-33). La
coquille à section très large vers l'ombilic, est ornée de
côtes assez étroites, partant du sommet de la paroi infun-
dibuliforme de l'ombilic, où elles sont groupées par 2 ou
par 3 en tubercules mousses et se prolongent jusqu'à la
région siphonale. Celle-ci est limitée latéralement par deux
arêtes bien accusées, entre lesquelles se creuse une légère
concavité. Le bord de la coquille dessine de faibles ondulations convexes à la hauteur des côtes. Cette ornementation apparaît plus ou moins tôt suivant les individus.
Le lobe siphonal est très court ; la 1ʳᵉ selle latérale est
très large, asymétrique, et faiblement denticulée ; le

1⁰ʳ lobe latéral, également très large, est peu découpé. — Horizon inférieur : djebel Ouach (rrr).

Pulchellia sp (aff. Ficheuri). Cette espèce se distingue de la précédente par ses côtes moitié plus nombreuses, qui, partant du milieu du tour, obliquent d'abord en arrière, puis en avant, et donnent finalement naissance sur le dos à de faibles saillies externes ; celles-ci déterminent une légère ondulation du pourtour de la coquille. *P. aff. Ficheuri* se sépare de *P. compressissima* Orb. par sa région ombilicale proportionnellement plus épaisse, par ses côtes bien plus étroites, séparées par des intervalles plus larges qu'elles-mêmes, par sa ligne suturale très voisine de celle de *P. pulchella* Orb. Elle diffère de cette dernière par son dos bianguleux et son ornementation. Elle ne saurait pas davantage être confondue avec *P. Sauvageaui* dont elle ne possède, ni les fines costules, ni les lobes larges et peu découpés. Comme *P. compressissima* et *P. pulchella* elle est lisse dans le très jeune âge. — Horizon inférieur : djebel Ouach (rrr).

Pulchellia Changarnieri Sayn (*pl. I* ᵇⁱˢ, *fig.* 37-38). — Horizon inférieur : djebel Ouach (rr).

Pulchellia compressissima Orb. — Horizon inférieur : djebel Ouach, bordj Sabat, Sfardjela (rr).

Pulchellia Ouachensis Coq. *in* Sayn (*pl I* ᵇⁱˢ, *fig.* 39-41). Comme *P. Sauvageaui*, cette espèce présente de très importantes variations. Les flancs sont tantôt assez comprimés, tantôt un peu renflés, soit vers l'ombilic, soit vers le milieu du tour. Les côtes sont souvent très atténuées dans la région ombilicale où il arrive même qu'elles fassent complètement défaut ; dans la région siphonale, elles sont, soit fines et serrées, soit larges et assez accusées. — Horizon inférieur : djebel Ouach, bordj Sabat (ac).

Pulchellia Ouachensis Coq., var. passant à *P. Sauvageaui* Hermite. Dans cette variété les côtes relativement peu saillantes de la région siphonale terminent des costules falciformes ; leur allure rappelle ainsi celle de certaines formes extrêmes de *P. Sauvageaui* où les costules sont plus accusées vers le dos qu'au voisinage de l'ombilic. — Horizon inférieur : djebel Ouach (rrr).

Pulchellia Ouachensis Coq., var. passant à *P. (Heinzia) coronatoides* Sayn. Cette forme est remarquable par son épaisseur, ses flancs et son dos arrondis, ses tubercules ombilicaux saillants, ses côtes larges vers la région siphonale, qui est étroite et un peu profonde. — Horizon inférieur : djebel Ouach (rrr).

Pulchellia Ouachensis Coq., var. passant à *P. (Heinzia) provincialis* Orb. est remarquable par ses côtes bien accusées qui présentent de chaque côté du dos des saillies séparées par une surface plane ; la seconde saillie domine le canal siphonal. Il faut évidemment voir là un premier indice du tubercule canaliculé des formes du groupe de *P. (Heinzia) provincialis*. — Horizon inférieur : djebel Ouach (rrr).

Pulchellia Ouachensis Coq., var. *Kiliani* Hyatt (1) [= *P. Ouachensis* var. sans tubercules ombilicaux Sayn (2)]. — Horizon inférieur : bordj Sabat (rrr).

Pulchellia (Heinzia) coronatoides Sayn. — Horizon inférieur : djebel Ouach (rr).

Pulchellia (Heinzia) nov. sp. Cette espèce dont j'ai rencontré un fragment au djebel Ouach est représentée dans ma collection par plusieurs individus très-

(1) *U. S. Geol. Surv., Monogr.*, XLIV, 1903, p. 133.
(2) *Ammonites du Djebel Ouach*, 1890, p. 20, pl. I, fig. 15.

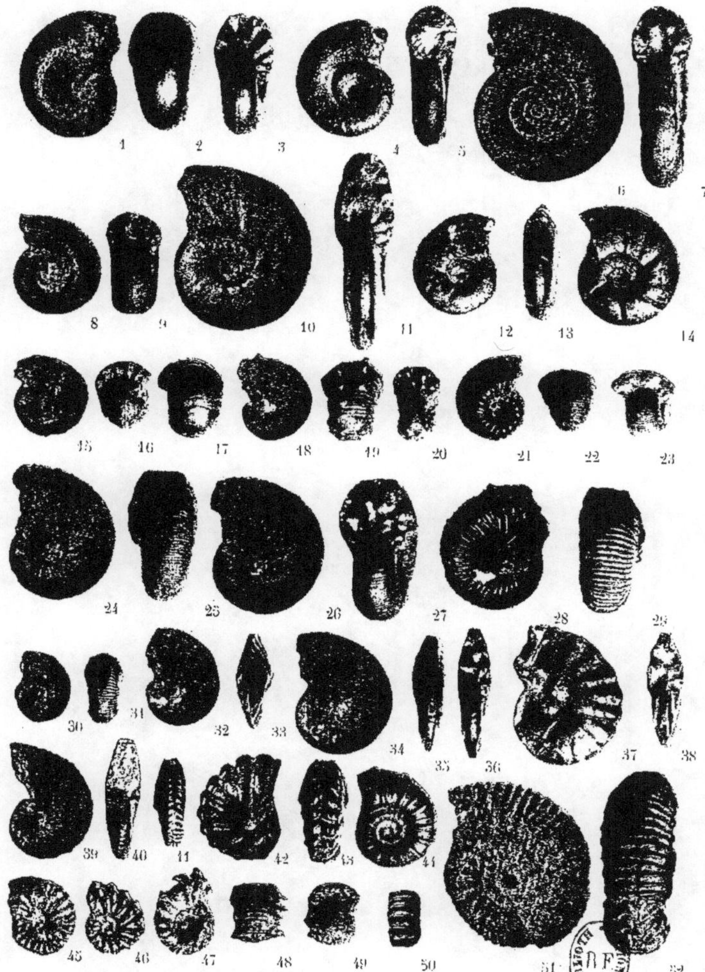

Types d'Ammonites de l'Eocrétacé du djebel Ouach
(Grand nat.)

1-3 *Phylloceras infundibulum* Orb., var. *Baborensis* Coq. — 4-5 *Lytoceras (Gaudryceras) numidum* Coq. — 6-7 *Lyt. cf. strangulatum* Orb. — 8-9 *Macroscaphites Ficheuri* Sayn. — 10-11 *Desmoceras (Uhligella) Monicæ* Coq. — 12-13 *Puzosia Nabdalsa* Coq. — 14 *Puz. Ouachensis* nov. sp. — 15-17 *Puz. Getulina* Coq. — 18-20 *Holcodiscus metamorphicus* Coq. — 21-23 *Holc. Sophonisba* Coq. — 24-25 *Holc. diverse costatus* Coq. var. à côtes fines. — 26-27 *Holc. Sayni* nov. sp. — 28-29 *Holc. Perezi* Orb — 30-31 *Holc. algirus* Sayn. — 32-33 *Pulchellia Ficheuri* nov. sp. — 34-36 *Pulch. Sauvageani* Herm. var. *Dutrugei* Coq. — 37-38 *Pulch. Changarnieri* Sayn. — 39-41 *Pulch Ouachensis* Coq. — 42-43 *Pulch (Heinzia) cf. provincialis* Orb. — 44 *Parahoplites Haugi* nov. sp. — 45 *Pulchellia (Heinzia) Cirtæ* nov. sp. — 46 *Pulch (Heinz) Numidica* nov. sp. 47-49 *Saynoceras horridum* Orb. — 50 *Leptoceras ensis* Coq. — 51-52 *Simbirskites sp.*

bien conservés provenant de Guelma. Ils sont caractérisés par des côtes aiguës, dirigées en arrière dans la région ombilicale, en avant vers le milieu du tour ; arrivées sur le dos, ces côtes se réunissent quelquefois par deux ; toutes se continuent sur un tiers de la largeur du dos après avoir fait un coude en avant. La dépression siphonale qui est très accusée reste complètement délimitée des deux côtés par le prolongement des côtes, dont chacune est ainsi rejointe par la côte suivante. La section du tour est quadrangulaire, plus large dans la région siphonale que vers l'ombilic, qui est très ouvert. — Horizon inférieur : djebel Ouach (rrr).

Pulchellia (Heinzia) hoplitiformis Sayn. — Horizon inférieur : djebel Ouach (rr).

Pulchellia (Heinzia) Damremonti Sayn. — Horizon inférieur : djebel Ouach (rr).

Pulchellia (Heinzia) Heinzi Coq. *in* Sayn. — Horizon inférieur : djebel Ouach (rr).

Pulchellia (Heinzia) Cirtæ nov. sp. (pl. I*bis*, fig. 45). Cette forme rappelle dans son jeune âge *P. Heinzi* Coq., avec des tubercules siphonaux bien différenciés, coupés carrément vers l'extérieur, non canaliculés, mais assez allongés et infléchis en avant. A partir du diamètre de 13^{mm} *Pulchellia Cirtæ* acquiert une ornementation un peu différente, les tubercules cessent d'être nettement individualisés, mais les côtes, en arrivant sur le dos, n'en continuent pas moins à tourner brusquement en avant, leur surface externe reste alors aiguë et tranchante. La région siphonale est toujours bicarénée, avec un sillon médian bien accusé. — Horizon inférieur : djebel Ouach (rrr).

Pulchellia (Heinzia) nov. sp. Cette Ammonite,

relativement comprimée, est ornée de nombreuses côtes, presque toutes bifurquées au voisinage de l'ombilic, très atténuées vers le milieu des flancs, s'épanouissant en un large tubercule peu saillant au voisinage de la région siphonale. Celle-ci est occupée par un sillon qui interrompt brusquement les tubercules ; l'accroissement est assez faible ; l'ombilic laisse voir les tours sur plus du tiers de leur largeur. — Horizon inférieur : djebel Ouach (rrr).

Pulchellia (Heinzia) subcaicedi Sayn. — Horizon inférieur : djebel Ouach (rrr).

Pulchellia (Heinzia) sp. (aff. subcaicedi Sayn). Se distingue de *P. subcaicedi* par sa coquille plus comprimée, ornée de côtes moins accusées vers l'ombilic, et terminées sur le dos par un tubercule mousse obliquant très peu vers l'avant. — Horizon inférieur : djebel Ouach (rrr).

Pulchellia (Heinzia) Caicedi Karsten. — Horizon inférieur : djebel Ouach (rrr).

Pulchellia (Heinzia) provincialis Orb., var. *Sayni* Hyatt [1]. *P. provincialis* paraît présenter des caractères assez variables, particulièrement en ce qui concerne la plus ou moins grande accentuation des côtes vers l'ombilic, la proportion des côtes bifurquées, la largeur de la région siphonale, etc. — Horizon inférieur : djebel Ouach, bordj Sabat (rr).

Pulchellia (Heinzia) cf. provincialis Orb. (*pl. I^bis, fig. 42-43*) diffère du type de d'Orbigny par ses côtes moins nombreuses, plus larges, à peu près toutes bifurquées, ses tubercules siphonaux plus développés, son ombilic plus étroit. Elle se sépare de *P. Caicedi* Karsten par

____

[1] *U. S. Geol. Surv., Monog* ; XLIV, 1903, p. 130.

l'absence de tubercules latéraux sur les côtes simples, par son ombilic plus large, etc. — Horizon inférieur : djebel Ouach (rr).

Pulchellia (Heinzia) Numidica nov. sp. (pl. I^bis, fig. 46). Se distingue de *P. Lindigi* Karsten par ses tubercules siphonaux très allongés et simplement canaliculés, sa dépression siphonale plus étroite et plus accusée, son ombilic moins profond, ses côtes plus franchement atténuées vers le tiers externe du tour. Dix côtes partent de l'ombilic ; cinq autres environ s'intercalent entre elles à moitié de la distance entre l'ombilic et le dos. L'espèce du djebel Ouach se sépare de *P. Caicedi* Karsten par son son ombilic plus large, ses tours plus épais, etc. — Horizon inférieur : djebel Ouach (rr).

Simbirskites sp. (pl. I^bis, fig. 51-52). — Le genre *Simbirskites*, caractéristique du Barrémien dans le Nord de l'Europe et de l'Amérique (Russie orientale, Angleterre et Allemagne septentrionales, Grönland, Colombie britannique, Californie), ainsi que dans le Sud de l'Amérique (République Argentine) a été retrouvé sur le bord oriental de la Méditerranée, en Crimée, par M. Karakasch [1] ; M. R. Douvillé [2] lui a attribué plusieurs espèces espagnoles. J'ai à mon tour recueilli au djebel Ouach des Ammonites qui ont paru, à M. Sayn et à moi-même, appartenir à ce genre. L'un de mes échantillons, de 25^{mm} de diamètre, présente un très large ombilic, des tours convexes, à peine embrassants, ornés de 21 côtes aiguës, qui commencent simples à l'ombilic, se dirigent

---

(1) *Trav. Soc. Imp. Nat. St-Pétersbourg*, XXXII, 1907, 5, Géol. et Min.

(2) *C. R. S. G. F.*, 1909, p 90, note infrapaginale.

un peu en avant, puis, vers le milieu du tour, donnent naissance à un tubercule peu accusé. De celui-ci partent 2, quelquefois 3 côtes, toutes égales, qui s'atténuent à peine en passant au-dessus du siphon et vont rejoindre les tubercules de la face opposée. Un autre spécimen de plus petite taille (diam. 13^{mm}) et qui est peut-être le jeune de la forme précédente, présente le même mode d'enroulement et d'ornementation, mais ses côtes sont nettement interrompues sur une largeur de 1^{mm} au-dessus du siphon. La ligne suturale est relativement peu découpée ; le lobe siphonal assez étroit est un peu plus long que le 1er lobe latéral ; la 1re selle latérale est large et présente 3 branches inégales ; le 1er lobe latéral est étroit et nettement trifide ; la 2e selle latérale est assez étroite et bifide ; l'ombilic laisse encore voir, au-delà de cette selle, un autre lobe et une autre selle, qui présentent le même aspect que le 1er lobe et la 2e selle latéraux. — Horizon inférieur : djebel Ouach (rr).

Saynoceras horridum Orb. *(pl. I*^{bis}*, fig. 47-49)*. Le genre *Saynoceras*, qui a été proposé par Munier-Chalmas (1) pour *Amm. verrucosus* Orb. du Valanginien supérieur, s'est récemment accru d'une deuxième espèce, *Sayn. Gazellæ* Pervinquière (2) du Vraconien de Tunisie. Un type du Barrémien-Aptien du djebel Ouach a paru à M. Sayn et m'a semblé aussi devoir être aussi rattaché à ce genre. Il répond exactement à *Amm. horridus* Orbigny (3) du Barrémien d'Escragnolles. Cette forme varie considérablement avec l'âge. D'une façon générale,

(1) *B. S. G. F.*, 3, XXI, 1893, p. 464.
(2) *Céphalopodes de Tunisie*, 1907, p. 115.
(3) *Prodrome de Paléontologie*, 1850, p. 101.

elle présente des tours très épais, très déprimés, faiblement embrassants, un ombilic assez large et infundibu-
liforme, une région siphonale très large et à peine
convexe ; ses flancs réduits à une crête tuberculée
séparent les régions ombilicale et siphonale. Sa ligne
suturale très peu découpée comprend 6 selles simplement festonnées ; les lobes latéraux sont terminés par
3 branches à peine différenciées. Dans le jeune âge,
jusque vers le diamètre de 4^{mm}, la région siphonale reste
lisse ; de l'ombilic partent une dizaine de fortes côtes
radiantes aiguës, qui aboutissent chacune à un des
tubercules latéraux. A 4^{mm} les côtes ombilicales disparaissent, tandis que se développent sur le dos des côtes
étroites et bien marquées. Parmi celles-ci, les unes
partent groupées par 2 de chaque tubercule latéral
et vont se réunir également par 2 au tubercule latéral
symétrique, tandis que les autres viennent s'intercaler
entre les premières, généralement au nombre de 1 ou 2
et n'ont aucune relation apparente avec les tubercules
latéraux. A partir du diam. de 8^{mm} environ les côtes
siphonales donnent naissance à un tubercule de chaque
côté du lobe médian. Proportionnellement au diamètre
de la coquille, ces tubercules paraissent très gros. Ils
sont, comme les tubercules latéraux, de forme irrégulière, élevés, aigus, relativement étroits ; on en voit
parfois de bifides. Lorsque la coquille atteint une dizaine
de millimètres de diamètre, tous les tubercules se recour-
bent en arrière. Au fur et à mesure que l'animal se développe, les côtes siphonales deviennent plus larges. Dans
un individu de plus de 3 centimètres de diamètre provenant d'Escragnolles et faisant partie de la collection
Reynès au Musée d'Histoire Naturelle de Marseille (le

type de d'Orbigny n'a guère plus de 2 centimètres) on compte jusqu'à 5 petites côtes intercalaires ; les tubercules siphonaux extrêmement longs (7 à 8^{mm}) et très gros, finissent par n'être plus séparés de leurs symétriques que par une dépression très étroite ; les tubercules latéraux ont la même largeur et la même hauteur que les tubercules siphonaux ; ils restent bien séparés de ces derniers auxquels les relie une forte côte. Cette espèce, qui, par l'allure générale de son ornementation, rappelle de très près *Sayn. Gazellæ*, se distingue de l'espèce tunisienne par son ombilic large et ses tours déprimés. — Horizons inférieur et supérieur : djebel Ouach (r).

Parahoplites cf. angulicostatus Orb. diffère du type de d'Orbigny par ses tours à section presque carrée, ses flancs aplatis, ses côtes un peu atténuées sur le dos, dont la moitié environ atteignent l'ombilic, sur les bords duquel plusieurs se réunissent en un tubercule mousse.— Horizon supérieur : djebel Ouach (rrr).

Parahoplites sp. (aff. Feraudi Orb). se distingue de l'Ammonite figurée dans d'Orbigny (1) par sa région siphonale convexe, ses flancs arrondis, ses côtes assez fines, légèrement atténuées sur le dos. — Horizon inférieur : djebel Ouach (rr).

Parahoplites Haugi nov. sp. (pl. I^{bis}, fig. 44). Cette Ammonite, qui a 16^{mm} de diamètre, présente un peu l'ornementation de *Douvilleiceras nodosocostatum* Orb. de l'Albien le plus inférieur ; toutefois les tubercules y sont moins accusés, particulièrement ceux de la rangée voisine de l'ombilic. Les côtes intercalaires, du moins vers la fin du dernier tour, y sont de deux

---

(1) *Pal. franç., Terr. crét.*, I, 1840, pl. XCVI, fig. 4-5.

ordres : au milieu, se trouve une côte plus accentuée, mais non tuberculée ; de chaque côté, 2 à 3 côtes à peine indiquées vers la région ombilicale, mais bien marquées vers la région siphonale ; tandis que les côtes secondaires ne s'atténuent pas en passant sur le dos, les côtes tuberculées, plus larges et plus élevées, sont un peu moins marquées au-dessus du siphon que sur les flancs. Les tours sont plus régulièrement arrondis que dans la figure de la Paléontologie française ; les selles sont plus massives, les lobes présentent de plus profondes découpures. L'allure générale de l'ornementation (côtes toutes simples, en partie tuberculées et alors plus accusées), l'épaisseur des tours égale à la hauteur, la largeur de l'ombilic, la convexité des flancs, l'absence d'un méplat siphonal bien net, la disposition de l'ensemble de la ligne suturale (selle externe large et assez peu découpée, 1er lobe latéral profond et pointu) paraissent différencier l'Ammonite du djebel Ouach de tous les autres *Parahoplites*. Elle pourrait en somme être envisagée comme un terme de passage des *Parahoplites* à certains *Douvilleiceras* et indiquerait que la différenciation de ce dernier genre remonte au Barrémien supérieur ou à l'Aptien inférieur. — Horizon supérieur : djebel Ouach (rrr).

Crioceras Van den Heckei Astier. — Horizon supérieur: djebel Ouach, bordj Sabat (ac).

Crioceras Henoni Coq. — Horizons inférieur et supérieur : djebel Ouach (rr).

Crioceras cristatum Orb. — Horizon supérieur : djebel Ouach (rrr).

Crioceras furcatum Orb. — Horizon supérieur : djebel Ouach (rrr).

Crioceras sp. Ammonite déroulée ornée de côtes de

deux sortes : les unes portent un tubercule de chaque
côté de la région siphonale et sont bifurquées sur la
région ventrale ; les autres, moins accusées, ne sont pas
tuberculées et restent simples sur toute leur longueur ;
chaque côte forte alterne régulièrement avec une côte
faible. — Horizons inférieur et supérieur : djebel Ouach,
bordj Sabat (r).

Crioceras sp. diffère de l'espèce précédente par ses
côtes toutes d'égale grosseur et jamais bifurquées. —
Horizon inférienr : djebel Ouach (rr).

Crioceras cf. Requieni Orb., diffère du type par la
présence d'une seule côte intercalaire, non tuberculée au
lieu de deux. — Horizon inférieur : djebel Ouach (rr).

Crioceras sp. Ammonite déroulée à cloisons de
Crioceras, ornée de fortes côtes simples, aiguës, non
tuberculées, à peine interrompues sur la région siphonale,
légèrement atténuées sur la région ventrale et séparées
les unes des autres par des intervalles un peu plus larges
qu'elles-mêmes. — Horizon inférieur : djebel Ouach (rr).

Crioceras Varusense Orb. — Horizon inférieur : djebel Ouach (rrr).

Saynella Gouxi Sayn. En 1890, M. Sayn (1) a décrit
et figuré sous le nom de *Desmoceras difficile* Orb. une
Ammonite assez commune au djebel Ouach, ayant le
même galbe que l'espèce de la Paléontologie française,
mais qu'il a reconnue depuis en différer grandement par
sa ligne suturale. Il a, par la suite (2), insisté sur l'analogie des cloisons du Céphalopode de Constantine avec cel-

______

(1) *Ammonites du Djebel Ouach*, 1890, p. 38, pl. II, fig. 8.
(2) *Crétacé de Châtillon-en-Diois*, 1895, p. 25 ; *B. S. G. F.*, 3,
XXIV, 1896, p. 1164.

les de *Sonneratia Grossouvrei* Nicklès, d'*Ammonites Beu-
danti* Brongn. et de *Desmoceras ? vocontium* Lory et Sayn;
finalement, il a désigné ce fossile nouveau sous le nom de
Desmoceras ? Gouxi. Parmi mes Ammonites du djebel
Ouach, j'ai retrouvé *Desmoceras difficile* Orb., type, associé à une espèce peu différente, *Desmoceras strettostoma*
Uhlig, et à une autre forme ayant encore la même physionomie générale, mais avec la ligne suturale plus simple,
à diamètre égal. La simplification porte en particulier :
1° sur la selle externe, qui est bien moins découpée, et dont
la base est très massive ; 2° sur le premier lobe latéral,
qui est très large, et ne présente plus les fines découpures
secondaires caractéristiques des *D. difficile* et *strettostoma.* Une telle ligne suturale ne diffère pas sensiblement
de celle de *Sonneratia Grossouvrei,* que M. Kilian (1)
vient de classser dans le nouveau groupe des *Saynella.*
L'espèce algérienne n'en reste pas moins, à mon avis,
distincte de celle d'Espagne : elle présente, en effet, une
ornementation assez bien accusée et relativement constante, composée de stries et d'étranglements falciformes,
tandis que *S. Grossouvrei* serait, d'après M. Nicklès,
« généralement lisse ». — Horizons inférieur et supérieur :
djebel Ouach, bordj Sabat, Rorfen, Sfardjela, Mouia (c).

Leptoceras sp. Ammonite déroulée représentée par
des fragments un peu incurvés, ornés de costules égales,
atténuées sur le dos, dont un certain nombre se groupent
irrégulièrement par 2 ou par 3 vers le bord de la région
siphonale pour donner naissance à un petit tubercule.
Entre chacun de ces faisceaux, 2 ou 3 costules restent

------

(1) *C. R. Ac. Sc.*, CL, 1910, p. 150.

simples sur toute leur longueur. — Horizon inférieur : djebel Ouach (r).

Leptoceras Cirtæ Coq. De distance en distance, mais d'une façon irrégulière, l'on observe dans cette espèce des côtes plus fortes séparées par un certain nombre de côtes plus faibles. — Horizon inférieur : djebel Ouach, bordj Sabat (cc).

Leptoceras cf. Cirtæ Coq. [= *L. sp. ind.* Sayn (1)]. Forme différant de la précédente par son ornementation moins accusée. Les côtes y sont, comme dans *L. Cirtæ,* franchement interrompues sur le dos. — Horizon inférieur : djebel Ouach (ar).

Leptoceras sp. (aff. Cirtæ Coq.). Espèce caractérisée par ses flancs comprimés et ses côtes arrondies, complètement interrompues sur le dos, au voisinage duquel elles se terminent par une faible tubérosité. — Horizon inférieur : djebel Ouach (rr).

Leptoceras sp. (du groupe *Cirtæ* Coq.). Se sépare du type par ses côtes bien plus fines et plus serrées, à peine atténuées sur le dos. — Horizon inférieur : djebel Ouach (ar).

Leptoceras cf. Beyrichi Karsten. Espèce distincte du type de Colombie par ses côtes plus fines, non atténuées sur le dos et par ses flancs comprimés. — Horizon inférieur : djebel Ouach, bordj Sabat (rr).

Leptoceras sp. Fragments d'Ammonites déroulées, assez incurvées, ornées de côtes fines franchissant la région siphonale ; de distance en distance, mais irrégulièrement, certaines de ces côtes sont plus accentuées que les autres. — Horizon inférieur : djebel Ouach (r).

---

(1) *Ammonites du Djebel Ouach,* 1890, p. 69, pl. III, fig. 16.

Leptoceras ensis Coq. *(pl. I bis, fig. 50)* Un certain nombre de fragments de Céphalopodes déroulés, correspondant parfaitement à la description donnée par Coquand (1) pour le *Toxoceras ensis* offrent une ligne suturale de *Leptoceras*. Cette espèce ne diffère de *L. Cirtæ* Coq. que par le passage des côtes sur la région siphonale sans trace d'atténuation. — Horizon inférieur : djebel Ouach, bordj Sabat (r).

Leptoceras cf. subtile Uhlig. Espèce de petite taille, ornée de costules toutes égales, passant sur le dos sans s'atténuer. — Horizon inférieur : djebel Ouach, bordj Sabat (c).

Belemnopsis carpaticus Uhlig. — Horizon inférieur : djebel Ouach (rrr).

Belemnopsis cf. subfusiformis Blainv. Rostre des adultes fusiforme, à sillon relativement long ; rostre des jeunes moins grêle que dans le type. — Horizons inférieur et supérieur : djebel Ouach, bordj Sabat, Rorfen (ac).

Belemnopsis cf. pistilliformis Blainv. Rostre très allongé, à sillon très court. — Horizons inférieur et supérieur : djebel Ouach, bordj Sabat, Rorfen (ac).

Belemnopsis minaret Rasp. — Horizon inférieur : djebel Ouach (r).

Belemnopsis Fallauxi Uhlig. — Horizon supérieur : djebel Ouach, bordj Sabat, Rorfen (c).

Duvalia Grasi Duval. — Horizon supérieur : djebel Ouach, bordj Sabat, Rorfen (rrr).

Duvalia sp. (aff. dilatata Blainv.). L'espèce du djebel Ouach diffère du type par sa pointe située presque dans l'axe du rostre et par son sillon dorsal qui s'étend un

---

(1) *B. Ac. Hippone*, XV, 1880, p. 374.

peu au-delà de la région alvéolaire. — Horizon inférieur :
djebel Ouach, Mouia (ar). Une forme de ce groupe a déjà
été signalée par M. Paquier (1) du Barrémien inférieur
de Laborde.

Poissons. Des empreintes complètes de petits Téléos-
téens paraissent appartenir à la famille des *Clupeidæ* :
leur détermination précise ne m'a pas semblé possible en
raison de leur mauvais état de conservation.

Plusieurs espèces d'Echinides ou d'Ammonites indiquées au djebel Ouach par Cotteau, Peron et Gauthier (2)
ou par M. Sayn (3) n'ont pas été retrouvées par moi (4).
Ce sont :

Collyrites ovulum Desor ;
Collyrites ardua Peron et Gauthier ;
Macroscaphites cf. binodosus Uhlig ;
Desmoceras ? cirtense Sayn ;
Hoplites Lamoricieri Sayn ;
Crioceras cf. silesiacun Uhlig ;
Heteroceras cf. Astieri Orb.

La faune du Barrémien moyen, du Barrémien supérieur et de l'Aptien inférieur du djebel Ouach est certai-

---

(1) *B. S. Stat. Isère*, 4, V, 1900, p. 226.
(2) *Echinides fossiles de l'Algérie*, II, Tithonique et Néocomien,
2ᵉ éd., 1884, p. 64-65.
(3) *B. S. Agric. Lyon*, 1890.
(4) Il en est de même des fossiles ci-après insuffisamment décrits
et non figurés : *Ammonites Micipsa, A. Sinzora, A. Gelimer,
A. Aspar, A. Gurzil, A. Gildon, A. Mazuca, A. Emmelina, A. Ver-
mina, A. Oxyntas, Toxoceras Ouachense, Turbo Astaroth, Solarium
inexpectans, Cerithium Henoni, Neæra Tanit* (Coquand, *B. Ac.
Hippone*, XV, 1880).

nement l'une des plus riches du globe pour ces périodes géologiques.

C'est un fait intéressant que des *Oppeliidæ* et les genres *Saynella* et *Simbirskites* y soient représentés.

Les *Pulchellia* y sont particulièrement remarquables par la grande variété de leurs formes. Deux espèces notamment, *P. Sauvageaui* et *P. Ouachensis*, par leur polymorphisme extrême, fournissent de précieux renseignements sur l'évolution du genre.

Chez *P. Sauvageaui*, la région siphonale est bianguleuse dans l'adulte, simplement arrondie dans le jeune, et dans de très jeunes exemplaires de 4^{mm} de diamètre, au début du dernier tour, le dos, au lieu d'être régulièrement convexe, possède une arête mousse, rappelant celles de *P. Moltoi* Nicklès et de *P. Lapparenti* Nicklès adultes. Ainsi *P. Sauvageaui* parcourt successivement 3 stades qui correspondent à 3 groupes d'adultes, savoir :

1er stade correspondant aux *Pulchellia* adultes à dos présentant une arête mousse (groupe des *P. Moltoi* et *Lapparenti*);

2e stade correspondant aux *Pulchellia* adultes à dos arrondi (groupe des *P. Bergeroni* et *Bertrandi*);

3e stade correspondant aux *Pulchellia* adultes à dos bianguleux (groupe des *P. Sauvageaui* et *compressissima*).

P. Ouachensis présente des divergences de caractères non moins remarquables, conduisant :

Les unes, aux *Heinzia* du groupe *coronatoides*;

Les autres, aux *Heinzia* du groupe *provincialis*;

D'autres enfin au groupe de *P. Sauvageaui-compressissima*.

Une forme espagnole complète les renseignements

qui sont fournis par ces deux espèces sur l'évolution du genre :

P. Malladæ Nicklès qui n'acquiert une carène qu'assez tard (1), montre que les formes carénées (groupe des *P. Chalmasi* et *Reigi*) constituent, comme les formes bianguleuses fortement tuberculées, un terme ultime de l'évolution des *Pulchellia*.

C'est ce que confirme l'étude du développement des *Garnieria*, *Pulchellidæ* valanginiennes également caré-nées. Dans *Garniera heteropleura*, dit M. Sayn (2), « les » cloisons du jeune sont au stade *Pulchellia* et ce n'est » qu'à l'âge moyen qu'elles prennent la forme si caracté- » ristique décrite par Neumayr et Uhlig ; chez *G. car-* » *dioceroides*, ce stade *Pulchellia* persiste même à l'âge » moyen. »

Ainsi dans les *Pulchellidæ*, comme dans les *Hopli-tidæ* (3), les formes carénées dérivent de formes non carénées et l'épanouissement des premières à des périodes déterminées (Valanginien inférieur et Barrémien moyen pour les *Pulchellidæ*) correspond exactement à un épa-nouissement synchronique des secondes. Il semble même qu'à certaines périodes de l'évolution de l'ensemble des Ammonites, il y ait eu apparition, puis extinction à peu près simultanées de formes carénées dans des phyllums très éloignés, tels les *Mortoniceras* d'Andalousie et du Sud-Est de la France décrits par MM. Nicklès et Sayn qui ont apparu au Valanginien dans le phyllum des *Hoplitidæ*, en

---

(1) Nicklès, *Mém. S. G. F., Pal.*, IV, 4, 1894, p. 34-35.
(2) *Mém. S. G. F., Pal.*, IX, 23, 1901. p. 15-16.
(3) Jacob, *Crétacé moyen des Alpes*, 1907, p. 117.

même temps que, dans le Nord et l'Ouest de l'Europe, les *Garnieria* se différenciaient du phyllum des *Pulchellidæ*.

Il faut enfin remarquer la localisation géographique des formes carénées, comme d'ailleurs aussi celle des autres groupes de *Pulchellia*. En Colombie prédominent les *Heinzia* ; en Espagne, les *Pulchellia* à dos arrondi, à dos simplement anguleux et à dos caréné ; en Algérie, les *Pulchellia* à dos bianguleux (1). En Tunisie le genre est rarissime (2) et, dans les régions géosynclinales comprises entre l'Est de la Tunisie et la Colombie (3), il semble faire entièrement défaut.

Nombre de genres destinés à évoluer de façons très différentes les uns des autres et à prendre chacun une grande importance propre ne sont pas encore complètement différenciés dans le Barrémien et l'Aptien inférieur. Tel est le cas :

Des *Gaudryceras*, des *Jauberticeras*, des *Kossmatella* et des *Tetragonites* ;

Des *Desmoceras* (ss) et des *Uhligella* ;

Des *Puzosia* (ss) et des *Latidorsella* ;

Des *Parahoplites* et des *Douvilleiceras*.

D'autre part, les genres ou les familles jurassiques qui ont persisté au Crétacé, abstraction faite des types à longévité considérable, comme les *Phylloceratidæ* ou les

---

(1) L. Joleaud, *C. R. S. G. F.*, 25 septembre 1910, p. 138.

(2) M. Pervinquière (*Céphalopodes de Tunisie*, 1907, p. 416) ne signale pas de *Pulchellia* en Tunisie ; j'y ai seulement observé *Pulchellia Moltoi* Nicklès et *P. Nolani* Nicklès, représentées chacune par 2 individus dans mes collections, en provenance du Bou Kournin.

(3) *Pulchellia Nicklesi* Karakasch, de Crimée, est en réalité une *Saynella* (Kilian, *C. R. Ac. Sc.*, CL, 1910, p. 151).

Lytoceratidæ du groupe des *Fimbriati*, finissent avec le Valanginien (*Lissoceratidæ*, *Aspidoceratidæ*), avec le Barrémien (*Holcostephanidæ*) ou avec l'Aptien (*Oppelia* et rameau *Berriasella-Bochianites* des *Hoplitidæ*).

Par contre, bien peu nombreux sont les groupes de formes qui s'éteignent à la fin du Portlandien ou qui apparaissent au Valanginien. Tandis, en effet, que l'Oolithique inférieur voit arriver, pour la première fois dans nos mers, les *Cadoceratidæ*, les *Lissoceratidæ*, les *Oppeliidæ*, que le Mésocrétacé marque le début des rameaux *Placenticeras-Flickia* des *Hoplitidæ* et *Hamites-Turrilites* des *Acanthoceratidæ*, la première partie de l'Eocrétacé n'est caractérisée par aucune famille cryptogène.

En résumé, le Barrémien et le Bedoulien se présentent, au point de vue de l'évolution des Ammonites, comme la phase préliminaire du Crétacé (s. s. : Méso et Néocrétacé), tandis que le Valanginien et l'Hauterivien ne sont que les termes ultimes de la phase jurassique (1).

b) *Méso et Néocrétacé.*

Le Mésocrétacé bathyal a été complètement méconnu jusqu'à présent dans la région de Constantine. Ses sédiments ont toujours été confondus avec ceux de l'Eocrétacé à Ammonites pyriteuses. Cependant, non seulement l'Aptien moyen et l'Aptien supérieur, mais encore tous

---

(1) La liaison paléontologique de l'Oolithique supérieur et du début de l'Eocrétacé vient d'être tout dernièrement encore confirmée par de nouvelles découvertes : c'est ainsi que l'on a constaté, dans ces dernières années, la présence simultanée, dans ces deux systèmes géologiques, des genres ou sous-genres *Streblites, Garnieria, Spiticeras, Lissoceras,* etc.

les étages du Mésocrétacé et même tous ceux du Néocrétacé sont représentés dans le puissant ensemble marno-
calcaire stratigraphiquement superposé au Barrémien-
Bedoulien du DJEBEL OUACH (*pl. V, fig. 14, 15*), du
MANSOURA (*pl. V, fig. 14*), du BORDJ SABAT, de RORFEN et
du CHAINON DES MOUIA (*pl. IV, fig. 4, 6*). J'ai rencontré,
d'ailleurs, de nombreux Céphalopodes au djebel Akhal,
à l'Ouest de Constantine, dans des formations de même
faciès et faisant partie de la même série de nappes.

L'on n'observe qu'un seul changement pétrographique
dans cette série. Il se produit vers le sommet. De nombreux bancs calcaires gris-bleuâtre, un peu épais, alternant avec des marno-calcaires, se substituent aux marnes et aux marno-calcaires subordonnés. Ces calcaires
sont surtout développés au Nord du Sidi Mcid, dans le
mamelon 865, au Sud du Sidi Dris, vers le col de Sfardjela et dans le koudiata Melab el Kheil. Ils sont vraisemblablement l'équivalent des calcaires de Medjez Ahmar,
qui ont fourni à M. Blayac (1), puis à moi-même, des
Echinides du Maestrichtien. L'Albien moyen, l'Albien
supérieur ou le Cénomanien inférieur sont fossilifères au
bordj Sabat et au djebel Ouach. J'ai recueilli, au bordj
Sabat, dans les marnes normalement superposées à
l'Éocrétacé à Ammonites pyriteuses, *Mortoniceras cf.
inflatum* Sow. D'autre part, Heinz a autrefois trouvé au
djebel Ouach *Lytoceras (Tetragonites) Timotheanum*
Kossm. et a adressé ce fossile à M. Sayn, qui a bien
voulu me faire part de sa détermination.

Mais la localité de beaucoup la plus intéressante pour

---

(1) *B. S. G. F.*, 4, IV, 1909, p. 419.

l'étude des formations suprabédouliennes est certainement le DJEBEL AKHAL (*pl. V, fig. 11*). Des calcaires et des marnes à Ammonites pyriteuses y forment la base d'un lambeau de recouvrement reposant sur les calcaires et les marnes du Crétacé de la série B.

Dans sa partie inférieure, ce lambeau débute par des calcaires en bancs bien lités, alternant avec des marnes schisteuses qui m'ont fourni des *Aptychus* indéterminables.

Puis viennent des calcaires à *Polypiers* siliceux, dont certains atteignent jusqu'à 25 cm. de diamètre.

La série se continue par de nouvelles alternances de marnes et de calcaires où j'ai recontré *Desmoceras (Uhligella) Sequenzæ* Coq. indiquant le Barrémien ou l'Aptien inférieur ou moyen (1).

Plus haut se montrent immédiatement à l'Est du point coté 912 des bancs calcaires à

Phylloceras infundibulum Orb. var. ;
Parahoplites Nolani Seunes ;
Parahoplites (?) *sp.* ;
Crioceras sp. ;
Belemnopsis minimus Lister.

Au-dessus, se développent des marnes à Ammonites pyriteuses, où j'ai recueilli :

Nucula sp. ;

------

(1) M. FICHEUR (*B. S. G. F.*, 3, XXVII, 1899, p. 94 et *C. G. Algérie*, feuille de Constantine, 1901) a déjà signalé cette espèce au djebel Akhal, d'où il indique aussi des fossiles du Barrémien moyen, tels que *Pulchellia cf. Sauvageaui* Herm.

Lucina sulpta Phill. ;

Cerithium sp.

Phylloceras semisulcatum Orb., var. *cf. Kiliani* Sayn ;

Phylloceras infundibulum Orb., var. *Baborensis* Coq. *in* Heinz ;

Ptychoceras lœve Math., var. *Hamaimensis* Pervinquière ;

Desmoceras (Uhligella) clansayense Jacob ;

Puzosia (Latidorsella) akuschaensis Anthula, échantillon pyriteux de 50^{mm} de diamètre ;

Silesites Seranonis Orb., var. *interpositus* Coq. ;

Parahoplites Schrammeri Jacob ;

Douvilleiceras Bigoureti Seunes ;

Belemnopsis minimus Lister.

Cette faune, de même que celle des couches calcaires subordonnées correspond de la façon la plus nette à l'Aptien supérieur (zone à *Douvilleiceras nodosocostatum*).

Le *Parahoplites Nolani* Seunes, qui domine dans les calcaires, est justement très commun à la surface des bancs de marno-calcaires synchroniques du géosynclinal dauphinois (1).

J'ai pu contrôler une partie de mes déterminations par comparaison directe de mes Ammonites d'Algérie avec les espèces similaires recueillies par moi à *Clansayes*. Les conditions du milieu étaient toutefois bien différentes sur les deux points, comme l'indique la prédominance à Clansayes d'Ammonites fortement ornées, telles que *Para-*

____

(1) Jacob, *B. S. G. F.*, 4, V, 1905, p. 409.

hoplites Milleti Orb., *Douvilleiceras clansayense* Jacob, *Douv. nodosocostatum* Orb. Seules des formes lisses ou à ornementation assez peu accusée sont communes aux deux gisements : relativement rares à Clansayes, elles constituent au contraire le fond de la faune du djebel Akhal. Il est curieux de constater la présence dans ce dernier gisement de *Parahoplites Schrammeri* inconnu jusqu'à maintenant en dehors de l'Allemagne du Nord (Algermissen). La persistance d'une forme du groupe de *Phylloceras tatricum*, à sillons et bourrelets bien marqués, est également un fait nouveau.

Un dernier horizon à Ammonites pyriteuses situé notablement au-dessus du précédent m'a fourni un peu au Sud-Ouest du point coté 912 une faune assez différente. J'y ai reconnu :

    Terebratula sp.;
    Turbo sp.;
    Lytoceras (Jauberticeras) latecarinatum Anthula ;
    Ptychoceras lœve Math., var. *Hamaimensis* Perv. ;
    Desmoceras (Uhligella) Rebouli Jacob ;
    Puzosia (Latidorsella) Paronæ Kilian *in* Pervin-
        quière ;
    Puzosia Getulina Coq. *in* Sayn., var. tendant vers
        Puzosia Cherichirensis Pervinq. : par la section de
        ses tours, comme par le tracé de ses sillons, cette
        variété est exactement intermédiaire entre le type
        aptien et le type cénomanien ;
    Silesites sp.

Il s'agit très vraisemblablement ici de l'Albien moyen (zone à *Hoplites dentatus*) : *Lytoceras latecarinatum*

ne s'élève pas, en effet, au-dessus de cette zone (1);
Puzosia Getulina est une espèce aptienne et *P. Cheri-
chirensis* n'est connue que du Cénomanien inférieur
(Vraconien) (2) ; enfin *P. Paronæ* se localise dans l'Albien
à l'oued Cheniour (3).

La série vaseuse du djebel Akhal comprend encore au-
dessus de cet horizon pyriteux, une puissante série
marno-calcaire, qui se termine, comme au djebel Ouach,
par de larges dalles pouvant correspondre au Maestrichtien.

La découverte d'Ammonites de l'Aptien tout à fait supérieur, de l'Albien moyen et peut-être même du Cénomanien inférieur au djebel Akhal, au djebel Ouach, au bordj
Sabat est venue pleinement confirmer l'hypothèse que
j'ai émise antérieurement de l'existence d'une nappe de
charriage aux environs de Constantine. On ne saurait
expliquer autrement, en effet, l'enchevêtrement que j'ai
observé dans cette région de facies vaseux bathyaux et
zoogènes néritiques, caractérisés les uns et les autres par
des fossiles indiquant d'une façon indiscutable le Barrémien, l'Aptien, l'Albien, le Cénomanien et le Turonien :
les premiers se présentent, sur la même latitude que les
seconds qui viennent s'insinuer au milieu d'eux dans les
djebels Karkara, Bergli, Sala, Kelal, Sidi M'cid, comme
on va le voir en étudiant la série B.

---

(1) Jacob, *Crétacé moyen des Alpes*, 1907, p. 61, note infrapaginale 1,
(2) Pervinquière, *Céphalopodes de Tunisie*, 1907, p. 418.
(3) Blayac, *C. R. Ac. Sc.*, 23 juillet 1906.

§ 2. Monts et plateaux de Constantine (Série B)

a) *Éo- et Mésocrétacé*

L'on rencontre sur les bords des dépressions de Constantine une série de rochers calcaires, DJEBEL AKHAL (*pl. V, fig. 11*), KEF BENI HAMZA, EL MENTEN, KHENEG (*pl. V, fig. 13*), DJEBEL TEFFAHA (*pl. IV, fig. 9*), qui tous présentent à peu près le même facies et sont plus ou moins complètement dolomitisés. Les seuls fossiles qui y aient été rencontrés jusqu'à ce jour, à ma connaissance, sont des *Requienia*. (1).

D'après MM. Jacob et Ficheur (2), les calcaires du djebel Akhal devraient être attribués partie au Néocomien inférieur, partie au Cénomanien ; ceux du kef Beni Hamza et du bir el Menten seraient l'équivalent de tout l'Eocrétacé ; la masse principale du Kheneg correspondrait à l'ensemble de l'Eocrétacé, tandis qu'une série de bancs du revers Sud-Est dateraient du Cénomanien.

Il est possible que le Teffaha soit formé de calcaires éocrétacés superposés au Lias près du djebana Bou Drissa.

Plus au Sud, dans le Chettaba, la série crétacée débute par les grandes masses calcaires du ZOUAOUI et du KARKARA (*pl. V, fig. 11-12*), où M. Ficheur (3) a relevé la coupe suivante :

---

(1) FICHEUR, *B. S. G. F.*, 3, XXVII, 1899, p. 93.

(2) *C. G. Algérie*, feuille de Constantine, 1901.

(3) *B. S. G. F.*, 3, XXVII, 1899, p. 90 ; *C. G. Algérie*, feuille de Constantine, 1901.

4. Calcaires supérieurs à *Requienia* du sommet du Zouaoui et du Karkara (120^m) ;
3. Marno-calcaires granuleux à *Ostrea aquila* du Zouaoui et du Karkara (5^m) ;
2. Calcaires inférieurs à *Requienia* du Zouaoui et du Karkara renfermant à leur partie supérieure des *Ostrea* dans le Zouaoui et des Polypiers dans le Karkara (200^m) ;
1. Calcaires sans fossiles de la base du Karkara (150^m).

L'assise 3 a fourni :

Epiaster restrictus Gauth. ;

Heteraster subquadratus Gauth. ;

Ostrea aquila Orb. ;

Ostrea aquila Orb., var. passant à *O. Couloni* Defr. ;

Ostrea macroptera Rœm.

Cette faune rappelle celle du Bedoulien du djebel Sidi Reiss (1), au Nord-Ouest d'Ain Beida, et du massif des Matmata (2), près de Teniet el Haad.

On peut donc attribuer selon toute vraisemblance les calcaires inférieurs à Réquiénies des coupes ci-dessus au Barrémien et les calcaires supérieurs à l'Aptien moyen et supérieur et à l'Albien.

Vers le sommet du Karkara, à l'Ouest de Sidi Sliman, dans des bancs de calcaires noirâtres, j'ai rencontré *Radiolites sp.* [peut-être *R. lombricalis* Orb. *in* Coquand (3)]. Le Cénomanien est donc certainement représenté dans la partie Nord-Est de cette montagne ; peut-être le Turonien y existe-t-il aussi.

---

(1) Blayac, *B. S. G. F.*, 3, XXV, 1897, p. 664, et L. Joleaud, *C. R. S. G. F.*, 1910, p. 143.

(2) Assise inférieure de l'Aptien supérieur de M. Ficheur (*B. S. G. F.*, 3, XXVIII, 1900, p. 571).

(3) *Mém. S. Emul. Provence*, II, 1862, p. 79.

Entre le djebel Chettaba et le djebel Ouach se dressent les rochers de Constantine et de Sidi Mcid (*pl. I* *ter* *et pl. V, fig. 13-14*), formés dans leurs parties moyenne et supérieure, tout au moins, par les calcaires du Cénomanien et du Turonien. Le premier de ces étages constitue en outre, un étroit pointement un peu plus à l'Ouest, dans le djebel Chettaba, sur le bord Ouest de la petite nappe triasique du Bou Chakour (1).

Une étude détaillée du djebel Sidi Mcid, m'a permis d'y relever la coupe ci-dessous.

12. Calcaires noirâtres à silex et *Ostrea Costei* (20^m) ;
11. Calcaires noirâtres mouchetés de ponctuations blanches (10^m) ;
10. Calcaires gris clair à *Hippurites Taburni* (5^m) ;
9. Calcaires gris clair à *Radiolites sp.* (5^m) ;
8. Calcaires rubanés alternativement gris et noir à *Acteonella* (50^m);
7. Marno-calcaires et marnes schisteuses grises (1^m) ;
6. Calcaires gris clair à *Lacazina* (10^m) ;
5. Calcaires noirâtres à *Caprinula Boissyi* (10^m) ;
4. Calcaires gris clair à *Nerinea cf. Pailleteana* (10^m) ;
3. Calcaires gris foncé à *Pecten sulcatocostatus* et *Sphœrulites* (5^m);
2. Calcaires en bancs alternativement gris clair et noirs (30^m) ;
1. Calcaires en bancs épais, sans fossiles (80^m).

Les calcaires en bancs épais 1 présentent un aspect assez différent de celui du Crétacé du reste de la région ; ils rappelleraient plutôt, par leurs caractères pétrographiques, le Lias de la chaîne Numidique ; en tous cas, je n'ai point vu de bancs analogues intercalés entre l'Eo- et le Mésocrétacé dans les djebels Kelal et Sala, Ouled Sellem et Felten, Oum Settas et Bou Rareb, massifs où ces deux systèmes géologiques, entièrement représentés

____

(1) Il est possible que l'Albien soit représenté au voisinage de ce pointement par des calcaires blanchâtres à Caprinidés.

par leur facies zoogène, paraissent en continuité stratigraphique.

Les calcaires 3, m'ont offert à l'extrémité Nord de la
Corniche :

> *Ostrea sp.* ;
> *Pecten (Chlamys) sulcatocostatus* Thom. et Per ;
> *Inoceramus sp.* ;
> *Radiolites (Sphærulites) sp.* (peut-être *S. foliaceus*
> Lmk. déjà indiqué par Coquand (1) dans le rocher
> de Constantine).

Les calcaires 4, par suite du rejet d'une faille, sont
recoupés deux fois par la route de la Corniche, avant et
après le quatrième tunnel. *Nerinea cf. Pailleteana* Orb.
y est extrêmement abondant. On y trouve aussi quelques
Acteonella.

Les bancs 5 sont de même rencontrés en deux points
par la tranchée de la route de la Corniche, avant le troisième et après le quatrième tunnel. *Caprinula Boissyi*
Orb. (2) y abonde, associée à *Apricardia sp.*

L'âge cénomanien de l'ensemble des assises moyennes
(3 à 6) du rocher paraît défini par le premier de ces
Rudistes, qui est l'un des plus caractéristiques du Cénomanien supérieur (3). Il est d'ailleurs confirmé par la
présence, dans les bancs subordonnés, d'autres espèces
cénomaniennes *Nerinea Pailleteana* Orb. et peut-être
aussi *Sphærulites foliaceus* Lmk.

Les calcaires 6 sont absolument pétris de

---

(1) *Mém. S. Emul. Provence*, II, 1862, p. 76.

(2) Nombreuses sections identiques à celles figurées par M. H.
Douvillé (*B. S. G. F.*, 3, XVI, 1888, p. 707, pl. XXII).

(3) Haug, *Traité de Géologie*, 1910, p. 1169.

Triloculina ;

Quinqueloculina ;

Textularia ;

Lacazina, etc.

Les calcaires 9 m'ont présenté : des radioles de *Cidaris cf. subvesiculosa* Orb. et de *Cidaris cf. sceptifera* Mantell, sur le bord du chemin de l'Hôpital civil ; des valves supérieures détachées de *Radiolites (Præradiolites) sp.* dans le chabet Sfa, au-dessous du cimetière israélite ; enfin des coquilles entières de ces mêmes Rudites, enrobées dans la roche, en face de la pointe dé Sidi Rached, en-dessous du chemin du Rummel.

Les bancs 10 renferment des *Spongiaires* ind. et *Hippurites (Vaccinites) Taburni* Guiscardi dans une carrière exploitée un peu plus en aval, toujours sur le bord du chemin du Rummel, à la hauteur de la gare des marchandises. Ce dernier fossile, récemment déterminé par M. H. Douvillé (1), indique nette ment le Turonien moyen. Les calcaires superposés 11-12 représentent probablement le Turonien supérieur (2).

Partout à l'Est du rocher de Sidi Mcid, depuis la tête du chabet Sfa jusqu'au Bardo, le Sénonien s'avance transgressivement sur le Turonien moyen : vers le Nord le Sénonien débute immédiatement par les marnes à

---

(1) *Mém. S. G. F., Pal.,* XVIII, 41, 1911, p. 41.

(2) Coquand (*Mém. Soc. Emul. Provence* II, 1862, p. 76, etc.) a signalé dans ces assises *Hippurites organisans.* M. H. Douvillé (*Mém. S. G. F., Pal.,* XVIII, 41, 1911, p. 39) s'est basé sur cette indication pour considérer comme provenant de Constantine et de ce niveau des *Hippurites resectus,* de la collection Tissot. Malgré de patientes recherches, je n'ai pas pu retrouver ce second horizon à Hippurites.

Scaphites Cunliffei du Maestrichtien supérieur ; vers le Sud, à partir d'El Kantra, la base du Sénonien ou étage coniacien est représentée par des calcaires en dalles à *Micraster brevis*.

Près du sommet des rochers de l'Hôpital civil et du Lazaret, au-dessus des calcaires à Rudistes, viennent des calcaires noirâtres, mouchetés de points blancs.

Enfin, au point culminant du rocher du Lazaret, existent des calcaires noirâtres à silex qui affleurent aussi dans la partie haute du Sidi Mcid, entre le cimetière israélite et le fortin. J'y ai recueilli, dans des carrières en exploitation :

    Polypiers siliceux ;
    Ostrea Costei Coq. ;
    Pecten (Chlamys) sp. ;
    Acteonella sp.

L'Éo- et le Mésocrétacé zoogènes se retrouvent au Nord du Karkara et du Sidi Mcid, sur le bord Ouest du djebel Ouach, dans les rochers du Kelal, du Sala et du Bergli.

La partie inférieure du DJEBEL KELAL est formée de calcaires massifs qui rappellent par leurs facies ceux de l'Aptien du Karkara et du Zouaoui.

Au-dessus viennent des calcaires gris clair, bien lités, qui m'ont présenté :

    Ostrea cf. aquila Orb. ;
    Caprina sp.

Comme cette assise est en continuité avec la précédente et supporte en concordance les formations cénomaniennes de la base du djebel Sala, je l'attribue à l'Albien. Une assise identique, quant à ses caractères pétrographiques et paléontologiques, existe, dans la même situation, au djebel Oum Settas et au djebel Felten, où elle m'a fourni des fossiles nettement albiens.

Ces bancs bien lités de la base du Mésocrétacé constituent dans l'ensemble calcaire du Kelal-Sala une zone de moindre résistance, à travers laquelle s'est creusé le cañon de l'oued Khanga.

Immédiatement au-dessus, disposés en gradins au pied du DJEBEL SALA (*pl. V, fig. 14*), apparaissent des calcaires d'une nuance très foncée analogues aux strates du Cénomanien du Sidi Mcid. J'y ai rencontré également *Caprinula Boissyi* Orb.

Ici, comme là, une petite couche marneuse sépare l'horizon à *Caprinula* de calcaires en bancs puissants, de nuance un peu plus claire, qui forment les imposantes abruptes que termine la table supérieure du Sala : ces calcaires supérieurs doivent représenter le Turonien. L'ensemble du Cénomanien et du Turonien du Sala a environ 150 mètres de hauteur, c'est-à-dire correspond, à peu de chose près, à l'épaisseur des mêmes formations dans le Sidi Mcid, abstraction faite des calcaires de base apparents dans le cañon du Rummel.

Le Cénomanien se retrouve en face du djebel Sala dans le rocher du BERGLI (*pl. V, fig. 14*), qui constituait le pied droit occidental de la voûte maintenant effondrée sous les argiles et les travertins du Hamma.

J'ai, en effet, observé au Bergli, les horizons à Foraminifères et à Nérinées de Constantine exactement avec les mêmes caractères pétrographiques.

J'y ai reconnu :

Triloculina sp. ;
Quinqueloculina sp. ;

Pentacrinus sp.;

Terebratula sp. ;

Nerinea cf. Pailleteana Orb.

Deux grandes masses rocheuses émergent des plateaux de Constantine, les djebels Oum Settas et Bou Rareb au Nord-Est, les djebels Felten et Ouled Sellem au Sud-Ouest.

Dans le DJEBEL OUM SETTAS (*pl. V, fig. 15*) j'ai découvert, au-dessus de 50 mètres environ de calcaires à Requiénies, un horizon marneux qui m'a fourni, à 600 mètres à l'Ouest du point 666 :

Heteraster oblongus de Luc (cc);

Terebratula Moutoni Orb. (r).

L'*Heteraster oblongus* paraît indiquer l'Aptien inférieur ou moyen plutôt que le Barrémien. L'horizon marneux de l'Oum Settas serait donc vraisemblablement le même que celui rapporté précédemment au Bedoulien dans le Zouaoui et le Karkara. On le retrouverait plus au Sud dans le Bou Thaleb, à la base des calcaires à Requiénies du versant Sud : il serait là encore caractérisé par *Heteraster oblongus* (1). Au même niveau viendrait l'horizon marneux à *Epiaster restrictus* du Sidi Reiss (2). Dans le Bou Thaleb, comme dans le Sidi Reiss, les formations immédiatement subordonnées à ce niveau marneux sont constituées par des grès rouges et des marnes à lits gréseux comprenant à la fois, semble-t-il, le Valanginien, le Hauterivien et le Barrémien. Ces dépôts gréseux et marno-gréseux seraient donc l'équivalent latéral

---

(1) FICHEUR, *B. S. G. F.*, 3, XX, 1892, p. 393.
(2) BLAYAC, *B. S. G. F.*, 3, XXV, 1897, p. 664.

des calcaires zoogènes de la base de l'Éocrétacé de la région de Constantine.

Les marnes bedouliennes de l'Oum Settas sont surmontées par plus de 200ᵐ de calcaires, où j'ai rencontré *Toucasia cf. Seunesi* Douv., et, dans des assises un peu marneuses, vers le chabet el Mhassar, *Ostrea aquila* Orb., fossiles de l'Aptien moyen et supérieur.

Les masses principales du Bou Rareb, du Mazela el Kebira et du Mazela ech Cherkia Guebela sont formées par les mêmes calcaires. Une carrière exploitée dans le dernier de ces rochers, au Nord d'Aïn Abid, m'a montré de nombreuses *Toucasia*.

Aux calcaires gris aptiens du Bou Rareb se superposent des bancs assez minces de calcaires blanchâtres avec d'abondantes *Caprina sp.*

Comme au Kelal, ces derniers bancs forment ici une zone peu consistante où se sont creusés les vallons qui séparent, d'un côté, l'Oum Settas et la crête principale du Bou Rareb, et, de l'autre, les rochers de Ksentina el Kralia, le djebel Merkeb et le djebel ed Djerb. Cet horizon à *Caprina* que je rapporte à l'Albien constitue plus au Nord-Est le relief doucement incliné du koudiat Abd Alla, dont le modelé peu accusé tranche nettement avec les escarpements hardis des sommets voisins formés par l'Aptien ou le Cénomano-turonien.

L'Albien est, en effet, ici encore surmonté par des calcaires noirâtres identiques à ceux du Cénomanien de Constantine, du Sala et du Bergli.

Enfin l'ensemble est couronné par les pittoresques abruptes de Ksentina el Kralia, du djebel Mazouz et du djebel Merkeb, tout à fait analogues à ceux du Sidi Mcid et du Sala. Tissot a attribué sur ses cartes les uns et les autres au Turonien d'après des *Hippurites* qu'il y avait recueillis et que j'ai vus dans ses collections au lycée de Constantine.

Le facies zoogène du Cénomanien ne se continue certainement pas très loin vers le Sud, au-delà de la région de Constantine, car, à la hauteur des Lacs, M. Blayac (1) a observé le facies à Ostracées de cet étage, avec les mêmes espèces qu'aux environs de Batna et de Tebessa.

Le DJEBEL FELTEN (*pl. V, fig. 11*) est formé de calcaires massifs gris, présentant le facies habituel du Barrémien et de l'Aptien zoogènes de la région de Constantine. Un travers-bancs a permis d'y reconnaître, à la hauteur du signal coté 1.113, une assise marneuse, qui n'affleure pas en surface et correspond probablement aux couches de même nature, signalées plus haut dans l'Oum Settas, le Karkara et le Zouaoui.

Au-dessus de ces calcaires gris viennent des calcaires blanchâtres, en bancs relativement minces, qui forment le relief à pentes doucement inclinées du KOUDIAT SIDI RMANN. J'y ai trouvé :

Requienia sp.;

Caprina Choffati Douv. (2) ;

Radiolites sp.

La seconde de ces espèces est représentée par des exemplaires remarquablement conservés et bien reconnaissables à la section elliptique de leurs canaux, que séparent de très minces cloisons radiantes, toujours simples. *Caprina Choffati* Douv. vient d'être observée par

---

(1) *C. R. Ac. Sc.*, 23 juillet 1906.
(2) *B. S. G. F.*, 3, XXVI, 1898, p. 143.

MM. Paquier et Mengaud (1) dans l'Albien calcaire de la province de Santander, immédiatement au-dessus de l'Aptien à *Polyconites Verneuili* et *Horiopleura Lamberti*. Sa position stratigaphique nous paraît être ici exactement la même qu'en Espagne.

Il y a lieu de remarquer que l'association des genres *Requiena, Caprina* et *Radiolites* caractérise l'Albien supérieur au Texas (2).

Les rejets des failles du vallon de l'oued Sadjar masquent les relations stratigraphiques des calcaires du Sidi Rmann et de l'OULED SELLEM. Ces derniers toutefois me paraissent plus récents que les premiers. Ils dessinent vers la base de la montagne une série de gradins que couronnent de hautes abruptes identiques à celles du Sala, du Sidi Mcid et de Ksentina el Kralia. L'ensemble paraît ici correspondre au Cénomanien et au Turonien (3).

Au Sud-Ouest du village d'OUED ATHMENIA émerge un rocher de dalles calcaires noirâtres intercalées de marnes schisteuses grises un peu phosphatées. J'y ai observé :

Parahoplites cf. Milleti Orb.;

Mortoniceras cf. inflatum Sow., à tours moins épais que dans le type.

Les strates de ce rocher plongent au Sud-Est; elles

---

(1) *C. R. S. G. F.*, 6 juin 1910, p. 106-107.

(2) HILL et DE GROSSOUVRE *in* HAUG, *Traité de Géologie*, 1909, p. 1293.

(3) Vers l'axe de la voûte anticlinale effondrée entre le Felten et le Zouaoui, l'on rencontre, près du bir Brinnes, un petit rocher de calcaires massifs, dont le facies rappelle un peu celui des calcaires du Lias de la région.

DIVISIONS STRATIGRAPHIQUES			SERIE A				SERIE B						
			CHAINE NUMIDIQUE	DJEBEL AKHAL	DJEBEL OUACH	BORDJ SABAT	KHENEG, AKHAL	CHETTABA	CONSTANTINE	OEM SETFAS, BORDJ SABAT	EL GUERRA, O. BAHMOUX	FELTEN	GROUZ
NÉOCRÉTACÉ	DANIEN	Z. à *Hercoglossa danica*.	Argiles du djebel el Aissa.		Argiles de l'oued el Kaad.					Argiles de Mahadjiba.	Argiles d'Ouled Rahmoun.	Argiles d'A. Smara.	Argiles de Dambar.
	MAESTRICHTIEN	Z. à *Parapachydiscus neubergicus*.	Calc. en dalles du koud. Melebel Kheil, Sfardjela.	Calcaires en dalles du djebel Akhal.	Calcaires en dalles du djebel Ouach.		Calcaires de Sidi Khalifa.	Marnes sup. du Chettaba à *Thecidea* cf. *papillata*.	Marno-cal. et grès de l'ancien Grand Séminaire. Marn. du Mansoura à *Thecidea*, *Scaphites Cunliffei*	Marnes du bordj Sabat à *Ovulaster Auberti*.	Marn. d'El Guerra à *Thecidea* et *Scaphites Cunliffei*	Marnes d'A. Smara à *Thecidea*.	
		Z. à *Bostrychoceras polyplocum*.	Marnes supérieures des Mouia et de Sfardjela.	Marnes supérieures du djebel Akhal.	Marnes supérieures du djebel Ouach.	Marnes supérieures du bordj Sabat.			Marn. du Mansoura à *Bolbaster verrucosus*.	Marnes du bordj Sabat.	Marn. d'El Guerra à *Bolbaster verrucosus*.	Marn. d'A. Smara.	
	CAMPANIEN	Z. à *Hoplites Vari*.						Marnes supérieures du Chettaba. Calcaires du Chettaba à *Inoceramus* cf. *balticus*.		Calcaires du bordj Sabat à *Inoceramus* cf. *balticus*.	Calc. d'El Guerra à *Inoc. balticus*, *Guettard. Anglades*	Calc. d'A. Smara à *Inoceramus* cf. *balticus*	
		Z. à *Mortoniceras delawarense*.											
		Z. à *Placenticeras bidorsatum*.									Calc. inférieurs d'El Guerra à *Inoc.* cf. *balticus*.		
	SANTONIEN	Z. à *Placenticeras syrtale*.					Marnes de Sidi Khalifa.	Marnes moyennes du Chettaba.					
		Z. à *Mortoniceras texanum*.						Marnes du Chettaba à *Phylloceras Forbesi*.					
	COXIACIEN	Z. à *Mortoniceras Emscheri*.						Marnes inférieures du Chettaba. Marno-calcaires du Karkara à *Pentacrinus Peroni*.					
		Z. à *Barroisiceras Haberfellneri*.						Calc. du Karkara à *Barroisiceras* cf. *Tunetanum*, *Micraster brevis*.	Calc. du Mansoura à *Micraster brevis*.				
MÉSOCRÉTACÉ	TURONIEN	Z. à *Acanthoceras Deveri*.						Calcaires du Karkara à *Radiolites*.	Calc. du Sidi Meid à *Ostrea Costei*. Calc. du Sidi Meid à *Hippurites Tuburni*. Calc. du Sidi Meid à *Radiolites* cf. *Ponsi*. Calc. du Sidi Meid à *Actæonella*.	Calcaires à *Hippurites* de Ksentina et Kralla.		Calcaires sup. de l'Ouled Sellem.	
		Z. à *Acanthoceras ornatissimum*.											
		Z. à *Acanthoceras Rizeti*.											
		Z. à *Mammites nodosoides*.											
	CÉNOMANIEN	Z. à *Acanthoceras rotomagense*.					Calcaires de l'Est du Kheneg et de l'Ouest de l'Akhal.		Calc. du Sidi Meid à *Lacazina*. Calc. du Sidi Meid à *Caprinula Boissyi*. Calc. du Sidi Meid à *Nerinea* cf. *Pailleteana*. Calc. du Sidi Meid à *Pecten sulcato-costatus*.	Calcaires du djebel Rou Rareh.		Calcaires inf. de l'Ouled Sellem.	
		Z. à *Acanthoceras Mantelli*.											
		Z. à *Mortoniceras inflatum*.											
	ALBIEN	Z. à *Mortoniceras Hugardi*.			Marnes du djebel Ouach à *Lytoceras Timotheanum*.	Marnes du bordj Sabat à *Mortoniceras* cf. *inflatum*.		Calcaires supérieurs du Zouaoui à *Requienia*.		Calcaires du koudiat Abd Alla à *Caprina*.		Calcaires du Sidi Rmaun à *Caprina Choffali*.	Calcaires phosphatés d'O. Athmenia à *Mortoniceras* cf. *inflatum*.
		Z. à *Hoplites dentatus*.		Marn. de l'Akhal à *Puzos. Gelbina* — *Cherichirensis*.									
		Z. à *Hoplites tardefurcatus*.		Marnes moyennes de l'Akhal.									
ÉOCRÉTACÉ	APTIEN	Z. à *Douvilleiceras nodosocostatum*.		Marnes de l'Akhal à *Douvilleic. Bigoureti*. Calcaires de l'Akhal à *Parahopl. Nolani*.	Marnes moyennes du djebel Ouach.	Marnes moyennes du bordj Sabat.				Calcaires de l'Oum Settas à *Toucasin* cf. *Seunesi* et *Ostrea aquila*.	Calcaires d'El Guerra.	Calcaires supérieurs du Felten.	Calcaires du Grouz.
		Z. à *Douvilleiceras subnodosocostatum*.											
		Z. à *Oppelia Nisus*.											
		Z. à *Parahoplites Deshayesi*.		Marnes du djebel Akhal à *Desmoceras Seguenzæ*.	Marnes du dj. Ouach à *Chepeidæ*, *Macr. striatisulcatus*.			Marn. du Zouaoui à *Epiast. restrictus*, *O. aquila* — *Couloni*.		Marnes de l'Oum Settas à *Heterast.r oblongus*.		Marnes du Felten.	
	BARRÉMIEN	Z. à *Heteroceras Astieri*.	Marnes des Mouia à *Siles. Seranonis*.		Marnes du dj. Ouach à *Siles. Seranonis*, *Heter. Astieri*.	Marnes du bordj Sabat à *Silesitus Seranonis*.	Calcaires du Kheneg à *Requienia*.	Calcaires inférieurs du Zouaoui à *Requienia*.		Calcaires inférieurs de l'Oum Settas.		Calcaires inférieurs du Felten.	
		Z. à *Pulchellia pulchella*.	Marnes de Sfardjela à *Pulch. compressissima*.	Calcaires du djebel Akhal à Polypiers.	Marnes du dj. Ouach à *Silos. Serageani*, *Bolr. Caillaudi*.	Marnes du bordj Sabat à *Pulchellia Serageani*.							
		Z. à *Parahoplites anguliscostatus*.			Marno-calc. du dj. Ouach à *Leptoceras* cf. *subtile*.								
		Z. à *Strehlites Sayni*.											
	HAUTERIVIEN	Z. à *Crioceras Duvali*.	Marno-calcaires de Fouia (?).	Marnes du djebel Akhal à *Aptychus*.									
		Z. à *Acanthodiscus radiatus*.											
		Z. à *Saynoceras verrucosum*.											
	VALANGINIEN	Z. à *Kilianella Roubaudi*.					Calcaires dolomitiques du Kheneg et de l'Akhal (?).						
		Z. à *Thurmannia Boissieri*.											

sont donc manifestement superposées aux calcaires massifs éocrétacés voisins du djebel Grouz. Par ses fossiles comme par sa situation stratigraphique, le rocher d'Oued Athmenia appartient donc à l'Albien.

Par les phosphates qu'il renferme, il est comparable, en outre, aux assises du Bou Thaleb (1) à *Mortoniceras cristatum* Deluc, *M. Bouchardi* Orb., *M. inflatum* Sow., *M. varicosum* Sow. (zone à *Mortoniceras Hugardi* (2) ou Albien supérieur (3).

La découverte près de Constantine d'un Albien calcaire à Ammonites fortement ornées était assez inattendue après les observations faites par M. Blayac (4) un peu plus à l'Est, au Taya, à l'oued Cheniour, au djebel Daffa, dans la chepka des Sellaoua et au Hamimat : partout, en effet, dans les régions de la Seybouse et des Harecta, le Crétacé moyen débute par des marnes où dominent les Ammonites à coquille presque lisse (*Phylloceras, Lytoceras, Desmoceras, Puzosia*).

Il est probable que le changement de facies qui se produit entre Oued Athmenia et le djebel Daffa, séparés par une distance de 50 kilomètres, est dû à la présence au voisinage de Constantine d'un *géanticlinal secondaire* (5). Sur l'emplacement de ce relief sous-marin ne

------

(1) PERON, *Description géologique de l'Algérie*, 1883, p. 70 ; — FICHEUR, *B. S. G. F.*, 3, XX, 1893, p. 406 ; — SAVORNIN *in* JACOB et FICHEUR, *Ann. Min.*, octobre 1904.

(2) Voy. JACOB, *Crétacé moyen des Alpes*, 1907, p. 52, 53, 106.

(3) HAUG, *Traité de Géologie*, 1910, p. 1170.

(4) *C. R. Ac. Sc.*, 23 juillet 1906.

(5) Ce géanticlinal correspondait vraisemblablement à un pli palézoïque subméridien qui sera défini dans le chapitre VII de ce mémoire.

cessèrent de se former, comme on l'a vu, depuis le Néocomien jusqu'au Turonien, d'importants *dépôts zoogènes*, dont une série d'horizons à Rudistes m'a permis de préciser les âges successifs. Ce géanticlinal confinait vers l'Est à une grande fosse (1), la fosse de l'oued Cherf, qui constituait une expansion vers le Sud du géosynclinal tellien.

Ainsi que je l'ai montré précédemment, des dépôts franchement bathyaux de l'Albien sont venus du géosynclinal chevaucher, dans la direction du Sud, les formations zoogènes du djebel Akhal ; ils se sont ainsi avancés jusqu'à 13 kilomètres des dépôts phosphatés synchroniques d'Oued Athmenia.

b) *Néocrétacé*

Les calcaires éocrétacés du djebel Teffaha, sur le bord Nord de la dépression du Smendou, sont surmontés, dans le bled Bou Zitoun (*pl. IV, fig. 9*), par des alternances de calcaires marneux et de marnes, d'où Coquand (2) a signalé *Micraster brevis* Desor, *Inoceramus regularis* Orb. et *Radiolites sp.* Malgré de patientes recherches je n'ai pas trouvé de fossiles dans ces marnes, dont le facies rappelle celui des couches du Karkara qui qui m'ont fourni diverses espèces caractéristiques du Coniacien.

Des calcaires marneux bien lités et des marnes à len-

____

(1) Cette fosse était par rapport au géosynclinal du Tell septentrional dans la même situation que la *fosse vocontienne* vis-à-vis du géosynclinal des Alpes occidentales.

(2) *Mém. S. Emul. Provence*, II, 1862, p. 106.

tilles de calcaire jaune, analogues à celles des divers
étages néocrétacés des environs immédiats de Constantine, se retrouvent plus à l'Ouest : 1° au Nord de Condé-
Smendou, en flanc du DJEBEL BIT ED DJAZIA (*pl. IV, fig. 7*) ;
2° au Nord-Est de Grarem, sur les bords du CHABET EL
MEZAIR ; 3° sur les rives du Rummel, au Sud de Siliana,
dans le KOUDIATA TADRAR (*pl. IV, fig. 2*) ; 4° enfin, au
Nord de Zeraia, dans les DJEBELS TAZERARIN, KSARNOU, etc.

Au Sud, dans le Chettaba, le Néocrétacé présente à sa
base des alternances de calcaires en dalles et de petits
lits marneux, où j'ai recueilli, sur le flanc Est du KARKARA
(*pl. V, fig. 12*) :

Pentacrinus Peroni Loriol (ac) ;

Micraster (Plesiaster) brevis Desor [= *M. Renouxi*
Desh. = *M. Peini*, aut. *non* Coq. (1)] (c) ;

Pseudananchytes gibba Lam. (rrr) ;

Ostrea proboscidea Arch. (ar) ;

Inoceramus digitatus Park. (ar) ;

Radiolites sp. (rrr) ;

Phylloceras Velledæforme Schlüt. (rrr) ;

Mortoniceras cf. serratomarginatum Redt. (ar) (2) ;

Barroisiceras cf. Tunetanum Thom. et Peron (rrr).

Barroisiceras cf. Tunetanum Thom. et Per. doit indiquer le Coniacienn inférieur, tout comme *Inoceramus
digitatus* Park., qui caractérise ce sous-étage dans l'Alle-

---

(1) GAUTHIER, *A. F. A. S.*, XIII, Blois, 1885, p. 243 et suiv.

(2) COQUAND (*Mém. S. Emul. Provence*, II, 1862, p. 303) indique
aussi de ce gisement *Inoceramus regularis* Orb., *Vulsella turonensis*
Dujard., *Ostrea santonensis* Sow., *O. acutirostris* Nilss., *Rhyncho-
nella octoplicata* Orb., *R. Eudesi* Coq., *Terebratula Nanclasi* Coq.,
Hemiaster nasutulus Sorign.

magne du Nord. Les *Pentacrinus* se trouvent dans des couches plus marneuses vers le sommet de l'ensemble, probablement dans le Coniacien supérieur.

Le Coniacien du Karkara paraît s'avancer transgressivement sur les différents termes du Méso- et de l'Eocrétacé.

Plus à l'Est, au-delà du Trias du Sidi Bou Chakour, les calcaires bleuâtres de l'usine Micoud viennent sur les marnes sénoniennes et sous le Trias, comme les calcaires cénomaniens du mamelon 739. Ils sont donc vraisemblablement aussi antérieurs aux marnes et doivent être l'équivalent des calcaires à *Micraster* du Karkara.

Le même horizon coniacien se retrouve sur le pourtour du djebel Ouach, à la pointe Est du djebel Kelal et au Mansoura. Dans la première de ces localités, il repose directement sur les calcaires albiens, comme le montre la tranchée de l'ancienne route de Bizot, située au pied de mzaret Sidi Abd Alla.

Au Mansoura (*pl. V, fig. 13*), où il couronne la base du Turonien supérieur, entre l'entrée du ravin et le square de la gare, j'y ai trouvé *Ostrea proboscidea* Arch.

Plus heureux que moi, Coquand (1) y aurait autrefois rencontré *Spondylus truncatus* Goldf., *Inoceramus regularis* Orb., *Janira quadricostata* Orb., *Micraster brevis* Desor, *Pentacrinus carinatus* Rœm.

Les calcaires coniaciens du Karkara sont surmontés par des marnes schisteuses gris brun. J'y ai découvert sur la rive droite du ravin de Sidi Sliman (*pl. V, fig. 12*), à une certaine hauteur au-dessus des calcaires conaciens :

---

(1) *Mém. S. Emul. Provence*, II, 1862, p. 102-103, 303-306.

— 165 —

Trochosmilia (?) *sp.* (cc) ;

Nucula (?) *sp.* (rr) ;

Phylloceras Forbesi Orb. (rr).

Cette dernière espèce caractérise le Santonien supérieur dans la Tunisie centrale (1) : elle a été signalée par M. Pervinquière (2) dans le djebel Selbia entre l'assise à *Micraster Peini* Coq. et les calcaires blancs à Inocérames.

Sa situation stratigraphique est exactement la même ici : on voit, en effet, au-dessus de l'horizon à *Phylloceras Forbesi* Orb. de Sidi-Sliman, d'abord 100 mètres environ de marnes grises, puis des calcaires blancs, en lits minces, où j'ai observé, en contre-bas de la crête du CHETTABA, *Inoceramus cf. balticus* Schloth.

Le même Inocerame existe encore dans des calcaires analogues au Sud D'AÏN SMARA et au Nord d'El Guerra. A Aïn Smara (*pl. V, fig. 11*), j'ai reconnu, en outre, au même niveau, *Troschosmilia* (?) *sp.*

A EL GUERRA (*pl. V, fig. 16*), le sommet de l'assise m'a fourni :

Micraster Aichensis Gauthier ;

Guettardia Angladei Gauthier (3).

J'ai suivi ces mêmes bancs calcaires depuis OULED RHAMOUN et SIGUS, jusque dans la haute plaine d'Aïn Fakroun.

Plus au Sud, près d'Aïn Beida, dans le djebel Terraguelt, M. le Contrôleur des Mines Bouvier a trouvé *Mortoniceras Delawarense* Morton, var. *cf. Suffetulensis*

---

(1) PERVINQUIÈRE, *Céphalopodes de Tunisie*, 1907, p. 421.

(2) *Tunisie centrale*, 1903, p. 138.

(3) *A. F. A. S.*, XIII, Blois, 2, 1885, p. 242 et XVI, Toulouse, 2, 1888, p. 257.

Perv., qu'il a eu l'obligeance de me communiquer : cette Ammonite date du Campanien moyen.

Bostrychoceras polyplocum Rœmer, une autre Ammonite caractéristique du Maestrichtien inférieur, est d'après M. Pervinquière (1), fréquente dans la Tunisie centrale, surtout vers le haut des calcaires à Inocérames, un peu au-dessous du niveau à *Guettardia Angladei.*

De l'ensemble de ces observations, je crois pouvoir conclure :

1° Que les marnes grises immédiatement superposées à l'horizon à *Phylloceras Forbesi* correspondent au Campanien inférieur ;

2° Que la base des calcaires à *Inoceramus cf. balticus* est l'équivalent du Campanien moyen et supérieur ;

3° Que la partie supérieure de l'ensemble des calcaires à Inocérames, y compris le niveau à *Guettardia Angladei,* doit être rapportée au Maestrichtien inférieur.

La situation stratigraphique du gisement type de *Guettardia Angladei* et de *Micraster Aichensis* est ainsi pour la première fois précisée.

Un peu au-dessus des calcaires à *Guettardia Angladei,* j'ai observé, au Nord d'EL GUERRA, dans des marnes noires, *Bolbaster verrucosus* Coq.

Cet Echinide a été signalé tout d'abord, aux environs de Constantine, dans les marnes du MANSOURA *(pl. V, fig. 13),* où il caractérise des assises transgressives sur le Coniacien, le Turonien supérieur ou même le Turonien moyen. Il avait été primitivement rattaché au genre *Hemiaster*

---

(1) *Tunisie centrale,* 1903, p. 131-132.

par Coquand (1) et considéré comme cénomanien. Il a
ensuite été placé dans le genre *Epiaster* par Cotteau,
Péron et Gauthier (2) et reporté dans le Santonien par
Coquand (3). Gauthier (4) lui a depuis attribué un âge
sénonien (*s. l.*) et en a fait le type du genre *Bolbaster*.
Finalement, M. Pervinquière (5) a fixé sa situation stratigraphique dans la zone à *Bostrychoceras polyplocum*.
Bolbaster verrucosus paraît même être l'une des espèces
les plus caractéristiques de cet horizon dans toute l'Algérie. Il a été trouvé par M. Doumergue (6) en Oranie,
par Nicaise, par MM. Ficheur (7) et Repelin (8) dans le
département d'Alger, par Heinz au Mansoura et par moi-
même dans la région de Constantine :

1° A l'Ouest et au Nord du Mansoura, depuis le chabet
el Djebel Mansoura jusqu'au lieu dit Abd el Kram, sur le
bord du chabet Ain el Areb ;

2° Au Nord du Meridj, vers le point coté 672, non loin
du chemin d'El Aria.

A quelques mètres au-dessus de cet horizon, vient au
Mansoura, comme à El Guerra, une assise à Thécidées
et à Ammonites pyriteuses. J'ai découvert un certain
nombre de points fossilifères appartenant à ce niveau :

1° Sur le revers méridional du Djebel Kelal, dans les
chabets tributaires de l'oued Khanga ;

---

(1) *Mém. S. Emul. Provence*, II, 1862, p. 327.
(2) *Echinides fossiles de l'Algérie*, Etage cénomanien, 1878, p. 92.
(3) *B. Ac. Hippone*, XV, 1880, p. 230.
(4) *Notice Echinides Tunisie*, 1892, p. 27.
(5) *Tunisie centrale*, 1903, p. 129.
(6) *In* Jacob et Ficheur, *Ann. Min.*, octobre 1904.
(7) *B. S. G. F.*, 3, XVII, 1888, p. 257.
(8) *Environs d'Orléansville*, 1895, p. 104.

2° Sur le bord Nord du Sidi Mcid ;

3° Dans le vallon du chabet Ain el Arb, au Nord-Ouest du Mansoura ;

4° Dans le paquet de marnes conservées le long d'une des failles du Sidi Mcid près du croisement du chemin du cimetière juif et du chemin de Bizot ;

5° Au pied du rocher cénomanien du Chettaba (point coté 739) ;

6° Au Nord-Ouest du djebel Ouled Sellem, à l'Est d'Ain Smara ;

7° Au Nord d'El Guerra, dans les hautes ravines du chabet Ain Beida, autour du point côté 947.

La faune de ces divers gisements comprend :

Trochosmilia (?) *sp.* Mansoura, Ouled Sellem, El Guerra (ccc) ;

Balanocrinus africanus Lor. Sidi Mcid (rr) ;

Thecidea cf. papillata Bronn. Kelal, Sidi Mcid, Mansoura, Chettaba, Ouled Sellem, El Guerra (ccc) ;

Terebratula sp. El Guerra (r) ;

Terebratulina chrysalis Schloth. Ouled Sellem, El Guerra (ar) ;

Ostrea sp. El Guerra (r) ;

Pecten (Chlamys) sp. El Guerra (r) ;

Nucula sp. El Guerra (r) ;

Lucina sp. El Guerra (ar) ;

Leda sp. El Guerra (ar) ;

Trochus sp. El Guerra (r) ;

Cerithium sp. El Guerra (r) ;

Natica sp. El Guerra (r) ;

Lytoceras (Tetragonites) cf. Cala Forbes. El Guerra (rrr) ;

Anisoceras sp. El Guerra (rr) ;

Baculites vertebralis Lk. Kelal, El Guerra (rr) ;

Baculites cf. vertebralis Lk. Mansoura (rr) ;

Scaphites Cunliffei Forbes var. *pavana* Forbes. Mansoura, El Guerra (ar).

Desmoceras (*Uhligella*) *cf. Stoliczkai* Kossm. Sidi Mcid (rr) ;

Hauericeras Rembda Forbes. Sidi Mcid, Mansoura (rrr) ;

Corax pristodontus Agassiz. Mansoura (rrr).

Les plus anciennement connus de ces gisements, ceux du Mansoura, du Sidi Mcid et du Kelal ont été signalés pour la première fois en 1901, par mon père (1) qui les caractérisa par la présence des genres *Thécidea, Baculites, Lytoceras*, etc. et les plaça dans l'Aturien. Depuis, M. Pervinquière (2), en 1907, a fait connaître du Mansoura (3) *Lytoceras* (*Gaudryceras*) *Kayei* Forbes et *Scaphites Cunliffei* var. *Pavana*.

En juin 1908, j'ai donné dans une note à l'Académie des Sciences (4) la liste des points fossilifères énumérés plus haut, et, en janvier 1909, le Service de la Carte Géologique a publié ma feuille d'El Aria, où j'ai fait figurer la situation exacte des localités fossilifères du Mansoura et du Kelal.

---

(1) A. Joléaud, *B. S. G. F.*, 4, I, 1901, p. 132.

(2) *Céphalopodes de Tunisie*, 1907, p. 70.

(3) Le gisement est ainsi désigné dans le texte de M. Pervinquière : « environs de Constantine, ancienne route de Bizot ». C'est, en effet, sous ce nom, que figure, sur les cartes à grande échelle et sur les plans de la ville, le chemin qui suit, au pied du Mansoura, le chabet Ain el Arb.

(4) *C. R. Ac. Sc.*, CXLVI, 1908, p. 1181.

En mai 1909, M. Blayac (1) a ajouté, aux deux espèces figurant dans le mémoire de M. Pervinquière, *Stetonia tuberculata* Desor, *Balanocrinus africanus* Lor., *Terebratulina* sp., *Baculites vertebralis* Lam., *Bochianites superstes* Perv.

Comme le prouvent mes coupes, les marnes à *Scaphites Cunliffei* de la région de Constantine sont situées au-dessus de calcaires appartenant déjà à la zone à *Bostrychoceras polyplocum*. Selon toute vraisemblance, elles se rapportent donc au Maestrichtien supérieur (zone à *Parapachydiscus neubergicus*). Cette conclusion est conforme aux observations faites par M. Pervinquière (2) en Tunisie, où les marnes à *Scaphites Cunliffei* du Tebaga et du Kalaat es Snam « viennent bien au-dessus du niveau constant à « *Bostrychoceras polyplocum* ». De plus, *Scaphites Cunliffei* est très voisin de *Scaphites Kambysensis* Zittel, si même il ne lui est pas identique ; or, *Scaph. Kambysensis* est l'une des espèces caractéristiques du Maestrichtien supérieur à *Exogyra Overwegi* d'Egypte. Là encore les assises à *Scaphites* sont ainsi très au-dessus de l'horizon à *Bostrychoceras polyplocum*.

Mes observations stratigraphiques, tant au Mansoura qu'à El Guerra, me permettent donc de préciser l'âge du niveau supérieur à Ammonites pyriteuses du Néocrétacé de la région de Constantine ; *ce niveau est situé immédiatement à la base de la zone à Parapachydiscus neubergicus*.

---

(1) *C. R. S. G. F.*, 17 mai 1909, p. 61.
(2) *Céphalopodes de Tunisie*, 1907, p. 422.

Le facies de ce remarquable niveau paléontologique montre une intéressante association des genres *Thecidea, Lytoceras, Corax.*

La présence de petits Brachiopodes, tels que *Thecidea*, s'explique par la proximité de hauts fonds rocheux. Dans toute la région, au Chettaba, autour du Sidi Mcid, au Nord du petit rocher d'El Guerra, au pied de l'Ouled Sellem,- etc., j'ai constamment trouvé ces fossiles au voisinage immédiat des calcaires zoogènes crétacés ; partout ils étaient accompagnés de petits Coraux vivant isolés les uns des autres.

La rencontre de dents de *Corax* indique que les mers continentales qui occupaient alors l'Algérie étaient largement ouvertes vers l'océan et accessibles aux Poissons menant une vie pélagique.

Enfin l'existence d'Ammonites caractéristiques des dépôts bathyaux, comme *Lytoceras*, témoigne, d'autre part, de la profondeur de la mer maestrichtienne autour des rochers crétacés.

Là faune de cette mer semble être marquée par une dernière phase dans l'évolution des Ammonites:

1° Tous les phyllums à évolution rapide offrent alors des formes profondément différentes du type général des Ammonoïdées, soit par l'aspect extérieur, soit par la ligne suturale, soit par l'un et l'autre : *Scaphites, Bostrychoceras, Baculites ;*

2° Au contraire les phyllums à évolution lente, les *Phylloceratidæ,* les *Lytoceras,* les *Desmoceratidæ,* conservent intégralement leur physionomie propre jusqu'à leur extinction.

Il ne semble pas que l'on puisse chercher dans leurs transformations, la cause de *l'extinction simultanée* d'une série de phyllums *depuis longtemps très différenciés*, comme ceux qui constituaient, au Maestrichtien, l'ensemble des Ammonoïdées. La *brusque* disparition de ces Céphalopodes apparaît, en quelque sorte, comme un phénomène inverse mais du même ordre que les apparitions de types cryptogènes. Elle peut-être due : 1° à d'importants changements géographiques, conséquences de grandes transgressions et régressions ; 2° à des phénomènes de mutation (au sens attribué à ce mot par les botanistes à la suite de M. de Vries), plus ou moins comparables aux phénomènes d'accélération embryogénique. L'influence des changements géographiques a d'ailleurs pu, dans bien des cas, être une cause déterminante des phénomènes de mutation.

Stenonia tuberculata Desor, dont la présence a été constatée au Mansoura, a été découvert antérieurement par MM. Aubert (1) et Gauthier (2) dans la Tunisie septentrionale, où elle est associée à *Ovulaster Auberti* Gauth., *O. zignoanus* Orb., *Homœaster tunetanus* Pom., *Cardiaster subtrigonus* Cat., *Lambertiaster Douvillei* Gauth., etc. La plupart de ces formes ont été observées depuis par M. Blayac (3), puis par moi, dans l'Est de la région de Constantine, au BORDJ SABAT. La faune de cette localité, suivant les déterminations de MM. Lambert et Cottreau, comprend les espèces ci-après :

Cardiaster subtrigonatus Cat. (rr) ;
Homœaster tunetanus Pom. (r) ;

---

(1) *C. G. provisoire Tunisie*, 1892, p. 27-29.
(2) *Echinides crétacés de Tunisie*, 1892, p. 25-48, pl. I-III.
(3) *B. S. G. F.*, 4, IX, 1909, p. 416.

Homœaster Blayaci Cottreau (cc);
Lambertiaster Douvillei Gauth. (rrr);
Ovulaster Auberti Gauth. (r);
Ovulaster Auberti Gauth., var. *sabathensis* Cot-
    treau (r);
Ovulaster obtusus Cottreau (ac).

Cette faune dénote évidemment un milieu *bathyal* très
profond, plus franchement vaseux que celui du Mansoura,
où les *Lytoceras, Hauericeras, Scaphites*, etc., vivaient
avec des Brachiopodes et des Crinoïdes. Au Maestrichtien, la *fosse de l'oued Cherf*, qui commençait
exactement vers l'Ouest au bordj Sabat, continuait donc
à être bien accusée, et toujours intimement liée au
géosynclinal tellien. Celui-ci a fourni, en effet : 1° à
M. Blayac (1), puis à moi-même, près de Medjez Ahmar,
Cardiaster subtrigonatus et *Ovulaster Auberti* ; 2° à
M. Dareste de la Chavanne (2), au djebel Bou Sba, entre
Guelma et Nechmaya, *Cardiaster subtrigonatus* et *Ovulaster zignoanus*.

Le géosynclinal se continuait vers l'Est, dans la Tunisie
septentrionale, où j'ai eu l'occasion de l'étudier aux
environs d'Hammam Lif. La belle série de l'Éocrétacé
vaseux bathyal jadis décrit par mon père (3) se continue,
en effet, jusqu'au sommet du Maestrichtien, caractérisé
près du point coté 169, par *Homœaster Blayaci* Cottreau.

D'autre part, l'on retrouve, dans la Tunisie centrale,

(1) *B. S. G. F.*, 4, IX, 1909, p. 419.
(2) *C. R. Ac. Sc.*, 8 mars 1909.
(3) *B. S. G. F.*, 4, I, 1901, p. 138 et suiv.

la faune du Sud-Ouest de Constantine à *Scaphites Cunliffei* et *Terebratulina chrysalis* (1) : le seul Echinide qui y ait été rencontré jusqu'à ce jour, *Adelopneustes Lamberti* Thom. et Gauth., appartient à un genre bien différent de tous ceux observés plus au Nord. Dans la zone de contact des deux régions, au Pont du Fahs (2), on voit, comme au Mansoura, des *Lytoceras, Hauericeras* et *Baculites*, associés à *Stenonia* et à *Lambertiaster*.

De cet ensemble de considérations, je crois pouvoir conclure que la faune à *Ovulaster* est synchronique de la faune à *Scaphites Cunliffei*, mais qu'elle correspond à un milieu plus profond et plus vaseux.

M. Blayac (3) a proposé, avec doute il est vrai, de rattacher *Guettardia Angladei* Gauth. à cette faune à *Ovulaster*. Or, j'ai constaté qu'à El Guerra, *Guettardia Angladei* caractérise : 1° un niveau (zone à *Bostrychoceras polyplocum*) très inférieur à celui de *Scaphites Cunliffei* (zone à *Parapachydiscus neubergicus*) ; 2° un facies de calcaires un peu phosphatés avec *Inoceramus cf. balticus* et *Micraster* certainement *néritique* et non pas *bathyal*.

En somme, les marnes à *Oulaster* et *Cardiaster* datent du Maestrichtien supérieur (zone à *Parapachydiscus neubergicus*). Cette conclusion est en parfaite harmonie avec les observations faites par M. Nicklés (4),

---

(1) J'ai recueilli encore ce Brachiopode dans le Maestrichtien de l'Aurès, au nord du Chelia, dans les marnes surmontant la dernière barre calcaire à Inocérames.

(2) *Tunisie centrale*, 1903, p. 138.

(3) *B. S. G. F.*, 4, IX, 1909, p. 420.

(4) *Terrains secondaires et tertiaires de la province d'Alicante et du Sud de la province de Valence*, 1892.

dans la région d'Alcoy (province d'Alicante) : là, en effet,
le genre *Cardiaster* est associé à *Parapachydiscus neubergicus* et à *Hauericeras pseudogardeni*.

Sur le revers Nord-Ouest du Mansoura, j'ai observé, à
une vingtaine de mètres au-dessus de l'horizon à *Scaphites
Cunliffei*, au milieu de marnes grisâtres, des blocs de
calcaires jaunâtres à l'extérieur, bleus à l'intérieur,
affectant la forme de grosses lentilles plus ou moins
ellipsoïdales. J'y ai trouvé :

> *Inoceramus cf. balticus* Schloth. ;
> *Inoceramus sp.*

Enfin, l'ensemble marneux du Mansoura est couronné
par des marno-calcaires schisteux d'un gris-noir, avec
intercalations de petits feuillets *gréso-marneux* ou *bré-
choïdes*, à grains fins. Cette formation, qui est bien
développée sur tout le revers Sud du Mansoura jusqu'au
pied du rocher de Constantine, s'étale largement sur la
rive gauche du Bou Merzoug, au voisinage du chemin de
l'ancien grand séminaire [*pl. V, fig. 14*] (1). Elle se relève
à l'Est sur les marnes à lentilles de calcaires jaunes des
mamelons 692 et 634.

Le modelé de ces marno-calcaires est très différent de
celui des marnes subordonnées ; ils sont découpés par de
petits ravins aux pentes raides, et présentent, dans une
certaine mesure, l'aspect du Barrémien du djebel Ouach,
avec lequel Tissot (2) les avait d'ailleurs confondus.

---

(1) V. L. Joleaud, C. G. *Algérie*, feuille d'El Aria, 1909.

(2) C. G. *département de Constantine*, 1881 et cartes manuscrites
des environs de Constantine.

Cette confusion peut s'expliquer aussi par l'existence au-dessus d'eux, près des ateliers de Sidi Mabrouk, d'un lambeau d'Éocrétacé charrié, renfermant des Ammonites pyriteuses barrémiennes.

Dans une course qu'il a bien voulu faire avec moi, M. Ficheur a reconnu l'extrême analogie de ce faciès légèrement détritique du Sénonien de Constantine avec celui des couches supérieures du Crétacé de la Grande Kabylie (1). Des formations similaires lui ont fourni, dans l'Atlas de Blida, *Phylloceras cf. Velledæforme* et *Pachydiscus cf. Galicianus* (2). Ces assises appartiendraient donc encore au Maestrichtien supérieur.

On peut rapprocher de ce développement remarquable de l'ensemble du Maestrichtien aux environs de Constantine, celui que présente le même étage dans les provinces de Valence et d'Alicante, ainsi qu'il résulte des études de M. Nicklès (3). Vers Alcoy, en particulier, l'on voit, comme dans la région de Constantine, des formations bathyales à *Cardiaster* et *Hauericeras* couronnées par des dépôts bien moins profonds. Ceux-ci sont caractérisés, en particulier, par *Hemipneustes africanus*, qui n'apparaît, en Algérie, que bien au Sud de Batna.

La région de Constantine occupée par une mer néritique au Mésocrétacé, s'est donc affaissée au *Santonien* et a été envahie alors par des vases bathyales. Cet affaissement ne semble pas s'être étendu très loin vers l'Ouest ni vers le Sud, car, à cette époque, le domaine du faciès à

---

(1) Ficheur, *Éocène de la Kabylie du Djurjura*, 1890, p. 172.
(2) Ficheur, *B. S. G. F.*, 3, XXIV, 1896, p. 997.
(3) *Terrains secondaires et tertiaires de la province d'Alicante et du Sud de la province de Valence*, 1892.

Ostracées comprenait les Babors, les Biban, les monts du Hodna (1) et la plus grande partie des Hautes Plaines.

Mais, tandis que persistait la *fosse de l'oued Cherf*, le *géanticlinal constantinois* se relevait avant la fin du Maestrichtien, comme en témoignent les petites brèches du sommet de l'étage. Aussi ne trouve-t-on pas dans cette dernière région la grande accumulation de vases qui, plus à l'Est, relie le Crétacé à l'Éocène.

§ 3. Résumé

La succession des assises crétacées de la chaîne Numidique et des monts de Constantine peut être résumée comme le montre le tableau ci-contre.

§ 4. Liste des Fossiles du Crétacé

1° Terrains de la Série A

a) *Barrémien et Aptien inférieur*

Chondrites (?) *sp.* — Djebel Ouach.
Trochocyathus (?) *sp.* — Djebel Ouach.
Platycyathus (?) *sp.* — Djebel Ouach.
Collyrites ovulum Desor. — Djebel Ouach.
     —   *ardua* Peron et Gauthier. — Djebel Ouach.
Metaporhinus Heinzi Coq. (?). — Djebel Ouach.

---

(1) Ficheur, *Éocène de la Kabylie du Djurjura*, 1890, p. 125 ; *B. S. G. F.*, 3, XXI, 1893, p. 419.

— 178 —

Terebratula (Glossothyris) cf. hippopus Roem. —
    Djebel Ouach.
Inoceramus sp. — Djebel Ouach, Mouia.
Pecten alpinus Orb. — Djebel Ouach.
Nucula Ouachensis Coq. — Djebel Ouach, Rorfen.
   — *Henoni* Coq. — Djebel Ouach.
   — *sp.* — Djebel Ouach.
Leda Ouachensis Coq. — Djebel Ouach.
   — *nana* Coq. — Djebel Ouach.
Lucina sculpta Phill. — Djebel Ouach.
   — *Zamma* Coq. — Djebel Ouach.
Cardium modestius Coq. — Djebel Ouach.
   — *sp.* — Djebel Ouach.
Venus sp. — Djebel Ouach.
Cytherea sp. — Djebel Ouach.
Trochus sp. — Djebel Ouach.
Cerithium Adherbal Coq. — Djebel Ouach.
Avellana sp. — Djebel Ouach.
Cerithium sp. — Djebel Ouach.
Rhynchoteuthis Henoni Coq. — Djebel Ouach.
Phylloceras cf. Ernesti Uhlig. — Djebel Ouach, bordj
    Sabat.
   — *cf. Guettardi* Rasp. — Djebel Ouach.
   — *aff. Guettardi* Rasp. — Djebel Ouach,
    bordj Sabat.
   — *lateumbilicatum* Perv. — Djebel Ouach,
    bordj Sabat, Rorfen.
   — *semisulcatum* Orb. var. *cf. Kiliani* Sayn. —
    Djebel Ouach, bordj Sabat.
   — *infundibulum* Orb. type et var. — Djebel
    Ouach, bordj Sabat, Rorfen, Sfardjela,
    Mouia.

Phylloceras Thetys Orb., type et var. — Djebel Ouach,
       bordj Sabat.
—   *serum* Oppel, var. ***perlobata*** Sayn. — Djebel
       Ouach, bordj Sabat, Mouia.
Lytoceras cf. strangulatum Orb. — Djebel Ouach.
—   *crebrisulcatum* Uhlig. — Djebel Ouach, bordj
      Sabat.
—   (*Costidiscus*) *Hamilcar* Coq. — Djebel Ouach,
      bordj Sabat.
—   —   *aff. Hamilcar* Coq. — Djebel
      Ouach.
—   (*Gaudryceras*) *numidum* Coq. type et var. —
      Djebel Ouach, bordj Sabat, Rorfen, Sfardjela.
—   (*Jauberticeras*) *Jauberti* Orb. — Djebel Ouach.
—   (*Tetragonites*) *Duvali* Orb.,   var. *Ibrahim*
      Heinz. — Djebel Ouach, bordj Sabat.
Macroscaphites cf. binodosus Uhlig. — Djebel Ouach.
—   *striatisulcatus* Orb., type et var. *afra* Sayn.
      — Djebel Ouach, bordj Sabat.
—   *aff. striatisulcatus* Orb. — Djebel Ouach.
—   *Ficheuri* Sayn. — Djebel Ouach.
Pictetia sp. — Djebel Ouach.
Hamulina subcylindrica Orb. — Djebel Ouach, Rorfen.
—   *Quenstedti* Uhlig. — Djebel Ouach, bordj Sabat.
—   *aff. Quenstedti* Uhlig. — Djebel Ouach, bordj
      Sabat.
—   *cf. hamus* Quenst. — Djebel Ouach, bordj Sabat.
—   *aff. hamus* Quenst. — Bordj Sabat.
—   *cf. Boutini* Math. — Djebel Ouach.
—   *incerta* Orb. — Bordj Sabat.
—   *aff. incerta* Orb. — Djebel Ouach.
—   *sp.* — Djebel Ouach, bordj Sabat.

Ptychoceras læve Math. — Djebel Ouach.

Oppeliidæ indet. — Djebel Ouach, bordj Sabat.

Desmoceras difficile Orb. — Djebel Ouach, bordj Sabat.

—   *strettostoma* Uhlig. — Djebel Ouach, bordj Sabat, Mouia.

—   (*Uhligella*) *Monicæ* Coq. — Djebel Ouach, bordj Sabat.

—   — *Seguenzæ* Coq. — Djebel Ouach, bordj Sabat, Sfardjela, Mouia. Djebel Akhal.

—   — *impressa* Orb. — Djebel Ouach.

Puzosia Nabdalsa Coq. — Djebel Ouach, bordj Sabat, Mouia.

— *Ouachensis* nov. sp. — Djebel Ouach, Rorfen.

— *Gelulina* Coq. — Djebel Ouach.

— *Angladei* Sayn. — Djebel Ouach, bordj Sabat, Rorfen.

— (?) *cirtense* Sayn. — Djebel Ouach.

Silesites Seranonis Orb., type et var. — Djebel Ouach, bordj Sabat, Rorfen, Mouia.

— aff. *Seranonis* Orb. — Djebel Ouach.

— gr. *Seranonis* Orb. — Djebel Ouach.

— *vulpes* Coq. var. — Djebel Ouach, bordj Sabat.

— aff. *vulpes* Coq. — Bordj Sabat.

— nov. sp. — Bordj Sabat.

Holcodiscus fallax Math. var. — Djebel Ouach, bordj Sabat.

—   *Caillaudi* Orb. var. — Djebel Ouach.

—   *Gastaldii* Orb. — Bordj Sabat.

—   *Henoni* Coq. — Djebel Ouach, bordj Sabat.

—   aff. *Henoni* Coq. — Djebel Ouach.

—   *algirus* Sayn. — Djebel Ouach.

Holcodiscus diversecostatus Coq. type et var. — Djebel
        Ouach, bordj Sabat.

—   *cf. diversecostatus* Coq. — Djebel Ouach,
        bordj Sabat.

—   *metamorphicus* Coq. type et var. — Djebel
        Ouach, bordj Sabat.

—   *Sayni nov. sp.* — Djebel Ouach, bordj Sabat.

—   *astieriformis* Sayn. — Djebel Ouach.

—   *Perezi* Orb. — Djebel Ouach, bordj Sabat.

—   *Sophonisba* Coq. — Djebel Ouach, bordj
        Sabat.

—   *aff. Sophonisba* Coq. — Djebel Ouach.

—   *Van den Heckei* Orb. — Djebel Ouach.

—   *cf. Seunesi* Kilian. — Djebel Ouach.

Pulchellia Moltoi Nicklès. — Bordj Sabat.

—   *Bergeroni* Nicklès. — Bordj Sabat.

—   *Fouquei* Nicklès — Djebel Ouach.

—   *OEhlerti* Nicklès. — Djebel Ouach.

—   *Sauvageaui* Herm., type et var. — Djebel
        Ouach, bordj Sabat.

—   *Ficheuri nov. sp.* — Djebel Ouach.

—   *aff. Ficheuri.* — Djebel Ouach.

—   *Changarnieri* Sayn. — Djebel Ouach.

—   *compressissima* Orb. — Djebel Ouach, bordj
        Sabat, Sfardjela.

—   *Ouachensis* Coq., type et var. — Djebel Ouach,
        bordj Sabat.

—   (*Heinzia*) *coronatoides* Sayn. — Djebel Ouach.

—   —   *nov. sp.* — Djebel Ouach.

—   —   *hopliliformis* Sayn. — Djebel Ouach.

—   —   *Damremonti* Sayn. — Djebel Ouach.

—   —   *Heinzi* Coq. — Djebel Ouach.

Pulchellia (Heinzia) Cirtæ nov. sp. — Djebel Ouach.
—   —   nov. sp. — Djebel Ouach.
—   —   *subcaicedi* Sayn. — Djebel Ouach.
—   —   *aff. subcaicedi.* — Djebel Ouach.
—   —   *Caicedi* Karsten. — Djebel Ouach.
—   —   *provincialis* Orb., var. *Sayni* Hyatt.
          — Djebel Ouach, bordj Sabat.
—   —   *cf. provincialis* Orb. — Djebel Ouach.
—   —   *Numidica* nov. sp. — Djebel Ouach.
Simbirskites sp. — Djebel Ouach.
Saynoceras horridum Orb. - Djebel Ouach.
Hoplites Lamoricieri Sayn. — Djebel Ouach.
Parahoplites cf. angulicostatus Orb. — Djebel Ouach.
—   *aff. Feraudi* Orb. — Djebel Ouach.
—   *Haugi* nov. sp. — Djebel Ouach.
Crioceras Van den Heckei Astier. - Djebel Ouach, bordj
          Sabat.
—   *Henoni* Coq. - Djebel Ouach.
—   *cristatum* Orb. - Djebel Ouach.
—   *furcatum* Orb. — Djebel Ouach.
—   *cf. Requieni* Orb. — Djebel Ouach.
—   *Varusense* Orb. - Djebel Ouach.
—   *cf. Silesiacum* Uhlig. — Djebel Ouach.
—   *sp.* — Djebel Ouach, bordj Sabat.
Heteroceras cf. Astieri Orb. — Djebel Ouach.
Saynella Gouxi Sayn. — Djebel Ouach, bordj Sabat,
          Rorfen, Sfardjela, Mouia.
Leptoceras Cirtæ Coq. — Djebel Ouach, bordj Sabat.
—   *cf. Cirtæ* Coq. — Djebel Ouach.
—   *aff. Cirtæ* Coq. — Djebel Ouach.
—   *gr. Cirtæ* Coq. — Djebel Ouach.

— 183 —

Leptoceras cf. *Beyrichi* Karsten. — Djebel Ouach, bordj
    Sabat.
—   *ensis* Coq. — Djebel Ouach, bordj Sabat.
—   cf. *subtile* Uhlig. — Djebel Ouach, bordj Sabat.
—   *sp.* — Djebel Ouach.
Belemnopsis carpaticus Uhlig. — Djebel Ouach.
—   cf. *subfusiformis* Blainv. — Djebel Ouach,
    bordj Sabat, Rorfen.
—   cf. *pistilliformis* Blainv. — Djebel Ouach,
    bordj Sabat, Rorfen.
—   *minaret* Rasp. — Djebel Ouach.
—   *Fallauxi* Uhlig. — Djebel Ouach, bordj
    Sabat, Rorfen.
Duvalia Grasi Duval. — Djebel Ouach, bordj Sabat,
    Rorfen.
—   *aff. dilatata* Blainv. Djebel Ouach, Mouia.
Clupeidæ (?). — Djebel Ouach.

b) *Aptien supérieur*

Nucula sp. — Djebel Akhal.
Lucina sculpta Phill.. — Djebel Akhal.
Cerithium sp. — Djebel Akhal.
Phylloceras semisulcatum Orb., var. cf. *Kiliani* Sayn. —
    Djebel Akhal.
—   *infundibulum* Orb. var. — Djebel Akhal.
Ptychoceras læve Math., var. *Hamaimensis* Perv. —
    djebel Akhal.
Desmoceras (*Uhligella*) *Clansayense* Jacob. — Djebel
    Akhal.
Puzosia (*Latidorsella*) *akuschaensis* Anthula. — Djebel
    Akhal.

Silesites Seranonis Orb., var. *interpositus* Coq. — Djebel Akhal.

Parahoplites Schrammeri Jacob. — Djebel Akhal.

— *Nolani* Seunes. — Djebel Akhal.

— *(?) sp.* — Djebel Akhal.

Crioceras sp. — Djebel Akhal.

Douvilleiceras Bigoureti Seunes. - Djebel Akhal.

Belemnopsis minimus Lister. — Djebel Akhal.

c) *Albien*

Terebratula sp. — Djebel Akhal.

Turbo sp. — Djebel Akhal.

Lytoceras (Jauberticeras) latecarinatum Anthula. — djebel Akhal.

— *(Tetragonites) Timotheanum* Kossm. — Djebel Ouach.

Ptychoceras læve Math. var. *Hamaimensis* Perv. — djebel Akhal.

Desmoceras (Uhligella) Rebouli Jacob. — Djebel Akhal.

Puzosia (Latidorsella) Paronæ Kilian. — Djebel Akhal.

— *Getulina* Coq. var. — Djebel Akhal.

Silesites sp. — Djebel Akhal.

Mortoniceras cf. inflatum Sow. — Bordj Sabat.

2° Terrains de la Série B

a) *Aptien*

Epiaster restrictus Gauth. — Djebel Zouaoui, djebel Karkara.

Heteraster oblongus de Luc. — Djebel Oum Settas.

— 185 —

Heteraster subquadratus Gauth. — Djebel Zouaoui, djebel
    Karkara.
Terebratula Moutoni Orb. — Djebel Oum Settas.
Ostrea aquila Orb. type et var. — Djebel Zouaoui, djebel
    Karkara, djebel Oum Settas.
    — *macroptera* Rœm. — Djebel Zouaoui, djebel
    Karkara.
Requienia sp. — Kheneg, djebel Zouaoui, djebel Karkara.
Toucasia cf. Seunesi Douv. — Djebel Oum Settas.

b) *Albien*

Ostrea cf. aquila Orb. — Djebel Kelal.
Requienia sp. — Koudiat Sidi Rmann.
Caprina Choffati Douv. — Koudiat Sidi Rmann.
Caprina sp. — Djebel Kelal, Koudiat Abd Alla.
Radiolites sp. — Koudiat Sidi Rmann.
Parahoplites cf. Milleti Orb. — Oued Athmenia.
Mortoniceras cf. inflatum Sow. — Oued Athmenia.

c) *Cénomanien*

Triloculina sp. — Sidi Mcid, djebel Bergli.
Quinqueloculina sp. — Sidi Mcid, djebel Bergli.
Textularia sp. — Sidi Mcid.
Lacazina sp. — Sidi Mcid.
Pentacrinus sp. — Djebel Bergli.
Terebratula sp. — Djebel Bergli.
Ostrea sp. — Sidi Mcid.
Pecten (Chlamys) sulcatocostatus Thom. et Per. — Sidi
    Mcid.
Inoceramus sp. — Sidi Mcid.

Apricardia sp. — Sidi Mcid.
Caprinula Boissyi Orb. — Sidi Mcid, djebel Sala.
Radiolites (Sphœrulites) foliaceus Lmk. (?). — Sidi Mcid.
Nerinea cf. Pailleteana Orb. — Sidi Mcid, djebel Bergli.
Acteonella sp. — Sidi Mcid.

d) *Turonien*

Ostrea Costei Coq. — Sidi Mcid.
Pecten (Chlamys) sp. — Sidi Mcid.
Radiolites (Præradiolites) cf. Ponsi Arch. — Sidi Mcid.
Hippurites (Vaccinites) Taburni Guiscardi. — Sidi Mcid.
Acteonella sp. — Sidi Mcid.

e) *Coniacien*

Pentacrinus Peroni Loriol. — Djebel Karkara.
Micraster brevis Desor. — Djebel Karkara.
Pseudananchytes gibba Lam. — Djebel Karkara.
Ostrea proboscidea Arch. — Djebel Karkara, Mansoura.
Inoceramus digitatus Park. — Djebel Karkara.
Radiolites sp. — Djebel Karkara.
Phylloceras Velledæforme Schlüt. — Djebel Karkara.
Mortoniceras cf. serratomarginatum Redt. — Djebel
        Karkara.
Barroisiceras cf. Tunetanum Thom. et Per. — Djebel
        Karkara.

f) *Santonien, Campanien, Maestrichien*

Trochosmilia (?) sp. — Sidi Sliman, Mansoura, Ain
        Smara, djebel Ouled Sellem, El Guerra.
Balanocrinus africanus Lor. — Sidi Mcid.
Bolbaster verrucosus Coq. — Mansoura, El Guerra.

Micraster Aichensis Gauth. — El Guerra.

Guettardia Angladei Gauth. — El Guerra.

Cardiaster subtrigonatus Cat. — Bordj Sabat.

Homœaster tunetanus Pom. — Bordj Sabat.

Lambertiaster Douvillei Gauth. — Bordj Sabat.

Ovulaster Auberti Gauth., type et var. *sabathensis* Cottr. —
        Bordj Sabat.

—— *obtusus* Cottr. — Bordj Sabat.

Stenonia tuberculata Desor. — Mansoura.

Thecidea cf. *papillata* Bronn. — Djebel Kelal, Sidi Mcid,
        Mansoura, djebel Chettaba, djebel Ouled
        Sellem, El Guerra.

Terebratula sp. — El Guerra.

Terebratulina chrysalis Schloth. — Djebel Ouled Sellem,
        El Guerra.

Ostrea sp. — El Guerra.

Pecten (Chlamys) sp. — El Guerra.

Inoceramus cf. *balticus* Schloth. — Mansoura, djebel
        Chettaba, Ain Smara, El Guerra, Ouled Rah-
        moun, Sigus, Ain Fakroun.

Inoceramus sp. — Mansoura.

Nucula sp. — Sidi Sliman, El Guerra.

Lucina sp. — El Guerra.

Leda sp. — El Guerra.

Trochus sp. — El Guerra.

Cerithium sp. — El Guerra.

Natica sp. — El Guerra.

Phylloceras Forbesi Orb. — Sidi Sliman.

Lytoceras (Gaudryceras) Kayei Forbes. — Mansoura.

Lytoceras (Tetragonites) cf. *Cala* Forbes. — El Guerra.

Anisoceras sp. — El Guerra.

Baculites vertebralis Lam. — Djebel Kelal, El Guerra.

Baculites cf. vertebralis Lam. — Mansoura.

Scaphites Cunliffei Forbes, var. *pavana* Forbes. — Mansoura, El Guerra.

Desmoceras (Uhligella) cf. Stoliczkai Kossm. — Sidi Mcid.

Hauericeras Rembda Forbes. — Mansoura, Sidi Mcid.

Corax pristodontus Agassiz. — Mansoura.

D. — ESSAI SUR LA PALÉOGÉOGRAPHIE DE L'AFRIQUE MINEURE PENDANT LES TEMPS CRÉTACÉS

A l'*Éocrétacé* le *géosynclinal* nord-africain comprenait le Tell algérien et la Tunisie septentrionale. Franchement *bathyal* dans les départements d'Oran, de Constantine et en Tunisie, son fond se relevait très sensiblement dans le département d'Alger ; il offrait une avancée bien marquée vers le Sud dans la région de l'oued-Cherf (*fig. I*).

Ce géosynclinal était bordé au Midi par une mer *néritique* occupant l'emplacement de toutes les Hautes Plaines, de l'Atlas saharien constantinois, de la Tunisie centrale et méridionale. Le socle continental remontait notablement dans la région de l'Atlas saharien algérois et oranais (1).

(1.) Il s'abaissait au contraire vers l'extrémité Nord-Ouest du Grand Atlas marocain : là, en effet, MM. KILIAN et GENTIL (*C. R. Ac. Sc.*, CXLII, 1906, p. 603 ; CXLIV, 1907, p. 49 et 105) ont signalé une remarquable série de niveaux éocrétacés où les *Phylloceras*, les *Lytoceras* sont rares et les *Hoplites* (s. l.), les *Douvilleiceras*, nombreux.

A l'Albien, un exhaussement du sol se produit dans l'Ouest et surtout dans le Sud-Ouest de l'Algérie, dans la zone occupée maintenant par les *grès à dragées*. De

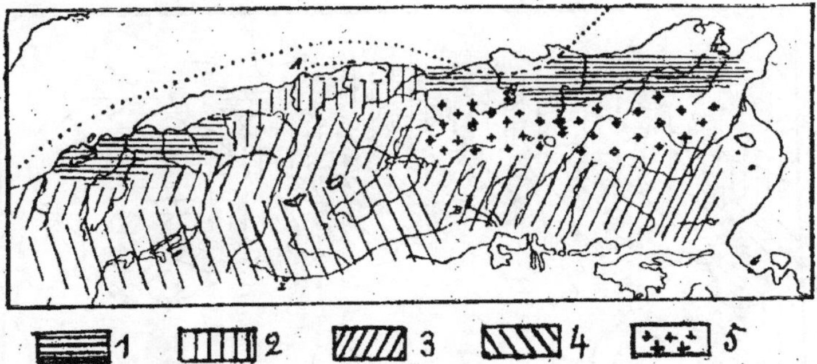

FIGURE I. — Esquisse schématique de l'Algérie et de la Tunisie au Barrémien et à l'Aptien.

Echelle $\dfrac{1}{12.000.000}$

1. Faciès bathyal (marnes à *Phylloceras, Lytoceras* et *Desmoceras*).

2. Faciès néritique profond (marnes et grès à très rares Ammonites).

3. Faciès néritique peu profond (marnes, calcaires et grès à Orbitolines, Ostracées, Spatangues).

4. Faciès néritique peu profond (grès localisés vers la base d'un ensemble marno-calcaire à Orbitolines, etc.).

5. Faciès néritique peu profond (calcaires à Rudistes se développant aux dépends d'un ensemble marno-calcaire gréseux à Orbitolines, etc.)

curieuses formations laguno-marines étudiées par MM. Haug et Foureau (1) continuent ce faciès vers le Sud, autour de Temassinin.

Un affaissement se produit en même temps à l'Est, dans la Tunisie centrale. Cependant les profondeurs manifestement *bathyales* restent localisées dans la *fosse de l'oued Cherf (fig. II)*.

Au Cénomanien les *Phylloceratidæ* et les *Lytoceratidæ* continuent à y avoir une prédominance bien marquée

---

(1) *Documents scientifiques de la mission saharienne*, 1905.

[50 0/0 des individus recueillis (1)]. Les vases *bathyales* envahissent alors, à l'Est, la Tunisie centrale, à l'Ouest, le Tell algérois. Au début de la période, l'Extrême-Sud tuni-

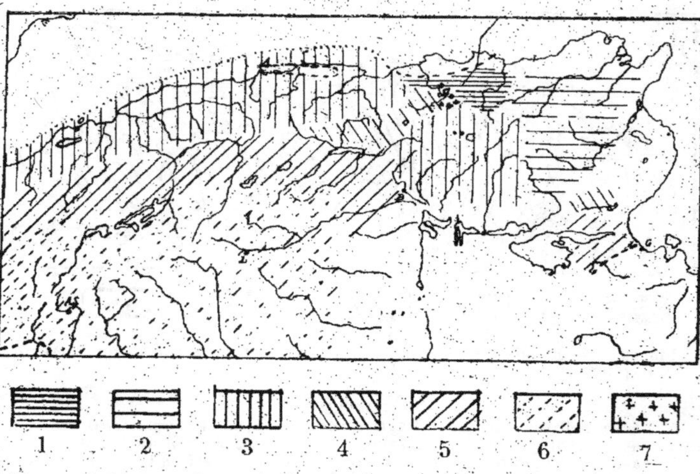

FIGURE II. — Esquisse schématique de l'Algérie et de la Tunisie à l'Albien.

Echelle : $\dfrac{1}{12.000\,000}$

1. Facies bathyal (marnes à *Phylloceras*, *Lytoceras* et *Desmoceras*.
2. Facies néritique très profond (marnes à *Mortoniceras*).
3. Facies néritique profond (marnes et grès à *Mortoniceras*).
4. Facies néritique peu profond (calcaires glauconieux et phosphatés à *Mortoniceras*).
5. Facies néritique peu profond (calcaires à Ostracées).
6. Facies néritique très peu profond (grès à dragées).
7. Facies néritique peu profond (calcaires à Rudistes).

sien est occupé, comme une partie de la Provence et du Languedoc, par une *lagune marine* à *Glauconia* (2). Puis le *facies à Ostracées* gagne depuis la Tripolitaine jusqu'au Sud de Tanger et au Tadmait. La *transgression* céno-

---

(1) BLAYAC, *C. R. Ac. Sc.*, CXLIII, 1906. p. 252.
(2) THOMAS, *Exploration scientifique de Tunisie*, Description géologique, II, 1909.

manienne submerge une grande partie du *continent saharien*.

La mer se maintient encore dans cette contrée au Turonien : tout d'abord riche en Céphalopodes, elle finit par être peuplée surtout de Rudistes, à la suite d'un relèvement du fond.

Dans la mer néocrétacée de la région des Chotts de l'Extrême-Sud tunisien il n'y avait que peu d'Ammonites. Mais sa faune comprenait des Lamellibranches apparenant à des types très spéciaux (*Roudairia*, etc.), naguère signalés par Munier-Chalmas, et qui ont été retrouvés depuis jusqu'au cœur du Soudan.

Par contre, immédiatement au Nord de Gafsa, comme dans le Sud algérien, abondaient les « Cératites de la Craie ». Dans la Tunisie centrale et aux environs de Constantine, à ces types de la zone *néritique* se substituaient les formes habituelles de la zone *bathyale* : *Phylloceratidæ, Lytoceratidæ, Desmoceratidæ*.

Enfin, plus au Nord, vivaient ces singuliers Echinides, *Cardiaster, Homœaster, Ovulaster*, caractéristiques de la mer maestrichtienne. Les calcaires en dalles qui les renferment aujourd'hui offrent une grande constance de facies dans tout le Nord-Est de la Berbérie. Ainsi ceux de la nappe de charriage de Constantine (djebel Ouach, Bon Pasteur), examinés en plaques minces, m'ont présenté, au milieu d'empreintes de *Chondrites*, divers genres de Foraminifères (*Globigerina, Textularia, Rotalia, Orbulina*) reconnus par Schlumberger dans la *scaglia* de la Tunisie septentrionale.

Au Nord-Ouest de Constantine, dans les régions littorales de l'Algérie, cette mer maestrichtienne nous a laissé des dépôts argilo-gréseux qui montrent qu'elle a été *transgressive* dans des régions du *géosynclinal* exondées au Turonien et au Sénonien inférieur [Ain Bessem (1), Nord de la grande Kabylie (2)]. Cet important mouvement positif s'est d'ailleurs étendu, comme l'a montré M. Haug (3), dans toutes les régions géosynclinales du globe : il correspond au dernier épanouissement des Ammonoïdés.

Leur disparition coïncide avec le « comblement gra- « duel des géosynclinaux qui, au Danien, est presque « entièrement réalisé (4) ».

---

(1) M. Ficheur (*B. S. G. F.*, 3, XVII, 1888, p. 257) dit, en effet, que le Sénonien de la région d'Ain Bessem est caractérisé, dès sa base, par la présence de *Bolbaster verrucosus* Coq. et qu'il est transgressif sur le Cénomanien.

(2) M. Ficheur (*C. G. Algérie*, feuille de Port-Gueydon-Azazga, 1906), indique la transgression du Maestrichtien sur l'Albien dans le Nord de la Grande Kabylie.

(3) *Traité de géologie*, 1910, p. 1359, fig. 404.

(4) Haug, *B. S. G. F.*, 3, XXVIII, 1900, p. 690.

CHAPITRE IV

STRATIGRAPHIE DES TERRAINS NUMMULITIQUES

A. — APERÇU HISTORIQUE

Renou (1) (1848) et Fournel (2) (1849) placent à la partie supérieure de la Craie les calcaires à Nummulites des Toumiets et les grès d'El Kantour.

Coquand (3) (1854) donne la succession suivante, de haut en bas, de l'Éocène des régions de Philippeville et de Constantine :

> Grès, poudingues, schistes verdâtres et argiles à *Chrondrites Targioni* et *intricatus* d'El Kantour ;
> Calcaires à *Nummulites Biaritzana*, *complanata*, *Ramondi* et *spissa* des Toumiets.

En 1862, le même géologue (4) précise l'âge des couches ci-dessus dont il fait du Parisien.

---

(1) *Géologie de l'Algérie*, p. 22.
(2) *Richesse minérale de l'Algérie*, I, p. 154.
(3) *Mém. S. G. F.*, 2, V, 1, p. 116 et 151.
(4) *Mém. S. Émul. Provence*, II, p. 311.

— 194 —

Hardouin (1) (1868) propose à son tour la classification ci-dessous :

Miocène supérieur. — Grès quartziteux jaunes ;

Nummulitique. — Calcaires du Sidi Cheik Bou Rohou, des Toumiets, etc.

Suessonien. — Argiles à *Ostrea multicostata* de Sigus, du Ferdjioua, etc.

Tissot (2) (1881) fait figurer ces mêmes terrains sur ses cartes avec les notations ci-après :

Nummulitique supérieur,
- *G.* Grès du djebel Ouach ;
- *g.* Schistes argileux avec feuillets de grès, brèches à éléments fins et lentilles de calcaires de Robertville ;
- *Gp.* Poudingues du djebel el Hallia ;

Suessonien . . . .
- *Ss₂.* Calcaires à silex d'Ouled Rahmoun ;
- *Ss₁.* Marnes noires schisteuses à *Ostrea multicostata* d'Ouled Rahmoun.

Pomel (3) (1890) modifie à son tour, comme il suit, le tableau de la série nummulitique constantinoise :

Ligurien supérieur . . .
- Grès de Numidie ;
- Poudingues du djebel el Hallia ;

---

(1) *B. S. G. F.*, 2, XXV, p. 328.
(2) *C. G. département de Constantine*, texte, p. 71-79.
(3) *C. G. Algérie. Description stratigraphique générale*, p. 114, 129, 134.

Parisien . . . . { Calcaires à Nummulites des Zerdeza ;
Poudingues des Zerdeza ;

Suessonien inférieur. . . . { Calcaires marneux et glauconieux à Lamellibranches de Guettar el Aich;
Marnes noires gypseuses à *Ostrea multicostata* de Guettar el Aich.

M. Ficheur (1) (1896) a présenté ainsi la stratigraphie du Tertiaire inférieur des Mouia et des environs de Constantine :

Éocène supérieur {

Numidien. . { Grès friable de la crête des Mouia ;
Argiles bariolées du Col des Oliviers ;

Medjanien . { Grès quartziteux des Mouia et du djebel Ouach ;
Argiles feuilletées des Mouia et du djebel Ouach ;

Éocène moyen. . {

Étage C : Supranummilitique. — Grès micacés, marnes grises, petits poudingues de Sfardjela ;

Étage B : Nummulitique. — Calcaires à Nummulites de l'Ayata et du Bou Rohou ;

Étage A : Infranummulitique. — Marnes jaunes, calcaires en plaquettes, grès, brèches de Sfardjela ;

____

(1) *A. F. A. S.*, Bordeaux, II, p. 565.

Éocène inférieur. { Calcaires à silex de l'oued el Kebir et
du djebel Aissa.

B. — CONSIDÉRATIONS GÉNÉRALES SUR LES TERRAINS NUMMULITIQUES DE L'AFRIQUE MINEURE

Comme le Crétacé, les terrains nummulitiques des régions de Philippeville et de Constantine présentent deux séries de facies distincts, que je vais décrire successivement : l'une, *série A*, caractéristique de la chaîne Numidique et de la nappe de charriage de Constantine ; l'autre, *série B*, localisée dans le substratum de cette nappe. Ces deux séries se retrouvent d'ailleurs dans le reste de la Berbérie ; la première, au voisinage du littoral de la Méditerranée occidentale, et particulièrement dans le Djurjura ; l'autre, dans l'intérieur du pays, jusqu'au Sahara.

§ 1. Facies des régions littorales de l'Algérie (Série A)

Dans la chaîne Numidique et dans le djebel Ouach, le Nummulitique (série A) présente la succession suivante :

5. Flysch : grès avec assises argileuses interstratifiées et parfois avec conglomérat de base ;
4. Grès et psammites jaunâtres ou rougeâtres intercalés de lits argileux, généralement avec des poudingues à la base ;
3. Argiles brunes renfermant des alternances de plaquettes de grès jaunes, de calcaires gris et de brèches à petits éléments, le tout passant latéralement à des calcaires massifs à Nummulites ;

2. Calcaires grisâtres ou noirâtres, en bancs minces, remplis le
  plus souvent de rognons siliceux ;
1. Argiles schisteuses d'un gris bleuâtre.

En raison de leur situation stratigraphique et de leur
facies, les argiles 1 paraissent être les mêmes que celles
de la base du Nummulitique de Constantine (série B) ;
comme celles-ci, elles peuvent représenter à la fois le
Danien et le Suessonien inférieur.

Les calcaires 2 semblent de même être l'équivalent
latéral des calcaires phosphatés et des calcaires en bancs
minces des environs de Constantine. Ils correspondraient,
au Suessonien supérieur et au Lutétien inférieur.

Les argiles brunes 3 sont particulièrement développées
dans la chaîne Numidique, à la hauteur du douar Sfardjela,
où elles acquièrent une grande puissance et sont couronnées par une mince assise de calcaires à Nummulites.
En suivant leurs strates dans la direction de l'Est, on
voit leur épaisseur diminuer progressivement, tandis
qu'augmente celle des calcaires superposés. Finalement,
à l'Armée française, les calcaires à Nummulites débutent
dès la base de l'assise 3, où le facies argilo-détritique
n'est plus représenté que par une mince couche de calcaires gréseux à nombreux grains de glauconie.

Mes observations stratigraphiques semblent pleinement
d'accord avec les données paléontologiques fournies par
les Nummilites de ces deux facies. M. Ficheur (1), qui
appelle les argiles, étage A, et les calcaires, étage B, dit,
en effet : « Les Nummulites des étages A et B appar-
» tiennent aux mêmes groupes et présentent les mêmes
» espèces, légèrement modifiées dans la série calcaire. »

---

(1) *Éocène de la Kabylie du Djurjura*, 1890, p. 258.

Par l'ensemble de leur faune, les argiles et les calcaires correspondraient au Lutétien supérieur (1) : l'on y observe, en effet, d'après M. Ficheur, des formes appartenant aux groupes de *Nummulites alacicus* Leym. (= *N. Biarritzensis* Arch.) et de *Numm. millecaput* Boub. (= *N. complanatus* Lam.), associées à *Assilina granulosa* Arch.

Les grès et psammites 4 m'ont présenté, à leur base, un niveau grossièrement détritique très fossilifère au pied des Toumiets : *Numm. perforatus* Denys de Montf. (= *N. crassus* Boubée = *N. spissa* Defr. = *N. aturicus* Joly et Leym. = *N. Rouaulti* Arch. = *N. Lucasanus* Desh.) y domine, associé à des *Numm. millecaput* Boub., de très grande taille. L'on est donc encore en présence du Lutétien supérieur. Mais la masse principale de ces grès, où l'on trouve, d'après M. Ficheur (2), avec *Numm. perforatus* Den., *Assilina planospira* Boubée (= *A. exponens* Sow.) appartient évidemment à l'Auversien.

Le flysch, qui termine la série nummulitique de la chaîne Numidique et du djebel Ouach, est formé d'alternances d'argiles et de grès. M. Ficheur (3) y a distingué : à la partie inférieure, un horizon de grès quartziteux rougeâtres avec argiles subordonnées (Medjanien) ; à la partie supérieure, un horizon d'argiles multicolores et de grès jaunes assez tendres (Numidien). Dans les Mouia et dans le djebel Ouach les grès medjaniens et numidiens

---

(1) Nous avons adopté pour le Nummulitique moyen et supérieur la classification proposée par M. Boussac (*B. S. G. F.*, 4, VI, 1906, p. 558-559).

(2) *Éocène de la Kabylie du Djurjura*, 1890, p. 259.

(3) *Géographie et Géologie de la Kabylie*, 1893, p. 69.

sont normalement superposés, mais les niveaux argileux de la base des deux séries gréseuses sont très réduits. Tout dernièrement MM. Gentil et Boussac (1) ont signalé *Nummulites Fabiani* Prever, avec de toutes petites *Orthophragmina* dans le flysch des environs de Tanger : cette faunule indique évidemment le Priabonien. Mais l'Oligocène est aussi vraisemblablement représenté dans la série détritique qui termine le Nummulitique des régions littorales, comme il l'est dans la série similaire des régions intérieures, ainsi qu'on le verra plus loin.

Dans les dépressions de Saint-Charles et dans la Kabylie de Collo, des argiles et des grès présentant le faciès du Numidien sont à peu près les seuls dépôts datant de la première partie de l'ère cénozoïque. Ils occupent plus des trois quarts de la surface du sol dans les dépressions de Saint-Charles et près de la moitié de la Kabylie de Collo. Dans les cuvettes sublittorales, les argiles se développent sur une grande épaisseur aux dépens des grès, qui passent eux-mêmes à des sables argileux. L'inverse se produit sur les bords du massif de Philippeville et du relief paléozoïque de Robertville. Ici, comme là, le flysch repose transgressivement sur le Paléozoïque, par l'intermédiaire d'une puissante succession de conglomérats, avec bancs de grès et d'argiles. Cette série détritique est développée sur peut-être 500 mètres de hauteur dans le djebel Hallia, au Nord de Jemmapes. Elle passe latéralement, à l'Ouest de Ras el Ma, aux conglomérats et grès du Lutétien supérieur et de l'Auversien, grès et conglomérats qui, dans les chaînons des Zerdeza

---

(1) *C. R. S. G. F.* 1910, p. 88.

et du Msouna, supportent directement, et en concordance au moins apparente, le flysch à faciès numidien. Il semble qu'il en soit de même dans la Grande Kabylie, où M. Ficheur (1) a observé, au tizi Renif, que le Numidien à *Assilina planospira* Boub. (faune de l'Auversien) repose directement sur les schistes anciens. Le flysch du littoral méditerranéen barbaresque, avec ses faciès du Medjanien et du Numidien, parfois synchroniques, correspondrait donc à toute la partie supérieure de la série nummulitique depuis l'Auversien.

§ 2. Faciès des régions intérieures de la Berbérie (Série B)

Comme le Crétacé, le Nummulitique de la région de Constantine (*série B*) diffère grandement par son faciès de celui de la chaîne Numidique et de la nappe de charriage du djebel Ouach (*série A*).

Il comprend :

5. Grès jaunes (*flysch*) des Medelsou (Guettar el Aich) et du kef el Gueb (Sigus) [?] ;
4. Argiles jaunes à lumachelles d'*Ostrea strictiplicata*, intercalées de bancs calcaires à Nummulites ;
3. Calcaires blanchâtres, en bancs minces, à rognons siliceux ;
2. Calcaires phosphatés à *Terebratulina chrysalis* de Bir Bou Dekech et de Mahadjiba ;
1. Argiles noirâtres de Bir bou Dekech, Mahadjiba, etc.

Les argiles 1 (e_v^c de la légende de la Carte d'Algérie) présentent une remarquable continuité dans tout l'Est constantinois et le Sud tunisien, où elles paraissent représenter le Danien et le Suessonien inférieur.

____

(1) *Eocène de la Kabylie du Djurjura*, 1890, p. 306, 298, 292

Les calcaires phosphatés 2 ($e\,{}^b_v$ de la Carte d'Algérie) ont fourni, dans ces mêmes régions, une riche faune de Squales, dont les espèces lutétismennes coopolites, sublittorales autant que pélagiques, telles que *Galeocerdo latidens* Ag. (1), semblent exclues. Les Élasmobranches à petites dents, *Scylliorhinus*, *Ginglymostoma*, *Squatina*, *Rhynchobatus*, *Raja*, etc. appartiennent, de l'avis de M. Priem (2) comme du mien, à des espèces différentes, quoique voisines de celles de l'Yprésien et du Lutétien du bassin de Paris et de la Belgique. L'on y trouve également un Crocodilien longirostre, *Dyrosaurus phosphaticus* Thom., qui, suivant M. Nopcsa (3), a de grandes affinités avec des formes crétacés. Ces diverses considérations m'ont conduit, dès 1908 (4), à rapporter les calcaires 2 au Suessonien moyen. Cette attribution était en

---

(1) M. SAVORNIN (*B. S. H. N. Afrique du Nord*, 11, 11, 1910, p. 187) vient de donner une liste de Poissons de l'Eocène d'Algérie, où il confond dans le *Landénien* tous les phosphates nummulitiques de ce pays. Cependant M. BLAYAC (*B. S. G. F.*, 4, II, 1902, p. 42), puis moi-même (*B. S. G. F.*, 4, VII, 1907, p. 270) avions montré que les phosphates de Souk Ahras doivent être attribués à l'*Eocène moyen*. Or *Galeocerdo latidens* est justement indiqué par M. Savornin comme abondant à Souk Ahras, fait sur lequel j'avais attiré l'attention dès 1908 (*B. S. G. F.*, 4, VIII, p. 295). Ce squale ne figure dans la liste de mon collègue que d'une seule autre localité algérienne, des Aziz, près de Boghari : M. Savornin ne donne malheureusement aucun renseignement stratigraphique sur cette localité. En Tunisie, *Galeocerdo latidens* n'a encore été signalé que du djebel Ayaicha, toujours dans l'Eocène moyen, d'après M. BURSAUX (*in* PRIEM, *B. S. G. F.*, 4, IX, 1909, p. 324).

(2) *B. S. G. F.*, 4, IX, 1909, p. 317 et suiv.

(3) *B. S. G. F.*, 4, V, 1905, p. 138.

(4) L. JOLEAUD, *B. S. G. F.*, 4, VIII, 1908, p. 295.

désaccord avec l'opinion émise en 1901 par M. Pervinquière (1) sur l'âge des phosphates de Gafsa. Tout dernièrement ce géologue (2), revenant sur son opinion antérieure, a admis la même classification que moi.

Les calcaires en bancs minces à rognons siliceux 3 ($e\,^a_v$ de la Carte d'Algérie) ont présenté des fossiles à l'Est et à l'Ouest de Constantine : à l'Est, dans le Nord de la région de Guelma, M. Dareste de la Chavanne (3) y a observé, *Nummulites planulatus* Orb. ; à l'Ouest, près de Bordj bou Arreridj, M. Ficheur (4) y a trouvé *Numm. atacicus* Leym. Vers le Sud, ces calcaires en bancs minces passent à des calcaires massifs pétris de Nummulites. L'on y rencontre alors, à Tébessa (5), comme dans la Tunisie centrale (6) et dans le Sud de la région de Guelma (7) : 1° à la base, *Numm. planulatus* Orb. ; 2° plus haut, *Numm. irregularis* Desh., *N. Rollandi* Mun.-Ch., *N. distans* Desh., *N. atacicus* Leym , *N. Gizehensis* de la Harpe. Ainsi, calcaires en bancs minces à silex et calcaires massifs à Nummulites peuvent correspondre à la fois au Suessonien supérieur (*Numm. planulatus*), au Lutétien inférieur (*Numm. irregularis*) et vraisemblablement aussi à une partie du Lutétien supérieur (*Numm. atacicus* et *Gizehensis*).

La base des argiles jaunes 4, à *Ostrea strictiplicata*

<hr>

(1) *B. S. G. F.*, 4, II, 1902, p. 41-42.

(2) *C. R. S. G. F.*, 1910, p. 117.

(3) *C. G. Algérie*, feuille de Guelma, 1910.

(4) *Eocène de la Kabylie du Djurjura*, 1890, p. 148.

(5) L. Joleaud, *B. S. G. F.*, 4, VII, 1907, p. 226.

(6) Pervinquière, *Tunisie centrale*, 1903, p. 158.

(7) Dareste de la Chavanne, *C. G. Algérie*, feuille de Guelma, 1910.

(e_{iv} de la Carte d'Algérie) est caractérisée dans les environs de Souk Ahras, d'après M. Ficheur (1), par « le développement » des Nummulites « du groupe *Gizehensis* » dont « les espèces … apparaissent en petit nombre » au sommet de la série précédente. La partie inférieure de ces argiles appartiendrait donc encore au Lutétien supérieur, tandis qu'au dessus se développerait l'Auversien, et, vraisemblablement, des termes plus récents de la série nummulitique. Cette formation n'est d'ailleurs pas sans rappeler par son facies, dans les environs de Souk Ahras, les grès à *Nummulites perforatus* de la chaîne Numidique.

Les grès 5 des Medelsou, près de Guettar el Aich, et du kef el Gueb, au Nord-Ouest de Sigus, présentent les caractères pétrographiques de certains grès du flysch de Kabylie et aussi, il est vrai, des grès burdigaliens à *Pecten convexior* Alm. et Bofill d'Ain Fakroun. Ils sont dans la même situation stratigraphique que les grès du Cherichira (Tunisie) et de Boghari (e_{m} de la Carte d'Algérie) où, d'après MM. Boussac (2), Joly et Savornin, on trouverait, à la fois, des fossiles du Stampien (3), du Burdigalien, etc.

---

(1) *Éocène de la Kabylie du Djurjura*, 1890, p. 153.

(2) *C. R. S. G. F.*, 23 mai 1910, p. 89.

(3) A une partie de ces formations pourraient bien correspondre les grès du kef Ighoud, des environs d'Orléansville, qui se rapporteraient, suivant POMEL, « plutôt aux parties élevées de la forma- « tion nummulitique » (*Échinides du kef Ighoud*, 1885, p. 15). On y trouve, en effet, *Clypeaster atavus* Pom., qui est intermédiaire entre *Clyp. Breunigi* Laube, du Lattorfien, et *Clyp. Biarritzensis* Cotteau, du Stampien [grand diamètre de *Cl. Biarritzensis* : 66^{mm} ; id., de *Cl. atavus* : 50^{mm} ; id., de *Cl. Brunigi* : 46^{mm}].

Il pourrait en être de même encore des calcaires de Parmentier

— 204 —

C. — DESCRIPTIONS LOCALES

§ 1. Chaine Numidique et nappe de charriage de Constantine
(Série A)

Dans le chainon du Zouara, le Nummulitique paraît représenté uniquement par le flysch (facies numidien), qui recouvre d'un épais manteau toute la ligne de crêtes et repose indistinctement sur le Paléozoïque, le Lias ou le Crétacé.

Sur les deux rives de l'oued el Kebir (*pl. IV, fig. 2*), les argiles schisteuses et les calcaires en bancs minces à silex du Suessonien et du Lutétien inférieur forment, au milieu des marnes du Méso-Néocrétacé, les petites crêtes du kef Amallal, du djebel Massissa, d'une partie du kef Bou Rabia, etc. En un seul point de la région, sur les bords de l'oued ed Dib, au-dessus de l'ain en Nahal, j'ai observé la superposition des argiles brunes du Lutétien supérieur aux calcaires à silex; toutefois cette superpo-

---

(Oran) à *Scutella sublævis* Pom., *Clyp. scutellæformis* Pom., etc. — *Scutella sublævis* se place, en effet, entre *Sc. striatula* Serres, du Stampien, et *Sc. Bonali* Tourn., de l'Aquitanien [Partie pétaloïde des aires ambulacraires de *Sc. striatula* $< \frac{1}{2}$ rayon ; id., de *Sc. sublævis* $= \frac{1}{2}$ rayon; id., de *Sc. Bonali* $= \frac{2}{3}$ rayon]. — *Clyp. scutellæformis* Pom. vient, de même, entre *Clyp. Biarritzensis* Cotteau, du Stampien, et *Clyp. Michelini* Laube, de l'Aquitanien. [Grand diamètre de *Cl. Biarritzensis* : 66^{mm} ; id., de *Cl. scutellæformis* : 81^{mm}; id., de *Cl. Michelini* 94^{mm}]. Voy. sur l'évolution des Echinides oligocènes : H. Douville, *B. S. G. F.*, 4, VII, 1907, p. 468-469.

sition pourrait bien être anormale, les calcaires à silex plongeant ici au Sud, et les argiles brunes au Nord.

Les argiles et les calcaires du Suessonien et du Lutétien inférieur sont aussi bien développés dans le chaînon des Mouia, où ils forment, au Nord de la ligne des pics liasiques Mcid Aicha et Sidi Dris, des reliefs calcaires bien moins élevés, KEF SIDI BEN EN NISSAN, KEF BERRA (*pl. IV, fig. 3*), DJEBEL AISSA (*pl. IV, fig. 4*), KEF DEBBAN, KEF EL GUERN (*pl. IV, fig. 5*), etc. Généralement en relation à leur base avec le Méso-Néocrétacé, quelquefois accolés par contact anormal au Lias ou au Permien, ces calcaires sont recouverts, vers le Nord, en divers points, par le flysch (facies numidien) de la Kabylie de Collo. Celui-ci s'étale largement dans le Sud du massif d'El Milia et se poursuit trangressivement vers le Nord, sur le Paléozoïque

Au Sud du Mcid Aicha et du Sidi Dris, ainsi qu'entre ces deux masses rocheuses, les argiles et les grès du Lutétien supérieur, de l'Auversien et du flysch occupent d'importantes surfaces et forment, en particulier, la ligne de faîte du chaînon des Mouia (djebel Sgao, etc.) Le Lutétien supérieur, dans les douars ABD EL MELEK (*pl. IV, fig. 3, 4*) et BENI OUELBEN, est formé d'argiles brunes intercalées de plaquettes de grès jaunes, de calcaires gris et de brèches à petits éléments. Les calcaires massifs à Nummulites n'apparaissent à la partie supérieure de cette assise qu'un peu plus à l'Est, dans le douar Sfardjela. Les grès et psammites de l'Auversien ne s'observent que dans le KOUDIAT ENZ EL AKAHAL. Le flysch se présente, sous son facies medjanien, à la base du SRA BENI TLILEN et du DJEBEL SGAO, et, avec son facies numi-

dien, au sommet de ces deux reliefs : les zones argi
leuses subordonnées à chacun de ces facies gréseux sont
de faible épaisseur et discontinues.

Dans le douar SFARDJELA (*pl. IV, fig. 6*), des marno-
calcaires et des calcaires d'un gris noir sans fossiles,
formant des buttes regulièrement arrondies, peuvent être
rapportés au Suessonien et au Lutétien inférieur, par
analogie avec les calcaires noirâtres qui couronnent, plus
au Sud, les bancs phosphatés du djebel Kelal. Dans le
vallon de l'oued Hallel, ils sont recouverts par les marnes
du Méso-Néocrétacé, déversées sur eux. Vers l'Est, à
partir du KOUDIAT AJN EL KEBIRA, les argiles schisteuses
brunes du Lutétien supérieur supportent des calcaires
massifs à Nummulites. Ceux-ci débutent, avec une
épaisseur d'un ou de deux mètres, dans les reliefs situés
au voisinage de l'oued Hallel. Ils acquièrent une puissance de près de 100 mètres, au DJEBEL AYATA (*pl. IV, fig. 7*)
et dans le KEF SIDI CHEIKH BOU ROHOU (*pl. IV, fig. 8*) où
le Lias leur est directement subordonné. De couleur gris
blanc ou gris bleu, ils renferment assez souvent des
nodules siliceux et sont constitués presqu'exclusivement
par des débris organiques, dans lesquels M. Ficheur (1),
puis moi, avons reconnu :

Nummulites perforatus Denys de Montf. ;
Assilina granulosa Arch. ;
Alveolina sp.

Dans le kef Sidi Cheikh Bou Rohou, leur base est formée
de calcaires gréseux riches en glauconie, pétris d'Huîtres
et de Nummulites.

------

(1) *A. F. A. S.*, Bordeaux, II, 1896, p. 565.

Les grès de l'Auversien de Sfardjela sont remplacés
dans le synclinal axial du koudiat Tebel Ben Seid (*pl. IV,
fig. 7*) par des poudingues et des grès grossiers dont les
éléments sont empruntés aux schistes paléozoïques et aux
calcaires liasiques sous-jacents.

Le flysch n'est représenté que par son facies numidien
au Nord-Est et au Sud-Est du chaînon des Mouia, dans
les djebels Halloufa et Bit ed Djazia : il n'y a ici qu'une
mince assise argileuse subordonnée aux grès.

Au Col des Oliviers (*pl. IV, fig. 8*), comme plus au
Nord, dans la dépression de Robertville, les argiles de
la base du Numidien sont, par contre, bien développées en
hauteur, tandis que les grès jaunes supérieurs sont très
réduits. Autour du hameau de Sainte-Wilhelmine, les
argiles aux nuances irisées sont intercalées de calcaires
marneux bleuâtres et de grès quartziteux, à grain très
fin, de couleur foncée, roussâtre ou verdâtre. La physionomie de cet ensemble fait songer bien plutôt à une formation paléozoïque qu'à un dépôt tertiaire. Les calcaires
m'ont fourni des empreintes de Fucoïdes. Coquand (1) y
a indiqué :

Chondrites Targioni Brongn ;
Chondrites intricatus Brongn.

Des empreintes de ces mêmes espèces d'Algues se
retrouvent d'ailleurs dans le flysch du Djurjura (2) et du
Riff (3).

----

(1) *Mém. S. G. F.*, 2, V, 1, 1854, p. 151.

(2) Ficheur, *Éocène de la Kabylie du Djurjura*, 1890, p. 270 et
293.

(3) Coquand, *B. S. G. F.*, 2, IV, 1847, p. 1230. — V. aussi
Bonnet, *C. R. Ac. Sc.*, 9 avril 1906.

Dans le chaînon des Toumiets, l'Éocène débute par les calcaires à Nummulites du Lutétien supérieur, calcaires qui s'étagent, au-dessus du Lias, sur plus de 200 mètres, dans les Toumiets (*pl. IV, fig. 9*) et le Msouna.

Au-dessus vient en discordance un conglomérat dont les éléments ont été empruntés aux gneiss et aux schistes paléozoïques, aux calcaires liasiques et lutétiens. J'y ai découvert, au pied du koudiata Bou Ferka et du Toumiet Nord, plusieurs points fossilifères qui m'ont fourni notamment :

    Crinoïde indét. (calices et articles) (r) ;

    Nummulites millecaput Boubée (c c) ;

    Nummulites perforatus Denys de Montf. (c c c).

Ces deux Nummulites ont été déterminées par MM. Ficheur et Boussac qui ont bien voulu examiner mes récoltes. Leur association, suivant M. Boussac, est caractéristique du Lutétien supérieur. *Nummulites millecaput* est ici de très grande taille : certains individus atteignent jusqu'à 70^{mm} de diamètre.

Vers le Nord, au-dessus du conglomérat, se développent les grès de l'Auversien, puis les argiles et les grès du flysch avec leur facies numidien, tel qu'il a été décrit plus haut.

Dans le chaînon des Zerdeza, le Nummulitique présente à sa base les mêmes calcaires lutétiens que dans le chaînon des Mouia. J'y ai trouvé :

    Nummulites millecaput Boubée ;

    Nummulites perforatus Denys de Montf. (1).

---

(1) Ce sont justement ces deux espèces qui ont été indiquées, dès 1853, comme caractérisant les calcaires de la chaîne Numidique, par d'Archiac (*Monographie des Nummulites*).

La première de ces espèces n'atteint, dans cette assise, que 30^{mm} de diamètre (1) ; elle se rencontre jusqu'à Gastu, dans les calcaires directement superposés au Lias du SEBARGOUD (*pl. IV, fig. 10*), du TANGOUST, du TASSELEMT, du SAIAFA, du CHBEBIK.

Les grès de l'Auversien existent aussi dans ces montagnes, où ils affectent souvent, vers leur base, un faciès plus ou moins grossièrement détritique : ils sont ici encore indépendants des formations subordonnées et s'avancent jusque sur les schistes anciens (djebel Deira).

La série se termine par le flysch à faciès numidien qui, comme toujours, s'étend transgressivement sur le Paléozoïque (environs de Gastu, etc.).

Enfin, j'ai reconnu une partie de la série nummulitique de la chaîne Numidique plus au Sud encore, dans la nappe de charriage de Constantine.

Au Nord-Ouest du MANSOURA (*pl. V, fig. 14*), dans les vallons de l'oued el Kaad et de l'oued el Berrarit, on voit émerger, au milieu des marnes schisteuses du Méso-Néocrétacé, de petits rochers de calcaires grisâtres, en bancs minces, avec silex, absolument analogues à ceux du Suessonien et du Lutétien inférieur que je viens de décrire.

Un peu plus à l'Ouest, dans les mamelons situés à droite et à gauche de la route de la Pépinière du DJEBEL OUACH (*pl. V, fig. 14, 15*), ainsi que plus au Sud, au voisinage du couvent du Bon Pasteur, et jusque derrière le quartier de la remonte de Sidi Mabrouk, existent des

______

(1) Elle est donc représentée ici par une forme moins évoluée que celle du conglomérat superposé.

argiles schisteuses brunes, intercalées de petits lits de grès jaunes, de calcaires bleuâtres et surtout de brèches à petits éléments très caractéristiques du Lutétien supérieur d'une partie de la chaîne Numidique. Ces argiles m'ont paru directement superposées au Méso-Néocrétacé ; le Suessonien aurait donc ici disparu, par étirement peut-être. Les brèches m'ont fourni quelques très rares petites Nummulites.

Enfin le flysch, avec ses facies medjanien et numidien, couronne la nappe et occupe la plus grande partie du djebel Ouach. Les argiles de sa base peuvent être aisément étudiées au voisinage de la Pépinière : elles présentent des teintes irisées, comme au col des Oliviers. Plus au Sud, sur le bord de la route, vers la cote 764, ces mêmes argiles pincées dans une boucle de Crétacé charrié, renferment des plaquettes de calcaires à *Chondrites* (1) dont l'examen en plaques minces m'a montré de nombreuses *Globigerina*, *Textularia*, *Rotalia*, *Nodosariæ*, etc.

Les grès à facies medjanien constituent ici la partie la plus importante de la formation détritique : ils reposent transgressivement sur n'importe quel terme du Crétacé, aussi bien dans le djebel Ouach proprement dit que dans les MONTS DES BENI MEDJALED. Les argiles intercalées entre les grès medjaniens et les grès numidiens sont localisées en un petit nombre de points, au voisinage de la ligne de crêtes. Enfin les grès jaunes (*hadjar es Safra*) à facies numidien occupent le synclinal axial du massif,

---

(1) M. FICHEUR a signalé des plaquettes calcaires à *Chondrites* vers la base du Medjanien et du Numidien transgressif de la Grande Kabylie.

depuis le dra el Madjen jusqu'au koudiat el Homaida. On les retrouve à l'Est dans les MONTS DES ZENATIA.

§ 2. MONTS ET PLATEAUX DE CONSTANTINE (SÉRIE B)

Le Nummulitique manque dans le Chettaba. Il est, par contre, bien représenté, sous les divers facies de la série B, sur les bords du djebel Ouach et surtout à la surface des plateaux, aux environs de Guettar el Aich, entre Ouled Rahmoun et El Guerra, entre Bou Nouara et Sigus.

Au Nord de Constantine, le Suessonien et le Lutétien inférieur affleurent sur le revers septentrional du DJEBEL KELAL, où leur base est formée d'argiles schisteuses grises, leur partie moyenne, de calcaires un peu phosphatés, leur sommet, de calcaires en bancs minces. Le substratum de l'ensemble est constitué par les marnes maestrichtiennes.

La même succession s'observe plus au Sud, sur toute la bordure des plateaux, depuis le voisinage d'Oued Athmenia (coteaux de DAMBAR) et d'Ain Smara (revers Nord-Ouest du DJEBEL FELTEN (*pl. V, fig. 11*) jusque vers Constantine (OUED IACOUB) et El Aria (MAHADJIBA).

Dans les travaux entrepris pour la recherche des phosphates de chaux, près de Mahadjiba, et, plus à l'Ouest, au voisinage du douar BIR BOU DEKECH, sur le chemin d'Ain el Bey à Guettar el Aich, j'ai trouvé, dans des calcaires glauconieux renfermant moins de 30 °/₀ de phosphate de chaux, une intéressante faune de Polypiers, de Brachiopodes, de Mollusques et de Poissons, les Mollusques malheureusement représentés surtout par des moules

internes. Parmi les principaux fossiles de ces localités je
citerai :

Trochosmilia (?) *sp.*, peut être plusieurs espèces ; Maha-
djiba, Bir Bou Dekech (ccc) ;
Terebratulina chrysalis Schloth., identique à celle du
Maestrichtien d'El Guerra ; Bir Bou
Dekech (cc) ;
Leda sp. Mahadjiba, Bir Bou Dekech (r) ;
Cardita sp., plusieurs espèces ; Bir Bou Dekech (ac) ;
Dentalium sp. (?) Mahadjiba, Bir Bou Dekech (ar) ;
Scalaria sp., plusieurs espèces ; Mahadjiba, Bir Bou
Dekech (rr) ;
Turritella sp. (?) Bir Bou Dekech (r) ;
Xenophora sp. Bir Bou Dekech (ac) ;
Sigaretus sp. (?) Bir Bou Dekech (rr) ;
Natica sp., plusieurs espèces. Mahadjiba, Bir Bou
Dekech (r) ;
Cerithium sp. (?) Bir Bou Dekech (ar) ;
Triton sp. (?) Bir Bou Dekech (r) ;
Fusus sp. (?) Bir Bou Dekech (r) ;
Pleurotoma sp. (?) Bir Bou Dekech (r) ;
Siphonaria sp. Bir Bou Dekech (rr) ;
Nautilus sp. Mahadjiba, Bir Bou Dekech (ar) ;
Notidanus sp., genre non encore signalé dans l'Éocène
de Berbérie ; Bir Bou Dekech (rr) ;
Odontaspis sp. Mahadjiba, Bir Bou Dekech (rr).

Cet ensemble rappelle l'intéressante faune récemment
décrite par M. Dareste de la Chavanne (1) du djebel

---

(1) *B. C. G. Algérie*, 2, V, 1910, p. 132, etc.

Bardou, près de Guelma. Ici et là l'on rencontre des espèces appartenant aux genres *Cardita*, *Dentalium*, *Turritella*, *Xenophora*, *Natica*, *Fusus*, *Pleurotoma*, etc. Mais je n'ai pas trouvé, à Bir bou Dekech et à Mahadjiba, *Nummulites planulatus* Lmk., que M. Dareste de la Chavanne indique au djebel Bardou.

La prédominance des genres *Trochosmilia*, *Terebratulina*, *Xenophora* révèle un milieu marin assez profond, confinant à la limite commune des zones néritique et bathyale. Plusieurs des formes que je viens de mentionner se rencontrent déjà, d'ailleurs, dans le Maestrichtien.

La formation de phosphates de chaux, avec glauconie, dans des dépôts de mer relativement profonde, ne doit pas étonner, car les dragages du Challenger, entr'autres, ont révélé l'existence de concrétions phosphatées au large des côtes du Chili, du Japon, de l'Australie et de l'Espagne. La présence de restes d'animaux pélagiques, Opistobranches, Nautiles, Squales, indique que les sédiments qui les renferment ont emprunté leurs éléments minéraux à la fois aux restes des organismes de la surface et à ceux habitant sur le fond.

La remarquable accumulation de phosphate qui se produisit dans un grand nombre de localités de la Berbérie, à l'Éocène, me paraît, au surplus, intimement liée à l'extension géographique des plissements de la fin du Crétacé. Ces plissements formèrent des reliefs sous-marins ou émergés (1) qui jouèrent le rôle de barres

(1) A Mahadjiba, par exemple, l'on trouve au milieu de l'assise phosphatée des blocs de calcaires crétacés évidemment tombés de la falaise voisine du djebel Oum Settas.

et déterminèrent l'établissement de points morts (1) sur le trajet des courants marins. En arrière de ces barres les matières organiques s'amoncelèrent rapidement et donnèrent naissance, à la suite d'une série de réactions chimiques, à des nodules de phosphate de chaux (2).

Les calcaires phosphatés sont recouverts à Mahadjiba et à Bir Bou Dekech, comme, plus au Sud, à Bou Nouara, Sigus, Ouled Rahmoun (*pl. V, fig. 16*), par des calcaires lités blanchâtres ou bleuâtres, à rognons siliceux : ceux-ci acquièrent parfois de grandes épaisseurs, comme au Nord de Guettar el Aich.

Partout au Sud et à l'Ouest du djebel Oum Settas, les calcaires à silex sont surmontés par les argiles jaunes à lumachelles où domine *Ostrea strictiplicata* Raul. et Delb.

Ces argiles m'ont présenté, vers leur sommet, au Sud d'Ouled Rahmoun, et, à l'Est de Sigus, dans le

---

(1) La fréquence des restes de Squales dans les gisements de phosphate s'explique par l'attraction que devait exercer sur ces Poissons carnassiers l'accumulation à la hauteur de ces points morts de grandes quantités de débris organiques. Encore aujourd'hui les Élasmobranches sont extrêmement nombreux en arrière de la barre du littoral de l'Afrique occidentale.

(2) « Par sa décomposition sur le fond, la matière organique » produit de l'ammoniaque qui, réagissant sur le phosphate de » de chaux en solution, donnera du phosphate d'ammonium. C'est » l'action du phosphate d'ammonium sur le carbonate de chaux » qui nous paraît devoir être le premier stade dans la formation » de ces nodules... Le phosphate de chaux provenant de cette » pseudo-morphose servira ensuite d'attraction pour les précipita- » tions subséquentes de phosphate de chaux dues peut-être à des » réactions entre le phosphate d'ammonium et le bicarbonate de » chaux en solution, provenant de l'attaque des coquilles par l'anhy- » drite carbonique en dissolution dans l'eau de la mer. » (Collet, *Les dépôts marins*, 1908, p. 209.)

douar des Ouled Soltan, des bancs calcaires où j'ai observé des Nummulites qui semblent indiquer le Priabonien ou l'Oligocène.

D'autre part, *Nummulites atacicus* Leym. et *N. Lyelli* de la Harpe ont été signalés par M. Ficheur (1), vers la base de ces argiles jaunes, à Tarja, près de Souk Ahras (Lutétien supérieur et Auversien).

Cette formation s'avance transgressivement sur le Crétacé en nombre de points, notamment au Nord d'El Guerra, où elle vient directement au-dessus des marnes maestrichtiennes fossilifères. Elle s'étale sur de larges surfaces dans toute la région des plateaux, depuis le revers Nord-Ouest du Felten jusque dans le douar des Ouled Soltan, où elle est particulièrement développée. Dans cette dernière zone, les argiles jaunes avaient été confondues, avant mes recherches, avec le Miocène à *Ostrea crassissima* (2), et cela malgré la présence de nombreux bancs de calcaires à Nummulites.

Des grès jaunes analogues par leurs facies aussi bien au flysch numidien qu'aux grès burdigaliens des Hautes Plaines, surmontent les argiles, dans les douars Ouled Anen et Medelsou, au Sud-Ouest de Guettar el Aich, et au kef el Gueb, au Nord-Ouest de Sigus.

§ 3. Résumé

L'étude qui précède de la série nummulitique de la chaîne Numidique et de la région de Constantine peut être ainsi résumée :

----

(1) *Éocène de la Kabylie du Djurjura*, 1910, p. 447, 450.
(2) *C. G. Algérie*, 3° éd., 1900.

<table>
<tr>
<td colspan="4" rowspan="2">DIVISIONS STRATIGRAPHIQUES</td>
<td colspan="2">SÉRIE A</td>
<td colspan="3">SÉRIE A (suite).</td>
<td>SÉRIE B</td>
</tr>
<tr>
<td>MOUIA</td>
<td>SFARDJELA</td>
<td>COL DES OLIVIERS</td>
<td>TOUMIETS</td>
<td>DJEBEL OUACH</td>
<td>PLATEAUX DE GUETTAR EL AICH ET DES AMER CHERAGA</td>
</tr>
<tr>
<td rowspan="2">OLIGOCÈNE</td>
<td>SUPÉRIEUR</td>
<td>STAMPIEN</td>
<td></td>
<td rowspan="3">Grès jaune tendre avec argiles subordonnées (flysch à facies numidien) des Beni Tilen et des Mouia.
Grès quartziteux rougeâtre avec argiles subordonnées (flysch à facies medjanien) des Béni Tilen et des Mouia.</td>
<td rowspan="3">Flysch à facies numidien du djebel Halloufa, du djebel Bit ed Djazia.</td>
<td rowspan="3">Grès jaune du koudiat Bou ed Dias.
Argiles grises ou irisées, intercalées de bancs de grès quartziteux roux ou verdâtres, de calcaires marneux bleuâtres du Col des Oliviers à Chondrites Targioni et Chondrites intricatus.</td>
<td rowspan="3">Flysch à facies numidien de Bou Grina.</td>
<td rowspan="3">Flysch à facies numidien du djebel Ouach.
Grès quartziteux rougeâtre du djebel Ouach.
Argiles irisées avec intercalations de quartzites de la Pépinière.</td>
<td rowspan="3">Grès jaune des Medelsou et du kef el Gueb (?).</td>
</tr>
<tr>
<td>INFÉRIEUR</td>
<td>LATTORFIEN</td>
<td></td>
</tr>
<tr>
<td rowspan="7">ÉOCÈNE</td>
<td>SUPÉRIEUR</td>
<td>PRIABONIEN</td>
<td></td>
</tr>
<tr>
<td rowspan="3">MOYEN</td>
<td>AUVERSIEN</td>
<td></td>
<td>Grès et psammites jaunâtres ou rougeâtres intercalés de lits argileux du koudiat Enzel Akahal.</td>
<td>Grès et psammites du koudiat Ain el Kebira.</td>
<td>Poudingues et grès grossiers du koudiat Tebel ben Seid.</td>
<td>Grès et psammites de Bou Snib.</td>
<td rowspan="2">Argiles schisteuses brunes intercalées de grès jaunes, de calcaires bleuâtres et de brèches à petits éléments de la route de la Pépinière et du Bon Pasteur.</td>
<td rowspan="2">Argiles jaunes avec bancs calcaires des Ouled Soltan à Ostrea strictiplicata.</td>
</tr>
<tr>
<td rowspan="2">LUTÉTIEN</td>
<td>SUPÉRIEUR</td>
<td>Argiles brunes intercalées de plaquettes de grès jaunes, de calcaires gris et de brèches à petits éléments des Mouia.</td>
<td>Calcaires en bancs peu épais à Nummulites du koudiat Ain el Kebira.
Argiles schisteuses brunes du koudiat Ain el Kebira.</td>
<td>Calcaires massifs gris blanc ou gris bleu du djebel Ayata, du kef Cheikh Bou Rohou à Nummulites perforatus et Assilina granulosa.
Calcaires gréseux, glauconieux du kef Cheikh Bou Rohou à Ostrea et Nummulites perforatus.</td>
<td>Conglomérat du koudiata Bou Ferka à Nummulites millecaput et Nummulites perforatus.
Calcaires massifs puissants des Toumiets à Nummulites perforatus.</td>
</tr>
<tr>
<td>INFÉRIEUR</td>
<td rowspan="4">Calcaires grisâtres, en bancs minces, à silex, du djebel Aissa, du kef Debban.
Argiles schisteuses gris bleuâtre du djebel Aissa, du kef Debban.</td>
<td rowspan="4">Calcaires et marno-calcaires gris noir de Sfardjela.</td>
<td rowspan="4"></td>
<td rowspan="4"></td>
<td rowspan="4">Calcaires gris jaunâtres, en bancs minces, à silex, des oueds el Kaad et el Berrarit.
Argiles schisteuses grises des oueds el Kaad et el Berrarit.</td>
<td rowspan="4">Calcaires blanchâtres, en bancs minces à rognons siliceux de Guettar el Aich, Mahadjiba, Sigus.
Calcaires phosphatés de Bir bou Dekech, de Mahadjiba, de Sigus à Terebratulina chrysalis et Notidanus.
Argiles schisteuses gris noirâtre de Bir bou Dekech, Mahadjiba, Sigus.</td>
</tr>
<tr>
<td rowspan="3">INFÉRIEUR : SUESSONIEN</td>
<td>YPRÉSIEN</td>
<td></td>
</tr>
<tr>
<td>SPARNACIEN</td>
<td></td>
</tr>
<tr>
<td>THANÉTIEN</td>
<td></td>
</tr>
</table>

§ 4. Liste des fossiles du Nummulitique

1° Terrains de la Série A

a) *Lutétien supérieur*

Alveolina sp. — Djebel Ayata, kef Cheikh Bou Rohou.
Nummulites millecaput Boubée. — Koudiata Bou Ferka.
    djebels Toumiets, La Robertsau, Gastu,
    etc.
 —   *perforatus* Denys de Montf. — Djebel Ayata,
    kef Cheikh Bou Rohou, koudiata Bou
    Ferka, djebels Toumiets, Gastu, etc.
Assilina granulosa Arch. — Djebel Ayata, kef Cheikh Bou
    Rohou.
Crinoïde ind. — Koudiata Bou Ferka, djebels Toumiets.

b) *Flysch*

Chondrites Targionii Brongn. — El-Arrouch.
 —   *intricatus* Brongn. — El Arrouch.

2° Terrains de la Série B

a) *Suessonien*

Trochosmilia sp. (?) — Mahadjiba, Bir Bou Dekech.
Terebratulina chrysalis Schloth. — Bir Bou Dekech.
Leda sp. — Mahadjiba, Bir Bou Dekech.

Cardita sp. — Bir Bou Dekech.

Dentalium sp. (?) — Mahadjiba, Bir Bou Dekech.

Scalaria sp. — Mahadjiba, Bir Bou Dekech.

Turritella sp. (?) — Bir Bou Dekech.

Xenophora sp. — Bir Bou Dekech.

Sigaretus sp. (?) — Bir Bou Dekech.

Natica sp. — Mahadjiba, Bir Bou Dekech.

Cerithium sp. (?) — Bir Bou Dekech.

Triton sp. (?) — Bir Bou Dekech.

Fusus sp. (?) — Bir Bou Dekech.

Pleurotoma sp. (?) — Bir Bou Dekech.

Siphonaria sp. — Bir Bou Dekech.

Nautilus sp. — Mahadjiba, Bir Bou Dekech.

Notidanus sp. — Bir Bou Dekech.

Odontaspis sp. — Mahadjiba, Bir Bou Dekech.

b) *Lutétien supérieur et Auversien*

Ostrea stricliplicata Raul. et Delb. — Djebel Felten, Ouled Rahmoun, El Guerra, Sigus, etc.

D. — ESSAI SUR LA PALÉOGÉOGRAPHIE DE L'AFRIQUE MINEURE PENDANT LES TEMPS NUMMULITIQUES

Les conditions physiques des milieux marins de l'Algérie orientale et de la Tunisie, au Suessonien, se déduisent facilement de la répartition, dans les dépôts de phosphate de chaux, des différents genres de Poissons dont les restes y abondent. Cette répartition peut se

résumer ainsi, tant d'après mes propres recherches (1),
que d'après les observations de MM. Sauvage (2), Thomas (3), de Alessandri (4), Priem (5), Leriche (6) et
Savornin (7).

1° Dans les phosphates *très riches* du Sud (Négrine,
Gafsa), les genres sublittoraux (*Scylliorhinus, Galeus,
Squalina, Rhynchobatus, Raja, Chrysophrys, Sargus*)
sont assez nombreux, tandis que les genres à la
fois sublittoraux et pélagiques (*Carcharias, Odontaspis,
Lamna*) sont peu communs, et que les genres exclusivement pélagiques (*Ginglymostoma, Carcharodon, Myliobatis, Mene*) ne se trouvent qu'accidentellement.

2° Dans les phosphates *relativement riches* de la zone
Sud des Hautes Plaines (Tebessa, Kalaat es Senam), les
genres sublittoraux (*Cestracion, Galeus*) ne se rencontrent qu'exceptionnellement, les genres à la fois sublittoraux et pélagiques (*Carcharias, Odontaspis, Lamna*) sont
bien représentés, les genres exclusivement pélagiques
(*Ginglymostoma, Carcharodon, Myliobatis, Aetobatis*) ne
sont plus très rares.

3° Dans les phosphates *moyennement riches* de la zone
Nord des Hautes Plaines (Tocqueville, Bordj Redir),
les genres sublittoraux paraissent manquer, tandis que
les genres à la fois sublittoraux et pélagiques (*Odontas-*

---

(1) Voy. notamment L. JOLEAUD, *B. S. G. F.*, 4, VIII, 1908, p. 295.
(2) *B. S. G. F.*, 3, XVII, 1889, p. 560.
(3) *Explor. scient. Tunisie*, Fossiles nouveaux, 1893, p. 31.
(4) *Att. Soc. It. Sc. Nat.*, XLI, 1902, p. 443.
(5) *B. S. G. F.*, 4, III, 1903, p. 393 ; VII, 1907, p. 412 ; IX, 1909,
p. 315 et *in* PERVINQUIÈRE, *Tunisie centrale*, 1903, p. 161.
(6) *Mém. S. G. Nord.*, V, 1, 1906, p. 399.
(7) *B. S. H. N. Afrique du Nord*, II, 11, 1910, p. 187.

pis, *Lamna*) et surtout les genres exclusivement pélagiques (*Carcharodon, Myliobatis, Aetobatis*) sont communs.

4° Dans les calcaires un peu phosphatés du Tell intérieur (région de Constantine) on ne trouve que très peu de restes de Poissons, appartenant à des genres à la fois sublittoraux et pélagiques (*Notidanus, Odontaspis*).

5° Enfin dans les calcaires *non phosphatés* de la chaîne Numidique, les Squales paraissent faire défaut.

Ainsi la profondeur de la mer éocène augmente au fur et à mesure que l'on s'avance du Sud vers le Nord, c'est-à-dire que l'on gagne la haute mer en s'écartant du littoral de cette époque, littoral qui devait se trouver dans le Sahara septentrional (1).

Cette situation paraît être restée la même à l'Éocène moyen dans le centre et le Sud de la Berbérie orientale.

Les genres pélagiques (*Galeocerdo, Carcharodon*) continuent à être abondants vers la limite du Tell et des Hautes Plaines, dans les phosphates peu riches de Souk Ahras. Dans le Sud, vers Négrine et Gafsa, des lagunes d'évaporation remplacent momentanément la mer, lagunes d'évaporation où le gypse se dépose en abondance.

Il importe d'observer ici que si la présence de plusieurs genres de Squales paraît en rapport avec la richesse des phosphates de certaines régions, ce n'est pas à la simple abondance des restes de ces Poissons que cette richesse est due, mais c'est surtout aux conditions du milieu dans lequel les couches phosphatées se sont formées.

---

(1) Les assises de phosphate de Gafsa renferment un très grand nombre de toutes petites lentilles d'argile où abondent les *Aporrhais*, Mollusques qui indiquent évidemment aussi la proximité du littoral.

A l'époque actuelle, en effet, *l'on ne trouve pas de concrétions phosphatées dans la zone abyssale*. C'est que là, dit M. Collet (1) « les os des animaux marins sont
» dissous avant d'atteindre le fond et... le phosphate
» résultant de cette action entre en solution dans un
» volume d'eau considérable. » Mais « il en est autrement
» dans les faibles profondeurs, *où l'on rencontre généra-*
» *lement les concrétions phosphatées*. Dans ces dernières
» localités les corps des animaux marins .. tombent sur
» le fond où ils se décomposent et où les os sont dissous. »

Ces remarques me paraissent rendre parfaitement compte des phénomènes paléogéographiques envisagés ci-dessus. Moins les eaux sont profondes, c'est-à-dire plus on est près du littoral, plus on a de chances de rencontrer des calcaires très riches en phosphate.

Ainsi les territoires occupés par la mer du Suessonien et du Lutétien inférieur en Algérie et en Tunisie se divisent en deux grandes régions *(fig. III)* :

1° Le Tell algérien et la Tunisie septentrionale, où les phosphates sont pauvres ou manquent totalement. Là les Nummulites sont rarissimes dans le Suessonien supérieur et le Lutétien inférieur.

2° Les Hautes Plaines et les chaînes présahariennes constantinoises, la Tunisie centrale et méridionale, où les phosphates sont généralement riches. Dans les couches superposées, les Nummulites sont nombreuses. A la limite méridionale de cette région, vers Gafsa et Négrine, l'on ne trouve plus de Nummulites, en raison vraisemblablement de la trop grande proximité du littoral.

----

(1) *Dépôts marins*, 1908, p. 207.

La région du Nord correspond évidemment à une mer
éocène relativement profonde (partie inférieure de la zone

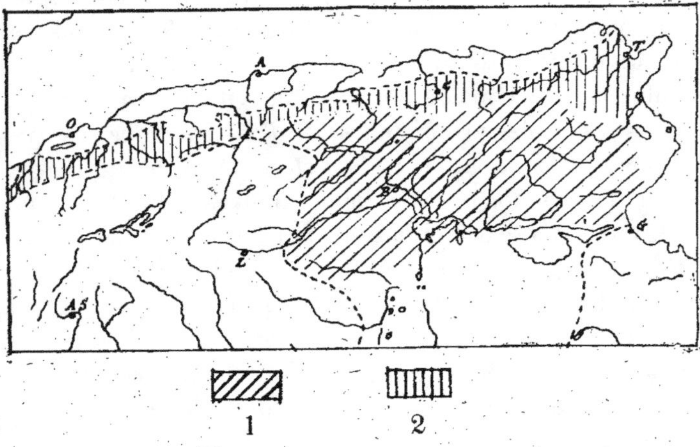

FIGURE III. — Esquisse schématique de l'Algérie et de la Tunisie au Suessonien
et au Lutétien inférieur.

Echelle $\dfrac{1}{12.000.000}$

1. Facies néritique peu profond (généralement riche en phosphates ; Nummulites nombreuses).

2. Facies néritique profond (phosphates pauvres ou manquants ; Nummulites
rares ou absentes),

néritique), celle du Sud à une mer peu profonde (partie
supérieure de la zone néritique).

La répartition géographique du Nummulitique en Berbérie est parfaitement d'accord avec la loi de Haug sur
les transgressions et les régressions. Le Suessonien est,
en effet, régressif, par rapport aux assises terminales du
Crétacé, dans le Djurjura (1), comme, d'une façon générale, dans les géosynclinaux (2). L'on assiste ensuite,

---

(1) FICHEUR, *A. F. A. S.*, Bordeaux, 1896, etc.
(2) HAUG, *B. S. G. F.*. 3, XXVIII, 1900, p. 707.

dans la chaîne Numidique et dans le Djurjura, comme dans les chaînes alpines (1), à une transgression graduelle du Lutétien supérieur, de l'Auversien et du Priabonien.

Dans le Tell intérieur, les Hautes Plaines et l'Atlas saharien constantinois, dans la Tunisie centrale et méridionale, le Suessonien, est comme partout sur les aires continentales (2), soit transgressif par rapport au Crétacé, soit en continuité stratigraphique avec lui. Avec l'Eocène moyen commence la même régression que sur l'aire continentale européenne (3), régression qui se manifeste d'abord par la formation de lagunes vers Négrine et Gafsa, puis, à l'Eocène supérieur, par l'émersion totale des Hautes Plaines et de l'Atlas saharien constantinois, ainsi que du Sud tunisien. Quant aux Hautes Plaines et à l'Atlas saharien algérois et oranais, leur soulèvement définitif au-dessus des eaux marines paraît remonter tout à fait au début du Nummulitique ou même à la fin du Crétacé. C'est que toute la Berbérie intérieure, et plus spécialement l'Extrême-Sud tunisien et le Sud-Ouest algérien, ont toujours été plus ou moins directement influencés par la zone de plis calédoniens-hercyniens du Sahara central et septentrional, tandis que les chaînes littorales de l'Atlas n'ont jamais cessé de faire partie intégrante du géosynclinal méditerranéen.

---

(1) Haug et Boussac, *B. C. G. F.*, XIX, 122, 1909, p. 5.
(2) Haug, *B. S. G. F.*, 3, XXVIII, 1900, p. 705.
(3) Boussac, *B. S. G. F.*, 4, VII, 1907, p. 409.

CHAPITRE V

STRATIGRAPHIE DES TERRAINS NÉOGÈNES

A. — APERÇU HISTORIQUE

Renou (1) (1848) établissait comme suit la succession des formations récentes de Constantine :

Quaternaire . . { Travertins du Mansoura ;
Poudingues rouges du koudiat Ati ;
Pliocène. . . . Calcaires d'eau douce à *Helix* ;
Miocène. . . . { Marnes à lignites du Smendou ; argiles à Huîtres de Mila.

Fournel (2) (1849) rattachait à la formation à *Ostrea crassissima* de Mila toutes les argiles du voisinage immédiat de Constantine ; il en séparait celles du Smendou qu'il parallélisait avec les lignites d'Aix-en-Provence.

Coquand (3) (1854) proposait les attributions ci-après :
Pliocène. . . . Poudingues du koudiat Ati ;
Éocène. . . . . Argiles à lignites du Smendou.

---

(1) *Géologie de l'Algérie*, p. 18-21, 33, 42.
(2) *Richesse minérale de l'Algérie*, 1, p. 220, 228, 238.
(3) *Mém. S. G. F.*, 2, V, 1, p. 122-124, 133-135.

En 1862, le même géologue interprétait différemment
la série laguno-fluviatile de Constantine et de l'Aures,
comme le montre le tableau suivant, établi d'après son
mémoire (1).

Pliocène. . . . {
Calcaires, grès et argiles rouges d'El
Hadj Baba ;
Argiles à *Helix* du Polygone ; marnes
lignitifères du Smendou ;
Poudingues du koudiat Ati et de la
bordure Nord du Sahara ;

Miocène. . . . Marnes à *Ostrea crassissima* de Mila, etc ;
Éocène. . . . . Marnes à gypse de Mila, d'El Outaia.

POMEL (2), dès 1872, admettait le synchronisme des
formations à *Helix* et *Unio* de Constantine et des dépôts
à *Hipparion* de Cucuron.

TISSOT (3) (1881) classait ainsi qu'il suit les dépôts
continentaux de l'Algérie orientale :

Pliocène supérieur. . . . . {
Poudingues du koudiat Ati ;
sables de Bizot ; calcaires
d'El Hadj Baba ;
Marnes à lignites du Smendou ; marnes à gypse du
Hamma, du Polygone ;

Pliocène inférieur . . . . . {
Poudingues du Nord de
Biskra ;
Marnes, grès et gypses du
Nord de Biskra, de Né-
grine ;

____

(1) *Mém. S. Émul. Provence*, II, p. 140, 145 et suiv.
(2) Le Sahara, *B. S. Climat. Alger*, VIII.
(3) *C. G. département de Constantine*, texte, p. 79 et suiv.

Miocène. . . . . { Marnes à *Ostrea crassissima* de Mila, etc;

Nummulitique supérieur. . { Poudingues du télégraphe de Selloum (El Kantra); Marnes rouges et blanches d'El Kantra ; Grès et poudingues d'El Kantra.

Thomas (1) (1884) admettait cette autre répartition des mêmes sédiments :

Quaternaire ancien . . . . { Poudingues du koudiat Ati, etc ; travertins du Mansoura ;

Pliocène supérieur. . . . . { Sables à *Elephas meridionalis* d'Ain Jourdel et de Saint-Arnaud ;

Pliocène inférieur . . . . . { Marnes et calcaires d'El Hadj Baba ;

Mio-pliocène . . . . { Argiles du Smendou et du Polygone; argiles et marnes sableuses gypsifères du Nord de Biskra ;

Éocène supérieur. . . . . { Formations fluvio-lacustres d'El Kantra.

Pomel (2) (1889) modifiait ainsi les attributions stratigraphiques précédentes :

Quaternaire ancien. . . . . { Sables du Mansoura et d'Ain Jourdel à *Elephas meridionalis;*

____

(1) *Mém. S. G. F.*, 3, III, no 2.
(2) *C. G. Algérie*, 2ᵉ éd., texte, p. 139 et suiv.

Pliocène	Calcaires d'El Hadj Baba ; marnes et poudingues des Ziban ;
Sahélien	Argiles à Hélices dentées du Polygone ;
Helvétien.	Argiles à *Ostrea crassissima* de Mila ; sel gemme des Ouled Kebbeb ; marnes à lignites du Smendou.
Tongrien	Poudingues et marnes d'El Kantra.

Pour M. Depéret (1) (1892) les formations du Smendou et du Polygone dateraient du Tortonien-Sarmatien-Pontien ; celles d'Ain el Bey et d'Ain Jourdel du Sicilien-Arnusien-Saharien.

M. Ficheur (1) (1894-1898) établissait comme suit la stratigraphie du Tertiaire lagunaire et fluviatile de Constantine et de l'Aures :

Pliocène inférieur (ou Sahélien ?).	Poudingues et grès de Siliana ; calcaires d'Ain el Bey et d'El Hadj Baba ;
Helvétien.	Marnes à *Ostrea crassissima* de Mila ;
Cartennien	Argiles à lignites du Smendou ; marnes et calcaires de Sidi Merouan ;

---

(1) *C. R. S. G. F.*, 18 janvier 1892, p. XI.
(1) *C. R. Ac. Sc.*, 7 mai 1894 et 20 juin 1898 ; *B. S. G. F.*, 3, XXII, 1894, p. 544.

Aquitanien . . . . { Poudingues |de Mila, du koudiat Ati ; sables de Bizot ; poudingues d'El Kantra.

Tongrien . . . . { Argiles et travertins de Mila à Potamides ; argiles à lignites de Rouached ; sel gemme des Ouled Kebbeb ; marnes et travertins du chabet Said ; argiles à gypse du Hamma ; argiles à Hélices dentées du Polygone ; argiles à gypse d'El Kantra.

Sur la 3ᵉ édition de la Carte géologique au 1/800.000 de l'Algérie (1900), les dépôts tertiaires fluvio-lagunaires du département de Constantine sont tous placés par M. FICHEUR dans l'Oligocène, sauf les argiles du Smendou classées dans le Miocène inférieur.

Cependant, dès 1901, M. A. JOLEAUD indiquait que *les formations rouges de la région de Constantine étaient au moins en partie d'âge miocène* (1).

D'après M. PALLARY (2) (1901) les argiles du Smendou seraient postérieures au Cartennien, car leur faune diffère très peu de la faune actuelle.

La légende de la feuille de Constantine par MM. JACOB et FICHEUR (1901) reproduit la classification donnée pré-

____

(1) A. JOLEAUD, *B. S. G. F.*, 4, I, p. 113 et suiv.
(2) *Mém. S. G. F., Paléont*, nº 22.

cédemment par M. Ficheur, sauf pour les calcaires d'El Hadj Baba, dont elle précise l'âge pliocène, pour les conglomérats et grès à *Unio* du Mrarouel dont elle fait du Cartennien supérieur et pour les sables et travertins du Mansoura qu'elle place dans le Pliocène supérieur.

Dans la note résumant les travaux du Service de la Carte de 1901 à 1903 (1), M. JOLY a attribué à l'Aquitanien les dépôts caillouteux de Saint-Donat et de Châteaudun, M. BLAYAC a placé, dans l'Aquitanien, les conglomérats rouges et, dans le Cartennien, les marnes et les calcaires blancs à Bithynies de Guelma.

En 1907, M. DARESTE DE LA CHAVANNE (2) a parallélisé les marnes de Guelma avec la formation sulfo-gypseuse de Licata.

Cette même année j'ai proposé de rattacher au Pliocène les conglomérats et sables de Négrine (3).

En 1908, j'ai montré que les couches à *Hélix* dentées, *Unio Dubocqui*, etc., étaient d'âge miocène et que les formations tertiaires fossilifères du bassin de Constantine devaient être ainsi classées (4) :

Pliocène supérieur.	Travertins du Mansoura ; sables à *Elephas meridionalis* ;
Pliocène inférieur. .	Calcaires d'El Hadj Baba ;
Sahélien-Pontien. .	Brèches et limons rouges ; argiles à *Unio Dubocqui* du Smendou.

(1) *Ann. Min.*, octobre 1904.
(2) *C. R. Ac. Sc.*, 29 juillet 1907.
(3) L. JOLEAUD, *B. S. G. F.*, 4, VII, p. 263.
(4) L. JOLEAUD. *C. R. S. G. F.*, 18 mai 1908, et *C. R. Ac. Sc.*, 1ᵉʳ juin 1908. — V. aussi *B. S. G. F.*, 4, VIII, 1908, p. 284, et *C. G. Algérie*, feuille d'El Aria, 1908, feuille du Sidi Dris, 1910.

<table>
<tr><td>Tortonien. . . . . . .</td><td>{</td><td>Argiles à Hélices dentées du Poly-
gone ; argiles à Ostrea crassis-
sima de Mila.</td></tr>
</table>

Il résulte de mes études comparatives que le Cartennien de Pomel est stratigraphiquement et paléontologiquement l'équivalent, à la fois, du Burdigalien et de l'Helvétien, et que l'Helvétien du même auteur correspond en réalité au Tortonien des géologues français.

Quelques mois plus tard (1908), M. Dareste de la Chavanne (1) a donné la classification suivante de la *série miocène marine et continentale* de Guelma, classification qui correspond, sauf pour l'étage inférieur, exactement à celle indiquée par moi pour les environs de Constantine :

<table>
<tr><td rowspan="2">Sahélien . . . .</td><td>Pontien . .</td><td>Couches rouges marno-gré-
seuses ;</td></tr>
<tr><td>Sarmatien.</td><td>Marnes sulfo-gypseuses à Poissons et à Végétaux, avec intercalations vers le haut de marnes blanches à Bithynies ;</td></tr>
<tr><td rowspan="2">Vindobonien.</td><td>Tortonien .</td><td rowspan="2">Mollasse jaune sableuse avec intercalations, vers la base, de grès à Helix.</td></tr>
<tr><td>Helvétien. .</td></tr>
<tr><td>Burdigalien - Cartennien . .</td><td></td><td>Marnes jaunes au Sud ; marnes bleues à Ptéropodes au Nord ;
Grès grisâtre à Pecten convexior au Sud ; grès glauconieux verdâtre à Pecten convexior au Nord.</td></tr>
</table>

---

(1) *C. R. Ac. Sc.*, 27 juillet 1908.

— 232 —

M. JOLY (1) (1908) a proposé de rattacher au Pontien les poudingues rouges de l'Extrême-Sud tunisien.

M. SAVORNIN (2) (1908) a reconnu l'existence, dans l'Algérie centrale, de limons et de poudingues rouges pontiens (Bou Sellam, etc.).

M. FLAMAND (3) (1908) a distingué comme suit, sur le flanc Sud-Ouest de l'Aures, *des formations continentales miocènes* superposées à des dépôts marins également miocènes, savoir :

Pontien.............	{ Argiles rubigineuses et brunes ; grès grossiers ; poudingues ;
Helvétien.............	{ Gypse ; Marnes vertes gypseuses à *Ostrea crassissima* ;
Cartennien - Burdigalien.	{ Marnes, calcaires et grès à *Pecten præscabriusculus*.

MM. JULIEN et H. DOUVILLÉ (4) (1909) ont conclu aussi à l'existence d'*assises continentales miocènes* en Algérie ; ils ont admis toutefois les attributions suivantes différentes des miennes :

Pontien. . . Travertins d'Ain el Bey ;
Tortonien. . Argiles du Smendou et du Polygone.

---

(1) *B. S. Géog. Alger*, XIII, p. 297.
(2) *B. S. C. G. Algérie*, 3, I, p. 50-56.
(3) *C. R. campagne de 1907-8 du S. C. G. des Territoires du Sud de l'Algérie,*, p. 115-119.
(4) *C. R. S. G. F.*, 18 janvier 1909.

— 233 —

M. JOLY (1) (1909) a fait connaître les formations synchroniques de celles de Constantine et de même faciès
qui s'étendent dans les Hautes Plaines des Ouled Abd en
Nour, savoir :

Pontien. . . { Poudingues rouges ; sables et cailloutis
jaunes ; limons rouges avec intercala-
tions calcaires à *Melanopsis Thomasi*,
Hipparion cf. gracile ;

Tortonien. . Argiles brunes à *Melanopsis Thomasi*.

M. BOULE (2) (1909) a attribué au Pontien les sables à
Végétaux silicifiés et à *Merycopotamus* du Sud tunisien
et du Sud-Est algérien.

A sa suite, MM. ROUX, H. DOUVILLÉ et PERVINQUIÈRE (3)
(1910) ont rapporté au Miocène supérieur les couches à
Helix Tissoti de la région de Gafsa et les dépôts à
Helix Desoudini du Cherichira, de Trozza, etc. Ces
formations surmonntent un horizon à *Ostrea crassissima*
et *O. gingensis*, lui-même plus récent que les sables à
Merycopotamus.

B. — CONSIDÉRATIONS GÉNÉRALES SUR LES TERRAINS
NÉOGÈNES DE L'ALGÉRIE

Le Néogène de la région de Constantine étant presqu'exclusivement continental, c'est de l'examen des zones
de l'Algérie à faciès marin que l'on doit déduire les sub-
divisions à admettre dans ce système géologique (4).

---

(1) *C. R. Ac. Sc.*, 26 juillet 1909.
(2) *C. R. Ac. Sc.* et *C. R. S. G. F.*, 21 mars 1910.
(3) *C. R. S. G. F.*, 20 juin 1910, p. 117-118.
(4) Voy. L. JOLÉAUD, *B. S. G. F.*, 4, VIII, 1908, p. 284.

Dans ce but, je vais envisager les successions d'assises fossilifères qui ont été relevées dans le Néogène du Hodna, du Cheliff et de la Tafna, par MM. Savornin, Repelin, Brives, Welsch et Gentil.

Au voisinage du chott el HODNA, M. Savornin (1) a reconnu, dans le Miocène, plusieurs niveaux de Pectinidés. Les grès inférieurs renferment *Pecten Davidi* Font. Des assises détritiques plus élevées contiennent *Pecten præscabriusculus* Font. var. et *P. subbenedictus* Font. var. *Paulensis* Font., *Josslingi* Smith., *revolutus* Mich. Enfin, dans des couches gréso-sableuses, en concordance avec les précédentes, mais que M. Savornin (2) considère comme encore *très éloignées du sommet du Cartennien*, se trouvent *Pecten Fuchsi* Font., *P. Gentoni* Font., *P. ventilabrum*. Goldf. var.

Cependant, par leur faune, les grès à *Pecten Davidi* Font., sont absolument comparables au Burdigalien inférieur du Comtat, les grès à *P. præscabriusculus* Font., doivent correspondre au Burdigalien supérieur, les grès à *P. Fuchsi* Font., où l'on ne voit plus d'espèces caractéristiques du Miocène inférieur, datent certainement de l'Helvétien ; enfin, je pense que le Tortonien pourrait être représenté dans cette série par les assises détritiques terminales sans fossiles.

Dans le DAHRA et la vallée du CHELIFF, M. Brives (3) a observé, au-dessus du flysch, une succession d'assises qu'il interprète ainsi :

---

(1) *B. S. G. F.*, 4, IV, 1904, p. 143 et suiv. — V. aussi FICHEUR et SAVORNIN, *C. R. Ac. Sc.*, 10 juill. 1905 et SAVORNIN, *Id.*, 10 juin 1907.
(2) *B. S. G. F.*, 4, VIII, 1908, p. 316 et suiv.
(3) *Cheliff et Dahra*, 1897.

Pliocène .	supérieur	10. Sables rouges et conglomérats ;
	inférieur .	9. Sables et grès à *Leucochroa Semperi* Crosse, var. *cf. subsemperi* Thom. et *Helix fossulata* Pom. ;
Sahélien		8. Marnes bleues de Carnot avec intercalations de sables et de grès à *Pecten subgrandis* Brives; *P. Jacobæus* L., *P. solarium* Lk.;
		7. Gypses ;
		6. Marnes bleuâtres aux Cinq Palmiers, blanchâtres à Renault, avec silex, tripolis et tufs micacés ;
Helvétien (s. l.) .	Tortonien	5. Grès de Gontas à *Ostrea crassissima* Lk. var.; calcaires de Mazouna à *Pecten planosulcatus* Math., var. *Depereti* Brives ; marnes de Kalaa à *Ancillaria glandiformis* Brocchi ;
	Helvétien (s. s.).	4. Marnes d'Inkermann à *P. planosulcatus* Math., var. *Depereti* Brives, avec intercalations gréseuses ou calcaires, surtout vers la base;
Cartennien		3. Marnes à *Pecten Fuchsi* Font ;
		2. Grès renfermant, vers le sommet, *P. Fuchsi* Font., vers la base, *P. præscabriusculus* Font.; calcaires à *Lithothamnium* ;

— 236 —

Aquitanien . . . . } 1. Grès à *Amphiope palpebrata*
Pom. et *Turritella.*

Par certains au moins de ses caractères *Amphiope
palpebrata* Pom. nous paraît confirmer l'attribution à
l'Aquitanien des couches inférieures de cette série (1).
M. Lambert (2) a fait remarquer, en effet, que dans le
genre *Amphiope*, le rapport des distances du périprocte
au bord du test, d'une part, et du péristome au même
bord, d'autre part, décroît proportionnellement à l'ancienneté du type Or, *A. palpebrata* Pom., où ce rapport
est de 17 °/₀, d'après la figure de Pomel (3), se place, à ce
point de vue, entre *Amph. ovalifera* Desm., de l'Aquitanien d'Entre-deux-Mers [18°/₀] et *Amph. Agassizi* Desm.,
des couches supérieures du calcaire à Astéries (Stampien)
[13°/₀], bien plus près cependant de l'*A. ovalifera* de
l'Aquitanien que de l'*A. Agassizi* du Stampien.

La base de l'assise 2, qui renferme *P. præscabriusculus*,
date évidemment du Burdigalien.

Au contraire, la partie supérieure de cette même assise
et les marnes qui la surmontent, doivent, en raison de la
présence du *P. Fuchsi*, être attribuées à l'Helvétien.

Les marnes d'Inkermann, bien qu'elles renferment
encore *Cardita Jouanneti* Bast. type, me paraissent
devoir être placées déjà dans le Tortonien, en raison de

____

(1) Dans la même situation stratigraphique que les grès à
A. palpebrata du Dahra, l'on trouve dans la région littorale de la
Grande Kabylie, des poudingues, grès et marnes à Foraminifères.

(2) *B. S. Ét. Sc. Nat. Béziers*, mai 1906.

(3) *Paléont. Algérie*, Zoophytes, II, Echinodermes, 1, 1885, B,
pl. XI, fig. 2.

la présence du *P. planosulcatus* Math., si caractéristique du Tortonien de Cucuron (1).

Les grès du Gontas, les calcaires de Mazouna et les marnes de Kalaa ne représentent pour moi que le Tortonien supérieur.

Les marnes de Carnot, dont la faune offre une curieuse association de types miocènes et de types pliocènes, font partie de l'étage sahélien avec les deux assises subordonnées, qui, par leur facies, rappellent le *Messinien* d'Italie.

Dans la région de la TAFNA, les marnes correspondant, d'après M. Gentil (2), aux assises d'Inkermann à *Pecten planosulcatus* Math., renferment, sur les bords de l'oued Chouli, *Potamides aff. pictum* Bast., espèce du facies sarmatien d'Europe [Tortonien] (3). Quant aux grès équi-

---

(1) Mes observations sur le Néogène du Comtat m'ont montré l'existence à la base du Tortonien d'un horizon renfermant encore des Mollusques de même type que ceux de l'Helvétien, tels que *Cardita Jouanneti* Bast., associés à d'autres fossiles franchement caractéristiques du Tortonien rhodanien, comme *Pecten scabriusculus* Math., *P. Cavarum* Font., *P. improvisus* Fisch. et Tourn. (représentés par des individus plus petits que les types), *P. Vindascinus*, Font., etc. Etant donnée l'importance des Pectinidés comme criterium stratigraphique dans la série néogène, je crois devoir attribuer déjà au Tortonien les couches qui renferment en France cette faune mixte et je pense qu'il faut y voir l'équivalent stratigraphique des marnes d'Inkermann.

(2) *Bassin de la Tafna*, 1903, p. 234.

(3) M. DEPÉRET a montré que la faune des Mammifères du Sarmatien est analogue à celle du Miocène moyen de Sansan (*B. S. G. F.*, 3, XXVI, 1898, p. 855), tandis que celle des marnes à *Helix Christoli* Math., de Cucuron, renferme, dès la base, des Vertébrés pontiens (*Not. C. G. F.*, feuille de Forcalquier, 1893). Le Sarmatien n'est donc qu'un facies lagunaire du Tortonien supérieur,

valents de ceux du Gontas, ils renferment des *Helix* dentées appartenant à des espèces connues depuis longtemps du Polygone de Constantine et sont surmontés par les dépôts du Sahélien.

En résumé, comme je l'ai dit précédemment, le Cartennien de Pomel correspond à la fois au Burdigalien et à l'Helvétien.

L'Helvétien du même géologue représente te Tortonien d'Europe et comprend, comme celui-ci, trois horizons paléontologiques assez distincts : à la base, l'horizon à petits *Pecten scabriusculus* Math., etc., et à petites *Cardita Jouanneli* Bast. (marnes inférieures et grès d'Inkermann, sables de Cucuron, marnes de Cairanne, mollasse calcaire de Maucail, etc.) ; au milieu, l'horizon à *Pecten scabriusculus* Math. type (marnes supérieures d'Inkermann, marnes de Cabrières (1), etc.) ; au sommet,

---

vraisemblablement synchronique des calcaires à *Helix Rebouli* et de la mollasse à dragées du Languedoc, des marnes à *Ostrea crassissima* Lk., var. très allongée, de Cabrières, marnes qui renferment des intercalations de couches lagunaires, etc.

(1) L'horizon de Cabrières-d'Aigues constitue un complexe stratigraphique, comprenant une succession de couches correspondant à des milieux différents, ce dont témoigne la proportion variable de sables et de galets mélangés aux marnes dans chaque assise. La présence, à Cabrières, de plus de 15 types de Pleurotomes, dont quelques-uns très communs, *Peurotoma Jouanneli* Des Moul., *P. calcarata* Grat., etc., indique que l'on a à faire, dans une grande partie de cette formation, à un dépôt de remplissage de *fosse*, dont le fond pouvait correspondre au sommet de la zone bathyale et dont les bords présentaient une pente très raide. La proximité du rivage y est indiquée, en particulier, par la présence de cônes de Pins. Cette fosse se terminait du côté de l'Ouest à l'endroit où les anticlinaux du Luberon et de la Debouillère se rapprochent l'un de l'autre. Là, en effet, l'on voit l'épaisseur de l'ensemble marneux dimi-

l'horizon à *Ostrea crassissima* Lk., var. très allongée
(grès du Gontas, grès à *Helix* dentées de la Tafna, assise
terminale des marnes de Cabrières, calcaires à *Helix
Rebouli* et mollasse à dragées du Languedoc, Sarmatien,
etc.).

Le Sahélien est un étage bien défini, dont l'indivi-
dualité stratigraphique doit être considérée comme
indiscutablement établie à la suite des belles recherches
de Pomel et de MM. Depéret, Brives et Gentil. Je ne crois
donc pas pouvoir partager la manière de voir encore tout
récemment exprimée par MM. Welsch (1) et Cottreau (2),
qui considèrent les marnes de Carnot comme une formation à faune tortonienne. L'examen que j'ai pu faire des
fossiles rassemblés dans les collections du Laboratoire
de Géologie de la Faculté d'Alger, m'a pleinement con-
vaincu que nombre de Mollusques du Sahélien étaient
plus évolués que les types tortoniens correspondants ; tel
est le cas, en particulier, pour les formes dérivées de
Ancillaria glandiformis Lk ; *Cardita Jouanneti* Bast.,
var. *læviplana* Dep. (1), *Pecten Restitutensis* Font. (forme
tendant vers *P. latissimus* Broc.), *Amussium subpleuro-
nectes* Orb. (forme tendant vers *A. cristatum* Broc.),

---

nuer progressivement au profit de la mollasse calcaire de Cucuron,
laquelle finit, à Vaugines, par constituer à elle seule le Tortonien
moyen, directement recouvert par les marnes à Huîtres du Tortonien supérieur.

(1) *B. S. G. F.*, 4, VIII, 1909, p. 545 et *C. R. S. G. F.*, 20 juin
1910, p. 122.

(2) *C. R. S. G. F.*, 6 juin 1910, p. 103.

(3) Voy. Brives, *Cheliff et Dahra*, 1897, p. 79. — V. aussi Depéret,
C. R. S. G. F., 27 juin 1910, p. 130.

Ostrea digitalina Dubois (forme tendant vers *O. edulis* L.),
Terebratula sinuosa Broc (1), etc.

Le Pliocène inférieur, en Algérie, comme d'ailleurs en
Europe, semble avoir seulement la valeur d'un étage,
dont le Plaisancien et l'Astien constitueraient les deux
sous-étages.

Le Pliocène supérieur, pris dans son sens restreint,
c'est-à-dire comme équivalent du Calabrien de M.
Gignoux (2) (Villafranchien de Pareto et Saint-Prestien
de Mortillet), correspond, en Algérie comme dans l'Italie méridionale, à la phase terminale de l'important cycle
de remblaiement de la fin du Néogène : c'est ce que j'au-
rai l'occasion de démontrer plus loin, particulièrement
pour la région de Constantine.

C. — DESCRIPTIONS LOCALES

§ 1er. Dépressions de Constantine

Une coupe de direction sensiblement Nord Sud, tra-
cée a environ 4 kilomètres a l'Ouest de Constantine et
passant par le Hamma, Sala bey et le djebel el Hadj
Baba donne la succession suivante :

Pliocène inférieur. . 6. Calcaires travertins ;

Pontien. . . . . . . { 5. Argiles noires ;
4. Conglomérats et grès grossiers rougeâtres ;

---

(1) Voy. Gentil, *Bassin de la Tafna*, 1903, pp. 239-242.
(2) *C. R. Ac. Sc.*, 29 mars 1910. — V. aussi *Ann. Géog.*, XVIII,
1909, p. 145 et suiv.

Tortonien . . . . {
3. Argiles grises à gypse et à *Helix* dentées ,
et à la partie supérieure grès grossiers
jaunes à *Unio cirtanus* Coq. et *Helix*
dentées ;
2. Poudingues rouges ;
1. Argiles grises à gypse.

Les argiles à gypse de la base, qui affleurent seulement sur une faible surface au Sud de Sala bey, s'étalent largement vers le Nord-Est, dans le fond de la dépression de Constantine, entre l'oued Zied et le Hamma (*pl. V, fig. 14*).

Les poudingues rouges 2, qui remontent assez haut sur le flanc Est du Sidi Bou Chakour (*pl. V, fig. 13*) acquièrent une grande épaisseur (plus de 100 mètres) dans le koudiat Ati. Ces poudingues correspondent à un important *cône de déjection torrentiel* formé au pied ouest du djebel Ouach. Vers le sommet de la colline, l'on voyait, avant les travaux de décapement exécutés ces dernières années, un grand nombre de blocs énormes, aux angles arrondis, pouvant atteindre près de 2 mètres de diamètre. Sur les bords de l'oued Melah, la base de la formation est constituée par des sables plus ou moins grossiers, parfois fortement cimentés (*facies fluviatile*). Tandis que, dans les dépôts du koudiat Ati dominent les éléments gréseux du flysch, sur les flancs du Chettaba les conglomérats comprennent surtout des cailloux calcaires provenant du Crétacé, avec une faible proportion de roches triasiques remaniées.

Les argiles 1 et les poudingues 2 datent très probablement déjà du Tortonien, peut-être d'ailleurs aussi de l'Helvétien supérieur ; car un peu à l'Est de Constantine, près de Guelma, le Burdigalien gréseux à *Pecten*

16

convexior Almera et Bofill, et les marnes avec Ptéropodes à faciès du schlier helvétien, affleurent au flanc des montagnes qui bordent le bassin laguno-lacustre (1).

Les argiles grises à Hélices dentées présentent deux niveaux fossilifères.

Au Sud-Ouest du Polygone d'artillerie (*pl. V, fig. 12*), sur les bords de l'oued Mrarouel, dans le niveau inférieur, sont localisées *Helix Desoudini* Crosse et *H. subsenilis* Crosse, var. *Dumortieri* Crosse. Comme *Hel. Desoudini* a été retrouvée par M. Flick (2) dans les grès du Tortonien inférieur (3) à Inkermann (Alger) avec *Cardita Jouanneti* Bast. et *Pecten planosulcatus* Math., var. *Depereti* Brives, l'horizon inférieur des argiles du Polygone doit très probablement être rapporté au Tortonien inférieur.

Le niveau supérieur s'observe non seulement dans les berges du Mrarouel, mais aussi sur la rive droite du Rummel, en face du Polygone, et, sur sa rive gauche, en face de l'oued Hallouf. Il est caractérisé par *Helix subsenilis* Crosse, var. *Jobæ* Crosse et *H. Vanvincquiæ* Crosse. Ces deux espèces ont été rencontrées par Bleicher à l'oued Zitoun (Oran), dans des grès alternant avec des couches à *Ostrea crassissima* Lk., au sommet du Miocène moyen (4) [Tortonien supérieur (3)]. L'horizon supérieur

---

(1) Dareste de la Chavanne, *C. R. Ac. Sc.*, 27 juillet 1908.

(2) *In* H. Douvillé, *B. S. G. F.*, 3, XXV, 1897, p. 30. — V. aussi Brives, *Cheliff et Dahra*, 1897, p. 59.

(3) Voy. au sujet de ces attributions stratigraphiques les considérations générales du début du chapitre.

(4) Gentil, *Bassin de la Tafna*, 1901, p. 228.

des argiles du Polygone correspond donc vraisemblablement au Tortonien supérieur.

Les espèces de ce dernier horizon passent toutes dans les grès superposés où l'on trouve des moulages d'*Unio cirtanus* Bourg. et *U. Tournoueri* Pall. Cette assise, qui n'est plus représentée que par des blocs épars à la surface des argiles, était vraisemblablement continue et a dû être démantelée par les eaux qui charriaient les cailloux roulés de la base du Pontien.

La faune de cet ensemble argilo-gréseux du Polygone (1) se compose des espèces suivantes :

Unio Tournoueri Pall. (r).

Unio cirtanus Bourg. (c).

Planorbis sp. (rrr).

Ferussacia Thomasi Pall. (r).

Ferussacia deperdita Bourg. (r) (2).

Rumina decollata L., var. *Bavouxi* Coq. (rr).

Buliminus (*Zootecus*) *Jobæ* Crosse (c).

Buliminus (*Zootecus*) *Jobæ* Crosse, var. *lanceolata* Pall. (rrr).

Helix (*Macularia*) *cf. Constantinæ* Forbes (rr). Cette forme que j'ai recueillie pour la première fois dans les argiles du Polygone est représentée dans ma collection par plusieurs coquilles beaucoup plus globuleuses que

(1) Morelet, *Journ. Conchyl.*, II, 1851, p 354 et IV, 1853, p. 248 ; Crosse, *Id.*, IX, 1861, p. 356, X, 1862, p. 84 et 152 ; Joba, *Id.*, IX, 1862, p. 150 ; Bourguignat, *Paléontologie de l'Algérie*, 1862, p. 40 ; Coquand, *Mém. S. Émul. Provence*, II, 1862, p. 260 ; Pallary, *B. Mus. H. N.*, juin 1899 et *Mém. S. G. F.*, *Paléont.*, IX, 22, 1, 1901 ; Julien et H. Douvillé, *B. S. G. F.*, 4, IX, 1909, p. 11.

(2) Comme Thomas (*in* Pallary, *Mém. S. G. F.*, IX, 1, 22, 1901, p. 143), je n'ai pas retrouvé *Ferussacia atava* Crosse dans le gisement du Polygone.

celles d'*H. subsenilis*. Leurs tours sont plus convexes, leurs sutures plus profondes, leur accroissement moins rapide, leurs fascies bien conservées sont disposées comme dans la forme vivante ; mes exemplaires ne diffèrent du type de Forbes, si abondant aujourd'hui autour de Constantine, que par l'existence d'un véritable denticule au lieu d'une simple saillie dans l'ouverture. Ainsi donc, au cours des périodes néogène et quaternaire, l'évolution de l'*H. Constantinæ* paraît s'être traduite, comme celle du *Leucochroa Semperi*, étudiée par Thomas, par la réduction progressive des dents aperturales.

Helix (Macularia) subsenilis Crosse [= *H. senilis* Morelet non Lowe = *H. macarita* Bourg.] (cc).

Helix (Macularia) subsenilis Crosse, var. *Dumortieri* Crosse (ar).

Helix (Macularia) subsenilis Crosse, var. *lamprozoma* Bourg. (rrr).

Helix (Macularia) subsenilis Crosse, var. *Jobæ* Crosse (ac).

Helix (Macularia) subsenilis Crosse, var. *caristoma* Bourg. (rrr).

Helix (Macularia) subsenilis Crosse, var. *minor* Pall. (rrr).

Helix (Macularia) Desoudini Crosse (ar).

Helix (Macularia) Desoudini Crosse, var. *minor* Pall. (rrr).

Helix (Macularia) Vanvincquiæ Crosse (ac).

Helix (Macularia) Vanvincquiæ Crosse, var. *fasciata* Crosse (rrr).

Helix (Macularia) Vanvincquiæ Crosse, var. *minor* Crosse (rrr).

Helix (Macularia) Vanvincquiæ Crosse, var. *major* Pall. (rrr).

Helix (Xerophila) rechodia Bourg. [= *H. Boblayei* Coq.] (r).

Helix (Xerophila) cf. Lallemanti Bourg. (rrr).

Leucochroa (Calcarina) Semperi Crosse (ar).

Leucochroa (Calcarina) Semperi Crosse, var. *minor* Bourg. (rrr).

Leucochroa (Calcarina) Semperi Crosse, var. *viratellinus* Bourg. (rrr).

Leucochroa (Calcarina) Semperi Crosse, var. *subsemperi* Thom. (rrr).

Hyalina sp. (rrr).

Mammifères (ossements indéterminables).

Presque toutes les Hélices de cette liste sont remarquables à la fois par les saillies internes que présente leur ouverture et par la grande épaisseur de leur test.

Leur présence dans les gisements marins à facies littoraux des départements d'Alger et d'Oran montre leur caractère franchement halophile (1). Ces Mollusques, s'ils ne vivaient pas au voisinage de la mer, comme leurs congénères de l'Algérie occidentale, habitaient certainement le bord de grandes lagunes, de véritables *chotts* probablement très étendus (2).

Ce milieu devait ressembler beaucoup à celui des

____

(1) Les *Alexia* de nos pays qui sont aussi des Mollusques halophiles ont une coquille à ouverture partiellement fermée par des plis.

(2) M. PALLARY (*Mém. S. G. F.*, IX, 1, 22, 1901, p. 15) indique, avec doute il est vrai, la présence de *Melania tuberculata* Müller, dans les argiles du Polygone.

steppes de l'Algérie intérieure actuelle. D'ailleurs, l'*Helix subsenilis* (*s.l.*) est voisin, d'après M. Pallary, des *H. Dastuguei* et *Flattersi* du Sud oranais et de l'Est marocain ; le *Buliminus Jobæ*, du *B. Soleilleti* du Touat ; le *Leucochroa Semperi*, des *L. Boissieri* et *filia* du Sud de la Palestine, près des bords de la mer Morte.

Les *Unio*, dont les coquilles accompagnent les Hélices dentées dans les grès du Polygone, ont dû vivre dans les eaux douces des cours d'eau qui se déversaient dans la lagune. Elles y ont été entraînées, après leur mort, avec les sables qui s'y sont accumulés et solidifiés vers la fin de la période tortonienne.

Les grès rougeâtres et les conglomérats *fluviatiles* 4, qui occupent une partie du flanc Nord du DJEBEL EL HADJ BABA (*pl. V, fig. 12*) couronnent aussi les lignes de collines situées sur la rive gauche du Mrarouel, entre l'oued Melah, le chabet Hall el Merdj et le Rummel. Sur la rive droite du Rummel, en bordure du plateau d'Ain el Bey, ils passent à des brèches formées surtout aux dépens de l'Éocène inférieur : sur différents points ils renferment d'importantes intercalations limoneuses.

Dans ces conglomérats, près du sentier qui va du Polygone au Chettaba par la rive gauche du Mrarouel, j'ai recueilli encore :

Helix (Macularia) subsenilis Crosse (ac) ;

Helix (Macularia) subsenilis Crosse, var. *Jobæ* Crosse (r) ;

Leucochroa (Calcarina) Semperi Crosse (r).

Les conglomérats du Mrarouel se lient latéralement, vers le Sud, aux formations détritiques d'Ouled Rahmoun à *Melanopsis Thomasi* Tourn., et aux dépôts de même

facies des Hautes Plaines des Ouled Abd en Nour, où
M. Joly (1) a recueilli, d'après les déterminations de
MM. Boule et Pallary, *Unio Cirtanus* Bourg. [espèce du
Tortonien du Polygone], *Melanopsis Thomasi* Tourn.
[espèce des argiles du Smendou, affine à une forme (2)
du Messinien inférieur sulfo-gypseux de Toscane], *Hipparion cf. gracile* Kaup [espèce du Pontien d'Europe],
Helix afasiana Pall. et *H. cf. subpulchella* Pall. [espèces
du Pliocène ancien d'Ain el Bey].

L'association de fossiles miocènes et pliocènes avec des
types caractéristiques du Pontien ou Messinien indique
clairement que l'on est ici en présence de ce dernier étage.
Telle est d'ailleurs la conclusion suggérée au premier
abord, et par la situation stratigraphique, et par le facies,
identique à celui du Pontien du Luberon, des couches
rouges d'El Hadj Baba.

Les argiles noires 5 du djebel el Hadj Baba se retrouvent plus au Nord, dans la colline de Bellevue, au lieu dit
Merdj Mouch. Elles occupent la même situation stratigraphique que les argiles du Smendou, dont la faune est
nettement pontienne, comme on le verra plus loin.

Les calcaires travertins rosés qui couronnent le sommet du DJEBEL EL HADJ BABA (*pl. V, fig. 12*), et se retrouvent bien développés sur la rive opposée du Rummel, au
voisinage du pénitencier d'Ain el Bey reposent transgressivement sur les argiles à Hélices dentées au Sud-Ouest
de l'ain el Hadj Baba, au Nord-Ouest du confluent de

---

(1) *C. R. Ac. Sc.*, 26 juillet 1909.
(2) *Melanopsis Bartolinii* Capellini (FORESTI, *Mém. S. Roy.
Malac. Belgique*, XX, 1885).

l'oued Hallouf et du Rummel (tranchées de la route nationale entre Constantine et Aïn Smara), etc. Ils présentent, principalement vers la base, des zones concrétionnées et des marnes multicolores.

Leur faune comprend, tant d'après mes recherches personnelles, que d'après les observations antérieures de Joba, Reboud, Bourguignat, Thomas, Tournouër, Gaudry, MM. Pallary, Julien et H. Douvillé (1), les espèces suivantes (2) :

Melanopsis (Smendovia) Thomasi Tourn. (r).

Bithynia Gaudryi Pall. (ac) .

Bithynia Gaudryi Pall., var. *minor* Pall. (rrr).

Planorbis (Gyrorbis) saddaritanus Tourn. (r).

Planorbis (Gyrorbis) Thomasi Tourn. (r).

Planorbis Jobæ Bourg. (ar).

Planorbis (Henrisoma) Doumerguei Pall. (rr).

Limnæa Thomasi Tourn. (r).

Limnæa (Fossaria) truncatula Müll. var. (rr).

Limnæa cirtana Pall. (r).

Limnæa cirtana Pall., var. *minor* Pall. (rrr).

Limnæa (Gulnaria) Jobæ Tourn. [= *L. subperegra* Pall.] (r).

---

(1) Joba, *Journ. Conchyl.*, IX, 1862, p. 150 ; Bourguignat, *Paléontologie de l'Algérie*, 1862, p. 83 ; Coquand, *Mém. S. Émul Provence*, II, 1862, p. 260 ; Gaudry, *Mammifères tertiaires*, 1878, p. 73 ; Tournouer, *B. S. G. F.*, 3, VI, 1878, p. 305 ; Thomas, *Mém. S. G. F.*, 3, III, 2, 1884, p. 8, *B. S. Sc. Nancy*, 1887 ; Pomel, *C. G. Algérie*, 2e éd., *Descr. strat.*, 1890, p. 180 ; Pallary, *Mém. S.G.F., Paléont.*, IX, 22, 1, 1901 ; Julien et H. Douvillé, *B. S. G. F.*, 4, IX, 1909, p. 11.

(2) J'ai éliminé de ma liste toutes les formes douteuses telles que *Glandina Jobæ* Bourg., *Helix gyrioxia* Bourg., *Bythinia Jobæ* Bourg , etc.

Succinea (Amphibina) Thomasi Pall. (rr).

Rumina decollata L., var. *Bavouxi* Coq. (rr).

Helix (Macularia) Rhummelensis Tourn. (r).

Helix (Macularia) Rhummelensis Tourn., var. *minor* Pall. (rrr).

Helix (Macularia) subsenilis Crosse, var. *Jobæ* Crosse (rr).

Helix (Iberus) fossulata Pomel (r).

Helix (Iberus) fossulata Pomel, var. *minor* Pall. (rrr).

Helix (Xerophila) numidica Moq.-Tand. (rr).

Helix (Xerophila) cf. pyramidata Drap. (ar).

Helix (Xerophila) neglectoides Pall. (ar).

Helix (Fruticola) Afasiana Pall., (ar).

Helix (Fruticola) Afasiana Pall., var. *conoidea* Pall (rr).

Helix (Trigonostoma) metellaschia Bourg. (1) (rrr).

Leucochroa (Calcarina) Semperi Crosse (rrr).

Leucochroa (Calcarina) Semperi Crosse, var. *subsemperi* Thom. (ac).

Hipparion gracile Kaup. var. (rrr).

Sus phacochœroides Thom. (rrr).

Hippopotamus sp. (rrr).

Cette faune a été considérée comme datant du Pliocène inférieur par les différents géologues qui ont étudié la région, Thomas, Pomel, M. Ficheur. Elle a été rattachée tout dernièrement au Miocène supérieur par MM. Julien et Douvillé (2). Ces auteurs ont, à ce propos, fait remar-

---

(1) M. l'ingénieur Mérigeault m'a communiqué cette espèce en provenance des calcaires du djebel Nador (Guelma), d'après la détermination qu'a bien voulu en faire M. Pallary (L. JOLEAUD, *C. R. Ac. Sc.*, 22 mars 1909).

(2) *B. S. G. F.*, 4; IX, 1909, p. 12.

quer avec juste raison que les Mollusques d'eau douce d'Ain el Bey se retrouvaient presque tous dans les argiles du Smendou. Mais les calcaires d'Ain el Bey n'en sont pas moins *stratigraphiquement indépendants* des conglomérats pontiens dans la région de Constantine, comme je l'ai exposé. Et il en est de même dans les Hautes Plaines des Ouled Abd en Nour, comme l'a montré M. Joly (2). Il est évident que leur dépôt correspond à une période de calme dans l'histoire hydrographique de la région, tandis que celui des assises détritiques subordonnées marque une phase de très grande activité érosive des cours d'eau. De plus, sur nombre de points, à Ain Jourdel, par exemple, elles sont directement recouvertes par le Pliocène supérieur fossilifère. Je crois devoir conclure que les couches à *Helix fossulata* Pomel doivent être attribuées au Pliocène inférieur.

En prolongeant la coupe que je viens de décrire AU NORD DU HAMMA, VERS LES DEUX-PONTS ET CONDÉ-SMENDOU, l'on observe encore, sauf pour le terme supérieur (calcaires d'El Hadj Baba) absent ici, la même succession d'assises. Toutefois les facies sont parfois un peu différents, comme le montre l'énumération ci-dessous (*pl. V, fig. 14*):

Pontien...
- 5. Argiles à gypse, *Unio Dubocqui*, etc. ;
- 4. Grès rougeâtres passant latéralement à des poudingues ;

Tortonien..
- 3. Argiles grises à gypse;
- 2. Poudingues rouges passant latéralement à des grès ;
- 1. Argiles grises à gypse.

___

(2) *C. R. Ac. Sc.*, 26 juillet 1909.

Les argiles 1 s'étalent largement au pied du djebel Bergli, dans les environs de Bizot.

Les poudingues rouges 2, qui continuent les poudingues du koudiat Ati, perdent graduellement, au fur et à mesure que l'on s'avance vers le Nord-Est, leurs éléments grossiers. Les éléments fins persistent seuls dans les grès de Bizot, formation rougeâtre ou jaunàtre où s'interstratifient par endroits des argiles.

Les argiles 3 occupent de vastes espaces vers Rouffach. M. Ficheur a bien voulu me faire connaître qu'il y avait autrefois trouvé *Buliminus Jobæ* Crosse, espèce de la faune du Polygone. Les argiles 3 sont donc tortoniennes.

Les grès 4 rappellent assez, par leur faciès, les grès de Bizot. Mais leur situation stratigraphique est celle des couches rouges du Mrarouel à *Leuchochroa Semperi* Crosse. Comme celles-ci, ils datent du Pontien inférieur. L'on y remarque, vers l'Est, d'importantes intercalations limoneuses, particulièrement dans le vallon de l'oued Kranga.

Cette assise, à caractère nettement *fluviatile*, fait place, vers le Sud-Est, à des poudingues équivalents, mais d'origine *torrentielle*, qui occupent une partie de la bordure ouest et sud-ouest du djebel Ouach, depuis le djebel Sala jusqu'au djebel Massin. Ceux-ci s'élèvent dans cette direction jusqu'à la cote 862 près de la pépinière du djebel Ouach. A Bou Keira, ils sont couronnés par une plateforme de travertins du Pliocène supérieur.

Les argiles 5 renferment des bancs calcaires ou marno-calcaires gris et des gypses fibreux ou lamellaires. Cet horizon, qui représente, avec un bien plus grand développement en épaisseur, les argiles 5 de la coupe d'El Hadj Baba, occupe de grandes étendues dans la moyenne et la basse vallée du Smendou, sur les bords du haut Safsaf et aussi dans le vallon de l'oued Khemakem. Ici, il change un peu de facies et renferme de nombreuses strates de calcaires schisteux où les *Unio Dubocqui* Coq. et les Paludestrines abondent, associées à des restes de Poissons (principalement des dents).

Entre les Deux-Ponts et Condé-Smendou, il y a, dans les argiles 5, deux niveaux fossilifères. L'inférieur est caractérisé par *Unio Dubocqui* Coq., *Melanopsis Thomasi* Tourn. (de grande taille), *Melania sp., Helix subsenilis* Crosse et *H. cf. Constantinæ* Forbes. Le niveau supérieur, où l'on trouve plusieurs bancs de lignites, renferme des *Limnæa, Planorbis, Paludestrina, Bithynia, Melanopsis* (de petite taille), enfin de très nombreux Ostracodes (*Cytherea*).

L'ensemble offre en somme un assez grand nombre de genres et d'espèces fossiles, dont la plupart étaient déjà connus (1).

---

(1) De Verneuil, *B. S. G. F.*, 1839, p. 76 ; Gervais, *Actes S. Sc. Lett. Montpellier*, I, 1850, p. 415 ; *Zoologie et Paléontologie françaises*, 2ᵉ édit., 1859, p. 75 ; Coquand, *Mém. S. G. F.*, 2, V, 1, 1854, p. 145 ; *Mém. S. Émul. Provence*, II, 1862, p. 263 ; Tournouer, *Journ. Conchyl.*, 3, XVIII, 1877, p. 275 ; XXII, 1882, p. 59 ; XXIII, 1883, p. 58 ; Fischer, *Journ. Conchyl.*, 3, XXIII, 1883, p. 60 ; Thomas, *Mém. S. G. F.*, 3, III, 2, 1884, p. 4 ; Foresti, *Mém. S. Roy. Malac. Belgique*, XX, 1885 ; Pomel, *C. G. Algérie*, 2ᵉ éd., *Descr. strat.*, 1890, p. 161 ; Depéret, *B. S. G. F.*, 3, XXV, 1897, p. 518 ; Pallary, *Mém. S. G. F., Paléont.*, IX, 1, 29, 1901 ; Julien et H. Douvillé, *B. S. G. F.*, 4, IX, 1909, p. 11.

En voici la liste (2) :

Sabal sp. [= *Flabellaria Lamanonis* Coq. *non* Brongn. (rrr).

Cytherea sp. (ccc).

Anodonta Smendovensis Coq. (rrr).

Unio Dubocqui Coq. (ac).

Neritina Smendovensis Coq. (r).

Melanopsis (Smendovia) Doumerguei Pall. (ar).

Melanopsis (Smendovia) Doumerguei Pall., var. *obesa* Pall. (rr).

Melanopsis (Smendovia) decipiens Tourn. (rr).

Melanopsis (Smendovia) Thomasi Tourn. (ac).

Melania sp. (rrr).

Paludestrina cf. phoxia Bourg. (c).

Paludestrina cf. obtusa Sand. (c).

Paludestrina cf. acerosa Bourg. (cc).

Bithynia Gaudryi Pall. (ac).

Planorbis Jobæ Bourg. (ar).

Planorbis (Henrisoma) Doumerguei Pall. (rr).

Limnœa (Gulnaria) Jobæ Tourn. [= *L. subperegra* Pall.] (r).

Helix (Macularia) cf. Constantinæ Forbes (ar).

Helix (Macularia) subsenilis Crosse (ar).

Helix (Macularia) subsenilis Crosse, var. *Jobæ* Crosse (r).

Antilope sp. (rrr).

Mastodon turicensis Schinz [= *Mastodon cf. brevirostris* Gerv.] (rrr).

---

(2) Je n'ai point fait figurer dans cette liste les espèces dont la présence à Smendou reste douteuse : *Helix Christoli* Math., *Neritina Aquensis* Math., *Anodonta Aquensis* Math.

La présence des *Cytherea* et des *Melania* que j'ai trouvés à Smendou implique l'idée d'un milieu laguno-saumâtre, comme semble l'indiquer aussi le diphormisme extrême des Paludestrines, des *Melanopsis*, etc. Les cours d'eau tributaires de ces *cholts* pontiens y entraînaient des *Limnæa*, des *Planorbis*, des *Unio*, très voisines de formes actuelles, ainsi que des coquilles terrestres. Celles-ci appartenaient à des types ne différant pas spécifiquement des Mollusques du Tortonien du Polygone, et présentant, comme eux, une ouverture partiellement obstruée par des saillies internes du test. L'association, dans les argiles du Smendou, de formes miocènes et de formes très affines de types actuels, concourt à légitimer leur attribution au Pontien.

J'ai d'ailleurs constaté la présence d'argiles à gypse et de calcaires schisteux analogues à ceux du Smendou à l'Est de la région de Constantine, dans la direction de Guelma, sur nombre de points de la feuille d'Hammam Meskoutin. Cette liaison géographique des formations gypseuses du Smendou et de Guelma est d'accord avec l'attribution stratigraphique que je viens de proposer. La faune des argiles de Guelma comprend, d'ailleurs, d'après M. Dareste de la Chavanne (1), à côté de Mollusques identiques à ceux des marnes de Cucuron (*Bithynia leberonensis* Fisch. et Tourn., *Limnæa cucuronensis* Font.), des restes de Poissons (*Palæochromis*) et des empreintes végétales qui indiquent également le Miocène supérieur.

Les argiles 5 du Smendou reposent, comme on l'a vu plus haut, sur des grès et poudingues rouges : ceux-ci,

____

(1) *C. G. Algérie*, feuille de Guelma, 1910, etc.

au Sud du grand coude du Safsaf, s'avancent à l'intérieur des monts de Constantine, où ils remblayent une *large vallée pontienne* entre le djebel Ouach à l'Ouest et les massifs des Beni Medjaled et des Zenatia à l'Est. Ladite dépression va rejoindre, par le col d'EL ARIA, le couloir rempli de cailloutis et d'argiles également pontiens qui sépare le djebel Ouach du djebel Oum Settas (*pl. V, fig. 15*).

Cette ancienne vallée miocène correspond encore aujourd'hui à la zone où viennent se rassembler les eaux de ruissellement des massifs orientaux de la région. L'hydrographie actuelle répond donc ici partiellement à l'hydrographie de l'époque pontienne.

Au Nord de Condé-Smendou, les argiles 5 sont également superposées à des poudingues rouges pontiens (poudingues d'EL KANTOUR (*pl. IV, fig. 8*), auxquels sont subordonnées des argiles à gypse tortoniennes (mechta Ben Nini, etc.)

Les poudingues pontiens du revers S. de la chaîne Numidique passent localement à leur partie supérieure, en particulier au Nord-Ouest de Condé-Smendou, à des calcaires concrétionnés, puis à des calcaires travertins. Ceux-ci acquièrent une grande épaisseur dans les DJEBELS SOUARI et RARA, sur les rives de l'oued Sbikra.

J'ai relevé la succession suivante à l'Est de MILA, entre la tête de l'oued Mekraoued et le douar Ferdoua (*pl. V, fig. 2 et VI, fig. 11*).

Pliocène inférieur. — 7. Calcaires travertins ;

Pontien..
6. Argiles noires avec bancs de grès, de calcaires et de gypse ;
5. Grès, sables et conglomérats, avec bancs de calcaires généralement grumeleux à la partie supérieure ;

Tortonien.... .... {
4. Argiles noires à gypse, avec rares bancs de conglomérats intercalés ;
3. Argiles multicolores avec gypse ;
2. Argiles noires à *Ostrea crassissima*, avec bancs gréseux intercalés ;
1. Argiles noires à gypse.

Les argiles de la base présentent des bancs de lignites, vers leur partie supérieure, dans le chabet Messoussa.

Les argiles 2 renferment des *Ostrea crassissima* Lmk. sur la rive droite de l'oued Merkraoued, vers le fond de ce ravin, à 500 mètres environ à l'Ouest du principal affleurement de m³ de la feuille de Constantine. Les valves de chaque Huître y sont encore généralement adhérentes l'une à l'autre. Les argiles qui renferment ces fossiles sont ici manifestement subordonnées aux argiles à gypse du Tortonien supérieur développées plus au Nord et dont la stratification est nettement indiquée par une série de bancs gréso-sableux intercalaires. Cette superposition des argiles lagunaires du Tortonien, aux argiles marines à *Ostrea crassissima* peut être observée, depuis le voisinage immédiat de Mila (oued Mekraoued), jusqu'au-delà d'Azeba, dernière localité, vers l'Est, où semblent exister les couches à Huîtres.

Les argiles multicolores 3, qui s'écoulent en véritables torrents de boue à la suite des grandes pluies d'automne, *sont en continuité, à leur base, avec les argiles à Ostrea crassissima et, à leur sommet, avec les argiles noires à gypse 4.* Elles renferment des intercalations de grès jaunâtres à grains fins.

Les argiles 4 forment un puissant ensemble où se présentent, de distance en distance, des bancs de grès grossiers ou de conglomérats grisâtres. Elles se lient, vers l'Est, aux argiles de Rouffach à *Buliminus Jobæ* Crosse. M. Ficheur (1) y a découvert, près du cimetière musulman de Mila, plusieurs espèces de la faune du Polygone :

Helix subsenilis Crosse ;

Helix subsenilis Crosse, var. *Jobæ* Crosse ;

Buliminus Jobæ Crosse.

en même temps qu'un *Potamides* rapporté par lui à *P. gibberosus* Grat., espèce de l'Oligocène de Gaas (Landes). Au sujet de ce Potamide, M. Pallary (2) a fait remarquer qu'il est très difficile de séparer *P. gibberosus* Grat. d'espèces miocènes appartenant au même groupe, telles que *P. crassus* Duj., *P. bidentatus* Duj., *P. lignitarius* Eichw. Vraisemblablement le Potamide des argiles 4 est une forme représentative du *P. gibberosus* dans le Tortonien, puisque la formation qui le renferme est superposée aux couches à *Ostrea crassissima.*

L'assise détritique 5 est formée de grès grossiers rouges ou jaunes, de sables de même couleur, plus ou moins solidement agglutinés, avec, de distance en distance, des bancs irrégulièrement interstratifiés de conglomérats plus ou moins grossiers. Particulièrement vers le sommet, s'y intercalent, des calcaires rougeâtres ou blanchâtres, grumeleux ou même travertineux, qui englobent souvent des paquets de grès ou des cailloux roulés. Ces dépôts se rapprochent assez, par endroits, du facies du Pontien inférieur du djebel el Hadj Baba. Cependant leur

____

(1) *B. S. G. F.*, 3, XXII, 1894, p. 559.
(2) *Mém. S. G. F., Paléont.*, n° 22, 1901.

ensemble paraît avoir été formé dans une zone où les eaux étaient beaucoup plus calmes, comme en témoigne la présence de calcaires. Par ce caractère, elles rappellent d'ailleurs tout à fait le Miocène supérieur des bords de l'oued Sbikra.

Vers l'Est, les grès 5 constituent des coteaux à orientation générale Ouest-Est, qui se raccordent aux affleurements pontiens du Nord du Hamma. Au Kheneg, au kef Beni Hamza, au bir el Menten, cette assise du Miocène supérieur est transgressive sur l'Éocrétacé et le Trias.

Les argiles noires 6 renferment, en intercalations, des grès jaunâtres, à grain assez fin, des calcaires ou des marnos-calcaires gris-bleu ou noirâtres, et des gypses lamellaires. Elles constituent de larges croupes, à pente relativement douce, sur les deux rives du Rummel, depuis la sortie du Kheneg jusqu'à l'entrée des gorges de l'oued el Kebir. Elles se raccordent vers l'Est aux argiles de la vallée du Smendou. J'ai d'ailleurs retrouvé les *Paludestrina* de Smendou au milieu des grès jaunes intercalés vers le sommet de ces argiles, dans le bled Sekdal, à l'Est de GRAREM (*pl. V, fig. 3*):

Les calcaires travertins 7 se montrent dans la ride de Ferdoua, au koudiat en Nadour et au ras el Bir, au Sud-Est et au Sud de SIDI MEROUAN. Nettement indépendants des argiles subordonnées, on les voit s'avancer transgressivement sur le flysch le long du chemin de Ferdoua à Sidi Merouan. Ils forment une série de gradins éboulés en flanc de tous les coteaux environnant ce dernier village.

Par leur facies et leur situation stratigraphique ces

travertins correspondent exactement à ceux du sommet du djebel el Hadj Baba. Ils sont d'ailleurs reliés à ceux-ci par l'importante nappe de calcaires du Pliocène inférieur s'étendant au Sud de Mila, depuis El Mala jusqu'au pied du Zouaoui, aussi bien à la surface des argiles du Tortonien que des sédiments plus anciens, Éocrétacé de l'Akhal et du Zouaoui, Néocrétacé de Sidi Khalifa, etc.

Un peu à l'Ouest de la coupe que nous venons d'étudier, entre le cimetière européen de Mila et le ras el Bir, vers Bou Foua, j'ai reconnu la série ci-après :

Pliocène inférieur... { 6. Calcaires travertins.

Pontien............ { 5. Argiles avec bancs de grès et gypse.
{ 4. Grès et sables rougeâtres.

Tortonien .... { 3. Argiles à *Ostrea crassissima.*
{ 2. Conglomérats rouges.
{ 1. Argiles grises à gypse.

Les argiles grises à gypse 1 sont en continuité avec les argiles inférieures de la série de Mila.

Les conglomérats rouges 2, qui forment, dans la dépression de Mila, le mamelon isolé de Sidi Bou Rhzar, rappellent, par leur faciès, les couches rouges du flanc Est du djebel Chettaba. Ils se présentent ici comme une lentille intercalée au milieu d'un puissant ensemble argileux.

Les argiles 3, à *Ostrea crassissima* Lmk., présentent les mêmes caractères pétrographiques qu'à l'Est de Mila.

Les grès et sables rougeâtres 4 occupent une partie du revers Ouest du ras el Bir, dans le vallon de Bou Foua. Egalement très développés au-dessus de la route de Mila à Grarem, sur la rive gauche de l'oued Mila, ils prolongent dans cette direction, les formations détritiques du Pontien.

Les argiles, avec bancs de grès et gypses 5, sont les mêmes que celles rencontrées plus à l'Est, sur les rives du Rummel (horizon des argiles du Smendou).

Les calcaires travertins 6 se raccordent, vers l'Est, à ceux du douar Ferdoua

Les formations lagunaires de Constantine s'étendent encore à l'Ouest de Mila, jusque vers Fedj Mzala.

Les argiles de la base du Tortonien sont largement développées au Sud de Radjas Ferada et de Tiberguent, où elles renferment les importants gisements de sel gemme des OULED KERBEB. A l'Ouest et à l'Est de Radjas, elles sont couronnées par des conglomérats grossiers, sur lesquels repose une puissante série argileuse où *Ostrea crassissima* Lk. abonde entre ZERAIA et Rouached. Cette série argileuse est transgressive, vers le Nord, sur le Néocrétacé et l'Éocène inférieur.

Entre ROUACHED et TIBERGUENT, dans les coteaux immédiatement au Nord de l'oued Melah, un forage a recoupé la série ci-dessous, d'après M. Heusschen :

Tortonien.
7. Marnes à *Ostrea crassissima* (13^{m}60).
6. Argiles schisteuses à empreintes végétales (14^{m}75).
5. Lignite (0^{m}05).
4. Schistes (5^{m}60) renfermant deux bancs de lignites de 0^{m}85 et de 0^{m}10 d'épaisseur.
3. Schistes gris à empreintes végétales (16^{m}05).
2. Schistes gris à empreintes et traces de lignites alternant avec des grès gris (57^m).
1. Schistes ligniteux à empreintes végétales, alternant avec des grès gris à *Potamides* et *Neritina* (43^m)

Les *Potamides* des schistes 1 sont identiques à ceux de Mila (1).

M. Ficheur a bien voulu me faire connaître que des coquilles d'*Ostrea* ont été recueillies dans le fond de ce puits de Rouached. La coupe du forage confirme ainsi les conclusions stratigraphiques exposées précédemment. Elle montre que les argiles à *Potamides* et à *Helix* de Constantine alternent avec des argiles à Huîtres, ici, comme en Oranie (2) : argiles à Huîtres et argiles à Potamides forment donc un même ensemble géologique où viennent, de distance en distance, s'intercaler des couches détritiques, tantôt gréseuses, tantôt conglomérées.

§ 2. Plateaux de Constantine

Sur les plateaux de Constantine, l'on retrouve une série continentale tortonienne, pontienne et pliocène, analogue à celle que je viens d'étudier.

Le Tertiaire supérieur débute, dans la vallée du Bou Merzoug, par des argiles sans fossiles affleurant sur d'importantes surfaces depuis le Kroub jusqu'à Ouled Rahmoun. Les dites argiles qui reposent indistinctement sur le Crétacé ou sur l'Éocène inférieur me paraissent devoir être attribuées au Tortonien, parce qu'elles supportent en concordance des dépôts incontestablement pontiens.

Ces dépôts sont formés de grès et de sables jaunes ou rouges, passant localement à des calcaires grumeleux

---

(1) Ficheur, *B. S. G. F.*, 3, XXII, 1894, p. 568.
(2) Gentil, *Bassin de la Tafna*, 1903, p. 229.

ou concrétionnés intercalés, surtout vers le haut, de lits argileux noirâtres. J'y ai trouvé, au Nord d'EL GUERRA, dans le mamelon du koudiata Taouze, situé sous le T du mot Taouze de la carte d'Etat-major,

> *Unio sp.* (r) ;
>
> *Helix sp.* (r.) ;
>
> *Melanopsis Thomasi* Tourn. (r.) (du Pontien de Smendou).

Dans le ravin à l'Ouest du mamelon l'on voit nettement le Miocène supérieur pris dans un faisceau imbriqué, où il repose sur le Trias et est subordonné aux marnes et aux calcaires néocrétacés fossilifères.

Un peu plus au Sud, les sables jaunes et les travertins du Pliocène supérieur viennent directement sur le Pontien : la lacune observée en ce point prouve l'indépendance stratigraphique des calcaires de l'horizon d'Ain el Bey que j'ai attribués au Pliocène inférieur.

Cet étage paraît d'ailleurs manquer au voisinage immédiat du Bou Merzoug, entre les Hautes Plaines et le Kroub. Au Nord du village, il est par contre bien développé, avec le même facies qu'aux environs de Constantine. J'y ai recueilli dans les carrières de ballast du chemin de fer,

> *Helix Afasiana* Pall (rr) ;
>
> *Rumina decollata* L. (rr.) ;

et plus à l'Ouest, près de la ferme de Barraouia,

> *Helix Afasiana* Pall (rr.) ;
>
> *Helix fossulata* Pom. (rr.).

Le Pliocène supérieur couronne une grande partie des plateaux qui bordent la vallée du Bou Merzoug. Au Nord-Est d'AIN EL BEY, dans le haut vallon de l'oued Iacoub et au Mansoura, l'on y observe les successions suivantes (*pl. V, fig. 13, 14*) :

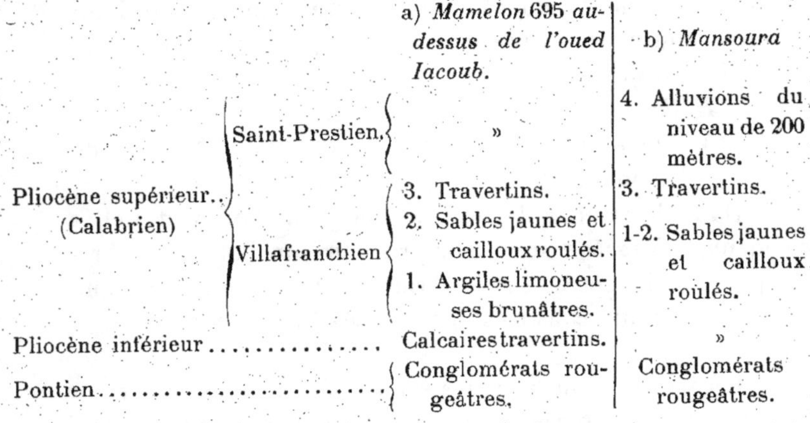

		a) *Mamelon 695 au-dessus de l'oued Iacoub.*	b) *Mansoura*
	Saint-Prestien,	»	4. Alluvions du niveau de 200 mètres.
Pliocène supérieur. (Calabrien)		3. Travertins.	3. Travertins.
	Villafranchien	2. Sables jaunes et cailloux roulés.	1-2. Sables jaunes et cailloux roulés.
		1. Argiles limoneuses brunâtres.	
Pliocène inférieur		Calcaires travertins.	»
Pontien		Conglomérats rougeâtres.	Conglomérats rougeâtres.

Les argiles limoneuses sont localisées dans la partie orientale du plateau d'Ain el Bey. Elles passent à leur partie supérieure aux sables jaunes 2, qui les remplacent d'ailleurs latéralement au Nord et au Sud-Ouest.

A l'AIN JOURDEL, l'on rencontre, à la base de ces sables, dans la tranchée de la conduite de Fesguia, et près du chemin conduisant du Chab er Ressas à la maison du Kadi, un conglomérat ferrugineux, qui m'a fourni plusieurs espèces de Mollusques déjà observées par Thomas (1) :

Unio sp ;
Corbicula Thomasi Pall ;
Corbicula numidica Pall ;
Neritina Gentili Pall ;
Helix Mathildæ Pall ;

---

(1) *In* PALLARY, *Mém. S. G. F., Paléont.*, IX, 1901, 22.

Les sables eux-mêmes m'ont présenté quelques débris de *Hippopotamus amphibius* L., var. *major* Cuv.

J'ai trouvé une tête entière de ce grand herbivore dans la tranchée du chemin passant immédiatement à l'Est du dépôt de remonte de Sidi Mabrouk, de très nombreuses dents et des ossements de toutes les parties du squelette dans une sablière située immédiatement à l'Est du quartier de cavalerie du Mansoura, avec des restes des espèces suivantes :

Equus Stenonis Cocchi (rr) ;

Sus sp. (rrr) ;

Gazella setifensis Pom. (r) ;

Gazella (?) *sp.* : noyaux osseux des cornes présentant des côtes arrondies et non entièrement lisses ainsi que cela a lieu normalement dans *Gazella* ; par ce caractère, notre espèce est affine des *Antidorcas* pontiens ;

Oreonagor Tournoueri Thom. (ar) ;

Alcephalus bubalis Pall., var. *probubalis* Pom. ($\overline{ac}$) ;

Bos taurus L. var. (rr) ;

Elephas meridionalis Nesti (rrr),

Plusieurs de ces Ongulés, *Gazella setifensis* Pom., *Gazella sp.* (aff. *Antidorcas*), *Alcephalus bubalis* Pall., var. *probubalis* Pom., n'avaient pas encore été signalés du Mansoura. Par contre, je n'ai point retrouvé dans ce gisement, non plus que dans celui d'ain Jourdel quelques formes signalées par Thomas (1) :

Hipparion gracile Kaup. var. ;

Rhinoceros sp. ;

------

(1) *Rev. Sc. Nat. Montpellier*, 1880 ; *B. S. Zool. F.*, 1881 ; *Mém. S. G. F.*, 3, III, 2, 1884.

Gazella Thomasi Pom. [= *G. atlantica* Thom. *non* Bourg.] ;

Palæoreas Gaudryi Thom. ;

Bubalus antiquus Duv. (?) ;

Cynocephalus atlanticus Thom.

La faune du Mansoura, remarquable déjà par l'abondance et la bonne conservation de ses fossiles, est particulièrement intéressante en ce qu'elle renferme à côté de Mammifères franchement caractéristiques du Pliocène supérieur [*Elephas meridionalis* Nesti, *Hippopotamus amphibius* L., var. *major* Cuv., *Equus Stenonis* Cocchi], des Vertébrés à affinités pontiennes ou tout au moins plaisanciennes [*Hipparion gracile* Kaup. var., *Gazella sp.* (aff. *Antidorcas*), *Palæoreas Gaudryi* Thomas].

La même association a été constatée par M. Dareste de la Chavanne (1) dans les travertins du même âge, aux environs de Guelma, où il a trouvé un *Hipparion* avec *Helix (Pomatia) sp.*, *Leucochroa Semperi* Crosse, var. *subsemperi* Thom.

La faune du Pontien d'Europe présentait les plus grandes affinités avec la faune actuelle de l'Afrique équatoriale ; l'une et l'autre comptent des représentants des genres *Orycteropus*, *Palæoreas-Oreas*, *Camelopardalis*, *Helladotherium-Okapi*, etc. Il n'est donc point surprenant que certains éléments de la faune du Miocène supérieur de Pikermi et du Luberon aient continué à vivre dans l'Afrique septentrionale jusqu'au Pliocène supérieur, et même jusqu'au Pléistocène ancien comme le *Camelo-*

---

(1) *C. R. Ac. Sc.*, 27 juillet 1908 et *C. G. Algérie*, feuille de Guelma, 1910.

pardalis trouvé dans le Chelléen de Palikao (1). La présence de l'*Elephas meridionalis* me paraît au surplus suffisante pour justifier l'attribution de la faune du Mansoura au Pliocène supérieur.

Pomel (2) a signalé l'existence à Saint-Arnaud, près de Sétif, des principaux éléments de cette faune avec *Felis sp.*, *Mastodon cf. Borsoni* Hays, *Cephalopus (?) sp.*, *Hippopotamus Hipponensis* Gaudry. Cette dernière espèce avait été trouvée une première fois à Duvivier par Papier, et Gaudry (3) avait cru pouvoir la classer dans le sous-genre *Hexaprotodon*. Un fragment de mâchoire rencontré à Saint-Arnaud permit à Pomel (4) de reconnaître que c'était en réalité un *Tetraprotodon*. Mais on doit observer que, dans *Hexaprotodon* et dans la dentition de lait de *Tetraprotodon amphibius*, les 6 incisives sont égales ; que, dans *H. Hipponensis*, l'inégalité des 4 incisives est très peu accusée ; que dans le type des *Tetraprotodon (H. amphibius* adulte) les deux incisives médianes sont beaucoup plus longues que les deux latérales (5). *H. Hipponensis* s'écarte donc du groupe du *Tetraprotodon amphibius* pliocène, pleistocène et actuel, pour se rapprocher d'*Hexaprotodon* du Miocène supérieur de

____

(1) PALLARY, *B. S. G. F.*, 3, XXVIII, 1900, p. 908.

(2) *Les Éléphants quaternaires*, 1895 ; *Les Antilopes Pallas*, 1895 ; *Les Hippopotames*, 1896 ; *Les Carnassiers*, 1897 ; *Les Équidés*, 1897.

(3) *B. S. G. F.*, 3, IV, 1878, p. 389. — V. aussi PAPIER, *Id.*, p. 501.

(4) *Les Hippopotames*, 1896, p. 9.

(5) Le terme ultime de l'évolution des Hippopotames est représenté par *Chœropsis minor* Morton, actuel, qui n'a plus qu'une paire d'incisives à la mâchoire inférieure.

l'Inde (1). Ainsi ce petit Hippopotame d'Algérie vient après *Hipparion*, *Palæoreas*, *Gazella* (cf. *Antidorcas*) confirmer les affinités miocéniques, le caractère africain de la faune du Pliocène supérieur de Constantine.

Cette faune doit être placée, d'ailleurs, à la base du Pliocène supérieur, dans le Villafranchien, en raison de la coexistence des genres *Mastodon* et *Bos*. Au surplus, au Mansoura et à Saint-Arnaud, comme dans les couches supérieures du Val d'Arno, le nombre des genres actuels est relativement grand : *Equus, Rhinoceros, Sus, Hippopotamus, Gazella, Alcephalus, Bubalus, Bos, Elephas, Felis* (2).

Au Mansoura, les travertins 3, qui se lient intimément à l'assise précédente et peuvent atteindre 7 à 8 mètres d'épaisseur, renferment :

Végétaux (empreintes de feuilles, etc.);

Melanopsis sp.;

-----

(1) Pantanelli (*Real. Acad. Lincei*, 1878-1879) a rapproché de notre *H. Hipponensis*, l'Hippopotame des lignites *pontiens* de Casino (Toscane) ; depuis lors, M. Forsith Major a montré que les petits Hippopotames quaternaires de Crète, de Chypre, etc., n'étaient pas des variétés mineures de l'*Hippopotamus amphibius*, mais bien des espèces *voisines de la forme des lignites de Casino*. — Dans ce même ordre d'idées je rappellerai : 1° que le petit *Ursus lybicus* décrit par Pomel est très différent de *Ursus spæleus* et apparenté de bien près à *Ursus etruscus* Cuv. du Pliocène supérieur, par la présence de 4 prémolaires très écartées les unes des autres ; 2° que Marcel de Serres (*Essai sur les Cavernes*, 1838, p. 133) indique *Ursus etruscus* comme faisant partie de la faune des cavernes de Syracuse.— La faune pontienne, plaisancienne et astienne, à caractère franchement africain, semblerait donc s'être maintenue au Quaternaire, non seulement en Berbérie, mais encore dans les îles méditerranéennes.

(2) Voy. Depéret, *Bassin tertiaire du Roussillon*, 1885, p. 266.

Melania tuberculata Müll. (cc) ;
Helix Constantinæ Forbes ;
Helix punica Morelet ;
Helix aspersa Müller ;
Helix melanostoma Drap. ;
Emys sigriz Dum et Bib., var., *prosigriz* Thom. (1).

Les *Helix* cités ci-dessus d'après les déterminations de M. Pallary (2) se retrouvent dans la faune actuelle de la région. De même l'Émyde du Mansoura est extrêmement voisine de l'espèce vivante ; elle a été trouvée à la fois au Mansoura et à Aïn Kerma (Aïn Four).

Des travertins de même âge que ceux de la formation 3 du Mansoura existent en divers points de la région de Constantine, et particulièrement :

1° Vers l'altitude de 890 mètres, au sommet du rocher éocrétacé du DJEBEL KELAL, qui domine le cirque du Hamma ;

2° Entre 610 et 735 mètres, au-dessus des conglomérats pontiens du plateau de BOU KEIRA ;

3° Au fort de SIDI MCID (785ᵐ), sur des sables marneux jaunâtres équivalents de l'assise 2 du Mansoura ;

4° Derrière L'HOPITAL CIVIL (670ᵐ) ;

5° Au-dessus du LAZARET de Constantine (681ᵐ) où ils surmontent des sables eux-mêmes superposés à des travertins du Pliocène inférieur, des poudingues du Pontien et des marnes du Sénonien ; les sables m'ont fourni :
Rumina decollata L. ;
Helix (Pomatia) melanostoma Drap.

6° A l'AIN KERMA (aïn Four), au-dessus des conglo-

---

(1) *Rev. Sc. Nat.*, Montpellier, 1880.
(2) *Loc. cit.*, p. 68.

mérats pontiens (762ᵐ). J'y ai trouvé de nombreuses empreintes de feuilles appartenant aux espèces déjà signalées de la même localité par Thomas (1) d'après les déterminations de de Saporta :

Arundo mauritanica Desf. ;

Ficus sp. ;

Laurus nobilis L. ;

Hedera helix L.

Tous ces Végétaux vivent aujourd'hui dans le Tell algérien.

Le Pliocène supérieur est encore bien développé, plus au Sud, sur les plateaux qui bordent à l'Ouest et à l'Est la vallée du Bou Merzoug. On y voit graduellement diminuer d'épaisseur l'assise travertineuse qui finalement fait place à une carapace calcaire tufacée, couronnant une quinzaine de mètres de sables jaunes ou rouges. C'est sous ce facies que se présente partout, dans les Hautes plaines, la formation dont il s'agit, depuis la région d'Ain Mlila, où M. Joly (2) y a trouvé *Rumina decollata* L., *Helix melanostoma* Drap., *Leucochroa candidissima* Drap., jusqu'à Saint-Arnaud où Pomel a signalé la faune de Vertébrés mentionnée plus haut.

Sur le plateau d'Aıɴ ᴇʟ Bᴇʏ, comme aussi au Mᴀɴsᴏᴜʀᴀ, les sables 2 et les travertins 3 supportent un niveau de cailloux roulés mélangés d'un peu de sable, 4, dominant d'environ 200 mètres les vallées actuelles des environs de Constantine. Ces alluvions font évidemment encore partie de l'ensemble des dépôts de remblaiement qui correspondent au Pliocène dans nos régions. Elles

---

(1) *Mém. S. G. F.*, 3, III, 2, p. 29.
(2) *C. R. Ac. Sc.*, 26 juillet 1909.

s'étalent en larges *nappes* à la surface des plateaux et n'ont nullement les caractères topographiques des terrasses quaternaires situées à des altitudes relatives plus faibles.

Je n'y ai point recueilli de fossiles ; mais étant donnée leur situation stratigraphique, il y a lieu de penser qu'elles sont l'équivalent du Calabrien supérieur (Saint-Prestien).

Leur altitude relative est d'ailleurs très voisine de la cote 180 indiquée par MM. Caziot et Depéret (1) comme marquant la phase maxima du remblaiement pliocène dans les régions du Rhône et des Alpes-Maritimes. D'autre part, M. le général de Lamothe (2) a signalé, comme rivage postastien le plus élevé près du littoral africain actuel, une ligne de plages située vers 200 mètres (3).

Le Tortonien, le Pontien et le Pliocène conservent les mêmes caractères pétrographiques dans toute la zone axiale du plateau des Amer Cheraga, où ils s'étendent sur d'importantes surfaces surtout du côté d'AIN ABID. Par contre, plus au Nord et plus au Sud, dans les collines voisines du djebel Ouach, du DJEBEL OUM SETTAS et du

----

(1) *B. S. G. F.*, 4, III, 1903, p. 340.

(2) *B. S. G. F.*, 4, IV, 1904, p. 14 et suiv.

(3) Les quelques points du voisinage de la côte algérienne où M. le général DE LAMOTHE a reconnu des restes de plages à une plus grande hauteur ne présentent aucune continuité, ni constance d'altitude (260ᵐ, 320ᵐ, 345ᵐ, 432ᵐ) : les unes datent peut-être du Pontien, les autres doivent probablement leur situation actuelle à des mouvements locaux. — De même les alluvions indiquées dans la vallée du Rhône par M. le général DE LAMOTHE (*C. R. Ac. Sc.*, 14 mai 1906) aux cotes 260, 295, 309, peuvent, les unes remonter au Miocène supérieur, les autres provenir d'apports latéraux de torrents quaternaires.

Tessala, on voit apparaître, dans les grès pontiens, des cailloux roulés qui deviennent graduellement plus nombreux et finissent par former d'importantes assises de poudingues. En même temps, la couleur rouge de ces sédiments augmente progressivement d'intensité. Enfin au pied même des montagnes calcaires de l'Oum Settas et du Tessala, les poudingues passent à des brèches et à des cailloutis d'origine locale dont la vue m'a rappelé le faciès des couches à *Hipparion* du Luberon.

Le Pontien se présente sous les mêmes aspects dans la partie occidentale des plateaux de Constantine.

Les calcaires du Pliocène inférieur sont particulièrement bien développés, au Sud-Est du djebel Felten. Ils y renferment des fossiles sur plusieurs points, en particulier à la mechta Bou Lemsa, au Sud-Est d'Ain el Bey, où Thomas (1) trouva *Sus phacochœroides* Thomas et, plus à l'Ouest, sur les bords du rocher de Tigmerit, où ce même géologue a recueilli des ossements appartenant à *Hippopotamus sp*.

Les marbres onyx d'Ain Smara sont très probablement d'âge pliocène supérieur. Ils occupent de larges fissures dans les calcaires crétacés du Felten et de l'Ouled Sellem. Le carbonate de chaux qui les constitue présente des zones diversement colorées par les eaux ayant circulé dans les montagnes très minéralisées du voisinage.

§ 3. Résumé

La succession des faciès néogènes de Constantine peut être ainsi synchronisée avec les étages admis en Europe :

___

(I) *In* Tournouer, *B. S. G. F.*, 3, VI, 1878, p. 305-306.

DIVISIONS STRATIGRAPHIQUES			ENVIRONS DE CONSTANTINE (Zones Sud et Ouest)	ENVIRONS DE CONSTANTINE (Zones Nord et Est)	ENVIRONS DE MILA	ENVIRONS DE RADJAS FERRADA	ENVIRONS DU KROUB ET D'OULED RAHMOUN
PLIOCÈNE	SUPÉRIEUR : CALABRIEN	SAINT-PRES-TIEN	Alluvions du niveau de 200 m. du plateau d'Aïn el Bey.	Alluvions du niveau de 200 m. du Mansoura.			
		VILLA-FRANCHIEN	Travertins de l'oued Iacoub, d'Aïn Kerma à *Hedera helix* et *Emys prosigriz*. Sables jaunes et cailloux roulés de l'oued Iacoub à *Hippopotamus major*. [Conglomérat ferrugineux d'Aïn Jourdel à *Corbicula Thomasi* et *Neritina Gentili*, localisé vers le sommet.] Argiles limoneuses brunâtres de l'oued Iacoub, d'Aïn el Bey.	Travertins du Kelal, de Bou Keira, du Mansoura à *Helix Constantinæ* et *Emys prosigris*. Sables jaunes et cailloux roulés du Mansoura à *Hippopotamus major* et *Elephas meridionalis*.			Carapace calcaire tufacée du plateau de Guettar el Aïch; travertins du pied ouest du djebel Tessala. Sables jaunes ou rouges du Kroub, d'Ouled Rahmoun.
	INFÉRIEUR : PLAISANCIEN-ASTIEN		Calcaires travertins rosés avec marnes multicolores du djebel el Hadj Baba, du plateau d'Aïn el Bey à *Helix fossulata* et *Hipparion*.		Calcaires travertins de Ferdoua, d'El Mala.	Calcaires travertins de Sidi Merouan.	Calcaires travertins du Kroub, de la mechta Bou Lemsa à *Helix fossulata* et *Sus phacochœroides*.
MIOCÈNE	SUPÉRIEUR : SAHÉLIEN-PONTIEN		Argiles noires de l'aïn el Hadj Baba. Argiles rougeâtres de la merdj Mouch (Bellevue). Grès rougeâtres et conglomérats avec couches sableuses ou limoneuses de l'oued Mrarouel à *Leucochroa Semperi* et *Helix subsenilis*.	Argiles noires avec couches de lignites du Smendou à *Bithynia Gaudryi* et *Melanopsis Thomasi* (de petite taille). Argiles noires avec bancs calcaires ou marno-calcaires gris et gypses lamellaires du Smendou à *Unio Dubocqui* et *Melanopsis Thomasi* (de grande taille) ; argiles noires avec strates de calcaires schisteux blanchâtres de l'oued Khemakem à *Unio Dubocqui* et dents de Poissons. Grès rougeâtres de l'oued el Hadjar ; argiles limoneuses rouges avec intercalations gréseuses ou sableuses de l'oued Kranga; poudingues rouges d'El Kantour et des bords du djebel Ouach. [Calcaires concrétionnés et calcaires travertins de l'oued Sbikra, localisés vers le sommet.]	Argiles noires avec bancs de grès jaunâtres, de calcaires ou de marno-calcaires gris ou noirs et gypse lamellaire de Siliana, Grarem à *Paludestrina*. Grès et sables rouges ou jaunes avec bancs de conglomérats de Siliana, Grarem, l'oued Mila, Aïn Kerma. [Calcaires rougeâtres ou blanchâtres, grumeleux ou travertineux du douar Guettara, du dar el Fouini, du Kheneg, localisés vers le sommet].	Argiles avec bancs de grès et gypse de Bou Foua, Sidi Merouan. Grès et sables rougeâtres de Bou Foua.	Poudingues, brèches et limons rouges du pied du djebel Oum Settas, du djebel Tessala; grès et sables jaunes ou rouges du Kroub, d'Ouled Rahmoun. [Calcaires grumeleux ou concrétionnés intercalés de lits argileux noirâtres d'El Guerra à *Unio* et *Melanopsis Thomasi*, localisés vers le sommet].
	MOYEN : TORTONIEN-SARMATIEN		Argiles grises à gypse du Polygone à *Helix Jobæ* et *Helix subsenilis*. [Grès jaunes de l'oued Mrarouel à *Helix Jobæ* et *Unio cirtanus*, localisés vers le sommet.] Argiles grises à gypse du Polygone à *Helix Desoudini* et *Helix Dumortieri*. Argiles grises à gypse de Sala bey. [Poudingues rouges du koudiat Ati et du djebel Chettaba, sables rougeâtres de l'oued Melah, localisés vers le sommet.]	Argiles noires à gypse de la mechta Ben Nini, de Rouffach à *Buliminus Jobæ*. Argiles grises à gypse du Hamma, de Bizot. [Grès rougeâtres avec intercalations sableuses de Bizot, poudingues rouges des bords du djebel Ouach, localisés vers le sommet.]	Argiles noires avec bancs de grès ou de conglomérats grisâtres de Mila, d'Azeba à *Helix subsenilis* et *Potamides*. Argiles multicolores avec intercalations de grès jaunâtres de Mila. Argiles noires avec bancs gréseux de Mila, d'Azeba à *Ostrea crassissima*. Argiles noires à gypse et à lignites d'Azeba, de Mila.	Argiles noires de Rouached, Zeraïa à *Ostrea crassissima*. Argiles noires à gypse avec couches de grès et de lignites de Rouached à *Potamides* et *Ostrea*; argiles noires avec amas de sel gemme des Ouled Kebbeb [Conglomérats de Sidi Bou T.hzar et de Radjas Ferrada, localisés vers le sommet].	Argiles noires à gypse du Kroub, d'Ouled Rahmoun.

§ 4. Liste des fossiles du Néogène

a) *Tortonien*

Ostrea crassissima Lmk. — Mila, Azeba, Zeraia, Radjas
Ferrada, Rouached.
Unio Tournoueri Pall. — Polygone.
— *cirtanus* Bourg. — Polygone.
Neritina sp. — Rouffach.
Potamides sp. — Mila, Rouffach.
Planorbis sp. — Polygone.
Ferussacia Thomasi Pall. — Polygone.
— *deperdita* Bourg. — Polygone.
Rumina decollata L., var. *Bavouxi* Coq. — Polygone.
Buliminus (Zootecus) Jobæ Crosse type et var. — Poly-
gone, Rouffach, Mila.
Helix (Macularia) cf. Constantinæ Forbes. — Polygone.
— — *subsenilis* Crosse type et var. — Poly-
gone, Mila.
— — *Desoudini* Crosse type et var. — Poly-
gone.
— — *Vanvincquiæ* Crosse type et var. —
Polygone.
— *(Xerophila) rechodia* Bourg. — Polygone.
— — cf. *Lallemanti* Bourg. — Polygone.
Leucochroa (Calcarina) Semperi Crosse type et var. —
Polygone.
Hyalina sp. — Polygone.

b) *Pontien*

Sabal sp. — Smendou.
Cytherea sp. — Smendou.
Anodonta Smendovensis Coq. — Smendou.
Unio Dubocqui Coq. — Smendou.
Neritina Smendovensis Coq. — Smendou.
Melanopsis (Smendovia) Doumerguei Pall. type et var. —
        Smendou.
   —   —   *decipiens* Tourn. — Smendou.
   —   —   *Thomasi* Tourn. — Smendou,
        El Guerra.
Melania sp. — Smendou.
Paludestrina cf. phoxia Bourg. — Smendou.
   —   *cf. obtusa* Sand. — Smendou.
   —   *cf. acerosa* Bourg. — Smendou.
Bithynia Gaudryi Pall. — Smendou.
Planorbis Jobæ Bourg. — Smendou.
   —   *(Henrisoma) Doumerguei* Pall. — Smendou.
Limnæa (Gulnaria) Jobæ Tourn. — Smendou.
Helix (Macularia) cf. Constantinæ Forbes. — Smendou.
   —   —   *subsenilis* Crosse type et var. — Smen-
        dou, Mrarouel.
Leucochroa Semperi Crosse. — Mrarouel.
Antilope sp. — Smendou.
Mastodon turicensis Schinz. — Smendou.

c) *Pliocène inférieur*

Melanopsis (Smendovia) Thomasi Tourn. — El Hadj
        Baba, Ain el Bey.

Bithynia Gaudryi Pall. type et var. — El Hadj Baba, Ain
el Bey.

Planorbis (Gyrorbis) Saddaritanus Tourn. — El Hadj
Baba, Ain el Bey.

—   —   *Thomasi* Tourn. — El Hadj Baba,
Ain el Bey.

—   *Jobæ* Bourg. — El Hadj Baba, Ain el Bey.

—   *(Henrisoma) Doumerguei* Pall. — El Hadj
Baba, Ain el Bey.

Limnæa Thomasi Tourn. — El Hadj Baba, Ain el Bey.

—   *(Fossaria) truncatula* Müll. var. — El Hadj
Baba, Ain el Bey.

—   *cirtana* Pall. type et var. — El Hadj Baba, Ain
el Bey.

—   *(Galnaria) Jobæ* Tourn. — El Hadj Baba, Ain
el Bey.

Succinea (Amphibina) Thomasi Pall. — El Hadj Baba,
Ain el Bey.

Rumina decollata L., var *Bavouxi* Coq. — El Hadj Baba,
Ain el Bey, le Kroub.

Helix (Macularia) Rhummelensis Tourn. type et var. —
El Hadj Baba, Ain el Bey.

—   —   *subsenilis* Crosse var. *Jobæ* Crosse. —
El Hadj Baba, Ain el Bey.

—   *(Iberus) fossulata* Pomel type et var. — El Hadj
Baba, Ain el Bey, Barraouia.

—   *(Xerophila) Numidica* Moq.-Tand. — El Hadj Baba,
Ain el Bey.

—   —   cf. *pyramidata* Drap. — El Hadj Baba,
Ain el Bey.

—   —   *neglectoides* Pallary. — El Hadj Baba,
Ain el Bey.

Helix (*Fruticola*) *afasiana* Pallary type et var. — El Hadj
               Baba, Ain el Bey, le Kroub, Bar-
               raouia.

— (*Trigonostoma*) *metellaschia* Bourg. — El Hadj
               Baba, Ain el Bey.

Leucochroa (*Calcarina*) *Semperi* Crosse type et var. —
               El Hadj Baba, Ain el Bey.

Hipparion gracile Kaup — El Hadj Baba, Ain el Bey.

Sus phacochœroides Thom. — Mechta Bou Lemsa.

Hippopotamus sp. — Tigmerit.

d) *Pliocène supérieur*

Arundo Mauritanica Desf. — Ain Kerma.

Ficus sp. — Ain Kerma.

Laurus nobilis L. — Ain Kerma.

Hedera helix L. — Ain Kerma.

Unio sp. — Ain Jourdel.

Corbicula Thomasi Pall. — Ain Jourdel

— *Numidica* Pall. — Ain Jourdel.

Neritina Gentili Pall. — Ain Jourdel.

Melanopsis sp. — Mansoura.

Melania tuberculata Müll. — Mansoura.

Helix Mathildæ Pall. — Ain Jourdel.

— *Constantinæ* Forbes. — Mansoura.

— *punica* Morelet. — Mansoura.

— *aspersa* Müller. — Mansoura.

Emys sigriz Dum. et Bib., var. *prosigriz* Thom. — Man-
               soura, Ain Kerma.

Hipparion gracile Kaup var. — Ain Jourdel.

Equus Stenonis Cocchi. — Mansoura, Ain Jourdel.

Rhinoceros sp. — Mansoura.

Sus sp. — Mansoura.

Hippopotamus amphibius L., var. *major* Cuv. — Mansoura, Ain Jourdel.

Gazella Thomasi Pom. — Ain Jourdel.

— *setifensis* Pom. — Mansoura.

— (?) *sp.* — Mansoura.

Palæoreas Gaudryi Thom. — Ain Jourdel.

Oreonagor Tournoueri Thom. — Mansoura.

Alcephalus bubalis Pall., var. *probubalis* Pom. — Mansoura.

Bubalus antiquus Duv. — Mansoura.

Bos taurus L. var. — Mansoura.

Cynocephalus atlanticus Thom. — Ain Jourdel.

D. — ESSAI SUR LA PALÉOGÉOGRAPHIE DE L'AFRIQUE MINEURE PENDANT LES TEMPS NÉOGÈNES

§ 1ᵉʳ. AQUITANIEN

L'on a vu dans le chapitre précédent, que, dès le commencement de l'ère cénozoïque les Hautes Plaines et l'Atlas saharien des provinces d'Oran et d'Alger étaient en très grande partie *émergés*. Ces régions n'ont pas cessé de l'être depuis.

Dans les zones voisines du Nord et de l'Est, Tell oranais, Sud du Tell algérois, Hodna et Aures, les terrains tertiaires marins présentent une importante intercalation de dépôts *continentaux* (1) semblant dater de l'Aquitanien et peut-être aussi du Stampien. Le facies en est assez

____

(1) FICHEUR, *C. R. Ac. Sc.*, 20 juin 1898 ; GENTIL, *Bassin de la Tafna*, 1903, p. 184 ; FICHEUR, BRIVES et SAVORNIN *in* JACOB et FICHEUR, *Ann. Min.*, octobre 1904.

variable : tantôt ce sont des cônes de déjections *torrentiels* (revers Sud des monts des Biban), tantôt des dépôts *fluviatiles* (poudingues de la périphérie des bassins du Hodna et des vallées de l'Aures), tantôt, enfin des assises *lagunaires* (argiles à gypse subordonnées à des sables et argiles rouges dans les anciens chotts du Hodna, de Colbert (1), et d'El Kantra).

Sur certains points encore plus éloignés de la région continentale, dans le Dahra, le Nord de la Grande Kabylie et la Tunisie centrale, la série tertiaire ante-sahélienne

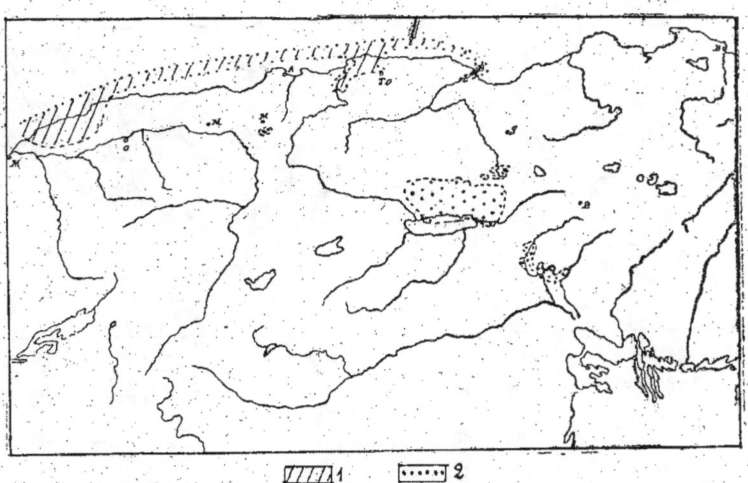

FIGURE IV. — Esquisse schématique de l'Algérie centrale à l'Aquitanien.

Echelle : $\dfrac{1}{6.600.000}$

1. Dépôts marins. — 2. Formations lagunaires.

----

(1) SAVORNIN, *C. R. Ac. Sc.*, 21 décembre 1908 et *in* GAUTIER, *La Géographie*, XXI, 1910, p. 95, fig. 25.

est entièrement ou presqu'entièrement *marine*. Toutefois à l'Aquitanien, la mer n'y avait encore qu'une très faible profondeur (*fig. IV*).

§ 2. BURDIGALIEN

La *transgression burdigalienne* ne paraît avoir aussi donné naissance qu'à une mer peu profonde, bien qu'elle en ait étendu le domaine sur une bonne partie de l'Algérie du Nord, comme le montre la *figure V*.

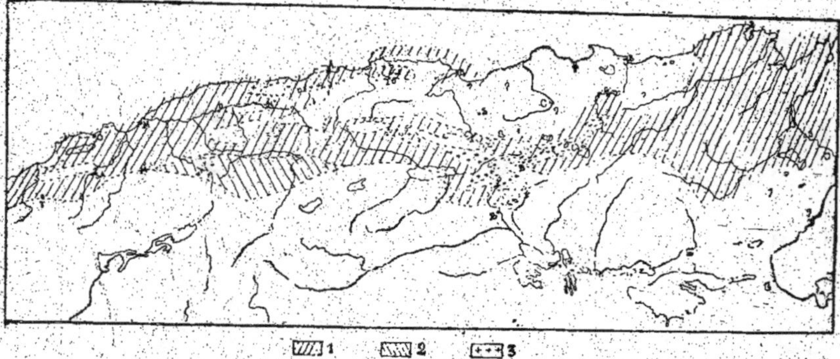

FIGURE V. — Esquisse schématique de l'Algérie et de la Tunisie au Burdigalien et à l'Helvétien.

Echelle : $\dfrac{1}{10.000.000}$

1. Burdigalien et Helvétien concordants. — 2. Helvétien transgressif. 3. Calcaires à *Lithothamnium* burdigaliens ou helvétiens.

Le littoral maritime de cette époque n'a pu encore être fixé avec précision dans le Nord et le Sud-Est du département de Constantine. Il est vraisemblable cependant, comme en a émis l'hypothèse M. Ficheur (1), que les

____

(1) *Ann. Min.*, octobre 1904.

lambeaux de mollasse marine indiqués comme oligocènes
sur la Carte Géologique au 1.800.000 (3ᵉ éd.) vers les
sommets des Babors, doivent être attribués au Burdigalien : tel est certainement le cas pour celui du Sud de
Ziama (1). S'il en est bien ainsi, les chaînes littorales
constantinoises, tout comme celles de l'Algérie occidentale et centrale, n'ont acquis leur forme définitive
qu'après le Burdigalien. Quant à l'Extrême-Sud constantinois, il ne semble pas avoir été visité par la mer du
Miocène inférieur (2).

§ 3. Helvétien

Comme en Europe, la période helvétienne correspond,
dans l'Afrique mineure, à la phase maxima de la transgression miocène. Les eaux s'avancent alors dans diverses
zones précédemment émergées : environs de Mers el
Kebir (3), d'Orléansville [Bou Medfa (4), Sidi Ali
Aichou (5)], de Tiaret (6), de Chellala (7), etc. En

---

(1) Voy. Pomel, *C. G. Algérie, Descr. strat. gén.*, 1890, p. 145.

(2) C'était d'ailleurs là aussi l'opinion de Tissot (*C. G. Constantine*, 1881, texte, p. 82) : « Il semblerait, dit-il, qu'à l'époque
» miocène, tout ce qui est au Nord du Sahara de Constantine était
» plus ou moins immergé, tandis que le Sahara proprement
» dit était complètement émergé. »

(3) Gentil, *Basse Tafna*, 1903, p. 196-197.

(4) Brives, *Cheliff et Dahra*, 1897, p. 27.

(5) Repelin, *Environs d'Orléansville*, 1895, p. 142, 143.

(6) Repelin, *Environs d'Orléansville*, 1895, p. 187. M. Welsch
(*B. S. G. F.*, 3, XXIII, 1895, p. 287) cite *Pecten cf. Fuchsi* Font.
dans les formations de la base du Miocène de ces régions, ce qui
vient confirmer, à notre avis, l'opinion de M. Repelin sur la trans-
gressivité de l'Helvétien près de Tiaret.

(7) Joly, *Ann. Géogr.*, XVIII, 1909, p. 249 ; *A. F. A. S.*, XXXVIII,
Lille, 1910, p. 418.

outre, dans les régions littorales, le fond de la mer s'affaise progressivement, et, aux grès du début de la période, se superposent des marnes à Ptéropodes rappelant le facies du *schlier* d'Autriche et de la vallée du Rhône. Dans l'intérieur, depuis le Sud du massif de l'Ouarsenis jusqu'en Tunisie, l'Helvétien présente fréquemment des intercalations gréseuses qui indiquent le voisinage des terres émergées (1).

§ 4. TORTONIEN

Le Tortonien (Helvétien de Pomel) se montre en régression sur nombre de points comme l'indique la comparaison des *fig. V et VI*. Cette régression est surtout manifeste dans l'Algérie littorale, région qui n'a cessé de se comporter comme un géosynclinal depuis le début de l'Oolithique.

La mer tortonienne a été presque partout moins profonde que la mer helvétienne : c'est ce dont témoignent non seulement les nombreux massifs de calcaires à *Litholhamnium* qui s'édifièrent alors un peu partout dans le Nord des provinces d'Alger et d'Oran, mais encore les dépôts d'estuaires du pourtour du bassin de la Tafna.

Cependant, dans l'Algérie littorale, l'on constate qu'il y eut en même temps des ingressions, d'ailleurs très localisées, de la mer du Tortonien, et, le plus souvent, de la mer du Tortonien supérieur seulement; tel est

---

(1) Les formations marines miocènes du Sud-Est constantinois n'ayant encore fait l'objet d'aucune étude détaillée, on ne peut distinguer actuellement, dans les dépôts rapportés au Cartennien, la part qui doit rester au Burdigalien et celle qui revient à l'Helvétien.

le cas dans les chaînes du Skrouna et du Tessala, dans les environs de Lalla Marnia, de Terni (1), d'Ain

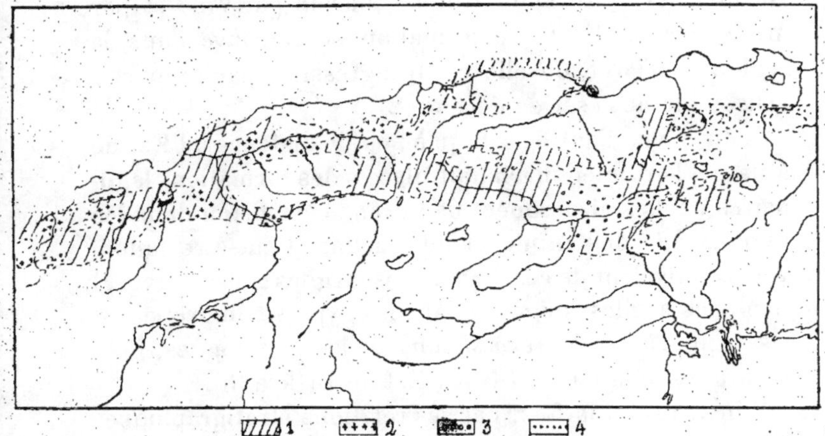

FIGURE VI. — Esquisse schématique de l'Algérie au Tortonien.

Echelle : $\dfrac{1}{7.680.000}$

1. Argiles et grès à Ostracées et Pectinidés. — 2. Calcaires à *Lithothamnium.*
3. Poudingues marins. — 4. Formations lagunaires et d'estuaires.

Tedeles, de Renault, des Cinq Palmiers, de Flatters, d'Adelia, de Bou Medfa, de Lodi, dans le djebel Gontas (2), dans les régions de Zemmora, de Mascara (3), de Tiaret (4), de Médéa (5), de Dra el Mizan (6).

Dans la partie méridionale de la région hodnéenne l'on

---

(1) GENTIL, *Basse-Tafna,* 1903, p. 256, 267, 268, 412.
(2) BRIVES, *Cheliff et Dahra,* 1897, p. 23, 26, 33, 40, 44, 45, 55.—
V. aussi REPELIN, *B. S. G. F.,* 3, XXII, 1894, p. 12-13.
(3) REPELIN, *Environs d'Orléansville,* 1895, p. 156, 161, 168-173.
(4) WELSCH, *B. S. G. F.,* 3, XIX, 1891, p. 423-424.
(5) FICHEUR, *B. S. G. F.,* 3, XXIV, 1896, p. 1044.
(6) FICHEUR, *Kabylie du Djurjura,* 1891, p. 323-324.

observe, au-dessus des couches à fossiles helvétiens, des poudingues considérés d'abord comme lacustres par Brossard et Tissot, puis comme marins par Ville et par M. Savornin (1). Cette formation se retrouve dans la région de Tiaret, où elle est trangressive, par rapport à l'ensemble de la série miocène (2).

L'on a vu, d'autre part, qu'à peu de distance à l'Est de Mila, le Tortonien marin fait place à des formations lagunaires : celles-ci prennent une grande extension dans les régions de Constantine et de Guelma. Peut-être faut-il voir l'équivalent de ces formations (argiles grises à gypse) dans les argiles rouges et dans les gypses compris entre les argiles à *Ostrea crassissima* et les poudingues, grès et argiles pontiens du Nord-Est de Biskra (3).

Ainsi, tout à la fois, par ses relations stratigraphiques (régression d'ensemble que compensaient partiellement quelques ingressions locales) et par sa faune (*Pecten planosulcatus* Math., *Potamides pictus* Bast., etc.), le Tortonien de l'Afrique mineure se montre l'équivalent exact du Tortonien d'Europe. Comme ce dernier, d'ailleurs, il semble correspondre à la phase d'intensité maxima des plissements néogènes.

------

(1) *B. S. G. F.*, 4, VIII, 1908, p. 320-321 ; *Hydrologie du Hodna*, 1908, p. 52-53.
(2) Welsch, *B. S. G. F.*, 3, XIX, 1891, p. 423-424.
(3) Flamand, *C. R. Campagne* 1907-1908, *S. C. G. Territoires du Sud*, 1908, p. 116-117.

§ 5. Sahélien

Le Sahélien est bien développé dans le bassin de la Tafna (1), le Dahra et la vallée du Cheliff (2).

Dans les départements d'Oran et d'Alger, la mer tortonienne avait été rejetée sensiblement vers le Sud par des plissements de la phase alpine. Par contre au Sahé-

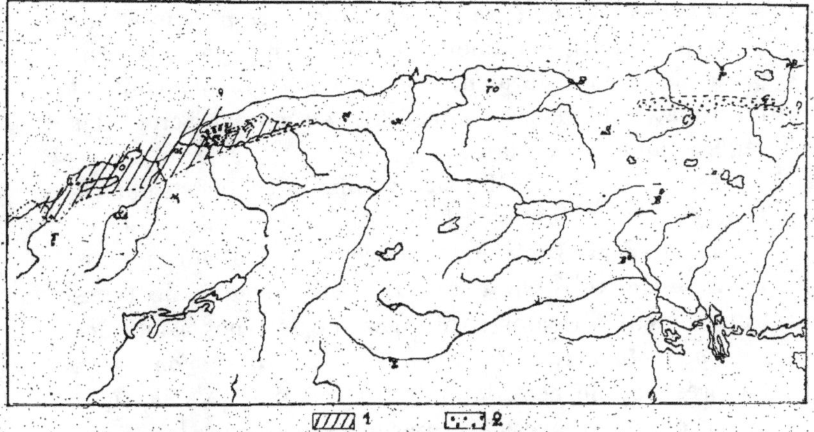

Figure VII. — Esquisse schématique de l'Algérie au Sahélien-Pontien.

Echelle : $\dfrac{1}{7.680.000}$

1. Formations marines. — Les petites croix indiquent les calcaires à *Lithothamnium*
2. Formations lagunaires.

lien la régression fut considérable au Sud-Ouest, au Sud, au Sud-Est et à l'Est, comme le montre la *figure VII*; une légère ingression compensative porta cependant la mer vers le Nord dans le massif de la Skrouna, le Sahel

---

(1) Gentil, *Bassin de la Tafna*, 1903, p. 271.
(2) Brives, *Chéliff et Dahra*, 1897, p. 63.

d'Oran (1), les environs de Renault et de Kerba (2). Il est même probable qu'à ce moment le massif ancien de la Méditerranée occidentale commençait à s'affaisser déjà sous les eaux.

La nouvelle accentuation du relief qui suivit la grande phase orogénique tortonienne favorisa la formation de bassins fermés à l'intérieur de l'Algérie et eut pour conséquence directe un réveil de l'activité érosive des eaux courantes. Les sédiments détritiques qui se déposèrent alors sont fortement colorés en rouge : les précipitations atmosphériques, extrêmement abondantes pendant une partie de l'année, devaient cesser complètement ensuite et le climat était assez comparable au climat actuel des régions humides de la zone tropicale.

Les faunes de Vertébrés récemment découverts dans le Pontien des Hautes Plaines constantinoises et de l'Extrême-Sud tunisien confirment d'ailleurs cette manière de voir. On y observe un mélange de types franchement africains (Antilopes) et de types asiatiques [*Merycopotamus*, *Hemitragus* (3), *Hipparion* (4)]. La présence de ces Mammifères indique qu'à la suite de la grande régression marine sahélienne, les communications étaient devenues faciles entre les continents asiatique et africain. Des relations existaient aussi certainement avec l'Europe dont la faune s'enrichissait de nombreux genres d'origine africaine (*Orycteropus*, *Helladotherium*, *Camelopardalis*, Antilopes, etc.) : ces rela-

------

(1) GENTIL, *Bassin de la Tafna*, 1903, p. 413.
(2) BRIVES, *Chéliff et Dahra*, 1897, p. 36, 49, 52, 54.
(3) BOULE, *C. R. Ac. Sc.*, 21 mars 1910.
(4) DEPÉRET, *Les transformations du monde animal*, 1907, p. 323.

tions avaient lieu sans doute par la Tunisie orientale et les contrées riveraines des lagunes qui occupaient alors vraisemblablement une bonne partie de l'emplacement de la Méditerranée orientale.

§ 6. PLIOCÈNE

Toutes ces communications cessèrent au Plaisancien. La mer du Pliocène inférieur accentua, en effet, le mouvement positif, déjà esquissé par la mer du Sahélien dans la direction du Nord ; ce mouvement fut probablement la conséquence de l'effondrement définitif du continent ancien de la Méditerranée occidentale : les dépôts du Plaisancien sont transgressifs vers le Nord, aux environs de Renault (1) ; entre Orléansville et Oran, des grès à Ostracées et à Pectinidés pliocènes se superposent aux formations laguno-marines du Sahélien.

Par contre, les mers du Plaisancien et de l'Astien sont en régression manifeste par rapport à la mer sahélienne du côté de l'Est et du Sud-Ouest, dans la région littorale des départements d'Alger et d'Oran (*fig. VII et VIII*). A Carnot, le Pliocène inférieur est représenté par des grès à *Leucochroa cf. Semperi* Crosse et *Helix fossulata* Pomel, grès qui sont en continuité stratigraphique, d'après M. Brives (2), avec les grès à Ostracées observés plus à l'Ouest.

Vers Oran, dans des eaux profondes, s'accumulaient alors des marnes bleues à *Amussium cristatum* Broc. (3)

---

(1) BRIVES, *Chéliff et Dahra*, 1897, p. 36, 38, 40, 42, 46, 49, 54.
(2) *Chéliff et Dahra*, 1897, p. 83.
(3) DOUMERGUE *in* JACOB et FICHEUR, *Ann. Min.*, octobre 1904.

Plus à l'Ouest, au voisinage du littoral, le fond de la mer
se relevait rapidement : il se déposait des marnes sableuses, puis des grès calcaires à Ostracéés et à *Lithotham-*

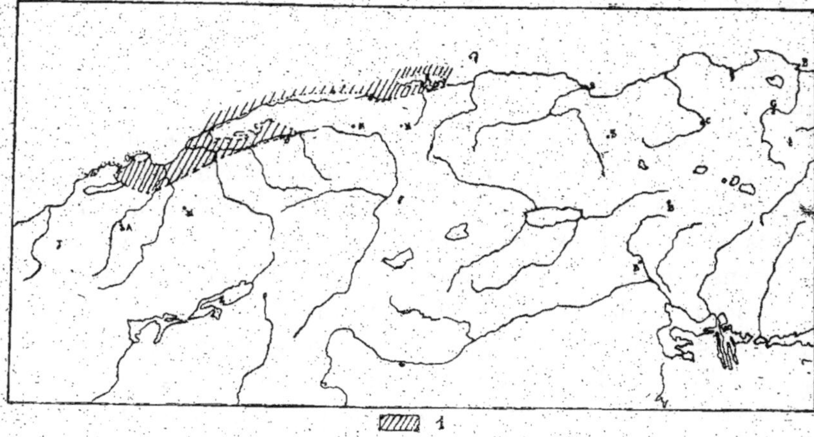

FIGURE VIII. — Esquisse schématique de l'Algérie au Pliocène inférieur.

Echelle : $\dfrac{1}{7.680.000}$

1. Formations marines.

nium (1), passsant latéralement à des argiles à *Potamides
Basteroti* de Serres. Ces sédiments lagunaires, qui datent
de l'Astien, indiquent bien une régression sensible de la
mer, régression accompagnée d'une diminution de profondeur dont témoigne à nouveau l'abondance des *Lithothamnium*.

Au Pliocène inférieur, la faune des Mollusques marins
de l'Algérie était presqu'identique à celle de l'Italie, et
d'ailleurs très voisine de celle du Miocène de ce pays :

____

(1) PALLARY, *Mém. S. G. F., Paléont.* IX, 1, 1901, p. 45 ; GENTIL,
Bassin de la Tafna, 1903, p. 351.

plus de 60 °/₀ des espèces pliocènes d'Alger existent dans le Miocène italien. La faune actuelle de la Méditerranée, en diffère un peu plus : 40 °/₀ des espèces du Pliocène d'Alger vivent encore dans les eaux barbaresques. Pour compléter cet aperçu, ajoutons que cependant 90 °/₀ des espèces communes au Pliocène et à la faune actuelle existaient déjà au Miocène. (1) Cette constatation concernant les Mollusques concorde parfaitement avec la conclusion à laquelle m'a conduit l'étude des Élasmobranches vivants et fossiles (2). Le fond de la faune actuelle de la Méditerranée est d'origine méditerranéenne; cela est particulièrement manifeste pour les types communs dont les ancêtres habitaient déjà au début du Néogène, le grand géosynclinal transverse, d'où ils se sont répandus dans l'Atlantique Nord et Sud, à la fin de l'ère tertiaire.

Deux ordres de phénomènes sont venus modifier au cours des temps pliocène et quaternaire la composition de l'ensemble faunique méditerranéen : l'extinction d'un assez grand nombre de formes chaudes, et l'apparition de formes arrivant des mers froides.

L'extinction des formes chaudes caractéristiques du Néogène n'aurait commencé, suivant M. le général de Lamothe, qu'après le Pliocène, à la suite d'un abaissement considérable de la ligne de rivage : elle a dû s'effectuer progressivement au fur et à mesure que se produisaient les divers mouvements négatifs de l'ère quaternaire.

L'apparition, dans les dépôts méditerranéens néogènes,

---

(1) De Lamothe, *B. S. G. F.*, 4, VII, 1907, p. 202-203.

(2) L. Joleaud, *Géologie et paléontologie de la Plaine du Comtat...*, Terrains néogènes, I, 1906, p. 180-194, 220-221, 248-249. — *A. F. A. S.*, Lyon, 1907, II, p. 475.

de formes jusque là spéciales aux mers froides avait déjà eu lieu en Algérie, comme en Italie, dès l'époque plaisancienne (1). Cette arrivée avait été vraisemblablement la conséquence de la grande ingression qui avait marqué, dans nos contrées, le début du Pliocène, et avait eu pour résultat la formation d'une importante dépression marine sur une partie de l'emplacement actuel de l'Atlantique Nord. Le grand mouvement positif du Sicilien moyen dut de même amener dans nos eaux des espèces boréales, car l'abondance de celles-ci caractérise aujourd'hui les dépôts datant de cette période.

Les mouvements positifs qui suivirent n'eurent pas, à beaucoup près, la même amplitude ; le seuil de Gibraltar resta relativement trop près de la surface pour que le passage de l'Océan dans la Méditerranée, des animaux des mers froides vivant à une certaine profondeur, put s'effectuer facilement.

____

(1) Voy. notamment Gignoux, *C. R. Ac. Sc.*, 29 mars 1910.

CHAPITRE VI

STRATIGRAPHIE DES TERRAINS QUATERNAIRES

A. — APERÇU HISTORIQUE

THOMAS (1) (1884) a le premier essayé de donner une
une classification rationnelle des formations quaternaires
de l'Algérie et plus spécialement des environs de Constantine. On peut la résumer ainsi :

Quaternaire.
- récent : Plages émergées ; alluvions à *Bubalus antiquus* de l'oued Seguin ; sables à *Elephas atlanticus* de Ternifin (Palikao).
- ancien : Alluvions à *Bubalus antiquus* du fond de la Mitidja ; dépôts de remplissage des fentes des rochers aux environs de Constantine.

En 1889, POMEL (2) proposa de répartir comme suit,
entre les différents étages distingués en Europe, les
assises pleistocènes d'Algérie :

---

(1) *Mém. S. G. F.*, 3, III.
(2) *Stratigraphie de l'Algérie*, p. 187 et suiv

Quaternaire.
récent.
  q² — Alluvions à *Bubalus anti-quus* de la Mitidja et de l'oued Seguin ; dépôts de remplissage des grottes du Grand Rocher et de la Pointe Pescade.
  q¹ — Sables à *Elephas atlanti-cus* de Ternifin.
ancien. — q — Plages soulevées.

Depuis, M. le général DE LAMOTHE (1) (1899-1904) a relevé avec une grande précision les altitudes relatives des anciennes lignes de rivages et des terrasses alluvionnaires de l'Algérie littorale. Il indique la succession ci-après :

Néopléistocène	Ligne de rivage et alluvions actuelles.	
Pléistocène. supérieur.	— et terrasses de	15-20 m.
	— —	28-30 m.
moyen.	— —	50-60 m.
inférieur.	— —	90-100 m.
Pliocène supérieur.	— —	130-150 m.
	— —	200-205 m.

MM. JACOB et FICHEUR (2) (1901) ont adopté pour les sédiments quaternaires de la feuille de Constantine les notations suivantes :

Alluvions actuelles. — A Graviers des rives du Rummel.

Alluvions récentes. — a² Limons de la vallée du Rummel.

---

(1) *B. S. G. F.*, 3, XXVII, 1899, p. 294-295 ; 4, I, 1901, p. 356-357 ; 4, IV, 1904, p. 17 et suiv.
(2) *C. G. Algérie*, feuille de Constantine.

Alluvions anciennes des vallées.	q⁴ Terrasses de 30-50 m.	Travertins récents du Hamma. ... T
Alluvions anciennes (niveaux moyens).	q. Terrasses de 60-70 m.	Travertins anciens du Hamma. ... T.
Alluvions anciennes des plateaux.	q. Terrasses de 180-200 m.	Travertins du djebel Bergli ... T.

M. PALLARY (1) (1909) attribue aux principaux gisements préhistoriques du Nord de l'Afrique les désignations ci-après, les unes spéciales à l'Algérie, les autres empruntées à la nomenclature européenne :

Moderne ... Berbère, Saharien ou Lybique. récent.

Hiatus. Abandon des cavernes ; émigration de la faune pléistocène vers le Sud. ... Néolithique.

Grottes des Troglodytes (Oran). Maurétanien. ... ancien.

Abri de la Mouilla. ... Ibéromaurusien. ... récent.

Station du Sidi Reiss. ... Gétulien.

Pléistocène. Abri d'Ain el Turk. ... Moustérien. ... moyen. Paléolithique.

Station du Redeyef. ... Acheuléomoustérien.

Station de Tagdempt. ... Acheuléen. ... ancien.

Station de Palikao. ... Chelléen.

B. — CONSIDÉRATIONS GÉNÉRALES SUR LES PHÉNOMÈNES QUATERNAIRES DANS L'AFRIQUE MINEURE

§ 1. DÉPLACEMENTS DES LIGNES DE RIVAGE

Les belles études de M. le général de Lamothe (2) ont montré que les anciennes lignes de rivage du Sicilien

---

(1) *Instructions pour les recherches préhistoriques*, Alger, p. 96-97.

(2) *B. S. G. F.*, 3, XXV, 1897, p. 378 ; XXVII, 1899, p. 257 ; 4, I, 1901, p. 297 ; III, 1903, p. 35 ; IV, 1904, p. 14 ; V, 1905, p. 530, 537 ; *C. R. Ac. Sc.*, CXXXII, 1901, p. 1428 ; CXL, 1905, p. 1613 ; CXLII, 1906, p. 1103 ; *Congr. géol. intern. Mexico*, 1906.

et du Pléistocène se correspondaient à des altitudes sensiblement égales au Nord et au Sud de la Méditerranée occidentale. Elles ont prouvé, en outre, que ces anciennes lignes de rivage se lient, dans les basses vallées des fleuves tributaires de cette mer, à tout autant de lignes de terrasses distinctes. Parmi ces dernières, il en est un certain nombre qui sont parallèles entre elles ; ce sont celles qui ont été laissées par le cours d'eau après qu'il avait déjà atteint son profil d'équilibre.

J'ai eu l'occasion de faire des observations du même ordre que celles de M. le général de Lamothe, dans le sahel de Djidjelli, où des cordons littoraux se continuent par des terrasses de vallées. Les petits poudingues à *Pecten* situés vers la cote 100, dans le Bou Kerlzoum, se lient, vers leur sommet, à des sables argileux rouges ou jaunes, en partie éoliens (épaisseur : 50 mètres), et passent latéralement, du côté du Sud, aux cailloux roulés, sables et limons fluviatiles des coteaux des Beni Amran (altitude : 100 mètres). Il en est encore ainsi des formations marines et éoliennes d'El Koudia, et des dépôts alluvionnaires de Taher, qui s'étennent plus à l'Est, toujours au voisinage de la cote 100 (1).

MM. Boule, Dépéret, Caziot, Maury ont, d'autre part, mis en évidence les déplacements de la côte des Alpes-Maritimes au Quaternaire. Après le dépôt des couches à

---

(1) Sur la rive droite de l'oued Djinedjen, au pied Est des coteaux des Beni Amran, s'étagent, vers 50, 30 et 15 mètres, des sédiments marins et éoliens du côté de la mer, fluviatiles à l'intérieur. Ils indiquent un déplacement graduel du fleuve vers l'Ouest, comparable à celui de l'oued Isser et confirment ainsi l'opinion de M. le général DE LAMOTHE sur la constance de direction des vents et des courants littoraux en Berbérie au Quaternaire.

Strombus bubonius, correspondant à l'ancien cordon littoral de 28-30 mètres, le retrait des eaux marines aurait laissé se former, dans les zones nouvellement acquises au domaine continental, des brèches à *Helix monæcensis*, à *Elephas antiquus* et à *El. primigenius*. Le flot se serait depuis lors avancé de nouveau à l'intérieur des terres jusqu'à l'altitude des plages de 15-20 mètres, pour rétrograder finalement jusqu'à son niveau actuel. La ligne de rivage de 28-30 mètres devrait, en conséquence, être attribuée au début des temps pléistocènes et celle de 15-20 mètres à la fin de cette même période.

En Tunisie, en Algérie et au Maroc les formations marines du niveau de 15-20 mètres sont caractérisées par l'*Elephas antiquus*, ou plutôt par une variété de cette espèce, l'*Elephas iolensis* Pomel, et par des Mollusques qui n'existent plus aujourd'hui dans la Méditerranée occidentale, tandis qu'ils persistent encore dans les mers plus chaudes de la côte d'Afrique, *Tritonidea variegata* Kiener, *Nassa circumcincta* A. Ad., *Marginella glabella* L., *Natica alapapilionis* Chemn., *Conus genuanus* L., *C. papilionaceus* Hwass, *C. testudinarius* Martin, *Strombus bubonius* Lmk., *Cancellaria piscatoria* Gm., *Tugonia anatina* Gm., *Mactra Largillierti* Phl., *Eastonia rugosa* Gm., *Cardita rufescens* Lmk., *Mytilus Charpentieri* Dunk. (1). Cette faune des plages de 15-20 mètres de la

---

(1) Pomel, *Le Sahara*, 1872, p. 50 ; *Massif de Miliana*, 1873, p. 112 ; *Mission de Tunisie*, 1884, p. 24 ; *C. G. Algérie*, 2ᵉ éd., 1890, p. 195 ; Pallary, *Mém. S. G. F., Paléont.*, 9, 1, 22, 1901, p. 203 ; *B. Scient. France et Belgique*, XLI, 1907, p. 423, note infrapaginale 2 ; *B. S. H. N. Afrique du Nord*, 11, 3, 1910, p. 41 ; Bedé, *B. Mus. H. N.*, 1903, p. 422 ; De Lamothe, *B. S. G. F.*, 4, IV, 1904, p. 27 ; V, 1905, p. 536.

Berbérie, rappelle tout à fait celle des sables et graviers de la ligne de rivage de 28-30 mètres (Pléistocène ancien) des Alpes-Maritimes, dépôts où l'on rencontre *Cantharus variegatus, Conus testudinarius* et *Strombus bubonius*, associés à d'autres formes disparues des côtes de France, mais habitant encore celles de l'Algérie (*Bufonia scrobilator* Lin., *Gibbula barbara* Mont.).

Ces diverses considérations d'ordre général confirment, à mon avis, l'attribution au Pléistocène récent de l'ancienne ligne de rivage de 15-20 mètres. Et cette conclusion est d'accord avec les observations de M. le général de Lamothe sur la liaison de cette ancienne ligne de rivage et de la ligne de terrasses de même altitude relative, dans les basses vallées des cours d'eau tributaires de la Méditerranée : la ligne de terrasses de 15-20 mètres a, d'ailleurs, été attribuée au Pléistocène récent par la plupart des géologues qui l'ont étudiée dans nos pays, en particulier par MM. Boule, Depéret, etc.

Le Pléistocène moyen doit correspondre, dès lors, suivant moi [1], à la période commençant avec le début du grand mouvement négatif postérieur à la formation du cordon littoral de 28-30 mètres et finissant avant la phase d'extension maxima du grand mouvement positif antérieur au dépôt des plages de 15-20 mètres.

Un autre important déplacement négatif de la surface de la mer quaternaire a précédé immédiatement l'époque pléistocène, comme l'a montré M. Boule, en s'appuyant sur des données paléontologiques. D'une part, en effet, d'après MM. Forsyth Major et Depéret, certains Mammifères pléistocènes de la Corse, de la Sardaigne, etc., se

---

[1] L. Joleaud, *Mém. S. Linn. Provence*, n° 2, 1910.

rattachent à des formes pliocènes. D'autre part, la présence simultanée en Europe et en Afrique, de *Felis leo* L., var. *spelæa* Goldf., *Hyæna crocuta* Zimm., var. *spelæa* Goldf., etc., au Pléistocène ancien, alors que les eaux marines séparaient complètement ces deux continents implique le fait de communications entre eux à une époque antérieure. J'ai depuis, fait remarquer que l'existence de ce grand mouvement négatif était confirmée par la rencontre d'alluvions analogues à celles du Sicilien de la Crau, au fond de certains sondages des plaines du Bas-Rhône (1). L'amplitude de cet important déplacement est difficile à déterminer à cause des effondrements qui ont pu se produire depuis. Dans l'état actuel de la topographie sous-marine, il faudrait un mouvement négatif de 300 mètres pour rétablir entre l'Espagne et l'Afrique mineure une communication directe qui, d'après M. Boule, a probablement existé au Sicilien.

§ 2. Phénomènes de capture de cours d'eau

Ces importants mouvements négatifs du Pleistocène moyen, et du Sicilien récent, ont été, par suite de leur alternance avec des mouvements positifs, la cause d'une très grande variabilité de l'activité érosive et alluvionnaire des cours d'eau aboutissant à la Méditerranée occidentale : tandis que les grands mouvements négatifs déterminaient plus spécialement le creusement souvent considérable des vallées, les mouvements positifs favo-

---

(1) L. Joleaud, *Loc. cit.*, p. 15, note infrapaginale 2.

risaient tout particulièrement la sédimentation d'importantes masses de cailloux roulés et de limons (1).

Dans mon récent mémoire sur les terrains quaternaires de la Plaine du Comtat et de ses abords, j'ai signalé la liaison qui paraît avoir existé entre les grands mouvements négatifs de la Méditerranée et les principaux phénomènes de capture observés dans cette région. Ainsi la Durance qui semble avoir emprunté le col de Lamanon pour gagner la mer dans la Basse-Provence, pendant la formation des terrasses de 50 et de 30 mètres, a été captée par un affluent du Rhône, vers le col de Saint-Remy, entre le dépôt de la terrasse de 30 mètres et celui de la terrasse de 20 mètres, puis recaptée par un autre ruisseau tributaire de ce même fleuve, plus en amont, vers le pertuis de Bonpas, après la constitution de la terrasse de 20 mètres, et avant celle des limons néopleistocènes.

L'observation de ces changements géographiques permet de compléter la *classification* du Quaternaire qui sera ainsi *basée* surtout *sur des phénomènes géologiques*, comme il est de principe en stratigraphie (2).

La capture de la Durance par le Rhône, à la hauteur de Bonpas, correspond à un mouvement négatif ayant abaissé le niveau de la mer vers les cotes -30 ou -40 (3), comme en témoigne la profondeur à laquelle on rencontre les assises à *Cardium edule* du sous-sol de la Camargue. Ce mouvement négatif s'est produit au Néopleistocène ancien, entre la phase du comblement des

---

(1) De Lamothe, *B. S. G. F.*, 4, I, 1901, p. 358 et suiv. ; Boule, *Les Grottes de Grimaldi*, I, 2, 1906, p. 155.
(2) Haug, *Traité de Géologie*, 1909, p. 532-534.
(3) L. Joleaud, *Loc. cit.*, p. 16 et note infrapaginale 2

vallées vers l'altitude de 20 mètres (Pleistocène récent),
et la phase actuelle (Néopleistocène récent).

Le tracé de la Durance aboutissant au Rhône, à la
hauteur de Saint-Remy, fut déterminé par le mouvement
négatif de la mer du Pleistocène moyen, envisagé en
détail précédemment.

Le passage antérieur de la Durance par Lamanon
paraît avoir immédiatement précédé le dépôt de la terrasse
de 50 mètres. Il correspond au mouvement négatif du
Sicilien récent et permet de définir la limite du Sicilien
et du Pleistocène, ce dernier étage commençant avec
les alluvions de 50 mètres : telle est d'ailleurs la conclusion à laquelle s'est tout dernièrement arrêté, pour la
vallée du Rhône, M. Depéret (1), qui attribue la terrasse de 47-55 mètres au début du Pleistocène, et celle
de 100 mètres à la fin du Sicilien. Le Pleistocène ancien
comprend donc à la fois les cailloutis et les limons de
50 et de 30 mètres.

L'étude des formations quaternaires de la région de
Constantine va me permettre de préciser cette classification en ce qui concerne le Sicilien ancien et moyen :
l'allure de ces formations y varie, en effet, notablement,
au fur et à mesure que l'on s'éloigne du rivage actuel.

Aux environs de Constantine, dans la basse vallée du
Bou Merzoug, j'ai observé six niveaux d'alluvions vers
les altitudes relatives de 15-20 mètres, 30 mètres, 50-60
mètres, 100 mètres, 150 mètres, 200 mètres (2) ; d'autre

---

(1) *C. G. F.*, feuille de Privas, 1909.

(2) Ces six niveaux de terrasses correspondent très sensiblement,
par leurs altitudes relatives, à ceux reconnus par M. le général
de Lamothe dans le bassin de l'Isser.

part, j'ai vu, sur les plateaux d'Ain el Bey et du Mansoura, la nappe de 200 mètres, directement superposée à
des travertins, sables et argiles avec une faune de Mammifères caractéristiques du Pliocène supérieur (Calabrien) :
Elephas meridionalis Nesti, *Hippopotamus amphibius* L.,
var. *major* Cuv., *Equus Slenonis* Cocchi, etc. Il s'en suit
que *le creusement des vallées près de Constantine est
postérieur aux dépôts du niveau de 200 mètres.*

Dans la moyenne vallée du Bou Merzoug, au voisinage
d'Ouled Rahmoun, les travertins et les sables du Pliocène supérieur, qui ne dominent plus le lit du cours d'eau
que de 100 mètres environ, sont ravinés par des terrasses
se montrant, les unes vers 50 mètres, les autres vers
30 mètres et vers 15-20 mètres, au-dessus de la rivière
actuelle. *Dans la partie méridionale des plateaux de Constantine, le creusement des vallées a donc dû commencer
un peu avant la phase de sédimentation des cailloutis de
50 mètres.*

*Dans la zone limitrophe des plateaux de Constantine et
des Hautes Plaines des Ouled Abd en Nour,* particulièrement dans la moyenne vallée du Bou Merzoug, autour
d'El Guerra, j'ai vu les travertins et les sables siciliens
diminuer très sensiblement d'altitude par rapport au
niveau des eaux actuelles, au-dessus desquelles ils ne
s'élèvent guère que de 30 mètres environ. Les fermes du
Gourzi sont installées sur la terrasse de 15-20 mètres, la
seule qui paraisse exister. *Le creusement de la vallée
aurait donc commencé, ici, un peu avant le dépôt de la
terrasse de 15-20 mètres.*

Enfin dans l'extrême Nord des Hautes Plaines, entre
Oued Seguin et Telergma par exemple, le Sicilien et le
Pleistocène qui occupent de larges surfaces doucement

inclinées, présentent une série d'assises superposées dans
leur ordre de formation : ainsi, au-dessus des argiles du
Pleistocène ancien à *Equus cf. Burchelli* Gray, *Bubalus
antiquus* Duv., viennent d'autres argiles renfermant des
restes de l'industrie moustérienne (1) (Pleistocène moyen).
*Dans la partie Nord des Hautes Plaines, le creusement des
vallées actuelles (2) daterait donc seulement du début du
Néopleistocène.*

Ces observations indiquent que les anciens bassins
fermés de la région envisagée ont été successivement
captés par des cours d'eau tributaires de la Méditerranée,
et à des époques d'autant plus récentes que les dits bassins étaient plus éloignés du littoral. Ces captures se sont
accomplies très probablement lors des grands mouvements négatifs de la mer, au Néopleistocène ancien, dans
le Nord des Hautes Plaines, au Pleistocène moyen dans
la zone limitrophe des Hautes Plaines et des plateaux de
Constantine, au Sicilien récent dans la partie méridionale des plateaux de Constantine, au Sicilien ancien
dans les environs immédiats de cette ville (3).

Et cette évolution se continue à l'heure actuelle. Dans
les Hautes Plaines, au Sud de la tête du Bou Merzoug,
l'on rencontre d'abord les bassins à peine fermés du
chott Tinecilt et de la sebka ez Zmoul, puis, plus à
l'intérieur, les bassins nettement fermés de la sebka
Djendeli et des Gueraa.

La succession des phénomènes que je viens de décrire
sommairement comparée à celle des phénomènes de

---

(1) Thomas, *Mém. S. G. F.*, 3, III, n° 2, 1884, p. 36.
(2) L. Joleaud et A. Joly, *A. F. A. S.*, Lille, XXXVIII, 1910.
(3) L. Joleaud, *C. R. Ac. Sc.*, 1910.

même ordre précédemment signalés par moi au voisinage du rivage Nord de la Méditerranée occidentale peut être ainsi résumée :

Pliocène supérieur		Dépôt des plages et terrasses de 200 mètres.	
Sicilien	ancien : *Mouvement négatif*	Capture par la Méditerranée des bassins fermés des dépressions et de la zone Nord des plateaux de Constantine.	
	moyen : *Mouvement positif*	Dépôt des plages et terrasses de 150 et de 100 mètres.	
	récent : *Mouvement négatif*	Capture par la Méditerranée des bassins fermés de la zone Sud des plateaux de Constantine.	
Pleistocène	ancien : *Mouvement positif*	Dépôt des plages et terrasses de 50 et de 30 mètres.	
	moyen : *Mouvement négatif*	Capture par la Méditerranée des bassins fermés de la zone limitrophe des plateaux et des plaines de Constantine.	Capture de la Durance par le Rhône à la hauteur de Saint-Remy.
	récent : *Mouvement positif*	Dépôt des plages et terrasses de 15 mètres.	
Néopleistocène	ancien : *Mouvement négatif*	Capture par la Méditerranée de la zone la plus septentrionale des plaines de Constantine.	Capture de la Durance par le Rhône à la hauteur de Bonpas.
	récent : *Mouvement positif*	Dépôt des plages et limons voisins du niveau des eaux.	

Les limites que j'ai adoptées pour ces étages et sous-étages sont donc sous la dépendance des grands mouvements positifs et négatifs de la mer. Ces mouvements, comme l'a fait remarquer M. Boule, ont déterminé des connexions nouvelles entre les continents et permis ainsi des migrations de faunes terrestres, qui m'ont aussi servi à caractériser les principales divisions du Quaternaire.

C. — DESCRIPTIONS LOCALES

§ 1ᵉʳ. Dépressions de Constantine

Dans la partie est des dépressions de Constantine (cirque de Bizot, vallon du Smendou, etc.), l'on rencontre des alluvions quaternaires et pliocènes à différents niveaux au-dessus du Rummel, de l'oued Smendou et du Safsaf :

à 170-200 mètres à Bizot, au Sud de Smendou (Ain Dra Cherak, cote 604, etc.) ;

à 130-150 mètres au-dessus des Deux-Ponts (cote 571) ;

à 90-100 mètres au-dessus des Deux-Ponts (cote 499), au-dessus de Smendou (cote 610) ;

à 40-50 mètres au-dessus des Deux-Ponts (cote 461), entre les Deux-Ponts et Smendou (cote 497) ;

à 30 mètres immédiatement au Sud-Ouest du Smendou et de l'oued el Hadjar ;

à 15 mètres immédiatement à l'Ouest de la ferme des Deux-Ponts ;

à leur niveau actuel dans le lit majeur de tous ces cours d'eau.

Une partie de ces alluvions datent de l'époque où les dépressions de Constantine étaient encore fermées et où les seuils de Bizot et de Condé-Smendou, qui séparent maintenant les bassins du Rummel, du Smendou et du Safsaf n'avaient pas encore été modelés par l'érosion.

Le seuil de Bizot, qui domine de 200 mètres environ le Rummel a été le premier formé. Il doit remonter au grand mouvement négatif qui suivit le dépôt de la nappe de 200 mètres, c'est-à-dire au Sicilien ancien.

Le seuil de Smendou, situé à 40 mètres au-dessus de l'oued Smendou et à 100 mètres au-dessus de l'oued Safsaf, est évidemment bien plus récent, comme en témoigne l'écart d'altitude (60 mètres) de ces deux cours d'eau, séparés seulement dans cette zone par une langue de terre de 2 kilomètres de large. L'ancienne tête du Safsaf, l'oued Attaf actuel, paraît avoir été captée par le Smendou au Sicilien récent, lors du grand mouvement négatif qui se produisit entre le dépôt des terrasses de 100 mètres et de 50 mètres.

Dans cette zone, les alluvions néopléistocènes voisines du niveau actuel des cours d'eau n'ont pas fourni de fossiles, mais plus à l'Est, dans la région de Jemmapes, les limons de l'oued el Kebir ont donné une défense d'*Elephas africanus* L. (1).

— A l'Ouest de Constantine, au pied du Chettaba, entre le Pont d'Aumale et le Polygone d'artillerie, les flancs des vallons de l'OUED MELAH et du CHABET HALL EL MERDJ présentent une série de terrasses en parties démantelées. La plus haute, qui porte le fort de Bellevue, atteint 150 mètres environ au-dessus du confluent du Bou Merzoug et du Rummel. D'autres moins élevées s'observent au-dessous du cimetière musulman, puis dans la zone recoupée par les chabets Bou Dinar, Ain Beda, Bou Chebent, Zarioun et Oum Dib.

La tête du vallon du chabet Hall el Merdj n'est elle-même séparée du lit moderne du Rummel, à la hauteur du Polygone, que par un faible relief, d'une quinzaine de mètres seulement, formé d'argiles tortoniennes à la sur-

---

(1) POMEL, *Éléphants quaternaires*, 1895, p. 29.

face desquelles on trouve des cailloux roulés, vestiges de l'ancienne terrasse arasée de Karaoui. Il semble manifeste que les eaux du Rummel ont jadis emprunté les vallons du chabet Hall el Merdj et de l'oued Melah pour gagner les environs du Hamma.

Dans la vallée du fleuve actuel, depuis le Polygone jusqu'à l'entrée du cañon de Constantine, j'ai relevé, particulièrement aux lieux dits Ben Aissa, Abel Zaouch, camp des Oliviers et faubourg Lamoricière, toute une série de terrasses, dont les plus élevées atteignent 50 mètres. Elles sont particulièrement bien conservées en face du Parc à fourrages, où elles forment une large surface plane.

L'abandon par le Rummel de son ancien tracé semblerait ainsi avoir immédiatement précédé le dépôt de la terrasse de 50 mètres : il daterait du Sicilien récent et aurait été contemporain de la capture des bassins fermés de la zone méridionale des plateaux de Constantine.

Quoi qu'il en soit, l'examen de la carte montre clairement qu'en poussant sa tête un peu plus haut, le chabet Hall el Merdj capterait le Rummel et lui éviterait le coude du célèbre ravin. Il lui ferait ainsi gagner son lit inférieur avec une différence de niveau de 163 mètres portant sur 4 kilomètres et demi seulement, c'est-à-dire avec une pente de 36 millimètres par mètre.

Si l'on cherche à établir la genèse du cañon de CONSTANTINE, l'on reconnaît qu'il a dû exister d'abord sur son emplacement un ravin dont les berges présentaient une pente relativement douce. Ce sont ces anciennes berges qui forment aujourd'hui la partie supérieure à faible déclivité des parois de la gorge.

Le profil d'équilibre de ce chaba quaternaire incliné en sens inverse du profil actuel du Rummel concordait plus ou moins exactement avec le pendage des couches mésocrétacées, ainsi que cela se produit généralement pendant la première phase de l'établissement d'un réseau hydrographique.

Plus tard, au-dessous de la ravine quaternaire, les eaux du Rummel, dont le lit s'était abaissé, vinrent *se perdre*, s'engouffrer à l'intérieur du rocher, dans les synclases préexistantes et multipliées ensuite par de fréquents séismes. Elles dissolvaient les parois rocheuses et agrandissaient ainsi les anfractuosités où les sables, les cailloux roulés, les fragments des roches dures entraînés par des crues violentes venaient bientôt ajouter leur puissante action mécanique à l'action chimique et à la pression des eaux.

Le Rummel parvint ainsi à se creuser un chenal entièrement souterrain dans lequel s'infiltrèrent, par la suite, toutes les eaux superficielles de la ravine quaternaire.

L'évolution de cette longue grotte se poursuivit par l'amincissement graduel de sa voûte, amincissement résultant de la chute des strates disloquées qui la constituaient. Peu à peu, le fond du thalweg supérieur vint s'abîmer lui-même dans les eaux torrentueuses du chenal inférieur et le cañon acquit ainsi sa forme définitive.

Des sources thermales qui jaillissaient autrefois à de grandes hauteurs, au voisinage du Sidi Mcid, s'abaissèrent alors considérablement et même disparurent, en laissant à des altitudes variables, des dépôts travertineux plus ou moins importants, comme ceux qui supportent les piliers de l'ancien pont d'El Kantra et qui doivent provenir de deux exsurgences situées en face l'une de l'autre, sur les parois rocheuses qui encaissent le Rummel : les précipités abondants qu'elles formaient se sont rejoints, soudés et ont fini par constituer un véritable pont. Un peu en aval, deux autres arches de même origine, transforment à nouveau le Rummel en une rivière souterraine, sur 350 mètres de longueur environ. Ces trois voûtes isolées ont dû autrefois être réunies en une galerie unique dont la clef dominait la surface des eaux de 40 mètres à l'amont, de 75 mètres à l'aval.

A 100 mètres plus bas, un peu au-dessus du pied du rocher des Femmes adultères, existe une quatrième arche surplombant de 70 mètres les eaux du Rummel et ne comprenant qu'une seule série de couches dont le centre de dépôt est situé sur la rive droite du ravin.

Ces voûtes naturelles ont toutes ce caractère comumn de prendre leur point d'appui sur la saillie calcaire qui se montre vers le tiers supérieur de la section des gorges.

D'autres travertins du cañon occupent le voisinage immédiat de sources chaudes encore existantes. Tel est le cas du petit pont de l'ain Chekka.

A l'aval du ravin, les dépôts formés par l'ain Raba sont en relation évidente avec l'exsurgence thermale du pied Ouest du djebel Sidi Mcid et remontent à une grande hauteur le long de la paroi calcaire du rocher contre laquelle ils forment un placage d'épaisseur variable. La route de la Corniche et la voie ferrée les recoupent à la sortie du premier tunnel de la ligne Constantine-Philippeville. Tout près de leur sommet, vers le point d'émergence primitif de la source, s'ouvre la grotte des Ours, où M. Debruge a récemment découvert des restes d'industrie du Moustérien et du Maurétanien. La présence presque constante d'une station humaine dans cette grotte depuis le Pléistocène moyen semble liée à l'existence même de la source chaude.

D'autres sédiments d'origine thermale existent encore au Nord de Constantine, à Sala bey, au Hamma, etc. La source chaude de Sala bey arrive au jour vers le sommet d'un important dépôt calcaire, qu'elle continue d'ailleurs à recouvrir de nouvelles précipitations. Dans la masse s'intercalent des sables plus ou moins marneux recoupés en tranchée par la traverse qui va de Sala bey à la route de Mila : j'y ai recueilli des coquilles de Mollusques appartenant à des espèces actuellement vivantes dans la région :

Rumina decollata L. (ac) ;
Helix (Pomatia) melanostoma Drap. (c) ;
Helix (Macularia) Constantinæ Forbes (ac) ;
Helix (Xerophila) pyramidata Drap. (c) ;
Helix (Xerophila) cespitum Drap. (c) ;
Leucochroa candidissima Drap. (c).

Toute la formation repose sur les argiles tortoniennes. Par suite de l'accumulation des dépôts de travertins autour du point d'émergence de la source, celui-ci s'est graduellement élevé pendant le Pléistocène, à l'inverse de ce qui se produisait pour l'ain Raba.

Les sources du Hamma se sont comportées au cours du Pléistocène, comme celles de Sala bey. Leurs travertins s'étendent sur une surface de près de 6 kilomètres de long sur 3 kilomètres de large. Ils s'appuient aussi sur les argiles du Tortonien et renferment, vers leur partie inférieure, un niveau fossilifère, où j'ai trouvé de nombreuses empreintes d'*Arundo Mauritanica* Desf. var. et de *Salix pedicellata* Desf. var.

Je rapporte à une variété d'*Arundo Mauritanica* Desfontaines [= *Arundo Pliniana* Cosson], espèce vivante de la région méditerranéenne (Provence, Corse.

Sicile, Algérie, etc.) des fragments de tiges cylindriques striées longitudinalement, de deux centimètres de diamètre moyen, ainsi que des empreintes de feuilles malheureusement toujours très fragmentées. L'une de celles-ci présente une base légèrement rétrécie, avec environ 50 nervures dont le nombre s'accroît plus haut par intercalation de petites nervures nouvelles. La carène médiane est un peu accentuée.

Salix pedicellata Desf. var. est représentée par de très nombreuses empreintes de feuilles. Plusieurs espèces de *Salix* du groupe de *S. caprea* (Marsault) vivent encore en Algérie, notamment le *S. pedicellata* Desf. [= *S. Ægyptiaca* L.] répandu dans tout le Tell et commun au bord des rivières dans les environs de Constantine même. Ses feuilles grandes, oblongues, fortement nerviées, luisantes en dessus ont la plus grande ressemblance avec mes feuilles fossiles (1).

Les principales exsurgences du Hamma sont situées vers le point culminant de leur nappe de travertins. La surface de ceux-ci dessine, depuis les sources jusqu'au

____

(1) Celles ci peuvent être caractérisées de la manière suivante : Feuilles oblongues à nervation pinnée atteignant jusqu'à 11 centimètres de long sur 5 centimètres de large ; face inférieure très rugueuse, avec nervures très saillantes ; face supérieure sensiblement lisse avec nervures légèrement excavées. Nervures secondaires au nombre de 15-16, courbées, ascendantes, faisant avec la nervure médiane un angle moyen de 60°, se rapprochant vers les bords de la feuille, où des nervilles transverses les réunissent en camptodromie. Comme dans tous les Saules il y a des nervures secondaires incomplètes, anastomosées avec les nervures complètes. Les nervures du troisième degré sont presque perpendiculaires à la nervure principale et légèrement obliques aux nervures secondaires entre lesquelles elles se trouvent.

Rummel, deux plateformes dominant le lit du cours d'eau, l'une de 60, l'autre de 130 mètres en moyenne, et séparées par une pente raide d'une trentaine de mètres de hauteur, sur laquelle les eaux thermales ont dû s'écouler en cascade. Cette dénivellation a dû être causée par la préexistence de deux terrasses d'abrasion qui auraient pu correspondre aux terrasses alluviales de 100 et de 50 mètres. S'il en était réellement ainsi, les travertins du Hamma dateraient du Pléistocène.

Au-dessus des sources actuelles, à l'Est du piton éocrétacé du Bergli, entre les cotes 520 et 580, c'est-à-dire entre 180 et 240 mètres au-dessus du fleuve, l'on voit d'autres travertins plus compacts qui, par leur altitude, remonteraient vraisemblablement au Sicilien.

La série des terrasses alluviales que j'ai signalée plus haut, dans la dépression du Smendou, se retrouve dans la vallée du Rummel. Toutefois les basses terrasses sont seules bien conservées ; les éboulements qui se produisent continuellement dans les argiles miocènes ont ruiné les plus élevées.

Certaines FISSURES DES CALCAIRES DE SIDI MCID ET DE CONSTANTINE sont remplies par une argile rouge que l'on retrouve aussi dans les fentes d'autres rochers crétacés de la région et dans les crevasses des plateformes de travertins pliocènes du MANSOURA, d'AIN EL BEY, du DJEBEL EL HADJ BABA. Cette argile rouge de remplissage a fourni une intéressante faune de Vertébrés étudiée par Jourdan (1), Thomas (2), Pomel (3), et qui comprend :

---

(1) *B. S. Agric. Lyon*, 1872.
(2) *Mém. S. G. F.*, 3, III, 2, 1884.
(3) *Bœufs-Taureaux*, 1894, p. 51 ; *Ovidés*, 1898, p. 7-9, pl. I-IV.

Equus Stenonis Cocchi, var. passant à *E. Burchelli* Gray ;

Rhinoceros sp. ;

Hippopotamus amphibius L. ;

Antilope sp. ;

Ovis tragelaphus Geoff., var. *palæotragus* Pom. ;

Bos taurus L., var. *Mauritanicus* Thom. [= *B. opistho-nomus* Pom.].

Les argiles renfermant cette faune paraissent être contemporaines des terrasses les plus élevées et remontent au moins à l'époque sicilienne.

Plusieurs grottes du rocher de Sidi Mcid ont aussi donné des restes de Vértébrés. Dans l'assise inférieure du remplissage de deux d'entre elles, MM. Debruge et Pallary (1) ont reconnu :

Equus cf. Burchelli Gray [= *E. Mauritanicus* Pom.] ;

Rhinoceros cf. simus Burch. [= *R. Mauritanicus* Pom.] ;

Sus scrofa L. ;

Cervus sp. ;

Gazella dorcas L., var. *subkevella* Pom. ;

Gazella dorcas L., var. *Atlantica* Bourg. ;

Gazella dorcas L., var. *crassicornis* Pom. ;

Alcephalus bubalis Pall., var. *Saldensis* Pom. ;

Connochetes cf. gnou Zimm. [= *C. prognu* Pom.] ;

Ovis tragelaphus Geoff., var. *palæotragus* Pom. ;

Bos taurus L., var. *Mauritanicus* Thom. [= *B. opis-thonomus* Pom.] ;

Bos taurus L., var. *curvidens* Pom. ;

Hystrix cristata L. ;

Canis aureus L. ;

Felis pardus L. ;

______

(1) *Rec. Not. et Mém. S. Archéol. Constantine*, XLII, 1909 ; *A. F. A . S.*, XXXVII, 1910, p. 821.

Hyæna crocuta Erxl., var. *spelæa* Goldf;

Ursus spelæus Bl., var. *Larteti* Bourg.

Au voisinage des ossements de ces animaux, il y avait des outils moustériens en silex et en quartzite : l'ensemble remonterait au Pléistocène moyen.

Dans les assises supérieures du sol de ces mêmes grottes ont été recueillis des restes d'industrie humaine datant du Maurétanien et vraisemblablement aussi de l'Ibéromaurusien de M. Pallary, c'est-à-dire du Pleistocène récent.

§ 2. Plateaux de Constantine

J'ai mentionné l'existence de 6 niveaux alluvionnaires dans la basse vallée du Bou Merzoug ; on peut les observer facilement sur les points indiqués ci-après (*pl. V, fig. 14* et *pl. VI*).

Pliocène supérieur	Niveau de 200^m	Mansoura (702^m) ; dra ez Zeriba ; mzara 790 au Sud-Ouest du Massin, bordjs Lakdar et Ben Abdoun ; maison du cheik Ah-maida (740^m) ; etc. ;
Sicilien moyen	Niveau de 150^m	Sud-Est du couvent du Bon Pasteur (650^m) ; Sud-Est de Sidi Mabrouk ; sommets 714 et 728 près du bordj Ben Gemahl; coteaux au Sud du bordj Ben Abdoun ; point 697 à l'Est de la maison du Kaid ; points 710 et 695 sur la rive gauche de l'oued Iacoub ;
	Niveau de 100^m	Champ de courses (620^m) ; reliefs de la cote 682 et des bordjs Ben Cherif (au-dessous du point 701) et Hadj Sala ben el Tebel ; ancien grand Séminaire ; point 654 au-dessus de la halte de l'oued el Hammimin.

Pléistocène ancien	Niveau de 50ᵐ.	École de Sidi Mabrouk inférieur ; mamelons 578 et 581 près de la halte de l'Hippodrome ; point 629 au Nord d'Es Soma ;
	Niveau de 30ᵐ.	Sous la halte de l'Hippodrome, au Sud-Ouest du point 651, au Sud-Est du point 568 ; tranchées de la voie ferrée entre la rivière des Chiens et l'Oued el Hamimin ; fermes Boudre Ali ; point 554 au Sud-Est des fermes Cherri ; maison voisine du point 608 à l'Ouest de l'ancien grand Séminaire.
Pléistocène récent	Niveau de 15-20ᵐ	Pépinière ; ferme Ben Badis ; el Nagonel Houechi ; entre les oueds el Hamimin et Fenteria, depuis le pont des Lauriers roses jusqu'à la halte de l'oued el Hamimin ; Nord-Est des Arcades Romaines ; point 527 au Sud-Est des fermes Cherri.

Vers le sommet du plateau d'Aᴉɴ ᴇʟ Bᴇʏ, au-dessus du chabet Ain el Kerma, j'ai reconnu l'existence, sur les alluvions de 200 mètres, d'un *kjökkenmödding* de Mollusques terrestres (escargotière) dont la saillie est recoupée par une petite tranchée du chemin de Guettar el Aich. Les coquilles qui s'y trouvent appartiennent toutes à des espèces vivant encore dans le voisinage :

Rumina decollata L. ;

Helix (Pomatia) melanostoma Drap. ;

Helix (Macularia) Constantinæ Forbes ;

Helix (Xerophila) cespitum Drap. ;

Leucochroa candidissima Drap.

Avec ces coquilles, il y a quelques ossements de Mammifères et de nombreux silex taillés, noirs, rarement bleu clair ou rouge, empruntés aux cailloux roulés de la nappe alluvionnaire et provenant originellement de l'Éocène inférieur de la région. Ces silex sont en grande majorité des lames très petites et minces, à bords généralement non retouchés, à section plus ou moins triangulaire ou trapézoïdale. Ils sont accompagnés de nucleus et de percuteurs. Cette station me paraît comparable à celles de l'Ibéromaurusien de M. Pallary (1).

Au Sud-Ouest du plateau d'Ain el Bey, dans la vallée de l'OUED SEGUIN, le Pléistocène présente, comme on l'a vu plus haut, en succession normale, plusieurs assises argileuses visibles sur *les berges mêmes du cours d'eau*. L'une d'entre elles renferme, avec un outillage moustérien (Pléistocène moyen) (2), les espèces ci-après, déterminées par MM. Thomas (3) et Pallary (4).

Unio Durieui Desh. ;

Unio rhomboideus Schrot., var. *minor* Bourg. ;

Planorbis (Hippeutis) complanatus L. ;

Limnæa (Fossaria) truncatula Müll., var. *minor* ;

Rumina decollata L. ;

Helix (Macularia) vermiculata Müll. ;

Helix (Pomatia) melanostoma Drap. ;

______

(1) *Instructions pour les recherches préhistoriques*, 1910, p. 46.

(2) Plus à l'Est, dans la plaine de Sedrata, vers la limite méridionale de la région de Guelma, M. DARESTE DE LA CHAVANNE (*B. C. G. Algérie*, 2, 5, 1910, p. 209) a reconnu aussi une *succession régulière* de couches pléistocènes dans la *berge* même du haut oued Cherf (oued Crab) : les limons inférieurs ont fourni ici *Elephas meridionalis* Nesti, var. *atlanticus* Pom., forme caractéristique du Pléistocène ancien (Chelléen de Palikao, Acheuléen du lac Karar).

(3) *Mém. S. G. F.*, 3, III, n° 2, 1884, p. 35 et suiv.

(4) *Mém. S. G. F.*, Paléont., n° 22, 1901, p. 89 et suiv.

Helix (Xerophila) cespitum Drap. var. ;

Helix (Xerophila) euphorca Bourg. ;

Leucochroa candidissima Drap.

Un gisement situé dans l'assise immédiatement subordonnée à la précédente, sur la rive droite de l'oued Seguin, à quelques centaines de mètres au-dessus du moulin Juanolo, près de Telergma, a fourni à MM. Thomas (1), Pomel (2) et Boule (3) :

Equus cf. Burchelli Gray [= *E. asinus Atlanticus* Thom.] ;

Alcephalus bubalis Pall., var. *probubalis* Pom. ;

Ovis aries L., var. *Africana* Sanson ;

Bubalus antiquus Duv. ;

Bos taurus L., var. *Mauritanicus* Thom. [= *B. opisthonomus* Pom.].

Je dois ajouter que Thomas a recueilli près du contact des deux assises, une mandibule de *Camelus dromaderius* L. ; toutefois ce géologue n'a incorporé cette espèce à sa liste que sous réserve. Il a craint, avec raison, que la pièce de Dromadaire ait été introduite dans le sol par la voie de l'une des profondes crevasses qui s'y forment chaque année pendant la période de grande sécheresse (4).

Il est à noter, au surplus, que MM. Pomel (5) et Pallary (6) ont fait connaître du Pléistocène ancien de Palikao un Camélidé très différent du Dromadaire.

---

(1) *Mém. S. G. F.*, 3, III, n° 2, 1884, p. 35 et suiv.

(2) *Bubalus antiquus*, 1893, p. 22; *Les Bosélaphes*, 1894, p. 28.

(3) *B. S. G. F.*, 3, XXVII, 1899, p. 531.

(4) *Loc. cit.*, p. 36.

(5) *Caméliens et Cervidés*, 1893, p. 14-15.

(6) *B. S. G. F.*, 3, XXVIII, 1900, p. 908-909.

Le fossile vraiment caractéristique de la faune de l'oued Seguin, c'est *Bubalus antiquus* Duv., dont la présence, à mon avis, indique le Pléistocène ancien et moyen Ce Bovidé, signalé avec doute du Pliocène supérieur du Mansoura par Thomas a été indiqué 1° : par Nicaise (1) dans les alluvions du fond de la Mitidja, avec *Hippopotamus amphibius* L. ; 2° par MM. Ficheur et Brives (2) dans la grotte des Bains Romains, près d'Alger, avec des silex moustériens ; 3° par M. Boule (3) dans la station acheuléenne du Lac Karar. La mention de cette espèce par Pomel dans le Néopléistocène est probablement erronée (4). Si *Bubalus antiquus* paraît avoir continué à vivre dans le Sahara algérien, peut-être jusque pendant la période historique, très probablement tout au moins jusqu'au début du Néolithique (5), il n'a pas dû en être ainsi dans le Tell, dont il semble avoir disparu dès la fin du Pléistocène moyen.

§ 3. Résumé

En résumé, la succession des formations quaternaires de Constantine paraît pouvoir être établie ainsi :

---

(1) *B. S. Climat. Alger*, 1890 ; Pomel. *Bubalus antiquus*, p. 76.
(2) *C. R. Ac. Sc.*, CXXX, 1900, p. 1485.
(3) *L'Anthropologie*, X, 1899, p. 563.
(4) Dans sa *Monographie du Bubalus antiquus* (1893, p. 24), Pomel dit avoir trouvé, dans le Néopléistocène de la grotte du Grand Rocher, une molaire inférieure de cette espèce et pas d'autres restes caractéristiques. L'année suivante, à propos de *Bos opisthonomus*, il prétend que les molaires inférieures de *Bubalus antiquus* lui sont inconnues (*Les Bœufs-Taureaux*, 1894, p. 30)....
(5) Gautier, *Sahara algérien*, 1908, p. 117.

DIVISIONS stratigraphiques		PHÉNOMÈNES GÉOLOGIQUES		LE HAMMA, SALA BEY	CONSTANTINE	OUEDS SMENDOU BOU MERZOUG, ETC.	PLATEAUX D'AIN EL BEY ET D'OUED SEGUIN
NÉOPLÉISTOCÈNE	RÉCENT	*Mouvement positif de la mer.*	Dépôt des plages et limons voisins du niveau des eaux actuelles.	Travertins du voisinage des sources du Hamma et de Sala bey.		Limons voisins du niveau des eaux actuelles à *Elephas africanus.*	
NÉOPLÉISTOCÈNE	ANCIEN	*Mouvement négatif de la mer.*	Capture par la Méditerranée de la zone la plus septentrionale des plaines de Constantine.				
PLÉISTOCÈNE	RÉCENT	*Mouvement positif de la mer.*	Dépôt des plages et terrasses de 15-20 mètres.	Travertins du Hamma, de Sala bey à *Salix pedicellata, Helix melanostoma.*	Assises supérieures des grottes de Constantine à industrie de l'*Ibéromaurusien* et du *Maurétanien.*	Alluvions du niveau de 15-20 mètres.	Escargotière d'Ain el Bey à *Helix melanostoma* et industrie de l'*Ibéromaurusien.*
PLÉISTOCÈNE	MOYEN	*Mouvement négatif de la mer.*	Capture par la Méditerranée des bassins fermés de la zone limitrophe des plateaux et des plaines de Constantine.		Assises inférieures des grottes de Constantine à *Ovis tragelaphus, Ursus spelæus* et industrie du *Moustérien.*		Alluvions de l'oued Seguin à *Helix melanostoma* et industrie du *Moustérien.*
PLÉISTOCÈNE	ANCIEN	*Mouvement positif de la mer.*	Dépôt des plages et terrasses de 30 mètres. Dépôt des plages et terrasses de 40-50 mètres.			Alluvions du niveau de 30 mètres. Alluvions du niveau de 40-50 mètres.	Alluvions de l'oued Seguin à *Equus cf. Burchelli* et *Bubalus antiquus.*
SILICIEN	RÉCENT	*Mouvement négatif de la mer.*	Capture par la Méditerranée des bassins fermés de la zone Sud des plateaux de Constantine.	Travertins du djebel Bergli.	Dépôt de remplissage des fentes des rochers de Constantine à *Equus Stenonis* ➞ *Burchelli* et *Hippopotamus amphibius.*	Alluvions du niveau de 90-100 m. Alluvions du niveau de 130-150 mètres.	
SILICIEN	MOYEN	*Mouvement positif de la mer.*	Dépôt des plages et terrasses de 90-100 mètres. Dépôt des plages et terrasses de 130-150 mètres.				
SILICIEN	ANCIEN	*Mouvement négatif de la mer.*	Capture par la Méditerranée des bassins fermés des dépressions et de la zone Nord des plateaux de Constantine.				

§ 4. Liste des fossiles du Quaternaire

a) *Sicilien*

Equus Stenonis Cocchi var. - Constantine.
Rhinoceros sp. — Constantine.
Hippopotamus amphibius L. — Constantine.
Antilope sp. — Constantine.
Ovis tragelaphus Geoff., var. *palæotragus* Pom. — Constantine.
Bos taurus L., var. *Mauritanicus* Thom. — Constantine.

b) *Pléistocène*

Salix pedicellata Desf. var. — Hamma.
Arundo Mauritanica Desf. var. — Hamma.
Unio Durieui Desh. — Oued Seguin.
— *rhomboideus* Schrot., var. *minor* Bourg. — Oued Seguin.
Planorbis (Hippeutis) complanatus L. — Oued Seguin.
Limnæa (Fossaria) truncatula Müll., var. *minor.* — Oued Seguin.
Rumina decollata L. — Sala bey, Ain el Bey, oued Seguin.
Helix (Pomatia) melanostoma Drap. — Sala bey, Ain el Bey, oued Seguin.
— (*Macularia*) *vermiculata* Müll. — Oued Seguin.
— — *Constantinæ* Forbes. — Sala bey, Ain el Bey.
— (*Xerophila*) *pyramidata* Drap. — Sala bey, Ain el Bey, oued Seguin.
— — *cespitum* Drap. var. — Sala bey, Ain el Bey, oued Seguin.

Helix (Xerophila) euphorca Bourg. — Oued Seguin.

Leucochroa candidissima Drap. — Sala bey, Ain el Bey
        oued Seguin.

Equus cf. Burchelli Gray. — Constantine, oued Seguin.

Rhinoceros cf. simus Burch. — Constantine.

Sus scrofa L. — Constantine.

Gazella dorcas L. var. — Constantine.

Alcephalus bubalis Pall., var. *Saldensis* Pom. — Cons-
        tantine, oued Seguin.

Connochetes cf. gnou Zimm. — Constantine.

Ovis aries L., var. *Africana* Sanson. — Oued Seguin.

— *tragelaphus* Geoff. var. — Constantine.

Bubalus antiquus Duv.— Oued Seguin

Bos taurus L. var. — Constantine, oued Seguin.

Hystrix cristata L. — Constantine.

Canis aureus L. — Constantine.

Felis pardus L. — Constantine.

Hyæna crocuta Erxl., var. *spelæa* Goldf. — Constantine.

Ursus spelæus Bl., var. *Larteti* Bourg. — Constantine.

c) *Néopléistocène*

Elephas africanus L. — Oued el Kebir de l'Est.

D. — ESSAI SUR LA PALÉOGÉOGRAPHIE DE L'AFRIQUE MINEURE PENDANT LES TEMPS QUATERNAIRES

Vers la fin du Pliocène, les dépressions existant aux environs de Constantine constituaient des bassins fermés et leurs eaux se concentraient en des lacs où vivaient des Hippopotames, tandis que des Chevaux, des Antilopes, etc. habitaient les steppes voisines. Graduellement, à com-

mencer par les plus voisins du littoral, les bassins fermés
furent captés par des cours d'eau tributaires de la mer,
si bien qu'aujourd'hui, non seulement tout l'Atlas tellien,
mais encore une partie des Hautes Plaines a été incorporé
au bassin méditerranéen.

La succession de ces phénomènes semble s'être déroulée dans les mêmes conditions à l'Est et à l'Ouest de la
région de Constantine. C'est ainsi qu'au voisinage de
Guelma, M. Dareste de la Chavanne (1) a fait des consta-
tations analogues aux miennes. Une formation alluvionnaire dominant la Seybouse de 170 mètres marque l'époque du maximum de remblaiement de la vallée et correspond à la fin du Pliocène supérieur ; cette formation est
ravinée par des terrasses quaternaires situées aux altitudes relatives de 90 mètres, 60 mètres, 30-35 mètres et
15 mètres.

J'ai dit que pendant cette ère le niveau de la mer
s'était abaissé et relevé alternativement, de sorte que la
surface de la Méditerranée, de la cote 200, où elle était
à la fin du Pliocène, est passée, à la suite d'une série
d'oscillations, à son niveau actuel.

Diverses observations géologiques faites au voisinage
du littoral de l'Afrique mineure témoignent de l'amplitude de ces oscillations.

D'une part, MM. Ficheur et Brives (2) ont signalé près
d'Alger l'existence, au Pléistocène moyen, d'une faune
de grands Mammifères, dont le mode de vie serait incom-
patible aujourd'hui avec la configuration du pays. Une
large aire d'abrasion existait alors sûrement au Nord

____

(1) *C. R. Ac. Sc.*, 27 juillet 1908.
(2) *C. R. Ac. Sc.*, CXXX, 1900, p. 485.

de la Bouzarea. Son étendue était évidemment en rapport avec l'importance du mouvement négatif dessiné à cette époque par les eaux de la Méditerranée. Et ce retrait de la mer déterminait le creusement de la plaine de la Mitidja bien au-dessous de la surface actuelle. Par la suite, la dépression ainsi déblayée, fut comblée sur une hauteur de plus de 200 mètres (1) par des alluvions à *Hippopotamus amphibius* L., *Bubalus antiquus* Duv. (2).

D'autre part, Pomel (3) a montré que la plateforme sous-marine de la Petite Syrte était en partie formée par un dépôt récent avec coquilles terrestres. D'après les *Instructions nautiques sur le Maroc, l'Algérie et la Tunisie* (4), cette plateforme serait « coupée par des » canaux profonds, dont chacun présente l'aspect d'une » véritable rivière immergée, flanquée de petits affluents... » Les Arabes leur donnent comme aux cours d'eau » ordinaires le nom d'*oueds* ».

Ces observations à l'Est et à l'Ouest de la région de Philippeville-Constantine montrent la grande extension géographique de l'important mouvement négatif du Pléistocène moyen, mouvement mis en évidence, tout d'abord, par M. Boule, à la suite de ses études sur la côte des Alpes-Maritimes. La Méditerranée avait alors abaissé son niveau vers la cote — 200, et ce mouvement avait été suivi, au Pléistocène récent, lors d'un retour offensif de la mer, du dépôt des plages de 15-20 mètres.

------

(1) *Notice sur les sondages exécutés dans le territoire civil de la province d'Alger pour la recherche des eaux jaillissantes*, 1866.

(2) NICAISE, *B. S. Climatologie Alger*, 1890. — V. aussi POMEL, *Bubalus antiquus*, 1893, p. 76.

(3) *B. S. G. F.*, 3, XIII, 1878, p. 217.

(4) N° 801, p. 318. *Service hydrographique de la Marine.*

Ces deux oscillations pléistocènes avaient été précédées, d'ailleurs, du grand mouvement négatif du Sicilien récent, qui avait fait descendre les eaux marines jusqu'à la cote — 300 peut-être, pour les reporter ensuite vers la cote + 50 au Pléistocène ancien. Vu leur importance, ces déplacements du niveau de la mer nous apparaissent comme autant de petites régressions et transgressions.

Du fait que ces mouvements ont été synchroniques et de même amplitude au Nord et au Sud de la Méditerranée occidentale, on peut conclure à l'ancienneté de consolidation de la région, comprenant l'emplacement de cette mer et les terres adjacentes : la région méditerranéenne occidentale, bien qu'en partie affaissée, paraît donc avoir continué, pendant l'ère quaternaire, à s'élever et à s'abaisser en bloc.

Il est difficile dans l'état actuel de nos connaissances de dire quelles étaient les limites de cette aire instable, ces limites ayant dû varier au cours des temps pléistocènes.

Les plus récentes, tout au moins des oscillations quaternaires paraissent avoir eu une grande extension vers l'Est [1]. Ainsi dans la Basse-Égypte, il existe des dépôts marins situés vers 64-70 mètres qui pourraient correspondre aux plages de 100 mètres de la fin du Sicilien moyen et sont contemporains des grès lagunaires à *Melanopsis* de la Haute-Égypte. Au Sicilien récent, le grand mouvement négatif signalé précédemment, détermina le creusement de la vallée actuelle du Nil, dans la Haute et la Moyenne-Égypte. D'une part, en effet, immédiatement en aval de la première cataracte, le fleuve est à la cote 110. D'autre part, à une certaine distance en

---

(1) Boule, *Les grottes de Grimaldi*, I, 2, 1906, p. 128 et suiv.

aval, à Toukh, M. de Morgan (1) a rencontré des coups de poing chelléens, à la surface d'une terrasse dominant le cours d'eau de 45 mètres. L'industrie de Chelles remonterait donc très probablement, en Égypte comme en Europe, au Pléistocène ancien. De la même époque dateraient les dépôts marins qui s'élèvent à + 45 mètres au voisinage de la côte actuelle de la Méditerranée ; ils seraient l'équivalent de nos plages de 50 mètres.

Si les derniers mouvements du sol paraissent avoir affecté d'une manière identique l'Afrique mineure et la basse vallée du Nil, il n'a pas dû en être de même de certaines zones intérieures voisines, situées en bordure de la Pénéplaine saharienne. De récentes études géologiques ont montré, en effet : 1° que la mer quaternaire n'avait pas pénétré à l'Ouest de l'Egypte, par exemple, dans la cuvette du Fayoum, qui s'abaisse à la cote — 43 et qui communique avec la vallée du Nil par un col situé à la cote + 26 ; 2° qu'elle n'a pas pénétré davantage dans les dépressions des chotts du Sud constantinois et tunisien, dont le fond est à — 31 mètres (chott Melrir) et que des seuils atteignant + 50 et + 48 mètres séparent de la Méditerranée.

Ainsi les phénomènes qui viennent d'être étudiés n'ont certainement pas eu un caractère aussi général, que celui que l'on a cru parfois pouvoir leur attribuer ; on est conduit dès lors de plus en plus à n'y voir que le résultat de simples mouvements épirogéniques, et non la conséquence de grandes oscillations eustatiques de la surface des mers.

---

(1) *Recherches sur les origines de l'Égypte*, 1897, I, p. 59.

Les principaux mouvements négatifs dont il a été question ont permis, à différentes périodes du Sicilien et du Pléistocène, le rétablissement de communications entre l'Afrique du Nord, d'une part, l'Europe et l'Asie, d'autre part, communications qui avaient été rompues par des bras de mer depuis le début du Plaisancien.

Cependant, alors que l'Europe était envahie par la faune holarctique, la Berbérie continuait à nourrir en grand nombre des formes africaines : plusieurs d'entre elles, au Pliocène supérieur, rappelaient encore, comme on l'a vu plus haut, des espèces du Pontien d'Europe (*Hipparion*, *Palæoreas*, *Antidorcas* (?) ; d'autres avaient quelques traits de ressemblance avec des Vertébrés du Pontien d'Asie (*Hippopotamus Hipponensis* Gaudry).

Dans l'ensemble de la faune des Mammifères quaternaires de la Berbérie, un certain nombre de types africains appartenaient à des espèces qui sont aujourd'hui éteintes ou qui ne se retrouvent plus que dans les régions tropicales. C'est ainsi que disparurent très probablement :

1º au Pliocène supérieur, *Cynocephalus atlanticus* Thom., *Hipparion gracile* Kaup. var , *Equus Stenonis* Cocchi, *Mastodon cf. Borsoni* Hays, *Hippopotamus Hipponensis* Gaud., *Palæoreas Gaudryi* Thom., *Gazella sp.* (*cf. Antidorcas*), *Oreonagor Tournoueri* Thom., *Cephalopus* (?) *leporina* Pom. ;

2º au Pléistocène ancien, *Elephas meridionalis* Nesti var. *Atlanticus* Pom., *Camelus Thomasi* Pom., *Giraffa sp.* ;

3º au Pléistocène moyen, *Hyæna crocuta* Erxl. var. *spelæa* Goldf., *Rhinoceros cf. bicornis* L. (*R. subinermis* Pom.), *Hippopotamus amphibius* L., var. *Icosiensis* et *Sirensis* Pom., *Bubalus antiquus* Duv. ;

4° au Pléistocène récent et au Néopleistocène, *Equus cf. Burchelli* Gray (*E. Mauritanicus* Pom.), *Rhinoceros cf. simus* Burch. (*R. Mauritanicus* Pom.), *Elephas Africanus* L. (1), *Phacochœrus cf. Ethiopicus* L. (*P. Mauritanicus* et *Barbarus* Pom.), *Oreas cf. canna* Desm. (*O. procanna* et *brevicornis* Pom.), *Oryx cf. leucoryx* Pall. (*O. troglodytorum* Pom.), *Kobus unctuosus* Laurill., var. *Maupasi* Pom., *Connochetes cf. gnou* Zimm. (*C. prognu* Pom.).

La faune de la Bérbérie n'offre pas moins encore aujourd'hui au Nord du Sahara un facies franchement africain, comme en témoigne la présence dans cette contrée de *Pithecus inuus* L., *Macroscelides Rozeti* Duv., *Felis leo* L., *F. pardus* L., *F. serval* Schreb var., *Cynailurus jubatus* Erxl. var. *Genetta afra* Cuv., *Herpestes ichneumon* L., *Canis aureus* L., *Hyæna striata* Zimm.., *Zorilla Libyca* Hemp. et Ehr., *Xerus Getulus* Gessner, *Gerbillus, Meriones, Psammomys, Arvicanthis, Dipus* (plusieurs espèces), *Ctenodactylus gundi* Pall., *Massoutieria Mzabi* Lat., *Hystrix cristata* L., *Gazella dorcas* L. et var. *Alcephalus bubalis* Pall. (2).

A côté de ces formes, l'on remarque, il est vrai, la présence, dans la faune actuelle du Moghreb, d'un certain nombre d'espèces d'origine européenne : *Erinaceus algirus* Duv., *Crocidura aranea* L., *C. etrusca*

---

(1) Cette espèce existait encore en Berbérie au III° siècle de notre ère, d'après Solin ; mais on ne l'y voyait plus à la fin dn IV°, d'après Isidore de Séville (Trouessart, *B. S. Z F.*, XXI, 1896. p. 187).

(2) Les Gazelles et les Alcéphales, qui ne se retrouvent plus aujourd'hui que dans le Sud de la Berbérie, habitaient le Tell au Pleistocène. Au Néopléistocène, les mêmes Ongulés vivaient encore aux environs d'Ain Mlila où Thomas (*B. S. Climat. Alger*, 1877) et Pomel (*C. G. Algérie*, 1894) ont trouvé dans un tumulus : *Gazella dorcas* L., var. *kevella* Gm., *Alcephalus bubalis* Pall., *Ovis aries* L., var. *Africana* Sanson, *Ovis tragelaphus* Geoff., *Bos taurus* L., var. *Mauritanicus* Thom. et var. *Ibericus* Sanson, *Sus scrofa* L., var *Barbarus* Pom.

Canis vulpes L. var. *Mustela nivalis* L. var., *M. erminea* L. var., *Lutra vulgaris* Erxl., *Eliomys quercinus* L. var., *Mus sylvaticus* L., *Lepus Ægyptius* And. et Geoff. var., *Sus scrofa* L., *Cervus elaphus* L. var. (1).

Ces animaux ont évidemment pénétré en Afrique à la suite des grands mouvements négatifs des mers sicilienne et pleistocène. D'autres, également d'origine européenne, ont apparu en Berbérie, puis en ont disparu, au cours de l'ère quaternaire.

C'est ainsi que semblent avoir passé en Algérie :

1° après le grand mouvement négatif du Sicilien récent, *Sus scrofa* L., *Cervus elaphus* L. ;

2° à la suite de l'important mouvement négatif du Pléistocène moyen, *Ursus spelæus* Blumb., *Arvicola (Bramus)*, *Cervus dama* L.

Certaines de ces formes ont à peine survécu à leur migration en Berbérie, où, par contre, persistent de nombreux types éhtiopiens. Ainsi, tandis que l'Europe voyait se succéder sur son sol une série de faunes diverses d'origine, l'Afrique mineure restait constamment, au Néogène (2) et au Quaternaire, un centre de développement de la même faune (3).

------

(1) Le Cerf, qui était répandu au Pléistocène dans toute l'Algérie, ne se rencontre plus aujourd'hui qu'au voisinage de la Tunisie.

(2) L. JOLEAUD, *B. S. H. N. Afrique du Nord*, 1910.

(3) D'après M. TROUESSART (*Cours S. Z. F.*, I, 10, 1905, p. 353-358) la Berbérie se rattacherait, au contraire, par sa faune de Mammifères, à la *région paléarctique*. « Toutefois, ajoute ce naturaliste, il ne faut pas oublier que la faune pliocène du Sud de l'Europe, avec ses Singes, ses Éléphants, ses Girafes, ses grandes Antilopes, etc., avait un *facies nettement africain*, dont le Quaternaire conserva tout au moins une partie (Éléphants, grands Carnivores, Lion, Panthère, Hyène, etc.), jusqu'au commencement de l'époque actuelle. »....

CHAPITRE VII

TECTONIQUE

A. — APERÇU HISTORIQUE

RENOU (1) (1848) fait mention des failles de la périphérie du rocher de Constantine, dont le réseau se prolonge au Sud-Est, dans les marnes du Mansoura.

COQUAND (2) (1854) considère les schistes paléozoïques
d'El Kantour comme occupant l'axe d'un bombement.
Les bancs du Nummulitique dessinent, dit-il, des
contournements et des inflexions bizarres le long de la
rampe de la route d'El Arrouch à El Kantour.

En 1862 (3), il signale un reploiement en voûte des
calcaires du Karkara, une faille faisant buter ces calcaires contre les poudingues rouges, un synclinal couché
dans le Chettaba, et un autre large synclinal entre Sidi
Mcid et les coteaux du Nord de Bizot. Pour Coquand,
l'ensemble des schistes paléozoïques avec les calcaires
liasiques des Tourmiets serait compris entre des failles.

---

(1) *Géologie de l'Algérie*, p. 17, 19, 21, 26.
(2) *Mém. S. G. F.*, 2, V, 1, p. 64, 116.
(3) *Mém. S. Émul. Provence*, II, p. 79, 80, 105, 151.

Ville (1) (1868) relève les synclinaux suivants : synclinal des grès éogènes de la dépression de Jemmapes, synclinaux des formations lagunaires entre El Kantour et Smendou, synclinal des grès éogènes du djebel Ouach, synclinal des poudingues entre le Chettaba et le Koudiat, synclinal des calcaires d'Ain el Bey entre l'Ouled Sellem et le Kroub.

M. Ficheur (2) (1893) indique : 1° entre Bizot et les Deux-Ponts un double plissement, dont le deuxième anticlinal présente une brusque torsion au Sud ; 2° un synclinal couché au Nord dans les travertins du chabet Said ; 3° un anticlinal dans le koudiat Ati ; 4° une faille au Sud du koudiat Ati, entre les poudingues et les argiles à Hélices dentées ; 5° un synclinal formé par les poudingues rouges de Bou Foua ; 6° un anticlinal dessiné par les argiles à gypse de Mila ; 7° un réseau compliqué de failles faisant buter les argiles à *Ostrea crassisima* contre les marnes sénoniennes et les argiles à gypse entre Rouached et les Ouled Kebbeb ; 8° une faille au Nord du Kelal ; 9° une autre faille entre les poudingues de Siliana et de Grarem au Sud, les marnes du Sénonien et les grès de l'Éocène de la chaîne Numidique au Nord ; les poudingues sont reployés vers le bas ; les marnes et les grès qui dessinent une série de plis aigus, sont, au contraire, reployés vers le haut. Il pense que les failles du rocher de Constantine sont d'âge anté-tongrien.

---

(1) *Hodna et Sahara*, p. 21, 26, 47, 51, 53, 55.
(2) *B. S. G. F.*, 3, XXII, p. 549 et suiv., pl. XVI.

En 1895, M. Ficheur (1) voit dans la *chaîne Numidique* actuelle une *ancienne chaîne démantelée ;* les couches du Néocomien y sont renversées sous le Lias et sur le Sénonien au flanc Nord du djebel Mcid Aicha, puis tordues à l'extrémité Est de la même montagne, enfin plissées en anticlinal déversé au Sud sur le Sénonien dans le kef Sema.

Marcel Bertrand (2) (1897) admet que le Trias du Chettaba forme un anticlinal déversé au Nord-Ouest ; ses flancs étirés sont restés en profondeur, son noyau a percé au milieu de terrains plus récents.

M. Ficheur (3) (1897) considère encore comme les restes d'une grande *chaîne démantelée,* les *montagnes isolées qui se dressent au milieu des plateaux de Sétif et des Ouled Abd en Nour.*

En 1899 (4), il interprète *le Zouaoui, le Karkara, l'Akhal, le Kheneg, les rochers de Constantine et de Sidi Mcid,* comme des *tronçons d'une même chaîne démantelée* post-suessonienne. Il signale : 1°- une faille entre le Barrémien et le Sénonien à l'Akhal ; 2° plusieurs failles qui limitent le Zouaoui à l'Ouest et à l'Est, et le Karkara à l'Ouest et au Nord ; 3° les plis longitudinaux qui affectent le Sénonien effondré entre ces deux montagnes ; 4° un pli aigu du Sénonien au Nord-Est du Karkara ;

----

(1) *A. F. A. S.*, Bordeaux.
(2) *B. S. G. F.*, 3, XXV, p. 664.
(3) *B. S. G. F.*, 3, XXV, p. 1158, 1159.
(4) *B. S. G. F.*, 3, XXVII, p. 87, 94, 104-106, 108-110, 113, 114.

5° un autre pli avec noyau triasique déversé au Sud-Est dans le Sénonien d'Ain Goulia ; 6° des failles faisant buter le Trias contre le Néocomien à l'Akhal et au kef Beni Hamza ; 7° un anticlinal triasique étiré au Sud-Est dans l'Éocène inférieur d'Ouled Rhamoun ; 8° des failles entre lesquelles pénètre le Trias le long de l'axe anticlinal éocrétacé d'El Guerra. Il admet enfin que l'anticlinal triasique du Chettaba est ante-oligocène.

M. A. JOLEAUD (1) (1901), considère le Barrémien du djebel Ouach comme faisant partie d'un anticlinal séparé du Sidi Mcid par un paquet de Sénonien pincé entre deux failles ; plusieurs autres failles limitent, d'après lui, l'affleurement barrémien à l'Ouest.

Entre autres accidents tectoniques, MM. JACOB et FICHEUR ont figuré sur la Carte géologique de Constantine (1901) : 1° des failles limitant au Nord le djebel Akhal et au Sud le Kheneg ; 2° d'autres failles découpant la plateforme travertineuse d'El Hadj Baba et le bord Nord-Ouest du plateau d'Ain el Bey ; 3° un anticlinal à voûte effondrée Zouaoui-Karkara ; 4° un grand synclinal oligocène formant le bassin de Constantine, subdivisé lui-même par deux plis longitudinaux.

M. TERMIER (2) (1906-1908), en se basant sur l'allure constamment anormale du Trias dans l'Afrique du Nord a émis l'hypothèse que cette contrée était occupée par une

---

(1) *B. S. G. F.*, 4, 1, p. 133.
(2) *C. R. Ac. Sc.*, CXLIII, 1906, p. 137 ; *B. S. G. F.*, 4, VII, 1907, p. 421 ; VIII, 1908, p. 102.

immense nappe de charriage dont la base serait formée par les argiles irisées et dont le substratum, visible dans la fenêtre de l'Ouenza, serait l'Éocrétacé.

D'après M. Haug (1) (1906-1908) il y aurait eu simplement au niveau du Trias, un *décollement* dans la série sédimentaire sous l'influence des poussées tangentielles.

MM. Gautier et Savornin (2) (1909-1910) ont distingué en Algérie une région tellienne plissée au Tertiaire et une région comprenant les Hauts Plateaux et l'Atlas saharien, qui ridée partiellement et légèrement à la fin du Crétacé et au début de l'Éocène, se serait comportée depuis comme un *horst*.

M. Termier (2) (1910) fait remarquer que « les ano-
» malies tectoniques de la Tunisie et du département de
» Constantine... paraissent toutes simples dans un *régime*
» *apennin*, dans un régime où la série sédimentaire se
» divise, par des surfaces voisines de l'horizontale, en des
» sortes de copeaux qui se déplacent les uns sur les
» autres. »

---

(1) *C. R. Ac. Sc.*, CXLI, 1906, p. 1105 ; *B. S. G. F.*, 4, VI, 1906, p. 355 ; *Traité de Géologie*, II, 1908, p. 873, 889.

(2) Gautier, *Ann. Géog.*, XVIII, 1909, p. 328 ; Gautier et Savornin, *La Géographie*, XXI, 1910, p. 89 ; Savornin, *C. R. Ac. Sc.*, 27 décembre 1909, *B. S. H. N. Afrique du Nord*, II, 1910, p. 46.

(3) *B. S. G. F.*, 4, X, 1910, p. 159.

B. — CONSIDÉRATIONS GÉNÉRALES
SUR LES PLISSEMENTS DE L'AFRIQUE MINEURE

§ 1. Phase des plissements paléozoïques

L'effondrement qui limite l'Algérie vers le Nord et dont la bordure est marquée par la série des roches éruptives des environs de Bône, Philippeville, Collo, Djidjelli, Bougie, etc., n'a pas entraîné sous les eaux tout le bloc des terrains primaires de l'ancien continent méditerranéen occidental. Une large bande de roches paléozoïques métamorphisées subsiste encore en arrière de la ligne des pointements granitiques récents, et c'est elle qui constitue principalement la zone des *Massifs littoraux* (Edough, Kabylie de Collo, etc.) (*pl. II*).

Au Sud de ces massifs, dans les *chaînes sublittorales*, (chaîne Numidique, etc.), l'on retrouve encore de larges affleurements de schistes primaires que surmonte, en discordance, le conglomérat de base du Permien. De la présence de ce conglomérat et des grès grossiers qui l'accompagnent, l'on peut déduire que d'importants mouvements orogéniques, se rattachant à la *phase hercynienne ou armoricano-varisque*, se sont produits dans la région, vraisemblablement entre le milieu du Carbonifère et le milieu du Permien. Ces mouvements semblent un peu plus jeunes que ceux qui affectèrent, depuis la fin du Dévonien jusqu'au début du Stéphanien, la zone axiale du grand géosynclinal transverse (Massif armoricain, Vosges, etc.) ; ils paraissent correspondre plutôt, comme âge, à ceux qui prirent naissance avant le Permien moyen, sur les bords Nord et Sud du même

géosynclinal (Ardennes, Westphalie, etc., d'une part ;
Pyrénées, Mesetas ibérique et marocaine, Sahara septentrional, d'autre part).

La chaîne Numidique ne peut guère renseigner sur la
direction de ces remarquables dislocations, les poussées
tangentielles considérables qu'elle subit pendant l'ère tertiaire ayant profondément altéré sa physionomie primitive.

Il ne semble pas qu'il en ait été tout à fait de même de
la Kabylie de Collo. Là, il est vrai, les formations non
métamorphiques de l'Anthracolithique paraissent manquer. Mais les dépôts paléozoïques les plus récents,
des calcaires bleus ou blancs, à peine métamorphisés,
représentant peut-être le Dévonien, dessinent immédiatement à l'ouest de Philippeville, une bande longue
et étroite, orientée du Nord-Nord-Est au Sud-Sud-Ouest
entre azib Bou Beker et la maison forestière de Sidi
Zerzour. De même, plus à l'Ouest, dans la zone voisine
du chemin de Collo à Tamalous, ces calcaires qui n'occupent plus que des surfaces très réduites, au milieu des
schistes anciens, jalonnent des trainées dirigées Nord-
Nord-Est Sud-Sud-Ouest.

Dans l'Edough aussi, qui termine vers l'Est la zone des
massifs littoraux forme et dans son ensemble, un vaste
dôme allongé du Nord-Est au Sud-Ouest, on peut
reconnaître l'existence de plis Nord-Nord-Est Sud-
Sud-Ouest, 1° chez les Ouled Sahei ; 2° entre le chemin des crêtes et le djebel Nguib ; 3° entre Bône et
Bugeaud ; 4° à Hippone ; 5° dans le massif du Bou
Hamfa (1).

---

(1) Voy. Séligman-Lui et Ficheur, *C. G. Algérie*, feuille n° 16-17,
Bône-Bugeaud, 1905.

Pour éviter toute confusion, je désignerai sous le nom de *plis kabyles* ces plis Nord-Nord-Est Sud-Sud-Ouest, d'âge paléozoïque. Leur direction rappelle celle des plis paléozoïques subméridiens du Sahara septentrional, décrits par MM. Flamand (1) et Gautier (2), et aussi celle des plis de la Meseta marocaine, de direction varisque, tels que les ont fait connaître MM. Thomson (3), Brives (4), et Gentil (5).

D'autres plis primaires, situés en dehors des massifs anciens du littoral, ont été signalés, avec plus ou moins de détails, dans la Tunisie centrale (6), les régions de Souk Ahras (7), Miliana et Oran (8), puis sur divers points du Tell oranais (9) et dans le Grand Atlas marocain (10). En Oranie et au Maroc, ces plis sont encore

----

(1) *La Géographie*, I, 1900, p. 355 ; *Ann. Géog.*, IX, 1900, p. 241 ; *C. R. Ac. Sc.*, CXXXIV, 1902, p. 1322 ; etc.

(2) *Sahara algérien*, 1908, p. 144 et suiv. — Au Sud-Ouest d'une ligne passant vers Beni Abbes, Timimoum et In Sala, les plis subméridiens, de direction varisque, sont remplacés par des plis de même âge, mais de direction armoricaine.

(3) *Travels in the Southern Marocco and Great Atlas*, 1889.

(4) *C. R. Ac. Sc.*, 21 avril 1902 ; *B. S. Géog. Alger*, 1902 ; *C. R. IXe Congr. Géol. intern.*, Vienne, 1903, p. 690 ; etc.

(5) *C. R. S. G. F.*, 7 juin 1909, p. 68 ; *Nouv. Arch. Miss. scient.*, XVIII, 1909 ; etc.

(6) Pervinquière, *Tunisie centrale*, 1903, p. 21.

(7) Blayac et Gentil, *B. S. G. F.*, 3, XXV, 1897, p. 533

(8) Gentil, *Bassin de la Tafna*, 1903, p. 408 ; *B. S. G. F.*, 4, VIII, 1908, p. 415.

(9) Flamand, *B. S. G. F.*, 4, VIII, 1908, p. 259.

(10) Thomson, *Travels in the Southern Marocco and Great Atlas*, 1889 ; Brives, *B. S. G. F.*, 4, V, 1905, p. 379, etc. ; Gentil, *Ann. Géog.*, XV, 1906, etc.

nettement Nord-Nord-Est Sud-Sud-Ouest : vers Rabat,
ils se rebroussent vers le Nord-Ouest (1).

Une telle orientation tectonique ne se retrouve, dans la
région de Constantine, qu'au djebel Karkara, dans la
partie Nord-Est du Zouaoui et dans les rochers de Constantine et de Sidi Mcid. Elle semble y avoir été déterminée
par la préexistence d'un pli hercynien, dont témoignerait
aussi la présence du grand affleurement triasique du
Chettaba allongé lui-même du Nord-Nord-Est au Sud-
Sud-Ouest Des dislocations de même direction, et qui
vraisemblablement correspondent aussi en profondeur à
des plis paléozoïques, ont été observées un peu partout
dans les autres parties de l'Afrique mineure (djebels Bou
Kournin, Ressas, Baten, Mhrila, Trozza (2), massif des
Matmata (3), en Tunisie ; — Ouarsenis (4), Plateau steppique algérois (5) ; — Hautes Plaines et Atlas saharien
oranais (6).

§ 2. Phase des plissements cénezoïques

Malgré l'existence de plis primaires, la zone qui
s'étend au Sud des massifs paléozoïques du littoral barbaresque est cependant avant tout un pays de plis cénozoïques.

Vers la fin du Crétacé des *bossellements* commencèrent

(1) Gentil, *C. R.-S. G. F.*, 7 mars 1910.
(2) Pervinquière, *Tunisie centrale*, 1903, p. 336, fig. 42.
(3) Joly, *B. S. Géog. Alger*, XIII, 1908, p. 281.
(4) Repelin, *B. S. G. F.*, 3, XXIII, 1895, p. 164, fig. 5 ; *Environs
d'Orléansville*, 1895, pl. I ; Ficheur, *Ann. Min*, octobre 1909.
(5) Joly, *Ann. Géog.*, XVIII, 1909, pl. VIII *bis*.
(6) Flamand, *B. S. G. F.*, 4, VIII, 1908, p. 259.

à s'y produire. L'on en retrouve encore aujourd'hui la trace sur bien des points des environs de Constantine. Au voisinage de la ville, le Maestrichtien supérieur renferme, en effet, des brèches et des conglomérats à petit éléments ; dans le Teffaha, le Néocrétacé est transgressif sur les calcaires néocomiens ; dans le Chettaba, il est superposé directement à l'Aptien du Karkara ; dans le Mansoura, il arrive sur le Turonien du Sidi Mcid.

A El Guerra, l'Éocène moyen s'avance sur le Néocrétacé ; sur le revers Nord-Ouest de l'Oum Settas, l'Éocène inférieur renferme des blocs semblant provenir de la montagne éocrétacée voisine. Les mouvements orogéniques du Sénonien se sont ainsi continués au Suessonien et au Lutétien : ils marquent ici le début de la phase tectonique alpine.

Des conglomérats ont, d'ailleurs, été signalés, dans le Néocrétacé, sur de nombreux points de l'Algérie, par MM. Ficheur (1), Welsch (2), Repelin (3) et Savornin (4) dans les Babors, l'Atlas de Blida, les Biban, la chaîne d'Aumale, la région de Tiaret, les monts du Hodna et de l'Aurès. En Grande Kabylie, dans l'Atlas de Blida, dans le massif de Miliana, dans le Dahra, le Maestrichtien supérieur présente, parfois, le même faciès détritique que dans la région de Constantine. En Tunisie, d'après M. Pervinquière (5), « à la fin du Crétacé, un mouvement du sol

---

(1) *B. S. G. F.*, 3, XVII, 1888, p. 260 ; *Éocène de la Kabylie du Djurjura*, 1890, p. 128 ; *B. S. G. F.*, 3, XX, 1893, p. 413 ; *Ann. Min.*, octobre 1904.

(2) *C. R. Ac. Sc.*, 8 avril 1889 ; *Tiaret et Frenda*, 1890, p. 177.

(3) *Environs d'Orléansville*, 1895, p. 108.

(4) *B. S. G. F.*, 4, IV, 1904, p. 155 ; *Ann. Min.*, octobre 1904.

(5) *Tunisie centrale*, 1903, p. 346.

» s'est esquissé dans le Sud » et, dans la région centrale,
« un léger bombement a dû se produire dans diverses
» localités » ; enfin « un mouvement du sol des plus nets
» a eu lieu vers la fin de l'Éocène inférieur ». M. Lemoine[1]
indique de même une phase de plissement postcrétacée
dans le Maroc occidental.

Pendant le Lutétien supérieur, l'Éocène supérieur et
l'Oligocène, la presque totalité de l'Algérie fut le théâtre
d'importants phénomènes tectoniques. Les premiers
d'entre eux semblent avoir déterminé, dans la région,
la formation du conglomérat des Toumiets. Cette assise
détritique, qui est caractérisée par la présence de fossiles
du Lutétien supérieur, a été déposée en discordance sur
des calcaires appartenant déjà au Lutétien supérieur et
s'est étendue transgressivement sur tous les terrains plus
anciens, y compris les schistes paléozoïques. Des poussées
successives furent ensuite marquées, dans le Nord de
l'Algérie, par la transgression graduelle du flysch, puis
par l'émersion de la plus grande partie du pays vers la fin
de l'Oligocène.

Les phénomènes orogéniques se continuèrent avec une
grande intensité pendant le Néogène.

Ils donnèrent finalement naissance à deux systèmes
de plis. J'appellerai *plis numidiens* ceux du Nord, qui
sont orientés de 'Est à l'Ouest et ont formé les chaînes
sublittorales ; je désignerai sous le nom de *plis aurasiens* ceux du Sud, qui sont dirigés du Sud-Ouest au
Nord-Est et ont constitué les reliefs du Tell intérieur,
des Hautes Plaines et des Chaînes présahariennes.

---

(1) *B. S. G. F.*, 4, V, 1905, p. 96.

a) *Zone des plissements numidiens*

Les *plis numidiens* diffèrent des plis aurasiens, non seulement par leur orientation, mais encore et surtout par l'ampleur des dislocations auxquelles ils ont donné naissance.

La CHAINE NUMIDIQUE, en particulier, présente un grand nombre de rochers calcaires isolés du Lias et de l'Éocène, qui constituent tout autant de *klippes* au milieu des schistes, marnes, argiles et grès des autres étages géologiques. Ces klippes n'occupent généralement que des surfaces très réduites. L'une d'entre elles cependant, qui forme le djebel Mcid Aicha, atteint 10 kilomètres de longueur. La stratification à l'intérieur de ces masses rocheuses est profondément bouleversée, comme l'on peut s'en rendre compte dans les galéries minières du Mcid Aicha et du kef Sema, de même que dans les carrières de l'Armée française, de La Robertsau et de Gastu (1). D'une façon générale, elle présente une tendance bien marquée à un déversement vers le Sud.

L'existence de ces klippes dans la chaîne Numidique montre que ce relief est constitué par une nappe charriée, venue du Nord : la description tectonique détaillée qui sera donnée plus loin montrera qu'il en est bien ainsi.

La zone de contact de la chaîne Numidique et des massifs littoraux de la Kabylie de Collo est généralement occupée par le flysch, dont les strates témoignent, en maints endroits, par leur allure, des efforts orogéniques

(1) L. JOLEAUD, *C. G. Algérie*, feuille du Sidi Dris, 1910.

— 339 —

considérables qu'elles ont subis. A l'Ouest du Col des
Oliviers, dans la carrière de ballast du mamelon coté 521,
ainsi qu'au Nord-Ouest de Jemmapes, au-delà de Bissy,
sur les bords de la route, le flysch dessine des séries de
boucles empilées et couchées vers le Nord, c'est-à-dire
en sens inverse de celles de la chaîne Numidique proprement dite. Toutefois, dans la partie septentrionale de
celle-ci, j'ai observé, en divers points, la trace de chevauchements vers le Nord, par exemple, sur le revers
septentrional du Sidi Marouf, du kala et Touma, du Mcid
Aicha, du Sidi Dris. Les accidents de cet ordre deviennent plus fréquents au fur et à mesure que l'on s'avance
vers l'Est : Barrémien chevauchant l'Éocène dans le
douar Sfardjela, schistes anciens chevauchant le Lias
dans le djebel el Rdir, etc. (1).

Ces déversements vers le Nord, qui paraissent bien ici
surimposés au régime des nappes charriées vers le Sud,
ont déterminé une disposition en éventail très asymétrique de la structure générale du pays, disposition qui
se retrouve, comme on le verra plus loin, dans la plupart
des chaînes sublittorales de l'Algérie. L'interprétation
qu'ont récemment donné de la tectonique des Alpes
Pennines, des Pyrénées et du Haut Atlas marocain,
MM. Argand, Léon Bertrand et Gentil, paraît rendre
parfaitement compte des phénomènes que j'ai observés
dans la région de Philippeville. A la phase initiale qui a
produit les charriages, aurait succédé, au cours de la
grande période orogénique tertiaire, une seconde phase,
celle des déversements vers le Nord. Mais ici, comme
dans les Pyrénées, l'Atlas marocain, etc., il ne peut

____

(1) L. Joleaud, *C. G. Algérie*, feuille du Smendou, 1908.

s'agir évidemment « que du sens du déplacement relatif
» des parties superficielles par rapport aux parties pro-
» fondes » résultant d'une « *surcompression* de la
» chaîne (1) ». La cause probable devrait en être cherchée
dans le rapprochement de deux aires d'ancienne consolidation, au Nord, le massif kabyle, au Sud, les plis
anciens cachés sous le Crétacé et le Tertiaire de la région
de Constantine.

Quoiqu'il en soit, la nappe de charriage de la chaîne
Numidique ne semble pas d'origine bien lointaine, car
les faciès présentés par les étages géologiques n'y sont
pas très différents de ceux des régions voisines du Sud
et de l'Est. Il semble dès lors que la racine de la nappe
doive être cherchée dans les massifs kabyles situés immédiatement plus au Nord.

Or, dans le massif des Radjeta, au Nord de l'important pâté schisteux paléozoïque du djebel el Hallia, l'on
retrouve, d'après M. Ficheur (2), la plupart des terrains de
la chaîne Numidique plus ou moins modifiés par le métamorphisme au contact des granits tertiaires (3). Le Lias
forme, dans le djebel Filfila, au milieu des argiles et
schistes éogènes, la retombée Est d'un anticlinal de
direction subméridienne.

Divers pointements calcaires indiqués par MM. Ficheur
et Séligman-Lui plus au Sud, semblent raccorder cette
montagne aux reliefs liasiques de la terminaison orientale
de la chaîne Numidique, vers Gastu.

---

(1) Léon Bertrand, *C. R. S. G. F.*, 1911, p. 65.
(2) *B. S. G. F.*, 4, III, 1903, p. 414.
(3) Termier, *C. R. Ac. Sc.*, 10 février 1902. — V. aussi Curie et
Flamand, *C. G. Algérie.*, 1900, p. 38.

Au voisinage de l'autre extrémité de la chaîne Numidique, dans la Kabylie de Collo, au Sud d'El Milia, l'on rencontre une autre série de rochers liasiques. Le plus important d'entre eux, le djebel Maharda, émerge au milieu du flysch et forme la retombée Est d'un anticlinal de direction subméridienne. Au Sud de la mechta Gardjima, une barre rocheuse se détache de la masse calcaire principale, se dirige vers le Sud, en chevauchant nettement du côté de l'Ouest les schistes jurassiques et est elle-même recouverte à l'Est par le flysch. Cette disposition, qui est aisément observable dans les profonds ravins entaillant la montagne, a déterminé, dans les masses schisteuses subordonnées, la production de nombreux plissotements secondaires. A la hauteur du rebroussement des strates calcaires, au Sud-Est de la mechta Gardjima, se montrent, au voisinage du contact du Lias et du flysch, des roches granitiques dont l'affleurement se continue vers le Nord, dans la direction du bir en Nemer, en flanc du Moul ed Demamen.

De même que le Filfila, le rocher de Gardjima se raccorde à la chaîne Numidique par une série de pointements liasiques, Ain es Sefla, kef Berra, Mechta el Kalain, qui jalonnent une ligne de direction subméridienne prolongeant l'axe anticlinal du Maharda (1).

Les djebels Filfila et Maharda paraissent ainsi appartenir à la racine de la nappe de la chaîne Numidique.

------

(1) Dans les djebels Maharda et Filfila, les poussées tangentielles ont été déviées par la résistance qu'ont offert les anticlinaux paléozoïques : aussi est-ce suivant la direction de ces anticlinaux qu'ont été plissés le Lias et le Lutétien.

Tous les terrains entrant dans la constitution de la chaîne Numidique semblent avoir participé au charriage. De plus, les poussées tectoniques de la fin du Miocène paraissent avoir déterminé une remise en mouvement de la nappe, qui a donné naissance au chevauchement du Crétacé et de l'Éocène sur le Pontien du douar Guettara.

Comme la chaîne Numidique, les chaînes des BABORS semblent d'âge miocène : des lambeaux de Burdigalien et peut-être d'Aquitanien s'observent, en effet, jusqu'au voisinage de leurs sommets. L'allure tectonique y est exactement la même que dans la chaîne Numidique et paraît, ici encore, témoigner de l'existence de phénomènes de charriage : tel est le cas, en particulier, pour le rocher liasique du djebel Hadid, qui semble reposer entièrement sur les marnes néocrétacées.

Cette même structure se retrouve encore dans le DJUR-JURA. Là, en effet, sur les calcaires du Lias, reposent, *d'une façon constante*, des schistes et des grès rapportés tout d'abord par M. Ficheur (1) au Jurassique, et maintenant attribués par lui (2) au Carbonifère et au Permien. Au contact de cet Anthracolithique, qui est disposé en série renversée, vient directement le Toarcien fossilifère (3) terminant un puissant ensemble liasique où les assises se superposent normalement. De même que dans la Kabylie de Collo, l'on retrouve, dans la Grande Kabylie, au Nord du Djurjura, une bande de calcaires liasiques séparée du reste de la chaîne par une zone de

____

(1) *Kabylie du Djurjura*, 1891.
(2) *Ann. Min.*, octobre 1904.
(3) FICHEUR, *B. S. G. F.*, 3, XXIV, 1897 p. 1146-1148

schistes cristallins (1) et reposant en situation normale sur les schistes anciens (2).

Par le chaînon remarquablement disloqué de Palestro, le Djurjura se raccorde à l'ATLAS DE BLIDA. Cette chaîne, d'âge post-helvétien, a été affectée d'importants chevauchements, qui dessinent un double éventail, avec refoulements considérables vers le Sud (3).

L'Atlas de Blida se prolonge, par le massif de Miliana, dans le DAHRA. Ici les plis, également post-helvétiens, sont encore déversés au Sud. sauf ceux du voisinage du littoral, qui sont reployés vers le Nord (4).

Des zones de plissements Est-Ouest se rencontrent plus au Sud, dans les Biban, le Titteri et l'Ouarsenis.

Dans les BIBAN, le Guergour présente des lambeaux de Lias en situation anormale sur le Néocomien et le Cénomanien (5). Sur le bord méridional de cette ligne de reliefs, au-dessus de la dépression de l'Ouennougha-Medjana, l'Éocrétacé des Azerou, plongeant au Nord et formant des *klippes*, repose sur l'Éocène inférieur. Dans la dépression même, le Trias, le Néocrétacé, l'Éocène inférieur et le Burdigalien sont empilés, en boucles couchées au Sud, sur le Miocène du djebel Mansoura (6).

---

(1) *C. G. Alg.*, 3ᵉ éd., 1900.

(2) FICHEUR, *Kabylie du Djurjura*, 1891, p. 171, fig. 20 [Ces calcaires liasiques n'avaient pas encore été séparés par M. Ficheur des calcaires lutétiens en 1891 (V. *Kabylie du Djurjura*, pl. I)].

(3) FICHEUR, *B. S. G. F.*, 3, XXIV, 1897, p. 982.

(4) BRIVES, *Chéliff et Dahra*, 1897, p. 99, fig. 14 ; *Ann. Min.*, octobre 1904.

(5) FICHEUR *in* DUSSERT, *Ann. Min.*, 10, XVII, 1910, p. 181, fig. 5, pl. IV, fig. 1.

(6) SAVORNIN, *C. R. Ac. Sc.*, CXL, 1905, p. 155 ; *B. Et. appliq. Éc. Sc. Alger*, 1905, pl. I, fig. 2 ; *C. G. Algérie*, feuille de Bordj bou Arreridj, 1906 ; *A. F. A. S.*, Lyon, 1907, 2, p. 288, fig.

Dans le Titteri, au milieu de plis imbriqués et couchés au Sud, affectant le Miocène, M. Joly (1) a observé d'importants affleurements *triasiques*, comme celui de Sidi bou Zid, qui se poursuit sur *plus de 40 kilomètres en une étroite bande Est Ouest.*

Dans l'Ouarsenis, M. Repelin (2) a signalé aussi une série d'accidents Est Ouest, dont certains sont nettement déversés au Sud (anticlinaux de Rokbat el Atba, de Sidi Abd el Kader, etc) : plusieurs d'entre eux (anticlinal du Sidi Marouf, etc.) affectent le Burdigalien.

Plus à l'Ouest, les accidents orogéniques n'ont de même acquis leur maximum d'amplitude qu'au début du Tortonien. Les plus septentrionaux d'entre eux correspondent, dans le Sahel depuis Oran jusqu'au Maroc, comme dans le massif des Kebdana, à une lame de Trias et de Lias *charriée* vers le Sud, dont la racine borde le rivage actuel (3). Dans la région orano-marocaine, l'effondrement méditerranéen a probablement entraîné sous les eaux la partie à déversement Nord de l'éventail sublittoral.

En somme, *les plis numidiens, depuis le déparlement de Constantine jusqu'au Maroc, sont orientés d'une façon à peu près constante de l'Est à l'Ouest ; ils présentent des*

---

(1) *Ann. Géog.*, XVIII, 1909, p. 252, pl. VIII bis.

(2) *B. S. G. F.*, 3, XXIII, 1895, p. 164, fig. 5, p. 162, fig. 2 ; *Environs d'Orléansville*, 1895, pl. 1, p. 192. — V. aussi Ficheur *in* Dussert, *Ann. Min.*, 10, XVII, pl. III.

(3) Gentil, *C. R. Ac. Sc*, 30 mars 1908 et 31 octobre 1910. — Cette même structure se retrouve aux environs de Tanger, où « les calcaires et les marnes jurassiques forment une série de *plis imbriqués, déversés et chevauchant* l'Éocène de l'Est à l'Ouest » (Gentil, *C. R. S. G. F.*, 6 février 1911, p. 23).

dislocations considérables, qui donnent souvent naissance à d'importants charriages ou chevauchements vers le Sud ; enfin, ils ont été définitivement formés après l'Helvétien et avant le Tortonien supérieur.

b) *Zone des plissements aurasiens*

L'allure tectonique des plis aurasiens est très différente de celle des plis numidiens.

Dans les MONTS DE CONSTANTINE, par exemple, la base de la série sédimentaire, constituée par un puissant ensemble de strates rigides liasiques (?), éo- et mésocrétacées, dessinait originellement de larges anticlinaux très peu accusés, se présentant plutôt comme de simples ondulations d'une grande table calcaire. Celle-ci a été, par la suite, découpée en de nombreux tronçons par des séries de flexures, de failles, de champs de fractures.

Autour de ces témoins rocheux demeurés en surélévation, les sédiments les plus plastiques, argiles, marnes, petits bancs calcaires et grès du Néocrétacé et du Tertiaire ont été, sur beaucoup de points, affectés par de nombreux plissements secondaires dans lesquels apparaissent les argiles irisées du Trias (1). La principale complication de structure des plis aurasiens réside dans ces *relations presque constamment anormales du Trias.* Les sédiments de cet âge sont peut-être en place sous le Lias dans le djebel Oum Settas, mais nulle part ailleurs ils n'apparaissent *sous* les calcaires éo- et mésocrétacés. Ils reposent, constamment *sur* eux, soit directement, soit intercalés au milieu des formations néocrétacées et ter-

____

(1) L. JOLEAUD, *C. R. Ac. Sc.*, 22 mars 1909.

tiaires, et cela quel que soit l'âge de la couche terminale de la masse rocheuse subordonnée. Ainsi, au djebel Akhal, au kef Beni Hamza, au Kheneg, le Trias arrive directement au dessus du Néocomien (?), et aucun des terrains qui le surmonte tectoniquement dans cette zone, ne renferme des calcaires subrécifaux ; à El Guerra, il est en contact avec des calcaires massifs aptiens, etc.

Au milieu des plissements cénozoïques, le Trias affleure, tant sur l'emplacement des voûtes affaissées que dans les synclinaux. Mais, en très grande majorité, ses lambeaux, et invariablement *tous ceux de quelque importance*, sont situés sur l'emplacement des voûtes affaissées. C'est ainsi qu'il se rencontre sur plusieurs points des zones anticlinales effondrées entre le Kheneg et le djebel Akhal, entre le Zouaoui et le Karkara-Felten. L'affleurement du Chettaba correspond de même à l'axe de l'anticlinal du Sidi Mcid, qui offre aussi des lambeaux de même âge, à l'Ouest de Guettar el Aich. On en trouve encore en de nombreux endroits, entre El Guerra et Ouled Rahmoun, dans le prolongement de l'anticlinal qui reliait autrefois le rocher d'El Guerra au djebel Tessala. Dans les synclinaux, ce terrain ne se montre que sur des espaces très réduits comme au douar Ouled Rahmoun (Sud d'El Mala), au Bon Pasteur, etc.

Le lambeau triasique qui occupe le plus de surface dans la région de Constantine, celui du Chettaba, est situé, comme je l'ai montré, le long d'un pli paléozoïque. Il est remarquable de voir ainsi l'affleurement le plus étendu du terrain le plus ancien jalonner une ligne directrice de l'orographie primitive du pays. Il nous semble que l'on peut trouver dans cette constatation, et dans les observations du même ordre faites dans d'autres régions de la Berbérie, un élément important pour l'interprétation de la tectonique du Trias de l'Afrique mineure.

Cette formation, en série probablement complète, se présente bien sur de grandes surfaces dans l'EXTRÊME-SUD TUNISIEN (1), mais avec *une allure tectonique absolument calme*, ne rappelant en aucune manière celle du bord d'une nappe qui occuperait tout le reste de la Tunisie et l'Algérie. Si le Trias y est indépendant du Jurassique, ses diverses assises ne s'en superposent pas moins les unes aux autres, comme celles du Jurassique et du Crétacé voisins, en succession parfaitement régulière, depuis le noyau de l'anticlinal des Matmata, où apparaissent les plus anciennes strates, jusqu'aux falaises extérieures du Dahra, au-delà desquelles s'étalent les plus récentes (2).

Il y a un contraste saisissant entre les relations de ce terrain dans l'Extrême-Sud tunisien d'une part, dans la TUNISIE CENTRALE ET SEPTENTRIONALE d'autre part. Ici le Trias, en *situation anormale*, se montre au milieu de plissements plus simples, presque rudimentaires (3). Sur l'orientation habituelle Sud-Ouest Nord-Est des plis aurasiens est bien venue interférer une orientation secondaire Nord-Ouest Sud-Est, parallèle à l'axe de rebroussement

---

(1) LE MESLE, Mission géologique 1890-91, p. 20 ; *Explor. scient. Tunisie*, 1899 ; PERVINQUIÈRE, *Tunisie centrale*, 1903, p. 19 ; *B. S. G. F.*, 4, V, 1905, p. 568 ; — JOLY, *C. R. Ac. Sc.*, CXLV, 1907, p. 143 ; *B. S. Géog. Alger*, XIII, 1908, p. 292.

(2) JOURDY, *B. S. G. F.*, 4, VIII, 1908, p. 144 et suiv.

(3) PERVINQUIÈRE, *Tunisie centrale*, 1903, p. 333.

Pantellaria-Limosa (1), mais les dislocations qui en ont été le résultat se sont presque toutes résolues en de simples fractures.

De plus, dans le Nord, comme dans le Sud de la Tunisie, partout où l'on retrouve la trace de dislocations subméridiennes (Matmata, djebels Trozza, Mhrila, Baten, Ressas, Bou Kournin), l'on observe d'importants affleurements triasiques, normaux dans le Sud, anormaux dans le Nord et le centre.

L'on serait donc en droit de penser, ici encore, que le décollement qui a permis l'intrusion des argiles irisées dans la série sédimentaire post-triasique du Nord et du centre de la Tunisie, a été une conséquence de la surimposition des plis cénozoïques aux plis paléozoïques. Evidemment l'on ne voit pas aujourd'hui, d'une façon constante, des plis subméridiens au voisinage de tous les lambeaux de Trias anormaux de Tunisie, mais cela peut très bien tenir à ce que les dislocations hercyniennes ont été presque partout, dans cette contrée, masquées et plus ou moins complètement déformées par les poussées tangentielles tertiaires. (1)

Il n'en a évidemment pas été de même dans l'Extrême Sud tunisien, où la direction subméridienne des lignes orographiques est restée prédominante, et où la large ondulation anticlinale du Jurassique et du Crétacé n'est que la conséquence de mouvements posthumes des plissé-

---

(1) Haug, *C. R. Ac. Sc.*, CXLII, 1906, p. 1105 ; *B. S. G. F.*, 4, VI, 1906, p. 355.

(2) Voy. les nombreux accidents tectoniques subméridiens, d'importance variée, figurés sur la Carte géologique générale de la Tunisie centrale de M. Pervinquière.

ments hercyniens, dans une région semblant avoir plus
ou moins échappé aux forces tectoniques cénozoïques (1).

Dans l'Algérie intérieure, comme dans le Nord et le
centre de la Tunisie, l'on rencontre des lambeaux de
Trias, en situation anormale, au voisinage des dislocations à orientation subméridienne.

En parcourant les monts du Mellègue, j'ai constaté
l'existence d'accidents Nord Sud dans les djebels Ouenza,
Lajbel, Hamaina, Slata. J'y ai reconnu (2) un important
affleurement d'argiles irisées et de calcaires dolomitiques
bleus au gueret ez Zambei, immédiatement au Nord-
Est de l'Ouenza. M. Termier (3) a, depuis, signalé le
recouvrement de l'Éocrétacé par le Trias dans tout
l'Ouenza. Au cours de voyages effectués en 1907 et en
1908, j'ai pu faire la même observation.

Aux environs de Guelma, les tracés de mon père (4),
et ceux plus récents de M. Dareste de la Chavanne (5)
montrent nettement la direction Nord Sud : 1° des
affleurements éocrétacés du dra el Kerroucha et du
douar Bou Zitoun ; 2° des lambeaux permiens, triasiques
et liasiques de la Mine et de la station du Nador.

---

(1) J'ai déjà émis l'hypothèse de l'effondrement d'un massif
ancien sur l'emplacement de la Petite Syrte, effondrement qui
aurait déterminé le rebroussement vers le Nord-Est des plis de la
Tunisie septentrionale, et vers l'Est-Sud-Est des plis de la Tunisie
méridionale jusqu'à la région de Négrine, en Algérie (L. Joleaud,
B. S. G. F., 4, VII, 1907, p. 271).

(2) Rapport inédit sur la constitution géologique de la région
Sud de la commune mixte de Souk Ahras en vue de recherches
d'eaux artésiennes S. C. G. Algérie, janvier 1906.

(3) C. R. Ac. Sc., CXLIII, 1906, p. 137.

(4) A. Joleaud, B. S. G. F., 4, I, 1901, p. 135, fig. 5.

(5) C. G. Algérie, feuilles La Mahouna, 1909 et Guelma, 1910.

Dans les monts des Ksours (1), les reliefs jurassiques subméridiens des djebels Malah-Aïssa, Brahm-Chemaklich sont en relation avec de très importants affleurements triasiques.

Ainsi, sur les plis hercyniens Nord Sud de l'Algérie intérieure (2), sont venus se superposer les plis aurasiens Sud-Ouest Nord-Est, prolongements de ceux de la Tunisie (3). Plus à l'Ouest, cette zone de plissements paraît se continuer dans le Grand Atlas marocain; dans la partie occidentale de cette chaîne, M. Gentil (4) a précisément constaté la surimposition manifeste de plis cénozoïques Sud-Ouest Nord-Est aux dislocations subméridiennes d'âge anthracolitique.

Donc, un peu partout, dans la Berbérie intérieure, l'on trouve la trace de plis anciens, en relation plus ou moins directe avec l'existence de lambeaux de Trias en situation anormale. Ainsi semble se confirmer l'hypothèse que j'ai émise plus haut sur le rôle des anticlinaux primaires dans la tectonique du Trias. *Ces anticlinaux, en arrêtant momentanément la translation normale des forces tangentielles cénozoïques, ont déterminé une concentration, d'ailleurs très irrégulière, de l'intensité des poussées à leur voisinage. Les voûtes affaissées des ondulations anti-*

-----

(1) FLAMAND, *B. S. G. F.*, 4, VIII, 1908, p. 256.

(2) Le substratum paléozoïque de l'Algérie intérieure apparaît à Gar Rouban et à Tifrit, au milieu de la plateforme jurassique de Saïda. — Les compartiments affaissés autour desquels affleure le Trias dans le plateau steppique algérois ont joué, comme, plus à l'Est, la cuvette du Hodna, le rôle de môle résistant lors des poussées tangentielles tertiaires.

(3) HAUG, *Rev. gén. Sc.*, VII, 1896, p. 1047 ; *A. F. A. S.*, XXVI, Saint-Etienne, 1898, p. 366.

(4) *C. R. S. G. F.*, 23 mai 1910, p. 90.

*clinales, de même que les ondulations synclinales furent
alors débordées, en vertu de la poussée au vide,* par des
paquets *charriés,* résultant de décollements locaux dans
la série sédimentaire.

Cette grande accentuation des phénomènes tectoniques
d'un certain nombre de localités de la Berbérie intérieure
est d'autant plus remarquable que l'on rencontre à leur
voisinage immédiat de vastes étendues présentant seulement des plis rudimentaires ou même une structure
presque tabulaire.

Dans le Nord de l'Afrique mineure (1), qui a conservé
pendant toute la durée des temps oolithiques et crétacés
un caractère nettement *géosynclinal,* les forces tectoniques
se propagèrent suivant une direction Nord Sud à travers
une puissante série bathyale, en donnant naissance partout à des plis bien accusés, souvent même à des chevauchements ou à des charriages. Dans le centre et le Sud
les mouvements orogéniques tertiaires se transmirent à
travers des dépôts *néritiques* formant un ensemble bien
moins développé en hauteur. *Aussi, dans le Nord, les
terrains paléozoïques à dislocations subméridiennes,
étant profondément enfouis sous les vases marines, res-
tèrent à peu près sans influence sur la formation des
plis cénozoïques, tandis que, dans le centre et dans le Sud,
ces mêmes terrains, moins éloignés de la surface, com-
mandèrent, en quelque sorte, l'orogénie tertiaire.*

C'est dans les mêmes conditions que l'on a constaté
sur divers points du globe qu'au dessous de plis visibles,
d'une zone récente, les plis plus anciens d'une zone voi-

____

(1) Sauf bien entendu dans les massifs Kabyles.

sine se retrouvaient en substratum avec leur direction primitive : l'on a admis que, dans des cas semblables, il s'était produit une sorte de *décollement*, de séparation de la série ancienne d'avec la série récente au niveau de la discordance et que les deux séries s'étaient plissées indépendamment l'une de l'autre (1). *Dans la Berbérie intérieure, une telle disjonction a dû se produire, non seulement entre la série paléozoïque et la série secondaire-tertiaire, mais encore elle semble s'être continuée dans cette dernière série, toujours sous l'influence indirecte des plissements paléozoïques préexistants.* La présence constante de blocs de gneiss, de micaschistes, de grès permiens et de calcaires liasiques dans les affleurements du Trias confirme cette interprétation des faits.

Il est très vraisemblable que *c'est aussi à l'influence des dislocations primaires qu'est due la différence de direction des plis numidiens et des plis aurasiens : les anticlinaux paléozoïques Sud-Sud-Ouest Nord-Nord-Est, qui faisaient obstacle à la propagation normale du Nord vers le Sud des poussées tangentielles cénozoïques, auraient dévié celles-ci, qui auraient ainsi donné naissance à des accidents Sud-Ouest Nord-Est et non plus Ouest Est.*

D'ailleurs *les plis aurasiens sont exactement du même âge que les plis numidiens.* Ainsi, le Burdigalien gréseux à *Pecten convexior* Almera et Bofill participe aux plis couchés de la Chebka des Sellaoua. De même, le Burdigalien et l'Helvétien sont énergiquement plissés à Fesdis, au Nord de Batna. L'âge des plis aurasiens est le même aux extrémités Est et Ouest de l'Afrique mineure. Les

____

(1) HAUG, *Traité de Géologie*, I, 1902, p. 222.

observations faites par M. Pervinquière (1) dans la
Tunisie centrale montrent que la phase orogénique prin-
cipale s'est ici produite entre le Miocène moyen et le
Miocène supérieur. D'autre part, M. Gentil (2) indique
que le Tortonien est affecté par les plissements du Grand
Atlas marocain.

c) *Zone de contact des plissements numidiens*
et des plissements aurasiens

Les deux régions bathymétriques de l'Afrique mineure, bathyale au Nord et néritique au Sud, n'ayant pas
conservé constamment les mêmes limites au cours des
périodes géologiques, les deux zones des plis numidiens
et des plis aurasiens ne sont pas partout nettement
séparées. Sur un certain nombre de points des environs
de Guelma et de Constantine, des monts du Hodna, de la
vallée du Nahr Ouacel, on trouve à la fois des plis Sud-
Ouest Nord-Est et des plis Ouest Est.

Dans la RÉGION DE CONSTANTINE de larges ondulations anticlinales Sud-Ouest Nord-Est étaient déjà
nettement dessinées avant le Tortonien. Précédant même
un peu le début de cette période, des affaissements
avaient commencé à découper ces ondulations en une
série de tronçons demeurés depuis en surélévation. Au-
dessus de certains de ces témoins des plissements du
début de la phase alpine, j'ai trouvé des lambeaux d'une
nappe de charriage (3), venue du Nord et dont le rebord

---

(1) *Tunisie centrale*, 1903, p. 226, etc. V. aussi *C. R. S. G. F.*,
20 juin 1910, p. 118.
(2) *C. R. S. G. F.*, 23 mai 1910, p. 91.
(3) L. JOLEAUD, *C. R. Ac. Sc.*, 7 septembre 1908.

méridional est encore visible sur une largeur de 45 kilomètres, depuis le voisinage d'Ain Tinn, dans le djebel
Akhal, à l'Ouest, jusque près d'El Aria, dans le djebel
Ouach, à l'Est. Cette nappe qui est caractérisée par la
présence de marnes à Ammonites pyriteuses du Barrémien,
dessine au Nord-Est du Sidi Mcid plusieurs bandes dans
lesquelles sont pris des lambeaux de flysch. Son chevauchement sur les monts de Constantine a donc eu lieu
postérieurement au dépôt du Nummulitique (*pl. II.*)
Elle est donc du même âge que la chaîne Numidique,
présente, en outre, les mêmes facies, la même allure et
fait probablement partie du même ensemble charrié
au-dessus de la série B.

§ 3. Comparaison des plissements de l'Afrique mineure avec ceux des autres pays alpino-dinariques

Les nappes que j'ai observées dans les régions de Philippeville et de Constantine présentent le caractère
des nappes apennines que M. Termier (1) différencie
ainsi des nappes alpines : « Les nappes alpines, tout
» au moins dans les vraies Alpes, sont des *plis cou-*
» *chés*, empilés les uns sur les autres, et laminés...
» Les nappes du régime apennin paraissent être des
» lambeaux de poussée, des sortes de copeaux détachés
» de leur substratum naturel. » Ainsi « la Corse cristal-
» line poussée en profondeur par les Dinarides, s'est
» avancée *sur* elles, *comme si elle rejaillissait sur le pays*
» *dinarique*, entraînant dans son mouvement vers l'Est
» la zone des Schistes lustrés, et tout le pays sédimen-

-----

(1) *B. S. G. F.*, 4, X, 1910, p. 158-159, 156-157.

— 355 —

» taire situé à l'Ouest de cette zone... Les nappes apen-
» nines, comme celles de l'île d'Elbe, sont des témoins
» de cet immense rejeillissement. »

La nappe numidienne semble rappeler tout à fait par
son âge, ses faciès et son allure tectonique, la nappe
supérieure de la Corse et de l'île d'Elbe. D'une part, en
Corse et à l'île d'Elbe, comme en Algérie, l'on y trouve des
schistes paléozoïques anciens, des schistes sombres carbonifères, des grès permiens, des cargneules triasiques,
des calcaires liasiques à *Arietites*, des calcaires, des schistes
à Fucoïdes et des grès éogènes. Ce que M. Termier (1) dit
de cette nappe supérieure s'applique tout à fait à la
chaîne Numidique : « Quand l'Éocène est superposé au
» Lias, il n'y a pas entre eux de discordance angulaire
» bien sensible. » Dans toute la nappe, « il y a concor-
» dance approximative ; et l'allure lenticulaire, d'origine
» mécanique, introduit, dans le détail, tant de petites
» discordances et d'apparences transgressives, que l'on
» ne peut rien dire de plus. » Cette liaison constante du
Lias et de l'Éocène et leur allure lenticulaire en *klippes*
constituent bien, à mon avis, les caractères les plus
saillants de la structure de la chaîne Numidique. D'autre
part, l'on a vu plus haut que la nappe numidienne
était originaire du Nord, des régions marginales du
massif ancien de la Méditerranée, tout comme la nappe
apennine provient du superstructum du massif ancien
corso-sarde.

Comme celui-ci, d'ailleurs, le massif andalou-kabyle (2)

____

(1) *B. S. G. F.*, 4, X, 1910, p. 143.
(2) Les massifs hercyniens corso-sarde et andalou-kabyle semblent être demeurés plus ou moins complètement unis en une
grande île ou continent méditerranéen occidental pendant les

aurait rejailli extérieurement sur le pays dinarique. Ce dernier, dans l'Afrique mineure, est constitué par la zone des plis aurasiens. L'attribution de cette zone aux Dinarides est bien conforme à l'interprétation tectonique que j'en en ai donnée plus haut. Les Dinarides sont définies par M. Suess (1), tout au moins pour les pays où elles sont en contact avec les Alpes, comme une région faillée, où les plis sont rares et désordonnés. De plus, le même géologue a montré (2), que les Dinarides étaient comparables aux Altaïdes d'Asie, et différaient des Altaïdes d'Europe, parce que les chaînes d'âge mésozoïque et les chaînes tertiaires s'y sont superposées aux chaînes antépermiennes en gardant les caractères généraux de celles-ci. Tel est bien le cas des plis aurasiens dont certains moulent exactement des plis paléozoïques et dont d'autres correspondent à des rides primaires à peine déviées.

C. — DESCRIPTIONS LOCALES

§ 1. Nappe de charriage de la chaîne numidique

Le kef Sidi Marouf (*pl. IV, fig. 1*) est la plus importante des klippes du chaînon du Zouara. Son axe est formé par des calcaires massifs du Lias moyen dont les strates plongent au Sud, en se rebroussant brusquement en haut vers leur extrémité. Ces calcaires massifs, dont la

---

temps secondaires et nummulitiques. Leur littoral sud-oriental devait dessiner deux guirlandes parallèles aux plis actuels de la Sicile et de l'Atlas, et dont le raccordement s'effectuait sur l'axe de rebroussement Limosa-Pantellaria.

(1) *La Face de la Terre*, III, 1.
(2) *Id.*, III, 2.

puissance dépasse 150 mètres, reposent directement de ce côté sur les calcaires marneux de l'Oolithique moyen, dont le pendage est dirigé vers le Nord. Au-dessous viennent les marnes calcaires et les grès de l'Oolithique supérieur, qui, vers la pointe Ouest du Sidi Marouf, subissent de fortes inflexions. Les argiles irisées et les gypses du Trias s'étirent dans cette formation (*pl. IV, fig. 1 bis*). A l'Est et au Nord-Est du kef, les couches jurassiques s'avancent directement sur les marnes du Méso-Néocrétacé.

Un important lambeau triasique s'insinue également dans celles-ci, à 1 kilomètre et demi vers le Nord-Est, au kef Goussam (kef Dehadech), qui présente plusieurs pointements calcaréo-dolomitiques, se dressant au milieu des argiles irisées gypsifères.

Au Nord-Ouest du Sidi Marouf, le Lias inférieur et moyen, limité par un à-pic considérable, chevauche légèrement les schistes satinés et granulitisés, avec interposition d'une lame de marno-calcaires oolithiques.

Dans son ensemble, cette montagne constitue un *faux-synclinal* aigu, d'où le Lias supérieur et l'Oolithique inférieur ont vraisemblablement disparu par étirement, alors qu'ils restent visibles dans les reliefs voisins du Maharda et du Mcid Aicha.

Dans le chaînon des Mouia, c'est le Mçid Aicha (*pl. IV, fig. 3*) qui constitue le pic principal, tant par son étendue que par son altitude. Il est le plus élevé de toute la chaîne Numidique (1.462^m). Les bancs de ce rocher liasique, ont leur pendage général vers le Nord, où ils se reploient et dessinent ainsi un *faux-synclinal* très asymétrique. Au Nord et au Sud, de brusques étirements de couches ont fait complètement disparaître les assises intermédiaires entre le Lias moyen et le Méso-Néocrétacé.

Immédiatement à l'Est du Mcid Aïcha, le Lias moyen repose par endroits sur le Lias supérieur, lui-même superposé à l'Oolithique inférieur et moyen. Toutefois un peu plus loin, dans le KEF SEMA (*pl. IV, fig. 4*), le Lias supérieur reparaît en surface et forme plusieurs brachyanticlinaux au milieu de l'Oolithique. A la faveur de cette série de reploiements secondaires, l'Oolithique de la périphérie du kef Sema plonge au Nord et à l'Est sous le Méso-Néocrétacé, qu'il continue cependant à chevaucher vers le Sud, ainsi d'ailleurs que le Lutétien inférieur.

Vers l'Ouest, les assises du Lias moyen, du Lias supérieur et de l'Oolithique inférieur s'appuient directement, mais en série inverse, sur le Méso-Néocrétacé. Cette disposition tectonique peut être aisément reconnue dans les gorges de l'OUED EL KEBIR (*pl. IV, fig. 2*) qui s'abaissent à la cote 76 à 4 kilomètres et demi à peine du dernier piton de Lias moyen du Mcid Aïcha, lequel se dresse à 1,140 mètres. Les 1060 mètres de falaise sur lesquels s'empilent les strates de la paroi des gorges montrent en détail la structure intime de la chaîne Numidique : leur allure ne laisse aucun doute, à mon avis, sur le fait que le Mcid Aïcha ne s'enracine pas. Les marnes crétacées s'y observent, en effet, jusqu'au niveau de l'eau, en aval de la source chaude des Beni Haroun.

En amont de cette même source se dresse le rocher liasique du KALA ET TOUMA, qui est coupé en deux par l'oued el Kebir. Sur la rive gauche du cours d'eau, le Lias fortement redressé repose sur les argiles irisées triasiques, qui surmontent elles-mêmes les marnes du Néocrétacé.

Un peu plus loin, mais toujours dans les gorges de l'oued el Kebir, le Lias du KEF BOU RABIA dessine, dans le Méso-Néocrétacé, trois lames couchées au Sud, comme la masse principale du Mcid Aicha : en outre la tête de la plus méridionale d'entre elles a été reployée et plonge au Sud.

Les calcaires et les marnes du Lutétien et de l'Éocène inférieur, qui affleurent au milieu des marnes du Méso-Néocrétacé tout autour du kef Bou Rabia, présentent de même de remarquables anomalies tectoniques. Au Nord du kef, près de la fontaine du Génie et de la MECHTA AIN EL KEBIRA, ils plongent vers le Sud et sont disposés en série normale au-dessus du Crétacé. Sur leur bord méridional, ils sont chevauchés par ce même Crétacé. Au Nord-Ouest, dans le KEF AMALLAL et le DJEBEL MASSISSA, le Suessonien et le Lutétien forment des plis imbriqués plongeant au Nord et reposant sur le Crétacé. Au Sud-Ouest, sur la rive gauche de l'oued el Kebir, à l'entrée des gorges, vers la MECHTA BEN HALIOUA, ils constituent une voûte anticlinale, où leurs assises, disposées en succession régulière, sont surmontées périclinalement par le Crétacé. Un peu plus à l'Est, ces bancs calcaires, dans la coupure de l'oued, se gauchissent et finissent, sur la rive droite par plonger, ceux du Nord, vers le Sud, et ceux du Sud, vers le Nord. Ils conservent ces derniers plongements jusqu'au voisinage des MECHTAS KARKOURA et KABR KARBACH. Toutefois l'on constate qu'au Nord et au Sud du mamelon 339 de la feuille du Sidi Dris, leurs couches se présentent en ordre inverse, les calcaires étant subordonnés aux marnes, qui elles-mêmes sont surmontées par le Crétacé.

Au-delà du pointement triasique de la source sulfureuse de l'OUED ED DIB, l'allure des calcaires à silex de la bande méridionale change encore, leur plongement redevient Sud. Ces calcaires sont alors, à la hauteur de l'ain el Nahal, surmontés par les argiles du Lutétien supérieur qui plongent au Nord.

Au Sud de la MECHTA KABR KARBACH, la même bande de Suessonien et de Lutétien se décompose en une série de plis imbriqués, dont les plus méridionaux sont à nouveau infléchis vers le Sud : on y trouve intercalées des marnes crétacées. L'ensemble a même été repris ici par les mouvements orogéniques de la fin du Miocène, comme en témoigne l'allure du Pontien, qui dessine des ondulations synclinales et anticlinales : dans l'axe de celles-ci reparaissent l'Éocène inférieur et le Lutétien.

Cette complication extrême de la tectonique de la chaîne Numidique, au Sud-Ouest du Mcid Aïcha, se retrouve aussi au Sud-Est de la même montagne. Là, en bordure de la forêt des MOUIA (*pl. IV, fig. 4*), l'on peut voir, au-dessus des marnes sénoniennes à lentilles de calcaire jaune (faciès des monts de Constantine), le Barrémien à Ammonites pyriteuses, auquel se superposent le Méso-Néocrétacé, les argiles du Lutétien supérieur et le flysch, à faciès de la chaîne Numidique. Le tout est en apparente concordance et plonge au Nord. Là donc, comme plus à l'Ouest, la chaîne Numidique est couchée au Sud.

Les terrains crétacés ont, ici encore, été repris par les mouvements pontiens, qui ont fait cheminer le Sénonien à lentilles sur les conglomérats du Miocène supérieur entre les mechtas Hadjar Kallam et Dra el Oust.

Des plissements secondaires synclinaux et anticlinaux

s'observent un peu plus à l'Ouest, à la hauteur du KEF ENZEL AKAHAL dans la masse des grès de l'Auversien et du flysch.

Autant la tectonique de la zone Sud de la chaîne Numidique est compliquée, au voisinage du Mcid Aicha, autant celle de la zone Nord est simple. Dans le DJEBEL AÏSSA, au Nord-Est du Mcid Aicha, l'on voit le Suessonien et le Lutétien (marnes et calcaires), en série normale, dessiner une assez large ondulation synclinale.

Tant que l'on reste au-dessus de la masse charriée, les plis que l'on voit paraissent ainsi réguliers ; mais dès que l'on franchit l'arête correspondant au front de la nappe, dès que l'on descend sur son bord Sud et que l'on s'approche de la surface du substratum, l'on constate des anomalies sans nombre. Il en est de même, d'ailleurs, lorsqu'un accident orographique, tel que les gorges de l'oued el Kebir, permet de pénétrer à l'intérieur de la nappe, et d'en saisir la structure intime.

Le second grand rocher de calcaires liasiques que l'on rencontre, en se déplaçant de l'Ouest vers l'Est, dans le chaînon des Mouia est le KEF SIDI DRIS (*pl. IV, fig. 5*). Il émerge au milieu de grès et de schistes rouges permiens. La stratification y est malheureusement peu discernable. Néanmoins l'allure de la masse calcaire, vers la périphérie, semble indiquer que le Lias est ici subordonné au Permien (1) ; et il paraît en être de même des paquets de calcaires liasiques qui pointent un peu partout au milieu de l'Anthracolithique, depuis le bord Ouest du Sidi Dris jusqu'à la hauteur du kef Debban.

---

(1) C'est, en somme, exactement l'allure tectonique du Permien du Djurjura, d'après les coupes de M. Ficheur.

Sur tout son pourtour, l'affleurement permien reposerait de même sur le Crétacé ou sur l'Éocène suivant les points. Le fait est particulièrement aisé à observer dans les ravines situées immédiatement au Nord ou au Sud du Sidi Dris, dans le kef el Guern, dans le kef es Serdj et dans le koudiat Melab el Kheil.

Vers l'Est, entre la zaouia et le souk es Sebt, la coupe des reliefs voisins du sentier du Sidi Dris, résume bien la tectonique de ce massif montagneux : on y voit, en série renversée, les schistes satinés au sommet des reliefs, puis au-dessous le Carbonifère, le Permien, quelquefois le Lias, enfin les calcaires marneux et les marnes du Méso-Néocrétacé.

Dans le douar SFARDJELA (*pl. IV, fig. 6*), à l'Est du col de ce nom, les ravines de la tête de l'oued Hallel ont entaillé le manteau de flysch de la crête du djebel Bit el Djazia et mis à nu son substratum, qui présente une grande complication structurale.

Des schistes paléozoïques, en partie métamorphiques, y émergent, un peu partout, tantôt sous la forme de minuscules lambeaux, tantôt sous celle de bandes longues et étroites. Soit à leur voisinage immédiat, soit au milieu des marnes méso-néocrétacées, des argiles ou des grès en plaquettes de l'Éocène moyen, se dressent de petits rochers liasiques, presque toujours complètement isolés des sédiments environnants par des contacts anormaux, et affectant la disposition d'anticlinaux plus ou moins réguliers. Dans la même situation tectonique que le Lias, l'on trouve, à Sidi en Nouar, etc., des calcaires noirs qui peuvent appartenir à l'Éocène inférieur et au Lutétien inférieur (?). Indistinctement, sur n'importe quel terme de cet ensemble de sédiments, s'étale un lambeau de recouvrement formé de marnes et de marno-calcaires crétacés, dans lequel nous avons trouvé des Ammonites barrémiennes.

Le DJEBEL AYATA (*pl. IV, fig. 7*) est constitué par des calcaires du Lutétien supérieur directement superposés à des calcaires liasiques. Au Sud, ces derniers calcaires s'appuient sur les schistes anciens, tandis qu'au Nord, ils sont chevauchés par ces mêmes schistes, avec interposition d'un étroit ruban d'Anthracolithique.

Les relations du Lias et du Lutétien sont exactement les mêmes dans les trois pitons du KEF SIDI CHEIKH BOU ROHOU (*pl. IV, fig. 8*), situés un peu plus à l'Est. Toutefois les schistes anciens n'existent au Nord, que sur le revers du plus occidental d'entre eux. Au pied des deux autres rochers viennent immédiatement les argiles du flysch, qui dessinent plusieurs boucles couchées au Nord.

Dans chacun des reliefs, la série comprend de haut en bas : les calcaires du Lutétien supérieur, le Lias, l'Anthracolithique et finalement les schistes métamorphiques. Dans celui qui domine le hameau de l'Armée française existe, de plus, en situation normale, une mince assise d'argiles irisées triasiques.

Les carrières qui entaillent ce rocher au-dessus de l'usine à chaux montrent, dans des plis aigus du Lias fossilifère, des lames de calcaires à Nummulites avec grains de glauconie.

De même, dans la bande de Carbonifère et de Permien au Sud du kef Cheikh bou Rohou, l'on observe, à plusieurs reprises, particulièrement dans les tranchées de la voie ferrée au Nord d'El Kantour, des reploiements secondaires qui ramènent les schistes anciens métamorphiques au milieu de l'Anthracolithique. L'on y voit aussi, semés comme au hasard, quelques paquets de marnes crétacées et d'assez nombreux blocs de calcaires liasiques dont certains atteignent à peine un volume de quelques mètres cubes. Un rocher plus important, mais de même âge, se dresse en contre-bas de la voie ferrée, au Nord des points cotés 544 et 432 ; il est surmonté vers le Nord, en plusieurs endroits, par l'Anthracolithique. Les petits lambeaux de fllysch pincés dans cette zone remarquablement disloquée ont leurs strates affectées de multiples et brusques inflexions.

Les schistes anciens, qui chevauchent au Nord le djebel Ayata et l'extrémité du kef Cheikh bou Rohou, forment le bord méridional du massif paléozoïque du KOUDIAT TEBEL BEN SEID. Au milieu de ce massif est conservé un lambeau d'Auversien, formé de poudingues grossiers, à éléments empruntés au Paléozoïque sous-jacent et aux rochers liasiques du voisinage. On y voit, en outre, de tout petits lambeaux de Lias, recouverts vers le Nord-Est par les schistes du Paléozoïque ancien et reposant au Sud-Ouest sur cette même formation ou sur l'Anthracolithique. L'un d'entre eux affleure dans le haut vallon de l'oued Refref, un autre forme le koudiat Sidi Ali Hajel, au-dessus de Sainte-Wilhelmine.

Sur le bord Nord du koudiat Tebel ben Seid, le flysch dessine des boucles, parfois très aiguës et couchées au Nord : on peut les observer facilement dans la carrière de ballast du mamelon 521 à l'Ouest de la gare du Col des Oliviers.

Les deux kefs Toumiets (1) (*pl. IV, fig. 9*) et le KOUDIA-TATA Bou Ferka sont constitués par trois barres calcaires orientées, les deux premières Ouest Est, la troisième Sud-Sud-Ouest Nord-Nord-Est. Leurs sommets sont formés par le Lutétien supérieur, leur base, par le Lias. Les Toumiets reposent directement sur les schistes métamorphiques, tandis que le koudiata Bou Ferka couronne près de 100 mètres de schistes, conglomérats et grès anthracolithiques, surmontant eux-mêmes des schistes métamorphiques anciens.

Au voisinage de la mechta Bou Zitoun, le kef Toumiet coté 893, (Toumiet d'El Kantour) repose au Sud sur les marnes et les calcaires marneux sénoniens; des lambeaux de poussée de schistes carbonifères et permiens, de calcaires liasiques, de grès de l'Auversien s'observent, en flanc de ce kef, le long de la surface d'étirement.

Au Nord des Toumiets, un important anticlinal fait affleurer, au milieu des grès de l'Auversien, une bande de schistes anciens, et même un rocher liasique, le koudiata Roumania : au Sud, ce rocher est séparé des grès auversiens par un contact anormal.

Les rochers liasico-éocènes du Msouna et du Sebargoud (*pl. IV, fig. 10*) reproduisent assez fidèlement l'allure tectonique des Toumiets sur chaque rive du Safsaf. Ils émergent à la surface du pâté schisteux du DJEBEL DEIRA, qui s'étend sans interruption sur 14 kilomètres, de l'Ouest-Sud=Ouest à l'Est-Nord-Est, depuis la mechta

---

(1) Les Toumiets sont reliés au kef Sidi Cheikh Bou Rohou par un chapelet de petits rochers liasiques alignés de l'Ouest à l'Est (mamelons 432, 551, etc.)

Rogat es Sellem jusqu'au koudiata Mergueb el Ourgueb. Tout autour des kefs Msouna et Sebargoud, des paquets de calcaires liasiques et lutétiens se dressent au-dessus des formations paléozoïques ; des rochers de même âge se retrouvent plus au Sud, au milieu des grès de l'Auversien, dans le koudiat Ben el Hadj et près de la mechta Mokta. Vers le Nord, les schistes sont en relation presque constamment anormale avec la grande masse des calcaires liasiques du DJEBEL EL RDIR, qui se termine par d'imposantes abruptes au-dessus de la dépression de Saint-Charles.

L'on observe encore la présence de toute une série de pics calcaires formés de Lias et de Lutétien, au Sud de la dépression de Jemmapes, dans les djebels TASSELEMT, TANGOUST, SAIAFA, MERBA EL AOUACHERIA, AIN BEN CHEIK, MOULM DEFA, CHBEBIK. Ces montagnes présentent des dislocations considérables, comparables à celles du Rdir et du Sebargoud, qui font, comme elles, partie du chaînon des Zerdeza. Leur ensemble constitue une ceinture rocheuse discontinue autour de la grande bande des schistes anciens du KOUDIATA MZARA, des DJEBELS ZAROURA et MCHOUIEB, de l'ARGOUB EL ARBI. A la surface même des terrains paléozoïques, l'on rencontre, d'ailleurs, de nombreux petits pitons calcaires isolés tels que kalaat el Atrach, djebel Raout el Assout, kalaat el Amra, kalaa Bou Guelouch, etc.

Des lambeaux très peu étendus de schistes paléozoïques et de calcaires liasico-éocènes se voient encore plus à l'Est, dans la coupure de l'oued Hammam, aux environs de Gastu, et jusqu'au-dessus de la cuvette du lac Fetzara, à l'extrémité orientale de la chaîne Numidique : l'on assiste dans cette zone à une véritable pulvérisation de la barre rocheuse du Chbebik, au milieu des grès et des argiles du flysch.

La longue série des klippes liasico-éocènes de la chaîne Numidique paraît correspondre, dans son ensemble à la charnière anticlinale d'une nappe de charriage, qui, en cheminant vers le Sud, s'est arquée, gauchie et tronçonnée en cherchant à épouser les plis du substratum.

§ 2. Plissements aurasiens des dépressions, monts et plateaux de Constantine

La *région de Constantine* présente une série de larges plis qui sont (1) :
   1° *L'anticlinal du Bou Cherf* ;
   2° *Le synclinal de Grarem* ;
   3° *L'anticlinal du Kheneg* ;
   4° *Le synclinal du Smendou* ;
   5° *L'anticlinal du Zouaoui* ;
   6° *Le synclinal du Chettaba* ;
   7° *L'anticlinal du Sidi Mcid* ;
   8° *Le synclinal du Kroub* ;
   9° *L'anticlinal de l'Oum Settas* ;
  10° *Le synclinal des Amer Cheraga.*

Ils sont orientés, d'une façon générale du Sud-Ouest au Nord-Est (*plis aurasiens*) et se prolongent vers le Sud-Ouest, dans les accidents montagneux des Hautes Plaines (2) et dans les chaînes présahariennes. Vers le Nord, ils sont débordés par la nappe de charriage numidienne.

------

(1) L. Joleaud, *La Mine algérienne*, 15 avril 1909.
(2) A. Joly et L. Joleaud, *C. R. Ac. Sc.*, 26 février 1909.

Les anticlinaux, principalement formés par les calcaires subrécifaux du Crétacé inférieur et moyen, ont
leurs voûtes effondrées. Leurs pieds-droits, qui sont seuls
restés en relief dans les aires anticlinales, ont leurs extrémités gauchies par le plongement périclinal des strates,
ou même, dans bien des cas, sont découpées par des
champs de fractures (1). Plusieurs des rochers restés en
surélévation ont ainsi pris la forme de brachyanticlinaux
asymétriques.

L'anticlinal du Bou Cherf est jalonné, dans la partie
occidentale de la dépression de Constantine, par les
pics calcaires crétacés des djebels Bou Cherf, Ouakissen,
Fellak. Il se continue sans doute, vers le Sud-Ouest,
dans les rochers émergeant des plaines au Sud de
Sétif. Dans le *Bou Cherf*, l'on voit ce pli abandonner la
direction du Sud-Ouest au Nord-Est, caractéristique
des plis aurasiens, pour prendre une orientation Ouest-
Sud-Ouest Est-Nord-Est, qui se retrouve dans les *djebels
Ouakissen* et *Fellak*.

Il faut probablement considérer comme jalonnant le
prolongement de ce même pli vers l'Est : 1° le massif de
Sénonien, d'Éocène inférieur et moyen du *ras el Mzair*,
qui sépare les dépressions miocènes de l'oued Endjas au
Nord et de l'oued Radjeda au Sud ; 2° le relief
Ouest-Sud-Ouest Est-Nord-Est du *koudiata Tadrar*
(*pl. IV, fig. 2*), qui est constitué par du Sénonien, de
l'Éocène inférieur, du Lutétien et du flysch, et sépare les
cuvettes pontiennes de Siliana et de Grarem ; 3° les
affleurements argileux du Pontien moyen, qui forment,

---

(1) L. Joleaud, *VIIIe Congrès d'Hydrologie*, Alger, 1910, p. 1045.

au milieu des grès et des calcaires grumeleux du Pontien supérieur, une série de brachyanticlinaux alignés de l'Ouest-Sud-Ouest à l'Est-Nord-Est, dans le douar *Guettara*, depuis les kifan el Menahel jusqu'au dra el Ioudi, au-dessus du dar el Fouini (*pl. IV, fig. 4*); 4° les rochers de l'ain Addour et de *Takouk*, plongeant, les premiers au Nord, les seconds au Sud, et formés de calcaires dolomitiques néocomiens (?), avec couronnements de calcaires à Nummulites (?) : l'axe effondré de cet ensemble de reliefs calcaires est occupé par des argiles dont le facies est identique à celui des couches de base du flysch au Col des Oliviers (*pl. IV, fig. 5*).

Le rocher de l'ain Addour est chevauché au Nord par les marnes du Méso- Néocrétacé du pied du Sidi Dris. Cette première grande ondulation anticlinale de la région de Constantine s'ennoye ainsi sous la nappe de la chaîne Numidique.

Le SYNCLINAL DE GRAREM a son axe occupé vers l'Ouest par les travertins pliocènes de SIDI MEROUAN. Plus à l'Est, il se trouve étroitement resserré entre les reliefs anticlinaux du douar Guettara et du Kheneg : il est alors entièrement rempli par les sédiments pontiens.

Dans les dépressions de Constantine, l'ANTICLINAL DU KHENEG (*pl. V, fig. 11 et 13*) présente, comme témoins remarquables restés en surélevation, les rochers de calcaires crétacés du djebel Akhal et du Kheneg. Ces rochers sont les flancs d'un même grand pli dirigé de l'Ouest-Sud-Ouest vers l'Est-Nord-Est et dont la zone médiane, effondrée sous le Tortonien, présente, en plusieurs points des argiles irisées triasiques, et aussi quelques petits rochers crétacés isolés, comme le kef Beni Hamza et le piton du Bir el Menten. Le même axe anticlinal paraît jalonné, vers le Sud-Ouest, par les calcaires crétacés du Sud de Richelieu et de Navarin (Bir el Arch).

Le *djebel Akhal* est formé par des calcaires éo- et mésocrétacés (?) plongeant au Sud et limités, au Nord, par une flexure, à l'Est, par une faille. Sur ces calcaires massifs reposent normalement les marnes et les calcaires du Neocrétacé de Sidi Khalifa à facies de la série B. Tout cet ensemble est, à son tour, surmonté par les marnes et les marno-calcaires de la série A renfermant plusieurs horizons fossilifères (Ammonites pyriteuses de l'Aptien et de l'Albien). Le long de la flexure Nord du rocher, le Néocomien dolomitique est légèrement chevauché par une lame de Trias, que recouvrent les marnes du Néocrétacé (série B). Au milieu de celles-ci reparaît encore le Trias, entaillé par les ravines tributaires de l'oued el Koton. Les argiles irisées, dans les mamelons 650 et 614, viennent directement au contact du Tortonien.

Cet étage, entre le djebel Akhal et le Kheneg, dessine une large boucle synclinale, dans l'axe de laquelle a été conservée la série des lambeaux de grès pontiens du *kef en Nsour*, des *djebels Nougra* et *el Kranga*.

Le *Kheneg* est, comme le djebel Akhal, formé de calcaires éo- et mésocrétacés (?), mais ses strates sont inclinées vers le Nord. De brusques flexures correspondent à ses terminaisons occidentale, méridionale et orientale. Une lame de Trias vient reposer sur ses bancs rigides au Sud-Ouest : elle est, comme aussi le rocher lui-même, sur tout son pourtour et sur une partie de sa

surface, directement recouverte par les grès et conglomérats pontiens.

Les flexures de la périphérie du Kheneg font partie
d'un champ de fractures, qui se poursuit à l'intérieur du
rocher, par la série des cassures qu'a épousées le
cañon du Rummel. La dolomitisation paraît être localisée
au voisinage de ces dislocations secondaires : elle serait
donc due à une action interne, concomitante de celle qui
a déterminé à son voisinage immédiat la formation d'un
gîte d'antimoine.

Un peu au Sud-Ouest du Kheneg, se dressent deux
petits rochers de calcaires éocrétacés (?), celui du *kef
Beni Hamza* et celui du bir el Menten, qui dépendent
probablement du même champ de fractures. Le kef Beni
Hamza est recouvert, sur presque tout son pourtour, par
les marnes du Sénonien, dans lesquelles s'étirent les
argiles irisées du Trias (1). Les argiles tortoniennes qui
surmontent cet ensemble de sédiments reposent indiffé-
remment sur le Crétacé calcaire ou marneux, ou sur le
Trias.

L'anticlinal du Kheneg se continue vraisemblablement
au Nord-Est dans les argiles du Pontien inférieur. C'est
sur son prolongement que doit se trouver la ride anticlinale des grès du Pontien inférieur du *bled Sbikra (pl. IV,
fig. 8)* : celle-ci, à la hauteur de la mechta Bou Ftaïma, se
couche nettement vers le Sud, sur les argiles du Smendou.

Vers la mechta Souadeg, cette ondulation anticlinale
change d'orientation et prend une direction Ouest-Est,

---

(1) C'est en somme la reproduction en petit de l'allure tectonique du djebel Ouenza, au Nord-Est de Clairfontaine.

comme je l'ai observé plus à l'Ouest, dans l'anticlinal du Bou Cherf.

Dans le prolongement du pli du bled Souadeg, se dresse les calcaires dolomitiques (Néocomien ?) du *djebel Teffaha* (*pl. IV, fig. 9*), également allongé de l'Ouest à l'Est. Ce rocher, dont les bancs plongent au Nord, doit être un témoin de la retombée septentrionale d'un anticlinal en grande partie effondré sous les argiles pontiennes du haut Safsaf.

Sur les calcaires crétacés du Teffaha vient se coucher le synclinal sénonien du *bled Bou Zitoun*, dont les strates dessinent une série de boucles empilées et déversées au Sud, et dont le bord Nord est finalement chevauché par le kef Toumiet Sud. Ainsi, de même que l'on a vu le cheminent, sur l'extrémité est du pli du Bou Cherf, du Crétacé de la chaîne Numidique, de même l'on constate ici la superposition du revers Sud de cette chaîne sur la partie orientale du pli du Kheneg.

Le SYNCLINAL DU SMENDOU est, comme celui de Grarem, en grande partie rempli par les argiles du Pontien supérieur. Il est affecté de replis anticlinaux secondaires qui ont donné naissance à des collines de grès du Pontien inférieur : djebel Enadour, koudiat er Reneb, etc.

A la retombée Nord de L'ANTICLINAL DU ZOUAOUI (*pl. V, fig. 11, 12, 14*), appartiennent les djebels Grouz, Zouaoui et Bergli, et, à la retombée Sud, les djebels Felten, Ouled Sellem, Karkara, Sala et Kelal. La voûte du pli, affaissée sous le Crétacé supérieur ou le Tertiaire, laisse apparaître du Trias. Tout cet ensemble présente une orientation générale Sud-Ouest Nord-Est ; toutefois, dans la région de Constantine, la partie du pli correspondant au Nord du Zouaoui et de l'Ouled Sellem, ainsi qu'au Sud du Karkara, est sensiblement déviée vers le Nord-Nord-Est, vraisemblablement en raison de la présence un peu plus à l'Est de l'anticlinal paléozoïque de Constantine.

Le *djebel Grouz* est formé de calcaires éocrétacés à plongement général vers le Nord-Ouest. Il se continue, vers le Nord-Est, dans le rocher albien d'Oued Athmenia ; celui-ci est compris dans un champ de fractures qui s'étend depuis le village jusque vers la source chaude d'Hammam Grouz le long du cañon du Rummel.

Le *djebel Felten* est aussi constitué par des calcaires massifs éocrétacés, mais les bancs sont inclinés vers le Sud-Est. A son rebord occidental correspond une grande flexure qui fait rebrousser vers le bas les bancs calcaires. Cette disposition peut aisément être étudiée dans l'exploitation minière du Felten, où un travers-bancs a révélé l'existence à l'intérieur de la montagne d'une importante assise marneuse, correspondant vraisemblablement à la couche à *Epiaster* du Zouaoui. Par suite du plongement périclinal des strates sous l'influence de la flexure, cette assise n'affleure pas. Sur les bancs calcaires reployés chevauche ici encore le Trias.

Avec le *djebel Ouled Sellem* commence la déviation du pli vers le Nord-Nord-Est. Un champ de fractures correspond là aussi au rebroussement de l'anticlinal : l'une des plus intéressantes des cassures subméridiennes qui en font partie est celle qui est remplie, entre le djebel Sekroum et le koudiata Sidi Rmamm, par les onyx du Pliocène supérieur (?) d'Ain Smara.

Les calcaires de *Bir Brinnes*, qui dominent la rive droite du Rummel, presqu'à égale distance du Felten et du Zouaoui, devaient autrefois faire partie de la voûte anticlinale qui raccordait ces deux montagnes. Découpés à l'Ouest et au Nord, par de grandes failles, ils sont surmontés au Sud et à l'Est par le Maestrichtien à Inocérames, qui supporte les marnes et les calcaires du Suessonien, du Lutétien et, finalement, les argiles éocènes et oligocènes. Dans ces marnes et ces argiles viennent s'étirer les argiles irisées triasiques, absolument comme plus au Nord, dans le kef Beni Hamza.

Les marnes et les calcaires sénoniens dessinent, entre le rocher de Bir Brinnes et le Zouaoui, dans le bled Ferget Hadjin, une série de plis imbriqués allant du Sud-Ouest vers le Nord-Est et couchés au Sud-Est : dans l'un d'entre eux, à El Goulia, arrive une lame de Trias également déversée vers le Sud-Est.

Le *djebel Zouaoui* correspond à un affleurement de calcaires éocrétacés s'étendant sur près de 14 kilomètres. Orienté du Sud-Ouest au Nord-Est, dans sa partie méridionale (djebels Friktia et Garnechouf), il prend une direction Sud-Sud-Ouest Nord-Nord-Est, plus au Nord, vers le douar Beni Ziad. Dans la zone du rebroussement se produit un champ de fractures, à la faveur duquel un important lambeau de Sénonien a été conservé au voisinage de la mechta Bou Touil. Le Zouaoui est limité sur presque tout son pourtour par des flexures se transformant localement en failles.

Sur l'emplacement de la voûte effondrée entre le Zouaoui et le Karkara, dans le *bled Sidi Sliman*, les marnes du Sénonien montrent deux anticlinaux secondaires, séparés par un synclinal, où ont subsisté des lambeaux de calcaires du Sénonien supérieur et de conglomérats du Tortonien.

Le *djebel Karkara*, qui n'est que la continuation vers le Nord du djebel Ouled Sellem, appartient aux mêmes formations géologiques que le Zouaoui, mais il est bien bien moins étendu. Orienté du Sud-Sud-Ouest vers le Nord-Nord-Est jusqu'au Nord du signal coté 1186, il court ensuite du Sud-Ouest au Nord-Est. Il est limité par des failles à l'Ouest et au Nord, et plonge périclinalement, à l'Est et au Sud, sous les calcaires marneux du Coniacien transgressif.

La faille qui tranche obliquement au Nord-Ouest les bancs calcaires du Zouaoui est orientée Sud-Ouest Nord-Est, c'est-à-dire comme les plis aurasiens. Perpendiculairement à sa direction une autre faille détermine une abrupte de près de 500 mètres au Nord-Est du Karkara. Ces deux cassures font évidemment partie d'un champ de fractures correspondant à un nouveau rebroussement de l'anticlinal du Zouaoui, qui reprend alors sa direction originelle Sud-Ouest Nord-Est. Ce champ de fractures isole toute une série de petits rochers de calcaires aptiens : 1° au Nord-Est du Zouaoui, à la Mechta beni Ziad, au bordj Sidi Sliman et près de la mechta Bou Aoun ; 2° au Nord-Est du Karkara, non loin de la mechta du même nom. Il se prolonge certainement au voisinage des *sources chaudes de Sala bey et du Hamma*, sous les argiles tortoniennes qui ont comblé la zone d'*ennoyage* de la chaîne, empruntée maintenant par la *vallée du Rummel*.

Le *djebel Bergli* est aussi formé de calcaires crétacés plongeant au Nord-Ouest. Il est limité au Sud-Est par une flexure qui fait rebrousser les couches vers le bas.

Le pied droit de la voûte anticlinale faisant face au Bergli est constitué par le *djebel Sala* et par l'extrémité orientale du *Kelal*. Cet ensemble orienté Sud-Ouest Nord-Est a ses strates inclinées vers le Sud-Est.

La partie orientale du Kelal est au contraire allongée de l'Ouest à l'Est. Nous assistons ainsi à un troisième rebroussement de l'anticlinal du Zouaoui, rebroussement qui donne à la terminaison orientale de cet axe tectonique, une direction Ouest Est, déjà reconnue vers les extrémités est des anticlinaux du Bou Cherf et du Kheneg.

La masse rocheuse Sala-Kelal est limitée à l'Ouest, au Nord-Ouest et au Nord par d'importantes failles. Des cassures présentant un moindre rejet paraissent aussi exister au Sud-Est du Sala et au Sud du Kelal. La pittoresque gorge de l'oued el Kranga semble avoir été creusée à la faveur d'une diaclase faisant partie aussi du champ de fractures correspondant au troisième rebroussement du pli.

Au Nord du Kelal, le Sénonien, les marnes et les calcaires du Suessonien et du Lutétien (faciès de la série B) dessinent, sur l'emplacement de la voûte effondrée, une série de plis imbriqués, couchés vers le Nord, dans l'axe du pli principal, et recouverts en discordance par les argiles et les conglomérats miocènes. Ces sédiments masquent malheureusement ici le contact de la série des plis aurasiens en place de la région de Constantine, et de la nappe du djebel Ouach. On retrouve les marno-calcaires crétacés couronnés par le flysch (faciès de la série A), dans une bande Ouest Est, à moins de 3 kilomètres au Nord du Kelal, sur les bords de l'oued el Hadjar. Ainsi, comme les anticlinaux du Bou Cherf et du Kheneg, l'anticlinal du Zouaoui est finalement débordé par les nappes numidiennes.

Le SYNCLINAL DU CHETTABA (*pl. IV, fig. 12*) forme un pli étroit et aigu entre l'Éocrétacé du Karkara et le Trias du Bou Chakour ; il est déversé vers le Nord-Ouest sur cet Éocrétacé. Son axe est constitué par les calcaires du Sénonien supérieur. Orienté du Sud-Sud-Ouest vers le Nord-Nord-Est depuis le douar Sala bey (de la commune d'Ain Smara) jusqu'au delà du piton coté 1035, il prend ensuite, comme la partie Nord du djebel Karkara, une direction Sud-Ouest Nord-Est.

Après le sentier de Sidi Sliman, son axe est jalonné : 1° par le relief synclinal de calcaires et de marnes du Maestrichtien de la cote 884, qui repose sur la petite nappe de Trias du Bou Chakour, reployée ici en synclinal ; 2° par le synclinal de marnes sénoniennes du douar Bou Keira de la commune de Constantine (mamelon 718 et et coteaux environnants), qui est subordonné, à l'Ouest, à la nappe triasique et, à l'Est, au petit anticlinal de calcaires coniaciens de la carrière Micoud ; 3° par le plateau de Pliocène supérieur du douar *Bou Keira* de la commune du Hamma.

Le synclinal du Chettaba est prolongé vers le Sud-Ouest : 1° par l'affleurement de Pliocène inférieur du plateau d'Ain el Bey, qui s'étend depuis le djebel Felten jusqu'au rocher de Tigmerit ; 2° par le relief de flysch du douar des Ouled Anen, au Nord-Est de la gare de Telergma.

Le plus remarquable des témoins restés en surélévation de l'ANTICLINAL DU SIDI MCID (*pl. IV, fig. 13, 14*) est la montagne du même nom, dont le *rocher de Constantine* n'est qu'un bloc détaché par la série des diaclases du cañon du Rummel.

Les rebroussements déterminés par les changements

de direction que j'ai observés dans l'anticlinal du Zouaoui se retrouvent dans celui du Sidi Mcid. Toutefois comme cette deuxième ondulation tectonique est par rapport à la première dans la situation de la ligne enveloppée, vis-à-vis de la ligne enveloppante, les rebroussements qui se succèdent le long de son axe sont très rapprochés. Leur ensemble donne naissance à un champ de fractures, en relation avec une série de gauchissements des strates rigides du Cénomano-Turonien. Dans ce champ, les fractures sont constamment groupées en deux systèmes conjugués dont l'un correspond à l'allongement du pli, c'est-à-dire à la direction des bancs, et l'autre, à leur inclinaison (*pl. I*^{ter} *et VI*).

Le plus méridional des groupes, qui est en rapport avec l'orientation normale du pli, comprend des fractures Sud-Ouest Nord-Est et Nord-Ouest Sud-Est. Le suivant, qui correspond à la déviation du pli, déterminée par l'anticlinal paléozoïque subméridien de Constantine est formé d'accidents se prolongeant du Sud-Sud-Ouest au Nord-Nord-Est et de l'Ouest-Nord-Ouest à l'Est-Sud-Est. Le troisième qui marque le retour du pli à sa direction normale, est composé de cassures Sud-Ouest Nord-Est et Nord-Ouest Sud-Est. Le quatrième, déterminé par la direction Ouest-Est de la terminaison de tous les plis des monts de Constantine, renferme des dislocations Ouest Est et Nord Sud.

Chaque groupe est constitué à la fois par des cassures avec déplacements verticaux, comparables aux failles, et par des cassures sans déplacements verticaux, comparables aux diaclases. Les premières, limitent un certain nombre de compartiments rocheux disposés en gradins inclinés. L'allure de cette surface réglée a permis à un

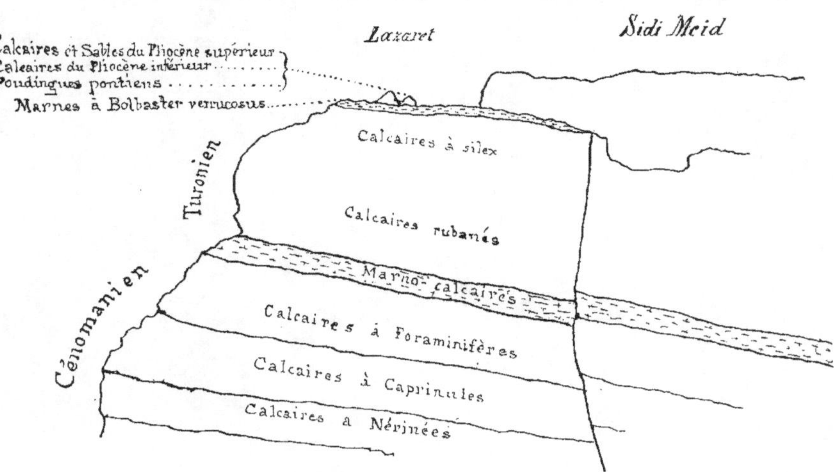

Le Rocher de Constantine-Sidi Mcid

Rive droite du Rummel, en face du Lazaret.
Vue et profil schématique correspondant.

certain nombre de paquets de marnes sénoniennes, et même de poudingues du Pontien, de travertins du Pliocène inférieur, de sables et de travertins du Pliocène supérieur, de demeurer dans les angles dièdres ainsi formés par les bancs du rocher turonien auprès de l'Hôpital civil et du Lazaret, comme au voisinage du fort de Sidi Mcid. Les restes de travertins du Pliocène supérieur, témoignent, par les dislocations qu'ils présentent, par les altitudes variées auxquelles on les rencontre (670 mètres à l'Hôpital civil, 681 mètres au Lazaret, 785 mètres au fort de Sidi Mcid), que des mouvements tectoniques ont encore affecté le rocher de Constantine après leur dépôt. Plus au Nord et plus au Sud, on les retrouve, d'ailleurs, formant de larges nappes, entre 785 et 610 mètres à Bou Keira, entre 718 et 660 mètres au Mansoura.

Le tableau ci-après montre comment se groupent les principales fractures dont il vient d'être question et indique en même temps leur orientation, les formations qu'elles affectent, l'emplacement qu'elles occupent et leurs relations avec les exsurgences thermales et les travertins récents du voisinage. (1)

---

(1) Les chiffres romains placés sous les mots faille ou diaclase du tableau se rapportent aux indications figurant sur la *planche VI*.

a) **Système conjugué S.O.-N.E. et N.O.-S.E.**
(Sud du rocher de Constantine)

Diaclase (I)	S.O.-N.E.	Lèvres : Calcaires cénomano-turoniens.	Cañon du Rummel depuis Sidi Rached jusqu'à l'extrémité S. du boulevard du Sud.	Source chaude de Sidi Rached.
Faille (II)	N.O.-S.E.	Lèvre S.O. : Marnes sénoniennes. Lèvre N.E. : Calcaires cénomano-turoniens.	Bord du rocher de Constantine depuis l'emplacement du tombeau de Præcilius jusqu'à la carrière située entre les chemins du pont du Diable et du Rummel.	Sources chaudes de Sidi Rached et d'Aïounet el-Fould.
Faille (III)	N.O.-S.E.	Lèvres : Calcaires cénomano-turoniens.	Carrefour des rues Perrégaux et Nationale.	Source chaude d'Aïn Chekka.

b) **Système conjugué S.S.O.-N.N.E. et O.N.O.-E.S.E.**
(Milieu du rocher de Constantine)

Diaclase (IV)	S.S.O.-N.N.E.	Lèvres : Calcaires cénomano-turoniens.	Cañon du Rummel le long du boulevard du Sud jusqu'au carrefour des rues Perrégaux et Nationale.	Source chaude de l'Aïn Chekka.
Faille (V)	S.S.O.-N.N.E.	Lèvre N.N.O. : Marnes sénoniennes. Lèvre S.S.E. : Calcaires cénomano-turoniens.	Bord des rochers de Constantine et du Lazaret depuis l'ancien emplacement du tombeau de Præcilius jusqu'aux gourbis Drot en passant par les cascades du Rummel.	Sources chaudes d'Aïounet el Fould, de Sidi Mimoun et de Sidi Mcid (Aïn Raba).
Diaclase (VI)	O.N.O.-E.S.E.	Lèvres : Calcaires cénomano-turoniens.	Cañon du Rummel entre le Lazaret et les cascades.	Source chaude de Sidi Mimoun.

c) **Système conjugué S.O.-N.E. et N.O.-S.E.**
(Nord du rocher de Constantine, Sud et milieu du Sidi Mcid)

Diaclase (VII)	S.O.-N.E.	Lèvres : Calcaires cénomano-turoniens.	Cañon du Rummel entre le carrefour des rues Perregaux et Nationale et El Kantra.	1re voûte naturelle de travertins sur le cañon du Rummel.
Faille (VIII)	S.O.-N.E.	Lèvre N.O. : Marnes sénoniennes. Lèvre S.E. : Calcaires cénomano-turoniens.	Lycée ; bord N.O. du rocher de l'Hôpital civil.	2me voûte naturelle de travertins sur le cañon du Rummel.
Faille (IX)	S.O.-N.E.	Lèvres : Calaires cénomano-turoniennes et marnes sénoniennes.	Bord S.E. du rocher du Lazaret.	
Diaclase (X)	N.O.-S.E.	Lèvres : Calcaires cénomano-turoniens.	Cañon du Rummel entre El Kantra et le Lazaret.	1re et 2me voûtes naturelles de travertins sur le cañon du Rummel.

Faille (XI)	N.O.-S.E.	Lèvre S.O. : Calcaires cénomano-turoniens et marnes sénoniennes. Lèvre N.E. : Calcaires cénomano-turoniens.	Bord N.E. des rochers du Lazaret et de l'Hôpital civil ; bord S.O. du rocher du Sidi Mcid au-dessus du confluent des chabets Sfa et Ain el Arb.	Source chaude de Sidi Mcid (Ain Raba).
Faille (XII)	S.O.-N.E.	Lèvre N.O. : Marnes sénoniennes. Lèvre S.E. : Calcaires cénomano-turoniens.	Bord du rocher de Sidi Mcid au-dessus de la sortie du 1er tunnel du chemin de fer du Philippeville.	
Faille (XIII)	N.O.-S.E.	Lèvre S.O. : Calcaires cénomano-turoniens et marnes sénoniennes. Lèvre N.E. : Calcaires cénomano-turoniens.	Bord S.O. du rocher du fort de Sidi Mcid depuis la sortie du 1er tunnel du chemin de fer de Philippeville jusqu'au Chabet Sfa.	
Faille (XIV)	S.O.-N.E.	Lèvre N.O. : Calcaires cénomano-turoniens. Lèvre S.E. : Marnes sénoniennes.	Chabet Ain el Arb, au N.E. du confluent du Chabet Sfa.	
Faille (XV)	N.O.-S.E.	Lèvre N.E. : Calcaires cénomano-turoniens. Lèvre S.O. : Calcaires cénomano-turoniens, marnes sénoniennes, travertins du Pliocène supérieur.	Bord S.O. du rocher 644 (rocher traversé par le 2e tunnel du chemin de fer de Philippeville); fort de Sidi Mcid.	
Faille (XVI)	S.O.-N.E.	Lèvre N.O. : Marnes sénoniennes. Lèvre S.E. : Calcaires cénomano-turoniens.	Bord N.O. du rocher du Sidi Mcid.	
Faille (XVII)	S.O.-N.E.	Lèvre N.O. : Calcaires cénomano-turoniens. Lèvre S.E. : Marnes sénoniennes.	Bord S.E. du rocher 644.	
Faille (XVIII)	N.O.-S.E.	Lèvre N.E. : Marnes sénoniennes. Lèvre S.O. : Calcaires cénomano-turoniens.	Bord N.E. du rocher de Sidi Mcid.	

d) **Système conjugué O.-E. et N.-S. (Nord du Sidi-Mcid)**

Faille (XIX)	O.-E.	Lèvre N. : Marnes sénoniennes. Lèvre S. : Calcaires cénomano-turoniens.	Bord N. du rocher du Lazaret entre la source chaude et la sortie du 1er tunnel du chemin de fer de Philippeville.	
Faille (XX)	N.-S.	Lèvre O. : Marnes sénoniennes. Lèvre E. : Calcaires cénomano-turoniennes.	Bord O. du Sidi Mcid, le long de la voie ferrée entre les 2 tunnels.	
Faille (XXI)	O.-E.	Lèvre N. : Marnes sénoniennes. Lèvre S. : Calcaires cénomano-turoniens et marnes sénoniennes.	Bord N. du rocher 644 et entre ce rocher et les aioun Tain.	

A 4 kilomètres à l'Ouest de Constantine, au-delà du vallon de l'oued Melah, affleure la *petite nappe triasique du Sidi Bou Chakour* (pl. V, fig. 12). Elle s'étire (1), comme on l'a vu précédemment, *dans le synclinal sénonien du Chettaba, déversé lui-même vers le djebel Karkara. A l'Est, elle est constamment recouverte par le Tortonien* (poudingues du Koudiat Ati et argiles à Hélices dentées). Cet étage est, d'ailleurs, *tectoniquement* tout à fait indépendant des argiles irisées, car il renferme, vers sa base, des cailloux remaniés de Muschelkalk. Des témoins de la couverture miocène existent encore au voisinage des Plâtrières.

A la surface des marnes maestrichtiennes, qui forment ici le substratum de la nappe, l'on trouve, en divers points, des paquets de calcaires antemaestrichtiens : de leur présence on peut déduire que *l'affleurement triasique du Sidi Bou Chakour marque sensiblement l'axe de l'anticlinal dont le Sidi Mcid forme la retombée Sud-Est.* Dans la carrière Micoud, l'on constate qu'entre les argiles irisées et le Sénonien s'intercalent des calcaires marneux bleuâtres, analogues à ceux du Coniacien du Mansoura, du Kelal, du Karkara. Au Sud, vers Regada, au point coté 739, l'on voit un rocher de calcaires cénomaniens à Caprinules, identique comme faciès aux couches synchroniques du Sidi Mcid. Des blocs-témoins de petite taille, formés du même calcaire, existent encore dans cette zone. Les marnes sénoniennes, qui viennent ici au contact des calcaires cénomaniens, sont l'équivalent stratigraphique exact des marnes du pourtour du Sidi Mcid : elles nous ont fourni les mêmes Thécidées.

***

(1) Ficheur, *B. S. G. F.*, 3, XXVII, 1899, p. 102.

Il est vraisemblable que le pli du Sidi Mcid se prolonge *vers le Sud*, parallèlement au Karkara et à l'Ouled Sellem, par le rocher de *Tigmerit* (plateau de Guettar el Aïch). Il dévierait ensuite vers le Sud-Ouest comme le Felten et le Zouaoui, et son axe effondré séparerait dans les Hautes Plaines des Ouled Abd en Nour les cuvettes synclinales du Bel Rerour et du Nif Ennecer.

Le SYNCLINAL DU KROUB est affecté de plusieurs ondulations internes secondaires : 1° le synclinal néocrétacé et miocène du *chab er Ressas*, vers le bord septentrional duquel s'étire le Trias du Bon Pasteur formant un pli couché au Nord ; 2° l'anticlinal de Néocrétacé et d'Éocène inférieur et moyen de l'oued Iacoub ; 3° le synclinal miocène et pliocène de l'oued Hamimin ; 4° l'anticlinal néocrétacé du djebel Massin ; 5° le synclinal de flysch du djebel el Aria (*pl. V, fig. 15*) et du kef Fenteria, qui se prolonge au Sud-Ouest dans le synclinal de Pliocène du Kroub.

Le témoin le plus important de la zone ANTICLINALE DE L'OUM SETTAS (*pl. V, fig. 15, 16*) est formé par la masse des calcaires éo- et mésocrétacés des djebels Oum Settas, Bou Rareb, Mazela el Kebira et Mazela ech Cherkia Guebela.

A l'Ouest et au Nord, les bancs éocrétacés de l'Oum Settas sont rompus par une importante faille, ou plus exactement par deux groupes de failles, correspondant le premier à l'orientation Sud-Sud-Ouest Nord-Nord-Est du djebel Oum Settas proprement dit, à l'Ouest du chabet el Mhassar, le second à la direction Sud-Ouest Nord-Est du djebel Bou Rareb entre le chabet el Mhassar et l'oued Melah. Ainsi la déviation reconnue à la hauteur de Constantine dans les plis précédemment étudiés se retrouve ici toujours avec les mêmes caractères.

Le *djebel Oum Settas* proprement dit, formé de calcaires éocrétacés, paraît être à peu près complètement entouré par un réseau de failles. Quant au *djebel Bou Rareb* il n'est limité par des cassures que vers le Nord. Les calcaires éo- et mésocrétacés qui le constituent plongent au Sud-Est. Dans cette direction, au-delà des sommets de Ksentina el Kralia et des koudiatas Mazoula, l'on voit les strates du Mésocrétacé se relever progressivement sur l'Aptien des djebels Mazela Kebira et Mazela ech Cherkia Guebela. Dans les Mazela, les bancs rocheux plongent presque toujours périclinalement en dessinant deux petits brachyanticlinaux secondaires qui dépendent de la retombée Sud-Est du grand anticlinal de l'Oum Settas.

Au Nord-Est de cet important massif, les couches du Bou Rareb tournent légèrement vers l'Est et s'enfoncent périclinalement, par le koudiat Abd Alla, sous les argiles pontiennes et sous les grès du flysch. A 15 kilomètres plus loin, dans cette même direction, au milieu du bled Silat, l'oued Bou Skoum, entaille le flysch et son substratum formé ici par les marno-calcaires éo- et mésocrétacés de la série A. Ceux-ci présentent un peu partout des froissements et des plissotements qui témoignent des poussées considérables qu'ils ont subies : il est vraisemblable que sous le manteau de ysch et de Pontien, ils chevauchent l'extrémité orientale de l'anticlinal de l'Oum Settas.

La retombée Nord-Ouest de cet anticlinal a complètement disparu par effondrement. Toutefois, sur l'emplacement de la voûte, l'on trouve au Nord du Bou Rareb une série de lambeaux de terrains mésozoïques. Ce sont d'abord des calcaires liasiques (?), qui forment deux bandes depuis l'henchir Mahadjiba jusqu'aux henchirs Kef el Akhal et el Malab : ces deux bandes plongent l'une vers l'autre et dessinent ainsi un synclinal secondaire, où l'on trouve, au fedj Kareb, des marnes sénoniennes (faciès de la série B) et dans le mamelon 1040, des marnes et des calcaires de l'Éocène inférieur. Plus à l'Ouest, des calcaires cénomaniens (?) paraissent former un synclinal sur le bord septentrional de celui du Lias, auprès du bordj Bel Kacem.

Autour du djebel Oum Settas proprement dit, particulièrement à la hauteur de Maafouna, l'Éocène inférieur et le Lutétien (marnes et calcaires phosphatés) sont affectés sur la rive droite de l'*oued el Tarf* par un régime de plis imbriqués couchés au Nord. La même formation reparaît, sur la rive gauche de l'oued, sous le flysch du djebel el Aria et du koudiata Kerkous, avec plongement constant vers le Nord. Enfin dans la partie basse du vallon de l'oued Tarf, entre le mamelon 726 et la mechta Sidi Amer, sur l'emplacement de la voûte secondaire effondrée entre les deux lignes de collines de l'Éocène inférieur, le Tortonien, le Pontien et le Pliocène inférieur forment à leur tour un petit synclinal.

L'anticlinal Nord-Nord-Est Sud-Sud-Ouest de l'Oum Settas (*s. s.*), qui est parallèle à l'Ouled Sellem, est, à son tour, dévié, vers le Sud-Ouest, dans l'axe effondré entre le rocher d'El Guerra et le djebel Nif Enser, d'une part, les djebels Tessala, Fortass des Ouled Kassem et Guerioun, d'autre part (*pl. V. fig. 16*) ; plus loin encore, ce même pli paraît donner naissance aux reliefs du Guedman et du Talkhemt.

25

Le long de son axe effondré, les vallées du Bou Merzoug et de l'oued el Keleb, ont mis à nu, entre le Kroub, el Guerra et Sigus une remarquable série de plis imbriqués Sud-Ouest Nord-Est. Ces plis affectent le Néocrétacé, le Nummulitique et le Miocène. Dans les failles qui en ont été la conséquence, arrivent fréquemment au jour des lames de Trias, d'épaisseur variable. Les poussées tangentielles qui ont donné naissance à tous ces accidents secondaires se sont fait sentir dans cette zone, comme à Constantine, jusqu'à la fin du Pliocène, car l'on voit, tout près de la gare des Ouled Rhmoun, les bancs de conglomérats du Pliocène supérieur fortement redressés directement en contact avec les argiles irisées. Plus au Sud, les strates éocrétacées du *rocher d'El Guerra* présentent un plongement général nord, avec reploiement vers le haut en face du djebel Mansour. Sur tout son pourtour ce rocher est limité par des failles. D'autres cassures ont découpé, à 400 mètres plus à l'Est, un autre bloc de calcaires éocrétacés, sur le bord de la route de Stora. De même le *djebel Tessala* est complètement circonscrit, vers le Nord, par un réseau de failles et de flexures.

Le SYNCLINAL DES AMER CHERAGA est, comme celui du Kroub, subdivisé en synclinaux secondaires par de petites rides anticlinales. Celles-ci, formées par les marnes et les calcaires du Suessonien et du Lutétien donnent naissance à de longues lignes de reliefs orientés du Sud-Ouest au Nord-Est dans les douars *Ouled Sekkar* et *Merachda*. Au Sud-Est, l'axe du synclinal est occupé par les argiles nummulitiques du douar *Amer Serraouia*, entre le dra ben Madrissi et le koudiat

Ain el Kaid. Sur le bord Nord de ce dernier relief, au fedj el Melah, arrive une sorte d'écaille d'argiles irisées triasiques. Plus au Nord, vers Ain Abid, dans le douar *Ahsasna*, le synclinal est presque complètement rempli par les argiles du Tortonien et les poudingues du Pontien.

Au Sud-Est, le Sénonien de la bordure du synclinal des Amer Cheraga se relève contre le premier anticlinal des Hautes Plaines des Sellaoua, contre l'anticlinal éocrétacé du Fortass des Ouled Aziz et du djebel Daffa.

§ 3. Nappe de charriage des monts de Constantine

Dans le Nord de la région de Constantine, un certain nombre de *lambeaux de recouvrement* formés par les marnes, les marno-calcaires et les grès du Crétacé et du Numulitique de la série A se superposent à des terrains de même âge, mais de faciès différent (série B). Au Sud-Ouest du djebel Ouach (*pl. V, fig. 14, 15*), depuis l'oued Zied jusqu'à El Aria, sur plus de 16 kilomètres de longueur, l'un de ces lambeaux a été bien conservé au-dessus des marnes maestrichtiennes à Thécidées du synclinal du Kroub. Un peu plus au Sud, sur le revers méridional du *Mansoura*, un petit témoin isolé du même pli couché, formé aussi de Crétacé et d'Éocène, est superposé au Maestrichtien du Bon Pasteur. A la même latitude, et à 27 kilomètres à l'Ouest, en bordure Sud du *djebel Akhal* (*pl. V, fig. 11*), un autre paquet marneux crétacé vient en discordance sur les calcaires dolomitiques éo- et mésocrétacés (?) et sur les marnes sénoniennes.

La zone sur laquelle s'est étendu ce chevauchement paraît limitée, au Sud, par une ligne sinueuse, de direction générale Ouest-Est, passant par le djebel Akhal et El Aria. Au Nord de cette ligne, les faciès crétacés des monts de Constantine (série B) apparaissent donc, comme dans une sorte de grande *fenêtre*, au djebel Akhal même, au kef Beni Hamza, au Kheneg, au Bergli, au Kelal, au Sala, au Sidi Mcid.

Au Nord-Est du Sidi Mcid, la nappe, *repliée en cascade* et sensiblement *déviée*, dessine des boucles très réduites, orientées du Nord-Ouest au Sud-Est, et, par conséquent rebroussées vers le Nord-Ouest. Ces boucles ont été transformées en *plis imbriqués* par des *plis failles* (*pl. VI*). Le long de ceux ci sont alignés, au milieu des marnes bathyales du Crétacé et des argiles du Lutétien inférieur, des *lambeaux de poussée* de calcaires liasiques, jurassiques (?) et éocènes. Tous ces rochers émergent comme des *klippes* au milieu des marnes de la nappe charriée.

Cette nappe a été elle-même replissée : elle forme maintenant, à la hauteur du Sidi Mcid et de la Pépinière du djebel Ouach, un large anticlinal Sud-Ouest Nord-Est, à léger plongement périclinal, anticlinal qui se continue vers le Nord-Est sur les bords du haut vallon de la rivière des Chiens (oued ben Djelloul, chabet ed Derias). A l'Est de ce pli, le flysch dessine les autres ondulations synclinales d'el hadjar es Safra et du sathal el Maida ainsi que l'ondulation anticlinale du chabet Fedj es Smar. Toutes présentent la même orientation Sud-Ouest Nord-Est.

Au Nord-Ouest du djebel Ouach, dans les douars Beni Medjaled, Aioun ed Dehan et Khanguet Sabat, le Crétacé à faciès de la série A a été mis à nu par l'érosion sur les bords du chabet el Touil, de l'oued en Naga, des chabets Berail et Bir Menten. Près du bordj Sabat, il chevauche, comme à Constantine, le Crétacé supérieur de la série B, qui plonge sous lui en dessinant une boucle couchée au Sud.

Dans les douars Aïoun ed Dehan et Beni Medjaled, il est incliné vers le Nord-Est, comme dans le djebel Ouach. Par ces deux affleurements, les marno-calcaires crétacés du voisinage de la ville se relient à ceux du douar Rorfen, qui sont inclinés vers le Sud.

§ 4. Influence des plissements paléozoïques sur les plissements cénozoïques

Ainsi que je l'ai dit, les différents plis et la nappe de charriage de la région de Constantine sont déviés au voisinage d'un anticlinal paléozoïque. Non seulement celui-ci détermine des rebroussements caractéristiques, accompagnés de champs de fractures aux environs de la ville, mais encore il est manifestement la cause initiale d'une déviation notable de la chaîne Numidique. Celle-ci est, en effet, orientée Ouest Est, dans le chaînon des Mouia, et Ouest-Sud-Ouest Est Nord-Est, dans les chaînons du Msouna et des Zerdeza. C'est à la hauteur d'El Kantour que ce décrochement se produit. Il est accompagné d'un tronçonnement de la charnière anticlinale poussé à l'extrême limite ; les klippes auxquelles il donne naissance sont à la fois et les plus petites et les plus nombreuses de toute la zone. Dans les masses schisteuses qui les entourent se produit, au Sud de l'Armée française, toute une série de plis imbriqués faisant chevaucher les unes sur les autres des écailles de schistes métamorphiques, de Carbonifère, de Permien, de Sénonien. De plus, le chaînon du Msouna a son extrémité Ouest occupée par la klippe du koudiata Bou Ferka, qui, fait absolument exceptionnel dans la chaîne Numidique, est allongé Sud-Sud-Ouest Nord-Nord-Est, comme le pli paléozoïque de Constantine. Toujours sur le prolongement de ce pli, l'on rencontre, auprès de la côte, au milieu du massif ancien, deux groupes de venues granitiques tertiaires, au Filfila et au Cap de Fer (*pl. II*).

D. — MOUVEMENTS TECTONIQUES VERTICAUX. ÉRUPTIONS VOLCANIQUES ET GITES MÉTALLIFÈRES DE LA PÉRIODE NÉOGÈNE. SOURCES THERMALES. TREMBLEMENTS DE TERRE.

§ 1. Mouvements tectoniques verticaux de la période néogène

L'effondrement, à l'époque pliocène, du massif ancien de la Méditerranée occidentale a donné naissance, immédiatement au Nord de l'Algérie, à une région de grandes profondeurs, limitée par d'immenses abruptes correspondant à une importante ligne de fractures. En particulier, entre Philippeville et Oran, l'isobathe de 2.500 mètres, orienté de l'Est à l'Ouest, se maintient à environ 75 kilomètres seulement de la côte. La zone littorale voisine présente, d'ailleurs, elle-même de très nombreuses cassures, groupées en demi-cercle, suivant les contours des golfes actuels. Ceux-ci, qui semblent comme découpés à l'emporte-pièce, ont dû se former à la suite d'affaissements secondaires, subséquents à l'effondrement principal.

Dans l'Algérie intérieure, les mouvements tectoniques verticaux de la période néogène sont loin d'avoir eu une

aussi grande amplitude. Ils semblent s'être surtout fait
sentir au voisinage des lignes directrices de l'orographie
paléozoïque de la contrée. C'est ainsi que nous voyons,
au Sidi Mcid, les travertins du Pliocène supérieur butant
contre le Turonien.

Ces accidents récents semblent s'être répercutés,
d'ailleurs, jusque dans les zones les plus anciennement
consolidées de la contrée (Paléozoïque de Tifrit (1), etc.).
Ils ne sont très probablement que les effets locaux d'oscillations d'ensemble qui soulevèrent alors, suivant une
direction sensiblement méridienne, le Maroc, le département d'Alger et la Tunisie avec l'Est constantinois, tandis
que s'affaissaient plus ou moins profondément l'Atlantique marocain (2), l'Oranie, l'Ouest du département de
Constantine, la petite Syrte, la pénéplaine Nord-saha-
rienne (3) et le massif ancien de la Méditerranée
occidentale.

§ 2. Eruptions volcaniques de la période néogène

Les massifs de l'Atlas voisins de l'effondrement méditerranéen ont été le théâtre, au cours des temps néogènes
et quaternaires, surtout à la fin du Miocène et au Pliocène, de violentes manifestations volcaniques. Les
roches éruptives qui leur correspondent, dans la région
de Philippeville, occupent une partie des monts du Filfila, du Cap Bougaroun, des Beni Toufout, des Beni Fer-
guent et des Achech.

------

(1) Gautier, *Ann. Géog.*, XVIII, 1909, p. 331.
(2) Gentil, *C. R. S. G. F.*, 1910, p. 91-92.
(3) Gautier, *Sahara algérien*, 1908, p. 235.

Les roches granitiques du FILFILA ont été récemment étudiées par M. Termier (1) qui y a reconnu la prédominance d'un :

granite alcalin [tourmaline d'un brun clair, rarement terminée ; topaze ; phlogopite blonde ; albite ; orthose ; quartz ; — comp. chim. : SiO^2 : 74,51 ; Az^2O^3 : 15,70 ; Fe^2O^3 : 0,77 ; MgO : 0,99 ; K^2O : 4,45 ; Na^2O : 3,25 ; eau : 0,60].

La PRESQU'ILE DU CAP BOUGAROUN offre, en allant de l'Est à l'Ouest, les espèces ci-après, d'après MM. Curie et Flamand (2) :

microgranulite [microquartz bipyramidés ; microlites allongés de sanidine ; anciens cristaux de quartz bipyramidé, de mica noir, d'orthose et de labrador ; — comp. chim. : SiO^2 : 64,9 ; etc.] ;

rhyolite [rares cristaux de quartz bipyramidés et de feldspaths ; — comp. chim. : SiO^2 : 70,20 ; eau : 6,23 ; etc.] ;

dacite [grands cristaux d'apophyllite] ;

diorite quartzifère [plagioclase en grands cristaux ; amphibole verte ; quartz ; calcite] ;

dolérite andésitique [oligoclase en petites baguettes ; pyroxène en petites plages ; anciens cristaux de plagioclase et de fer oxydulé ; chlorite ; calcite] ;

granite [oligoclase en grands cristaux et en petits cristaux allongés ; mica brun ; amphibole ; quartz et orthose en plages granitoïdes].

Dans les MONTS DES BENI TOUFOUT, M. Termier (3) a signalé les roches suivantes :

---

(1) *C. R. Ac. Sc.*, 10 février 1902.
(2) *C. G. Algérie, Roches éruptives*, 1890, p. 31-39.
(3) *C. R. Ac. Sc.*, CXXXVI, 1903, 328

microgranite [anciens cristaux d'apatite, de sphène, de
fer titané, de cordiérite, de mica noir, de plagioclase
allant de l'oligoclase au labrador, d'orthose, de quartz,
de pyroxène, de tourmaline ; — comp. chim. : Si O^2 :
65,10 ; Ti O^2 : 0,46 ; $Al^2 O^3$: 17,21 ; $Fe^2 O^3$: 1,84 ; Fe O :
2,08 ; Mg O : 2,91 ; Ca O : 3,21 ; $K^2 O$: 4,08 ; $Na^2 O$: 2,05 ;
perte au feu : 1,75] ;

granulite [cryptoperthite ; quartz ; mica noir, pyroxène ;
plagioclase ; sphène ; cordiérite ; tourmaline].

Dans les MONTS DES BENI FERGUEN et DES ACHECH
existent aussi des venues granitiques.

Les éruptions volcaniques qui ont donné naissance à
la plupart de ces roches ont dû se produire pendant le
Néogène. Leur action métamorphique s'est en effet
exercée à la fois sur le Lias et sur le Nummulitique y
compris le flysch : les calcaires ont été changés en pyro-
xènes, les schistes calcareux en schistes pyroxéniques,
les schistes argileux en cornéennes. Le plus méridional
des affleurements granitiques, est situé dans les monts
des Achech. La roche éruptive s'y montre dans l'angle
de rebroussement que dessinent les strates liasiques de
Gardjima chevauchant l'Oolithique : cette situation semble
montrer la liaison des phénomènes volcaniques avec les
mouvements tectoniques de la phase alpine. D'ailleurs,
dans la Grande Kabylie, les éruptions les plus importantes
correspondent au Tortonien (1) ; dans la région de la
Tafna, elles se sont manifestées depuis le Miocène moyen
jusqu'au Quaternaire (2).

---

(1) FICHEUR, *Éocène de la Kabylie du Djurjura*, 1890, p. 426.
(2) GENTIL, *Bassin de la Tafna*, 1903, p. 272-346 et 360-380.

§ 3. Gîtes métallifères primitifs de la période néogène

Les gîtes métallifères primitifs de l'Algérie se rencontrent principalement dans la zone littorale, c'est-à-dire encore au voisinage de l'effondrement méditerranéen.

Au milieu de la PRESQU'ÎLE DU CAP BOUGAROUN les petits amas de *fer chromé*, de *pyrite de fer* et de *chalcopyrite* d'Echel Bez (1) paraissent rentrer dans la classe des *gîtes de ségrégation*. Ils sont en effet encaissés dans des *serpentines* provenant de la transformation de lherzolites ; ces serpentines sont recoupées par des filons de rhyolites et par des veinules de giobergite. Au contact de la rhyolite et de la serpentine, il existe parfois un peu de dolomie caverneuse avec du *nickel*.

La majorité des gîtes métallifères primitifs de la Kabylie de Collo appartient à la classe des dépôts *hydrothermaux*. Tel est le cas des *filons* rencontrés dans les terrains cristallophylliens paléozoïques ou numulitiques des MONTS DES OULED EL HADJ (*blende, galène, cérusite, cinabre, pyrite de fer*), des MONTS DES BENI TOUFOUT (*sidérose, limonite, cinabre, blende, galène, cérusite, pyromorphite, mimétèse, pyrolusite, stibine*), des environs d'AIN KECHERA (*blende, galène et cérusite argentifères, pyrite de fer, chalcopyrite*), des MONTS DES ACHECH (*chalcopyrite* parfois *argentifère*).

---

(1) CURIE et FLAMAND, *C. G. Algérie, Roches éruptives*, 1890, p. 36-37 ; DUSSERT, *Ann. Min.*, 10, XVII, 1910, p. 49, note infrapaginale 1.

A la même classe appartiennent encore les *imprégnations* de *cinabre*, *galène* et *stibine* des marnes et des grès du Nummulitique de Ras el Ma (chaînon des Zerdeza).

§ 4. Gîtes métallifères secondaires de la période néogène

Les gîtes métallifères secondaires, relativement nombreux dans la chaîne Numidique et les monts de Constantine, semblent bien plus rares dans la Kabylie de Collo.

Le *fer* ne semble constituer des *amas d'hématite* un peu importants que dans le Lias moyen du Sidi Marouf. Son origine paraît être ici la même que celle indiquée par M. Termier (1) pour le fer de l'Ouenza ; il y aurait eu tout d'abord substitution au calcaire de sidérose, mouchetée çà et là de cuivre gris, puis, la sidérose aurait été épigénisée en hématite, et le cuivre gris partiellement transformé en hydrocarbures.

Le *zinc* et le *plomb* dont les gisements ont récemment fait l'objet d'une remarquable étude de M. Dussert (2) sont généralement associés, avec prédominance plus ou moins marquée du premier de ces métaux dans des amas calaminaires provenant de la métasomatose des calcaires du Lias ou du Crétacé.

Dans le Lias moyen du Mcid Aïcha deux lentilles de *smithsonite* sont associées à de la *galène*. Au kef Sema, la *smithsonite* est incrustée, avec un peu de *galène* et de *cérusite* dans le Lias supérieur, alors que le contact de celui-ci et des marnes crétacées est jalonné par de la *limonite* et de l'*hématite*.

____

(1) *B. S. G. F.*, 4, VIII, 1908, p. 119, note infrapaginale 1.
(2) *Ann. Min.*, 10, XVII, 1910, p. 112-113, 136-144.

Dans le Mésocrétacé (?) du Bou Cherf, la *smithsonite* est accompagnée de petites quantités de *blende*, de *calamine*, de *galène*, de *cérusite*, de *mimétèse*, d'*hématite*, celle-ci vers les affleurements : sa gangue est une argile ferrugineuse, où l'on rencontre de la barytine, de la dolomie et de la fluorine.

Les cassures de l'Éocrétacé du Grouz renferment de la *smithsonite*, de la *galène*, de la *cérusite*, de la *vanadinite* et de l'*hématite* ; celles qui, dans la même formation, présentent, vers l'extrémité Sud-Ouest du Zouaoui, une direction Nord Sud, ont offert un peu de *smithsonite*.

Dans le Crétacé des djebels Felten et Ouled Sellem, de nombreuses fractures sont remplies par de la *smithsonite*, de la *calamine*, de la *galène* et de la *cérusite*. « Si » on excepte le second de ces minerais qui ne joue un rôle » intéressant qu'en un seul point, on peut dire qu'aucun » des autres ne domine dans l'ensemble du chaînon, » mais bien que l'importance relative de chacun d'eux » change lorsqu'on change de quartier » (1). Près du signal du Felten, le carbonate de plomb est parfois mélangé d'*oxyde de fer* et de *manganèse*. Au chabet Dahala et au Sidi Rmann, il renferme de l'*argent*, avec accidentellement un peu de *mimétèse*, de *pyromorphite*, de *wulfénite* et de *vanadinite*.

Les cinq gîtes du Felten proprement dit et du djebel Guendou sont alignés le long de la grande flexure Sud-Ouest Nord-Est, qui limite au Nord-Ouest les djebels Felten et Ouled Sellem. Le réseau des cassures de ces montagnes présente, comme à Constantine, outre le système conjugé Sud-Ouest Nord-Est et Nord-Ouest

----

(1) Dussert, *Ann. Min.*, 10, XVII, 1910, p. 108.

Sud Est, en relation avec les plis cénozoïques, un système conjugué Nord Sud et Ouest Est, dont la direction est vraisemblablement due, ici encore, à l'influence des plis paléozoïques. En général, les fractures d'orientation méridienne sont plus ou moins stériles ; ce sont elles qui présentent la calcite rubanée ou colorée rouge, qui est exploitée sous le nom de marbre-onyx d'Ain Smara ; exceptionnellement, une fente presque Nord Sud, dans le djebel Guendou, est remplie par de la calamine riche. Partout ailleurs, les accidents de direction Ouest Est ont seuls été minéralisés.

Les *remises en mouvement* qui ont permis la formation des amas calaminaires de l'Algérie intérieure se sont certainement effectuées de façon très active jusqu'à une période relativement récente. C'est ainsi que, dans la région de Guelma, à Hammam Nbail, la métasomatose a porté sur des calcaires travertins datant du Pliocène inférieur (1). Dans le remplissage des cassures minéralisées du voisinage, l'on trouve des antimoniates et des arséniates de fer et de calcium, qui ont fourni divers fossiles remontant au Pliocène supérieur (2).

§ 5. SOURCES THERMALES

De même que les éruptions volcaniques et les gîtes métallifères d'âge néogène, les sources thermales actuelles de l'Afrique mineure semblent bien être sous la dépendance de l'effondrement méditerranéen. On a vu, d'ailleurs, plus haut, qu'aux environs de Constantine, en par-

---

(1) L. JOLEAUD, *C. R. Ac. Sc.*, 22 mars 1909.
(2) L. JOLEAUD, *B. S. G. F.*, 4, IX, 1910, p. 274.

ticulier, certains dépôts de travertins voisins de sources chaudes encore existantes, remontent en partie au Pliocène supérieur (Bou Keiran, près du Hamma, Sidi Mcid, etc.).

Mais, de même que tous les volcans du littoral barbaresque sont aujourd'hui éteints, les *sources thermales hypogénes* qui devaient jaillir jadis près des bords de l'effondrement méditerranéen, sont, pour la plupart, taries. Cependant, il en existe une encore, vers l'embouchure de la Tafna, précisément dans la région de l'Algérie où les éruptions se sont continuées jusque pendant le Pléistocène.

Par contre, les *sources thermales vadeuses* sont nombreuses dans le Sud de la région de Philippeville (chaîne Numidique) et dans la région de Constantine. Celles dont le débit est le plus considérable semblent d'ailleurs en relation plus ou moins étroite avec les lignes de dislocation paléozoïque (le Hamma, etc.).

Celles de la chaîne Numidique prennent naissance le long de contacts anormaux qui limitent les affleurements calcaires du Lias (Beni Haroun) ou du Lutétien inférieur (Toumiet). Celles des monts de Constantine sont originellement en relation avec les flexures ou les cassures périphériques des rochers de l'Eo- ou du Mésocrétacé, soit qu'elles sourdent au contact du rocher (Beni Guecha, Bou Allouf, oued el Koton, Kheneg, Sidi Mcid, Sidi Mimoun, Ain Chekka, Sidi Rached, Grouz, Bou Merzoug), soit qu'elles émergent à une certaine distance, au milieu des calcaires lités du Néocrétacé (source du Bourbier), de l'Éocène (Beni Achour), du Pontien (Mouia) ou des travertins quaternaires (Sala bey, le Hamma). Aussi, leur température varie-t-elle depuis 57° (hammam Bou Allouf) jusqu'à 22° (source du Bourbier) ; certains griffons n'arrivent même au jour que complètement refroidis (Ain Berda du Hamma, 16°).

L'origine géologique des sources chaudes de la région explique leur richesse en carbonates, principalement en carbonate de chaux. Aux environs immédiats de Constantine, à Sala bey, à Sidi Mcid, à Sidi Mimoun, à Sidi Rached, ces sels ont une prédominance marquée sur les autres composés minéraux. Au Hamma, les eaux chaudes sont à peine plus riches en chlorures qu'en carbonates, et il en est de même aussi pour l'ain Bou Merzoug (1). A côté de ces *sources carbonatées calciques,* ou faiblement chlorurées sodiques, il en est d'autres qui sont franchement *chlorurées sodiques.* Tel est le cas des hammams des Beni Haroun, de Bou Achour et de la source du Bourbier. Enfin quelques-unes peuvent être considérées comme *sulfatées calciques;* l'une des sources de l'oued el Hamimin et le hamman Bou Allouf se rangent dans cette catégorie. La plupart des sources chaudes de la région renferment d'ailleurs du sulfate de chaux qu'elles ont dissous en circulant en profondeur au contact des argiles gypsifères du Trias.

---

(1) Dans la classe des sources carbonatées calciques rentre l'*ain Fesguia* (0,216 de carbonates, 0,036 de chlorures et 0,199 de sulfates), qui prend naissance au milieu d'une zone marécageuse, dans les hautes plaines des Ouled Abd en Nour, au pied du rocher éocrétacé du Guerioun. Elle est partiellement utilisée pour l'alimentation en eau de Constantine (débit total 200 ^{l} à la seconde, température : 13°). A un premier captage de plusieurs griffons exécuté il y a un certain nombre d'années déjà, est venu récemment s'en ajouter un second, qui permettra de pourvoir aussi d'eau potable les villages d'El Guerra et d'Ouled Rahmoum, situés sur le trajet de Fesguia à Constantine.

Si certaines d'entre elles ont un débit relativement faible (Bou Achour : 1^l à la seconde ; Bou-Allouf : 1^l 5), d'autres ont un débit très élevé (ain Bou Merzoug : 627^l ; groupe du Hamma : 910^l).

Par ce qui précéde on voit que quelques sources de la région de Constantine gardent le caractère de simples *exsurgences* un peu thermales et pas très minéralisées, tandis que d'autres ont tout à fait l'allure de *résurgences* de cours d'eau souterrains. Ces dernières sont d'ailleurs très pauvres en sels minéraux. Elles donnent des eaux thermales simples, ne devant leur température élevée qu'à la profondeur d'où elles proviennent. Leur important débit tient à ce qu'elles sont alimentées non seulement par les eaux superficielles locales qu'absorbent les multiples réseaux de diaclases des calcaires massifs, mais encore par des eaux d'origine plus ou moins lointaine Dans le voisinage de telles sources, il y aurait évidemment fort peu de chances de rencontrer des nappes artésiennes de quelque importance.

§ 6. Tremblements de terre

L'instabilité du sol, en Algérie se manifeste surtout dans la partie de la zone littorale comprise entre Philippeville et Oran (1), où l'effondrement méditerranéen a atteint, comme nous l'avons vu, son amplitude maxima. Les nombreuses cassures qui en ont découpé les contours, semblent être la cause locale de la séismicité du fond

---

(1) De Montessus de Ballore, *Les tremblements de terre*, 1906, p. 334.

Esquisse tectonique des régions de Philippeville et de Constantine par L. JOLEAUD

Échelle : $\frac{1}{800.000}$

A-B. — Pli couché de la chaîne Numidique.

I. — Anticlinal de Bou Cherf.

1. — Synclinal de Grareus.

II. — Anticlinal du Khenег.

2. — Synclinal du Smendou.

III. — Anticlinal du Zouaoui.

3. — Synclinal du Chettaba.

IV. — Anticlinal du Sidi Meid.

4. — Synclinal du Kroub.

V. — Anticlinal de l'Oum Settes.

5. — Synclinal des Amer Cheraga.

VI — Anticlinal du Bafa.

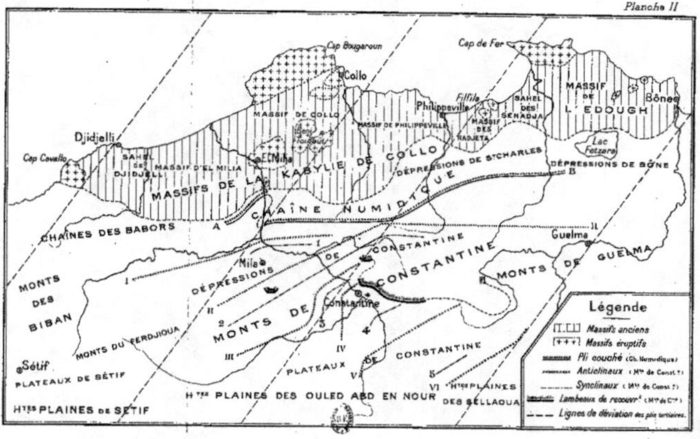

Planche V

Coupes géologiques des Monts de Constantine

(direction moyenne N.O.-S.E.)

Échelles : des longueurs, $\frac{1}{100\,000}$; des hauteurs, $\frac{1}{50\,000}$

a. — Néopléistocène.
q⁴. — Pléistocène récent (alluvions du niveau de 15 m.).
q. — Pléistocène (travertins du Hamma).
q. — Pléistocène ancien (alluvions des niveaux de 30 et 20 m.)
q. — Sicilien (alluvions des niveaux de 100 et de 150 m.)
q. — Sicilien (travertins du Hendi).
p³. — Saint-Prestien (alluvions du niveau de 200 m.).
p². — Villafranchien (travertins et sables du Mansoura).
p. — Astien et Plaisancien (calcaires d'El Hadj Baba).
m⁴c. — Pontien (grès des deux Guettara).
m⁴b. — Pontien (argiles du Smendou).
m⁴a. — Pontien (grès de l'oued Milat).
m³e. — Tortonien (argiles à Hélices dentées).
m³d. — Tortonien (argiles à *Ostrea crassissima*).
m³c. — Tortonien (argiles du Bad de Melal).
m³b. — Tortonien (poudingues du Koudiat Aty).
m³a. — Tortonien (argiles du Salah bey).
m-e. — Stampien, Lattorfien et Priabonien (flysch) (*série A*).
e. — Auversien (grès du Koudiat Rsari Akebul) (*série A*).
e. — Lutétien supérieur (calcaires à *Nummulites perforatus*) (*série A*).
e. — Lutétien supérieur (argiles des Mouia) (*série A*).
m, e. — Lattorfien, Auversien et Lutétien supérieur (argiles à *Ostrea strictiplicata*) (*série B*).
e. — Lutétien inférieur et Suessonien supérieur (calcaires à silex) (*séries A et B*).
e-c. — Suessonien inférieur et Danien (*séries A et B*).
c. — Méso-Néocrétacé (*série A*).
c. — Maestrichtien, Campanien et Santonien (*série B*).
c. — Coniacien (*série B*).
c. — Turonien (*série B*).
c. — Cénomanien (*série B*).
c. — Albien (*série B*).
c. — Aptien et Barrémien (*série A*).
c. — Aptien et Barrémien (*série B*).
c. — Néocomien (calcaires du Kheneg) (*série B*).
j. — Oolithique supérieur.
j. — Oolithique moyen.
j. — Oolithique inférieur.
l. — Lias supérieur.
l. — Lias moyen et inférieur.
t. — Trias.
r. — Permien.
h. — Carbonifère.
x. — Schistes paléozoïques métamorphiques.

Fig. 11.
Fig. 12.
Fig. 13.
Fig. 14.
Fig. 15.
Fig. 16.
SSE
NNO

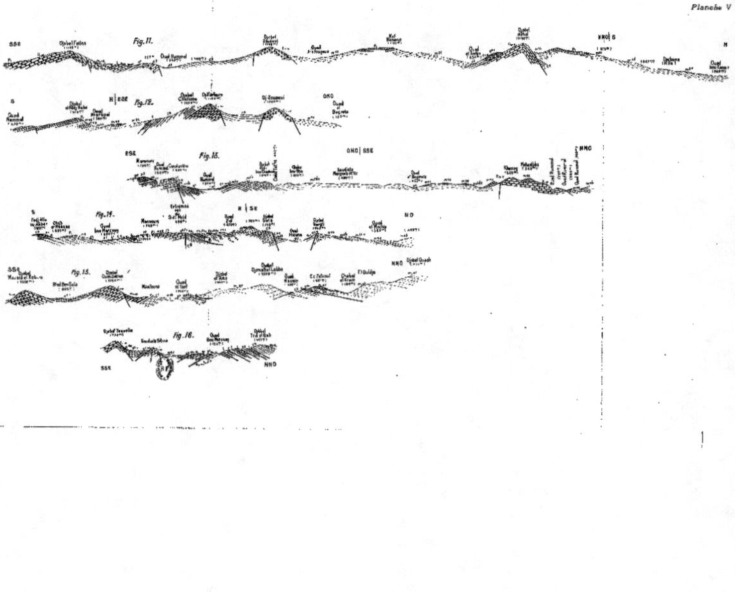

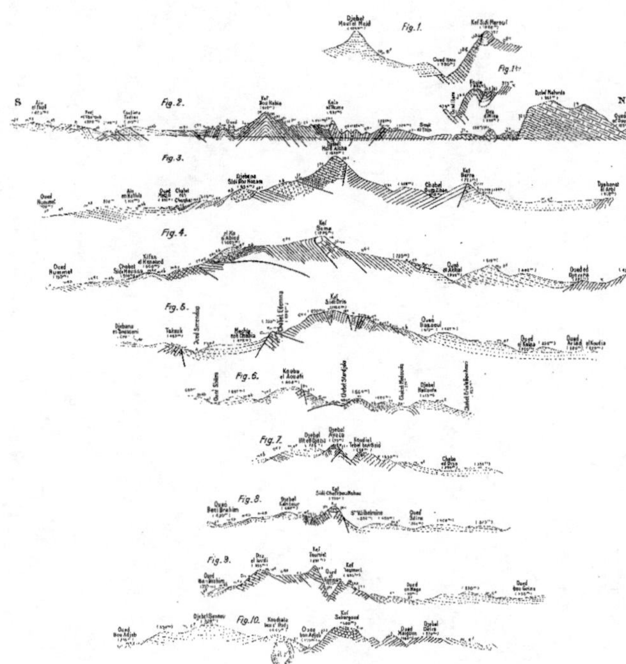

Coupes géologiques de la Chaîne Numidique
(Direction : N.-S.)
Échelles : des longueurs, 1/16.000 ; des hauteurs, 1/9.000

Néopléistocène.
Pléistocène récent (alluvions du niveau de 5 m.).
Pléistocène (travertins du Hamma).
Pléistocène ancien (alluvions des niveaux de 30 et 50 m.).
Sicilien (alluvions des niveaux de 100 et de 150 m.)
Sicilien (travertins du Bergh).
Saint-Prestien (alluvions du niveau de 262 m.).
Villafranchien (travertins et sables de Mansoura).
Astien et Plaisancien (calcaires d'El Hadj Baba).
Pontien (grès des douar Gueltate).
Pontien (argiles du Snembou).
Pontien (grès de l'oued Milar).
Tortonien (argiles à Helices dentées).
Tortonien (argiles à Ostrea crassissima).
Tortonien (argiles du Sud de Mila).
Tortonien (poudingues du Koudiat Ali).
Tortonien (argiles de Sala bey).
Stampien, Lattorfien et Priabonien (flysch) (série A).
Auversien (grès du koudiat Kasel Akahal) (série A).
Lutétien supérieur (calcaires à Nummulites perforatus) (série A).
Lutétien supérieur (argiles des Monis) (série A).
Lattorfien, Auversien et Lutétien supérieur (argiles à Ostrea strictiplicata) (série B).
Lutétien inférieur et Suessonien supérieur (calcaires à silex) (séries A et B).
Suessonien inférieur et Danien (séries A et B).
Méso-Néocrétacé (série A).
Maestrichtien, Campanien et Santonien (série B).
Coniacien (série B).
Turonien (série B).
Cénomanien (série B).
Albien (série B).
Aptien et Barrémien (série A).
Aptien et Barrémien (série B).
Néocomien (calcaires du Kheneg) (série B).
Oolithique supérieur.
Oolithique moyen.
Oolithique inférieur.
Lias supérieur.
Lias moyen et inférieur.
Trias.
Permien.
Carbonifère.
Schistes paléozoïques métamorphiques.

Carte géologique des environs de Constantine par L. JOLEAUD

Échelle : $\frac{1}{50.000}$

Néopleistocène (alluvions du lit majeur des cours d'eau).
Néopleistocène (travertins du cañon de Constantine).
Pléistocène recent (alluvions du niveau de 15 m.).
Pléistocène ancien (alluvions du niveau de 30 m.).
Pléistocène ancien (alluvions du niveau de 50 m.).
Sicilien (alluvions du niveau de 100 m.).
Sicilien (alluvions du niveau de 150 m.).
Saint-Prestien (alluvions du niveau de 200 m.).
Villafranchien (travertins et sables du Mansoura).
Pontien (poudingues du djebel Ouach).
Tortonien supérieur (poudingues du camp des Oliviers).
Tortonien moyen (poudingues du Koudiat Ati).
Tortonien inférieur (argiles du Hamma).
Priabonien (argiles de la pépinière du djebel Ouach à Chondrites) [série A].
Lutétien supérieur (argiles de la route de la Pépinière) [série A].
Lutétien inférieur et Suessonien (calcaires et argiles de l'oued el Hersut) [série A].
Maestrichtien supérieur (calcaires en dalles du djebel Ouach à Chondrites) [série A].
Maestrichtien supérieur (marno-calcaires et grès des Arcades Romaines) [série B].
Maestrichtien moyen et inf. (marnes du Mansoura à Thecidea et Bolbaster) [série B].
Méso-Néocrétacé [série A].
Coniacien inférieur (calcaires du Mansoura à Micraster brevis) [série B].
Turonien (calcaires supérieurs du Sidi Mcid) [série B].
Cénomanien (calcaires inférieurs du Sidi Mcid) [série B].
Aptien inférieur (marnes du djebel Ouach à Clupeida) [série A].
Barrémien supérieur (marnes du djebel Ouach à Silesites Seranonis) [série A].
Barrémien moyen (marnes du djebel Ouach à Pulchellia Sauvageaui) [série A].
Barrémien infér. (marno-calcaires du djebel Ouach à Leptoceras cf. subtile) [série A].
Jurassique (calcaires des Aïoun Tain à Phylloceras) [série A].
Lias moyen (calcaires du djebel Ouach) [série A].
Trias (argiles irisées, calcaires à Mytilus psilonoti, etc.) [série B].

des golfes de Stora, Collo, Djidjelli, Bougie, Alger, Mostaganem, Oran.

Les chaînes sublittorales, les dépressions et les reliefs du Tell intérieur sont moins souvent et en général moins fortement ébranlés que la zone côtière. Cependant, dans la région de Constantine, de violents tremblements de terre ont été ressentis à différentes reprises, notamment en 1857, 1871, 1883, 1896. La dernière grande secousse, qui eut lieu le 3 août 1908, occasionna des dégâts de quelque importance, non seulement à Constantine même, mais encore dans plusieurs localités des environs, particulièrement au Hamma, à Bizot et à Smendou. Les trépidations intenses ressenties au Col des Oliviers et à Ain Smara, furent à peine perçues à Rouffach, Ain Kerma, Jemmapes, Philippeville, Oued Athmenia, Ain Mlila. Le séisme ébranla en somme tout particulièrement la zone voisine de l'anticlinal paléozoïque de Constantine (1), anticlinal qui semble, depuis le Miocène jusqu'à l'époque actuelle, avoir toujours été un obstacle à la propagation des mouvements de l'écorce terrestre. En s'opposant à leur translation normale, il détermine à son voisinage l'accentuation maxima de l'effort des poussées successives (2).

Dans les Hautes Plaines et dans les chaînes présahariennes, les localités suivantes sont particulièrement sujettes aux tremblements de terre : 1° Batna, au voisi-

---

(1) L. Joleaud, *La Mine Algérienne*, 1ᵉʳ mai 1901.

(2) En 1908, l'élongation maxima du tremblement de terre semble avoir eu la même orientation du Sud-Sud-Ouest au Nord-Nord-Est que le pli paléozoïque (P. Martel, *C. R. Ac. Sc.*, 23 novembre 1908).

nage des importantes failles et flexures limitant au Sud-Est la chaîne du Touggour ; 2° Chellala, Bou Saada, Msila, sur les bords de môles d'ancienne consolidation probablement affaissés sous les Zahrez et le Hodna ; 3° Tunis, El Djem, Mahdia, Sfax, Gabès, Tozer, autour d'un massif ancien qui paraît effondré sous la Petite Syrte.

Ainsi, tous les phénomènes d'ordre orogénique qui se sont produits après les plissements alpins ou se produisent encore, dans l'Afrique mineure, sont, avant tout, sous la dépendance directe ou indirecte du plus important d'entre eux, de l'effondrement méditerranéen. Leur intensité décroît au fur et à mesure que l'on s'éloigne du *littoral algérien*. Tandis que vers la côte de la Méditerranée occidentale, ils affectent une large zone sans localisation bien marquée, dans l'intérieur, ils paraissent principalement se produire au voisinage des anciennes lignes de dislocation paléozoïque, qui sont restées et restent encore les points faibles de l'architecture de l'Atlas.

E. — ESSAI RÉSUMÉ DE LA TECTONIQUE DES RÉGIONS DE PHILIPPEVILLE ET DE CONSTANTINE —

Au début des temps primaires, le *géosynclinal* méditerranéen s'étendait jusque dans le Sahara. Une première série de plissements prit naissance au Dévonien (*phase calédonienne*) dans la région actuelle du Sahara central, qui formait alors le bord nord de l'aire continentale africaine. A l'Anthracolithique, une seconde série de ridements (*phase hercynienne*) affecta particulièrement le Sahara septentrional, et vraisemblablement aussi la plus grande partie de l'Afrique mineure. Elle détermina, au Trias, la formation de nombreuses *lagunes*.

Au Lias, la mer reprit possession de tout le pays. Puis graduellement, à l'Oolithique et au Crétacé, s'y individualisèrent deux régions à caractères bien différents. L'une, qui correspondait à l'emplacement actuel de l'Atlas saharien, des Hautes Plaines et du Tell intérieur, prenait les caractères de la zone *néritique*. L'autre, située immédiatement au Sud du massif côtier ancien, là où s'élèvent maintenant les chaînes sublittorales, dépendait toujours du *géosynclinal* et conservait l'allure d'une zone *bathyale*. Dans le fond de ces mers, au Néocrétacé, des *bossellements* se produisirent graduellement : ils donnèrent naissance à des reliefs sous-marins, en arrière desquels s'accumulèrent, sur certains points, des débris organiques, qui furent l'origine première des dépôts de phosphate de chaux de l'Éocène inférieur. Ceux-ci, très pauvres dans la partie nord de l'Algérie orientale, augmentent de richesse au fur et à mesure que l'on s'avance vers le Sud, dans les régions les moins profondes. Lors de leur retrait vers le Nord, les mers de l'Éocène moyen, de l'Éocène supérieur et de l'Oligocène laissèrent derrière elles de vastes *lagunes* en bordure du Sahara, tandis qu'elles submergeaient presque complètement les massifs kabyles. Elles se divisaient en de nombreux *bassins fermés* aux eaux plus ou moins *saumâtres*.

Un certain nombre de ces dépressions furent ensuite envahies par la *transgression* burdigalienne et helvétienne. Au Tortonien, presque toute la contrée fut affectée par les plissements de l'Atlas (*phase alpine*). De grandes *lagunes* s'établirent au voisinage de Constantine, lagunes qui persistèrent pendant toute la durée du Pontien.

Le Pliocène vit l'*affaissement* du massif ancien de la Méditerranée occidentale. En même temps, se creusèrent des fosses marines auprès du rivage actuel et des golfes côtiers se formèrent. D'importantes surfaces de l'intérieur étaient alors occupées par de vastes *lacs*, où vivaient des Hippopotames. Cet état de chose se prolongea jusqu'au début du Quaternaire. Avec cette ère nouvelle commença le déblaiement des *vallées* par les eaux courantes. Graduellement une série de *mouvements épirogéniques* assurèrent aux cours d'eau déjà tributaires de la Méditerranée, la *capture des cuvettes hydrographiques* jusque là *fermées* du Sud du Tell et du Nord des Hautes Plaines.

CHAPITRE VIII

GÉOLOGIE APPLIQUÉE

A. — VÉGÉTATION SPONTANÉE ET CULTURES

Aux massifs de la Petite-Kabylie, formés surtout de grès, de gneiss et de micaschistes, que couvrent en bonne partie des forêts de Chênes-lièges avec sous-bois de Bruyères, de Cistes, de Lentisques et d'autres espèces caractéristiques du maquis méditerranéen, succèdent, à partir de la chaîne Numidique, des montagnes de *calcaires liasiques, néocomiens, aptiens, cénomaniens, turoniens, lutéliens,* presque partout dénudées. Cependant aux extrémités Nord-Ouest et Nord-Est, dans les chaînons du Zouara et des Zerdeza, et dans le massif du djebel Ouach, les grès du *flysch* occupent encore d'importantes étendues où subsistent d'assez nombreux Chênes-lièges.

Partout ailleurs, sur les sommets rocheux, la végétation reste localisée dans les joints des strates et le long des failles et diaclases, où poussent des Térébinthes, des Chênes verts, des Genévriers oxycèdres, et çà et là, des touffes éparses de *Diss (Ampelodesmos tenax)*. « La réus-» site si complète des reboisements partiels entrepris » au Mansoura, au Meridj, au djebel Ouach « prouve suffi-» samment que la dénudation du pays tient à d'autres

» causes que des influences naturelles. Si arides... que
» soient de nos jours les crêtes, beaucoup possèdent, à
» l'état de jeunes pouses, les éléments d'un reboise-
» ment ». Dans le Chettaba, sur les confins du djebel
Ouach et sur les plateaux « le Chêne Vert, le Pin d'Alep,
» le Frêne réussissent à merveille, moyennant quelques
» soins et un peu de protection dans le jeune âge... Le
» *Pistacia terebinthus* se plaît aussi dans la région et y
» est représenté par quelques sujets de première gran-
» deur. L'un d'eux » qui « croît isolément dans la vallée
» de l'oued Khanga... ne mesure pas moins de 5ᵐ75 à
» la base ». (1)

Dans la partie haute des pentes de la chaîne Numidique
et des monts de Constantine, à la surface des *marnes
crétacées* et *éocènes*, s'étendent de maigres herbages, où
domine le *Diss* : ils sont incendiés presque chaque année
par les bergers indigènes. On y trouve aussi le *Bellout*
(*Quercus ilex*), le plus souvent rabougri, le *Taga* (*Juni-
perus oxycedrus*), le *Guethem* (*Phyllirea angustifolia* et
P. media), le *Guendoul* (*Calycotome spinosa*), le *Betoum*
(*Pistachia terebinthus*), le *Rihan* (*Myrtus communis*), le
Halhal (*Lavandula stœchas*), etc.

Dans les reliefs du *flysch*, les affleurements *argileux*
intercalaires forment de vastes clairières, au milieu des
broussailles. Un niveau de sources s'y montre assez
constant et il s'y développe de bons pâturages où abondent les *Fisfissa* (*Medicago sphærocarpa, turbinata,
Soleilrolii*), *Handakouka* (*Trifolium ligusticum, mariti-
mum*), de nombreuses Graminées (*Agrostis, Poa, Festuca,
Lolium*, etc.). Dans les endroits les plus bas, les eaux

---

(1) Julien, *Flore de Constantine*, 1894, p. 8.

donnent naissance à des mares et à des fondrières sur les bords desquelles se multiplient les *Samar (Juncus tenageia, effusus)*, *Saad (Carex glauca, distans, punctata)*, *Koulan (Schœnus nigricans)*, etc.

Le plus souvent la végétation arborescente est réfugiée dans le fond des ravines, dont les abords escarpés la protègent contre la dent des troupeaux. Ce n'est guère que là que l'on trouve des Oliviers : rares aux environs de Constantine, ils sont plus nombreux dans les monts des Beni Medjaled et dans la chaîne Numidique. Cette espèce végétale, qui est indigène dans le pays, à certainement été autrefois bien plus répandue qu'aujourd'hui : la fréquence, dans la toponymie, des noms de bled bou Zitoun, ain Zitouna, mzara Zitouna, etc., indique suffisamment son ancienne extension dans des zones même où l'on n'en voit plus maintenant.

L'ensemble des régions de Philippeville et de Constantine doit à sa situation géographique à proximité de la mer d'une part, et des Hautes Plaines de l'autre, de présenter à la fois des espèces caractéristiques de la flore du littoral et de la flore des steppes. L'*Alfa (Stipa tenacissima)* et le *Chih (Artemisia herbaalba)*, qui sont les plantes des steppes par excellence, remontent vers le Nord, la première sur le revers sud du plateau d'Ain el Bey, la seconde sur les pentes méridionales du djebel el Hadj Baba (1). D'ailleurs, divers autres Végétaux habituels des Hautes Plaines, *Addad (Atractylis gummifera)*, *Guezza (Deverra scoparia)*, *Zedidj (Moricandia arvensis)*, etc., ne sont pas rares dans les maigres pacages qui

---

(1) Cosson a signalé sur ces plateaux un Lichen saharien, l'*Aspicilia esculenta*.

— 408 —

occupent les parties presque dépourvues de terre végétale des plateaux de Constantine, qu'ils soient formés de *travertins pliocènes* ou bien de *cailloutis miocènes* ou *quaternaires*.

Presque partout où la terre végétale est en quantité suffisante, s'étendent des cultures, surtout de blé dur et d'orge.

Les rendements obtenus sont excellents dans les *marnes de l'Éocène*, qui dessinent des pentes assez douces, en contre-bas de reliefs constitués par des *calcaires phosphatés* du même âge, particulièrement vers Bou Nouara, Mahadjiba, Ouled Rahmoun, Guettar el Aich ; il en est de même dans les *marnes du Néocrétacé* autour de Lamblèche et d'Ain Smara.

Les *argiles du Miocène* des dépressions de Smendou, de Mila, du Kroub sont généralement situées au pied de côteaux formés, vers le bas, par les *conglomérats miocènes* ou *quaternaires*, et, vers le haut, par les *travertins miocènes* ou *pliocènes*. Elles donnent, à la suite du lavage par les eaux courantes de ces divers terrains, un sol argilo-siliceux, un peu calcaire, qui convient très bien aussi aux céréales.

Malheureusement, les champs des Indigènes, et même ceux d'un certain nombre de colons européens sont encore presque partout livrés à la charrue arabe, qui y respecte avec soin les touffes de *Korchef* (*Cynara cardunculus*), de *Berouag* (*Asphodelus ramosus*), de *Diss* (*Ampelodesmos tenax*), de *Faraoun* (*Urginea maritima*) et les îlots de *Sidra* (*Zizyphus vulgaris*), de *Guendoul* (*Calicotome spinosa*).

Malgré la proximité des gisements de phosphate de chaux du Sud, l'usage des engrais minéraux n'est pratiqué dans le pays, ni par les Européens, ni par les Indigènes. Les engrais animaux ne sont eux-mêmes que très peu utilisés.

Les coteaux de *cailloutis miocènes* ou *quaternaires* et les pentes *argileuses* situées en contre-bas de ces coteaux sur lesquelles les cailloutis descendent, se prêtent assez bien à la culture de la Vigne, malgré leur altitude. La Vigne, qui est probablement indigène, se trouve à l'état spontané (*Dalia hosrom*) dans le fond des ravins, dans les zones humides du *flysch*, ainsi qu'au pied des rochers *liasiques* de la chaîne Numidique.

Les *limons néopléistocènes* de la vallée du Bou Merzoug, entre El Guerra et le Bardo, donnent de superbes prairies naturelles abondamment irriguées, qui fournissent plusieurs coupes par an, et où dominent parmi les Graminées, *Phalaris truncata*, *Dactylis australis*, *Festuca mediterranea*, *Lolium italicum*, *Vulpia sicula*.

Les *alluvions* argilo-sableuses et les *travertins quaternaires* de la vallée du Rummel, entre Constantine et le Hamma, sont occupés par des vergers entourés de jardins maraîchers qui, protégés de tous côtés par les montagnes, donnent des primeurs en assez grande abondance. Dans les vergers, l'on trouve, à côté des arbres fruitiers indigènes ou d'introduction ancienne, Oranger, Cédratier, Citronnier, Amandier, Grenadier, Caroubier, Figuier, Abricotier, Pêcher, Olivier, des espèces plus récemment importées, telles que le Noyer, le Prunier, le Cerisier, le Néflier, le Cognassier. On y voit même quelques Dattiers.

B. — RÉGIME DES EAUX ET IRRIGATIONS

Les précipitations atmosphériques varient très notablement du Nord au Sud de la région. Elles donnent en moyenne une tranche d'eau annuelle de 850 $^m/_m$ entre Philippeville et Smendou, et de 630 $^m/_m$ aux environs de Constantine. Pendant les quatre mois de décembre, janvier, février et mars, il tombe presque les deux tiers du volume d'eau total de l'année ; par contre dans l'ensemble des mois de juin, juillet, août et septembre, le sol ne reçoit guère plus du dixième de la masse d'eau pluviale annuelle.

§ 1. Eaux d'infiltration

Les sables et les graviers *néopleistocènes* des rives du Rummel et du Bou Merzoug, renferment des nappes aquifères dues à l'intercalation de lits limoneux imperméables. Des puits peu profonds vont y chercher l'eau au voisinage des villages d'Oued Athmenia, d'Ain Smara, d'El Guerra et du Kroub.

Dans les *cailloutis* mélangés de sables et de limons du *Pleistocène* et du *Sicilien* des vallées, circulent aussi des eaux plus ou moins abondantes. Elles alimentent les puits du voisinage des établissements européens et indigènes et en divers points donnent naissance à des sources d'affleurement, généralement peu importantes d'ailleurs : ces sources émergent à la surface des marnes du Néocrétacé ou des argiles tertiaires.

Au milieu des *sables* mêlés de cailloux roulés qui sont

subordonnés aux travertins du *Pliocène supérieur*, dans les plateaux du Mansoura, d'Ain el Bey, d'El Guerra, d'Ain Abid, existe un niveau de sources, dont les eaux sont parfois un peu chargées de carbonate de chaux (0 gr. 1489 par litre au Mansoura) à la suite de leur circulation à travers les fissures des roches calcaires du superstructum. Certaines sont utilisées pour l'alimentation des villages de Sidi Mabrouk, des fermes de l'Hippodrome et du Nord-Est du plateau d'Ain el Bey. La couche imperméable est formée, au Mansoura par les marnes sénoniennes, à Ain el Bey, par les argiles limoneuses de la base du Pliocène supérieur.

Les *calcaires travertins* du *Pliocène inférieur*, presque partout fissurés, donnent des *exsurgences* plus ou moins importantes, au contact des argiles miocènes, sur le revers Nord des plateaux de Sidi Merouan, d'El Mala, d'El Hadj Baba et d'Ain el Bey. Leurs eaux sont très chargées en carbonate de chaux. Certains villages cependant les utilisent pour leur alimentation, comme Sidi Merouan, El Mala et le Kroub.

Dans la dépression du Smendou, sur le revers méridional de la ride qui limite cette dépression vers le Sud, et sur le bord des plateaux entre el Meridj, le Kroub et Ain el Bey, le *Tortonien* et le *Pontien* sont formés d'alternances *d'argiles* et de *grès*. Les grès, bien que développés principalement vers le milieu de cet ensemble se trouvent à divers niveaux. Ils renferment presque toujours une nappe aquifère, d'importance variable suivant l'étendue des affleurements qui leur correspondent. Sur divers points, des puits vont y chercher l'eau. Ailleurs des sources en sortent, dont certaines importantes, comme l'ain Remel, qui sert à l'alimentation du village de Smendou, ou comme celles qui sont utilisées par le village de Bizot. D'une façon à peu près générale, les eaux de cette provenance sont de bonne qualité.

Les grès miocènes dessinent, dans les dépressions de Constantine, plusieurs synclinaux en relief, dont les flancs présentent des lignes de sources, par exemple autour d'Ain Kerma. Près de Gondé-Smendou, des eaux artésiennes y ont été rencontrées par des sondages entrepris pour la recherche de lignites. Un forage exécuté un peu à l'Est de Smendou, à l'altitude de 550 ^{m} a atteint, à 12^{m}20 de profondeur, une nappe artésienne, dont l'eau est remontée à 1^{m}63 au-dessus du sol, puis une deuxième à 50^{m}60 : le débit de celle-ci a varié de 45 à 600 litres à l'heure. Près de Bizot, un sondage poussé jusqu'à 156^m dans les argiles de la base du Tortonien n'a donné aucun résultat.

Les *grès* du *flysch* paraissent perméables à la fois par porosité et par fissuration. Ils offrent, à divers niveaux, des intercalations argileuses, qui assurent l'alimentation de nombreuses sources dans la chaîne Numidique et le djebel Ouach. Leurs eaux sont souvent assez riches en oxyde de fer (0^{gr}1665 par litre pour une source du djebel Ouach), provenant du lavage de leurs fissures. Malheureusement elles ne servent dans bien des cas qu'à former de petits marécages.

Divers travaux ont été exécutés vers le sommet du vallon de la rivière des Chiens (chabet ed Derias), en vue de l'alimentation de la ville de Constantine, au moyen des eaux provenant de la zone gréseuse du djebel Ouach. Plusieurs petites sources y ont été captées et des barrages ont été établis dans le vallon même. *Les eaux ainsi collectées se rendent par des canaux à ciel ouvert dans les anciennes mares de la Pépinière utilisées comme bassins de réception !!!*

Les argiles du Lutétien supérieur subordonnées aux *grès de l'Auversien*, dans la chaîne Numidique, à l'Est du col de Sfardjela, ne retiennent que de faibles quantités d'eau.

Les *calcaires* plus ou moins phosphatés du *Lutétien* et du *Suessonien* offrent un niveau d'eau constant au contact des argiles de la base de l'étage : des sources y prennent naissance autour du kef Sidi ben en Nissan, du djebel Aissa, de la sra mta Sedjer, sur le revers Nord du Kelal, au voisinage d'Ouled Rahmoun, de Sigus, de Mahadjiba.

Les nappes aquifères renfermées dans les *calcaires* à Inocérames du *Néocrétacé* sont moins abondantes que celles des calcaires de l'Éocène : elles alimentent quelques sources au Nord d'Ain Smara, d'El Guerra et de Sigus.

Des intercalations calcaires, généralement de faible épaisseur, renfermées dans les *marnes* du *Crétacé* sortent de nombreuses sources qui donnent de faibles quantités d'une eau toujours plus ou moins boueuse. La plupart n'affleurent, d'ailleurs, qu'à une certaine distance de leur gisement géologique, après avoir circulé au contact des marnes et des argiles décalcifiées de la surface.

Les *calcaires* massifs du *Lutétien*, du *Mésocrétacé*, de l'*Éocrétacé*, du *Lias* de la chaîne Numidique et des monts de Constantine, étant toujours très fissurés, absorbent la plus grande partie de l'eau qui tombe à leur surface. Leurs failles et diaclases qui se poursuivent très profondément dans le substratum, ne sont pas colmatées par suite de la dénudation des pentes. Aussi les eaux qui s'engouffrent dans leurs cassures s'en vont-elles généra-

lement fort loin, et bien peu d'*exsurgences froides* prennent naissance sur leurs bords. Il convient de signaler
cependant la ligne des sources du revers Ouest du
Zouaoui, qui jalonne une faille faisant buter les calcaires
éocrétacés contre les marnes sénoniennes. Dans la chaîne
Numidique, au pied des rochers liasiques du Sidi Marouf,
du Mcid Aicha et du Sidi Dris, le long des contacts
anormaux qui limitent ces masses calcaires, il y a quelques exsurgences assez importantes (débit global des
trois sources du Mcid Aicha : 13 litres à la seconde ;
débit des six sources du Sidi Dris : 6 litres 7 à la seconde).
L'on a utilisé celles du Mcid Aicha pour l'alimentation en
eau des villages de la commune de Grarem et l'on a conduit celles du Sidi Dris aux agglomérations de la commune de Robertville.

Les rares sources qui prennent naissance à la surface
des lambeaux de *Trias* affleurant dans les environs, donnent toutes des eaux plus ou moins chargées de chlorure
de sodium et de magnésie. On les désigne communément
dans le pays sous le nom d'*Ain Melah* ; quelques-unes
d'entre elles dégagent assez abondamment de l'hydrogène
sulfuré : ce sont les *Ain Baroud* ou *Ain Mkeberla* des
Indigènes. Les premières sont nombreuses autour du
Felten, les secondes se rencontrent dans le vallon de
l'oued Dib et aux environs de Guettar el Aich. Il y en a
une aussi dans le djebel Chettaba ; celle-ci, que M. le
pharmacien-major Lahache a bien voulu analyser renferme 1,8 de sulfate de chaux, 0,093 de chlorure de
sodium et 0,206 de carbonates.

Il y a aussi des sources minérales dans d'autres terrains
que le Trias, mais le fait est accidentel. Ainsi un certain
nombre de sources salées prennent naissance dans les

argiles du Tortonien des Ouled Kebbeb. Une source
sulfureuse d'un débit de 1ˡ6 à la seconde sort du flysch
d'El Goula (Beni Medjaled) ; et deux autres affleurent à la
surface des grès de l'Éocène moyen au bord Sud du plateau des Amer Cheraga, chez les Ouled Djelil. Enfin, plusieurs sources, les unes ferrugineuses, les autres salées,
se rencontrent dans le flysch du djebel Ayata : l'une des
sources ferrugineuses est en même temps gazeuze ; l'une
des sources salées est remarquable par sa teneur en sels
de potasse (2,728 contre 4,238 de sels de soude et 0,168
de sels de chaux). Il est possible que certaines de ces eaux
aient circulé en profondeur dans les terrains triasiques.

§ 2. Eaux de surface

L'action des eaux superficielles se traduit d'une manière
différente suivant la nature des formations géologiques à
la surface desquelles elles circulent.

Ainsi, dans les pâtés montagneux constitués par les
schistes et les *gneiss* du *Paléozoïque*, elles découpent des
réseaux, des *chebkas* formés de nombreuses ravines ou
chabas profondément encaissées et à parois très raides.

Mais les *argiles gypsifères du Trias* ont beaucoup plus
à souffrir encore des eaux de ruissellement. Leurs affleurements sont presque toujours dénudés et fortement
entaillés par de nombreux torrents, entre lesquels souvent
des blocs de *calcaires dolomitiques* ou de *cargneules* se
dressent en *klippes* protectrices. Ailleurs la masse argileuse, sous l'action des pluies, s'écoule en ruisseaux de
boue. Les phénomènes de dissolution y créent des
sortes d'entonnoirs, et même de petits gouffres : les eaux
sauvages prolongent parfois ceux-ci en galeries souter-

raines, qui, par l'effondrement de leurs voûtes, se transforment en étroits cañons, tel celui du Bou Chakour. Presque toujours les cours d'eau des terrains triasiques se chargent de chlorure de sodium ; le nom générique d'*Oued el Melah* qui leur est attribué est caractéristique.

Les *calcaires massifs du Lias, de l'Éocrétacé, du Mésocrétacé* et *du Lutétien* se dressent en pics rocheux ou *kefs*, aux sauvages abruptes, qui contrastent singulièrement avec la monotomie des paysages environnants, où les grès et les marnes généralement dominent. Parfois, comme au djebel Sala et au Sidi Mcid, leur table supérieure (*kalaa*) est découpée en *lapiez* du plus pittoresque effet. Des *vallées sèches* ou des *vallées aveugles* les entaillent. Souvent même elles sont recoupées par de profonds cañons, des *khenegs*, des *khengas* aux parois verticales d'où les eaux s'échappent en *cascades* (*chercher*), comme on le voit, à Constantine. Des *grottes* ou *ghars* se montrent sur de nombreux points du Sidi Dris, du Sidi Mcid, du Kheneg. Une *doline*, dont le fond est occupé par un petit *polje* s'est aussi creusée sur le flanc du Zouaoui, près du douar Ouled Rhamoun, vers la cote 1.050.

Les *marnes schisteuses* de l'*Oolithique*, du *Crétacé* et de l'*Éocène* dessinent le plus souvent des pentes raides, accidentées de gradins que déterminent les bancs gréseux ou calcaires qui y sont intercalés.

Les *calcaires lités* du *Maestrichtien*, de l'*Éocène inférieur* et du *Lutétien* affleurent en flanc des vallées, sous la forme de longues lignes de coteaux ou *draas*. Celles-ci sont découpées plus ou moins régulièrement en croupes semi-ellipsoïdales, en *koudias*, par des séries de ravines

CARTE GÉOLOGIQUE
D'UNE PARTIE DES
RÉGIONS DE PHILIPPEVILLE
ET DE
CONSTANTINE
par
L. JOLEAUD
Légende
Quaternaire
Pliocène supérieur
Pliocène inférieur
Miocène supérieur
Miocène moyen
Flysch
Éoc. moy. sup. Oligoc. (Série B)
Éocène moyen (Série A)
Éocène inférieur (Série B)
Crétacé inférieur (Série A)
Néocrétacé (Série B)
Méso-Néocrétacé (Série A)
Mésocrétacé (Série B)
Cocrétacé (Série B)
Xuonésocé (Série A)
Oolithique
Lias
Trias
Anthracolithique
Paléozoïque métamorphique
Contacte anormaux
BAIE DE COLLO
GOLFE DE STORA
PHILIPPEVILLE
Robertville
El Arrouch
Carte topographique de l'État-major
Échelle 1 : 200.000
Kilomètres
Cartes géologiques consultées :
Carte du département de Constantine par Tissot (1881) ;
Carte générale de l'Algérie par M. E. Ficheur (1900) ;
Carte détaillée : Feuilles de Constantine par MM. Jacob et
Ficheur (1901), du Smendou, d'El Aria, du Sidi Aïch par
M. L. Joleaud (1907-1910).

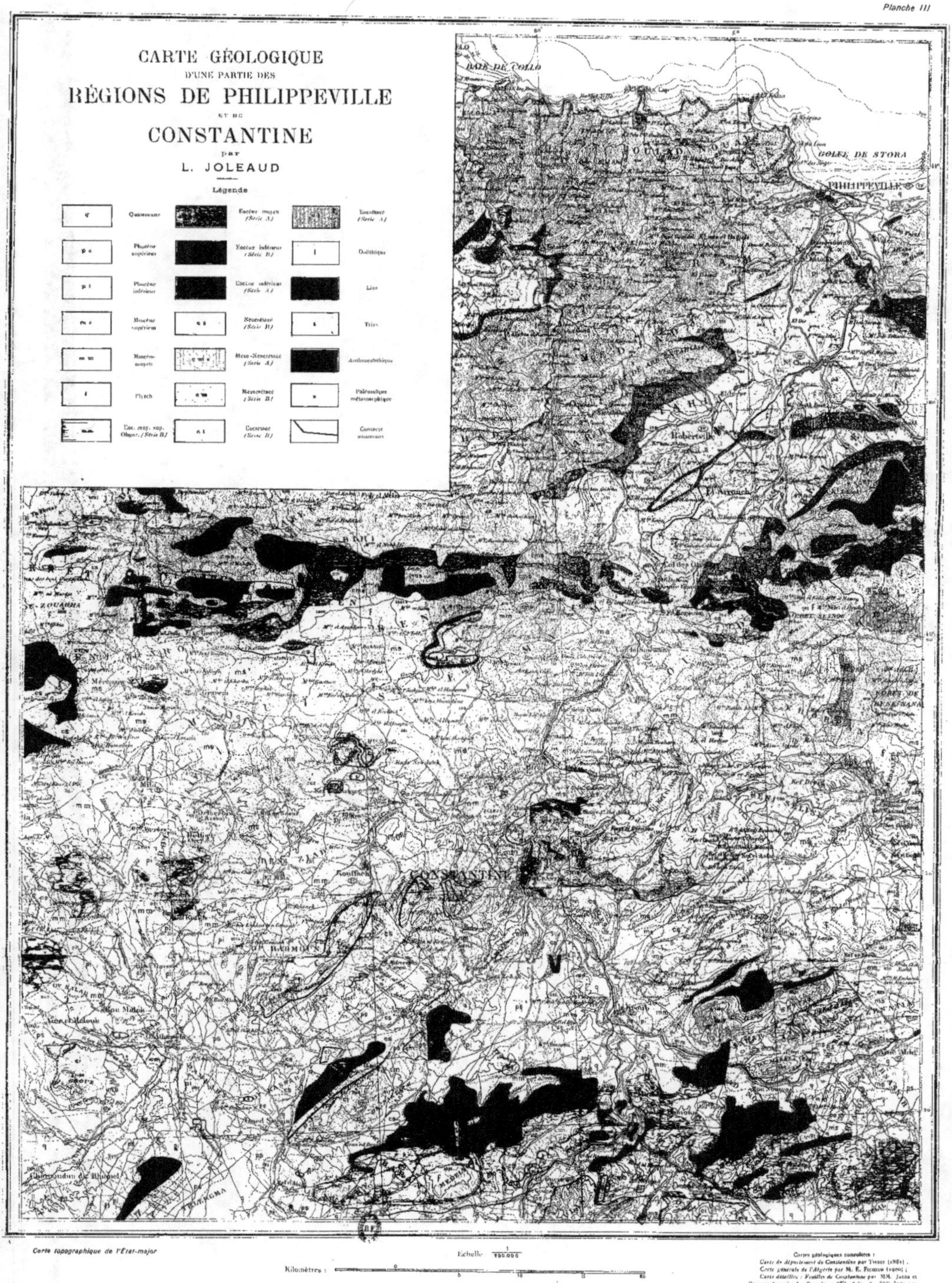

largement évasées vers le haut, comme on le voit à Bou Nouara et à Sigus.

Les *grès* de l'*Auversien* et du *flysch* se superposent en masses souvent très puissantes, dans des montagnes à contours régulièrement arrondis dans leur ensemble, mais où l'érosion a créé parfois un modelé varié et pittoresque, que la toponymie précise : *hadjar touila*, pierre longue ; *changoura*, aiguille rocheuse, etc. Les couches argileuses interstratifiées dans cette série ont favorisé la formation le long des pentes, de ressauts plus ou moins accusés, au pied desquels s'accumulent les blocs éboulés. Souvent, en contre-bas de ces abruptes, les eaux des sources se réunissent en petites mares en *merdjs*, *rhedirs*, *madjels* (*tamdas* ou *aguelmins*, en Kabylie).

Les *argiles* du *Miocène*, largement étalées dans les dépressions, ont généralement leur surface doucement inclinée vers la vallée ; accidentellement l'on y observe des *franes*, particulièrement à l'Est de Mila, dans le chabet el Mekraoued, et, au Sud de Constantine, dans le coteau de Bellevue. Les bancs de *grès* ou de *conglomérats* très puissants que l'on y rencontre, à différents niveaux, donnent naissance à des lignes de reliefs plus ou moins accusés. Dans les couches de passage des argiles aux grès, les flancs des thalwegs sont découpés en séries de petites crêtes aigues : l'ensemble rappelle tout à fait les *ripes* ou *balzes* de l'Apennin.

Les *travertins* du *Pliocène* forment des tables, des *stahs* assez étendues, dont les bords entaillés comme à l'emporte-pièce, dominent les croupes argileuses miocènes, couvertes, à leur périphérie, de quartiers de roches arrachés, par des affaissements successifs, à la corniche calcaire supérieure.

27

Au milieu des *alluvions* du *Néopleistocène*, plus ou moins étalées sur les deux rives des *oueds*, ne coule généralement en surface qu'un mince filet liquide qui décrit de nombreux méandres ; une fraction notable des eaux de la rivière s'infiltre constamment, en effet, dans les sables ou les limons du lit majeur.

Lorsque survient une de ces violentes averses si caractéristiques du climat de l'Algérie du Nord, l'on voit brusquement les oueds grossir démesurément (1). Débordant de leur lit, ils produisent de terribles *coups d'eau* qui détruisent tout sur leur passage et sèment le désastre et la ruine chez les riverains. L'ablation est alors considérable dans les parties hautes des bassins. D'énormes blocs rocheux, parfois des milliers de mètres cubes de vases ou de sables arrachés à la montagne, viennent combler les bas-fonds. Le nom d'oued Rummel, la rivière de sable, donné au principal cours d'eau de la région, indique assez combien est importante la masse des apports solides qu'il charrie chaque année. L'averse passée, le lit de l'oued se dessèche rapidement. Bien souvent, en été surtout, l'on n'y trouve plus que de rares flaques d'eau boueuse au voisinage desquelles se multiplient les Lauriers-roses (*Nerium oleander*).

§ 3. Irrigations

Aussi l'utilisation de tels cours d'eau pour les besoins de la culture présente-t-elle de réelles difficultés. A

---

(1) Le Rummel à Constantine a vu en 1905 son volume d'eau varier dans les proportions suivantes: janvier, 1.500 l. à la seconde ; février, 15.300 l. ; mars, 9.000 l. ; avril, 5.350 l. ; mai, 4.500 l. ; juin, 3.500 l. ; juillet, 529 l. ; août, 448 l. ; septembre, 433 l. ; octobre, 710 l. ; novembre, 1.000 l. ; décembre, 10.000 l.

l'heure actuelle, des entreprises d'irrigations assurent l'arrosage de 2.000 hectares de la région de Constantine, avec 500 litres d'eau de rivière à la seconde (oued Seguin, Bou Merzoug, Rummel, oued el Melah des Ouled Kebbeb) et 1.000 litres d'eau de source (Sidi Mcid, le Hamma).

Jadis l'arrosage des terres s'étendait à des surfaces autrement importantes. En effet, lorsque l'on examine en détail les ruines des plateaux ou des plaines de Constantine, en dehors des vestiges de cités, dont l'importance, liée, dans bien des cas, à une situation administrative ou militaire spéciale, pourrait fausser les idées sur la prospérité réelle du pays, il est un fait qui frappe par dessus tout. C'est la grande quantité de *murs de jardins en terrasses* qui couvrent les flancs des reliefs et s'étendent plus ou moins loin à leur pied. On en observe même dans bien des localités aujourd'hui presque désertes (1). Ces petits murs, en pierres sèches, divisaient jadis assez régulièrement la surface du sol en rectangles de 10 à 50.000 mq. Ils avaient pour but, comme l'a très bien montré M. Carton (2), « non pas l'irrigation proprement dite, mais » l'inondation ou la submersion ».

La construction et l'usage de ces petits murs remonte à une époque très reculée, bien antérieure à l'occupation romaine. Leur origine berbère est indéniable, bien que, sur quelques points, leur réédification ait été plus ou moins romanisée. Tout récemment M. Joly (3) a constaté la survivance de leur emploi dans l'Extrême-Sud tunisien, en plein pays berbère, non ou à peine sémitisé. Et il est

____

(1) Voyez notamment L. JOLEAUD et A. JOLY, *Rec. S. Archéol. Constantine*, XLII, 1909, XLIII, 1910, XLIV, 1911.

(2) *Rec. S. Archéol. Constantine*, XLIII, 1910, p. 197 et suiv.

(3) *B. S. Géog. Alger*, XIV, 1909, p. 244 et suiv.

curieux de voir là les jardins, les vergers (olivettes principalement), que limitent ces petits murs cultivés par des
semi-nomades. Trop souvent les petits barrages « demeu-
» rés sans surveillance pendant la mauvaise saison souf-
» frent alors de dommages qui demanderaient de promp-
» tes réparations ». Jadis, d'ailleurs, les jardins s'étendaient dans cette région, jusqu'au milieu des plaines. Mais
lors de l'invasion arabe, les cultivateurs matmata durent
reculer devant le vrai nomade et se concentrer sur les
points les moins accessibles de leurs montagnes.

Il est indéniable, au surplus, que le Nord de l'Afrique
n'a cessé de se dessécher depuis le début de la période
historique, que, depuis fort longtemps, l'eau y est relativement peu abondante et que l'homme a dû, dès une
haute antiquité, s'ingénier à conserver et à renouveler
dans le sol, l'humidité nécessaire à ses cultures. Il est
donc permis de penser que, si des zones humides plus ou
moins étendues existaient récemment encore dans certaines régions aujourd'hui arides et où jadis l'homme
pouvait nourrir de nombreux éléphants (1), de larges

____

(1) En 255-250 av. J.-C., l'armée carthaginoise opérant dans la
Tunisie orientale disposait de 100 éléphants (DIODORE DE SICILE,
XXIII) ; celle qui, en 202, défendait le centre de la même contrée,
en possédait 90 (APPIEN, *De reb. Punic.*, VIII, 43). Jugurtha qui
occupait la vallée du Mellègue en 109 avait une division de 43 éléphants dont s'emparèrent les Romains ; en 108, il en avait certainement de nouveaux, car dans les clauses du traité qu'il négociait
alors avec les Romains était spécifiée la remise aux vainqueurs par
le roi de Numidie de tous ses éléphants (SALLUSTE, *Jugurtha*, 53, 62).
Il convient de signaler, d'autre part, la remarquable adaptation
des Cerfs du djebel Onk et de l'Extrème-Sud tunisien, qui vivent
au milieu des régions arides et desséchées et doivent parcourir
des distances considérables pour atteindre des points d'eau.

steppes s'y étalaient aussi, steppes qui ont eu sans cesse une tendance à s'accroître aux dépens des zones humides, en reculant elles-mêmes devant le désert qui les envahissait par le Sud. On comprend dès lors que les auteurs anciens, grecs, latins ou arabes, suivant que, dans les régions traversées par eux, prédominaient les plaines subdésertiques ou les vallées bien arrosées, influencés par le contraste saisissant des unes et des autres, aient déploré la stérilité ou vanté la fertilité de la Berbérie.

Mais, comme celle des déserts (1), l'extension des steppes a dû varier à plusieurs reprises, comme aussi l'accentuation de leur caractère. Dans le Sahara, par exemple, « le tracé des ergs », d'après M. Gautier (2), n'est qu'un « calque grossier du réseau [hydrographique] » quaternaire. Pendant toute la durée de l'époque néoli- » thique, les cuvettes alluvionnaires du Sahara les plus » désolées aujourd'hui, ont été peuplées et susceptibles » de culture à quelque degré ». Or, le Néolithique est tout récent au Sahara. L'âge du fer, qui lui a immédiatement succédé, n'y remonte pas « à beaucoup plus de 2.000 ans... »

« Les grands fleuves sahariens ont » donc « conservé » jusqu'à la fin du Néolithique, assez de vie et d'humidité » pour alimenter, par exemple, des oasis, aussi longtemps » que les progrès du décapage éolien, et la formation des » dunes, qui en est la conséquence, n'avaient pas inter- » rompu la continuité du tapis alluvionnaire. »

Cette toute récente extension des dunes dans l'Extrême-

____

(1) Voyez DE MARTONNE, *Traité de Géographie physique*, 1909, p. 671.

(2) *Sahara algérien*, 1908, p. 45, 136.

Sud a certainement influencé les conditions météorolo-
giques dans les Hautes Plaines et même dans le Tell
barbaresque. M. Gautier (1) pense que l'erg correspond,
en été, à une zone cyclonique de basses pressions, en
hiver, à une zone anticyclonique de hautes pressions.
S'il en est réellement ainsi, la formation progressive des
grands ergs du Sahara algérien a dû avoir pour première
conséquence d'accentuer le contraste remarquable qui
existe entre l'été et l'hiver dans l'Afrique mineure, comme
dans les autres régions méditerranéennes. D'autre part,
l'on sait qu'en général ces régions sont, en été, plus ou
moins directement soumises à l'influence du climat
désertique ; en hiver, au contraire, le recul des anticyclo-
nes subtropicaux vers l'équateur, qui se produit en même
temps que des dépressions barométriques sur la Méditerranée, favorise l'invasion par les vents pluvieux de
l'Ouest, de l'Ibérie, de la Berbérie, etc. (2). *L'extension
de plus en plus grande de l'erg dans le Nord du Sahara,
en créant, en hiver, des centres anticycloniques secondaires, doit encore réagir sur le régime des courants atmosphériques de la Berbérie, par sa tendance à en écarter,
tout au moins d'une façon passagère, les vents humides
venant de l'Ouest.*

A côté de l'accroissement récent des surfaces désertiques dans l'Extrême-Sud, il est une autre cause qui
exerce une influence défavorable sur le régime des eaux
du Moghreb : c'est le *déboisement*. Si, comme nous l'avons
dit plus haut, il est évident qu'il y a des régions de l'Afrique mineure qui sont depuis bien longtemps déjà complè-

---

(1) *Sahara algérien*, 1908, p. 53.
(2) DE MARTONNE, *Traité de Géographie physique*, 1908, p. 180.

tement dénudées, il en est d'autres dont l'aridité ne
remonte pas évidemment à une époque très ancienne.
Les belles forêts du grand Atlas marocain, des plateaux
de l'Oranie, des massifs des Tababor, ou du Chelia, peuvent nous donner une idée de ce qu'étaient autrefois bien
des *reliefs de l'Afrique mineure, où l'on ne trouve plus
aujourd'hui que de rares chênes, tuyas ou pins rabougris,
que protège la superstition des Indigènes* (arbres abritant
des mzaras, bosquets du voisinage des zaouias, etc.).
C'est que non seulement la forêt arrête le ruissellement,
mais encore elle facilite l'infiltration.

Les récentes modifications du régime hydrologique
barbaresque n'en restent pas moins, d'ailleurs, la suite
naturelle des phénomènes qui se sont produits dans le
Nord de l'Afrique depuis le milieu des temps quaternaires. Il faut voir, dans *la diminution, au cours de la
période historique, de la quantité d'eau circulant sur le
sol et dans le sous-sol*, non point le résultat d'une sorte
de révolution météorologique, mais bien *la conséquence
ultime des changements climatologiques subis antérieurement par ce pays :* « Les variations périodiques du climat »,
dit M. de Martonne (1), « ont comme principal résultat
» de faire apparaître de plus en plus [les conséquences
» du dessèchement], en éliminant pendant les périodes
» de sécheresse telle source, tel étang, telle rivière, que
» la période humide suivante ne réussira pas à rétablir. »

Dans un pays, comme l'Afrique du Nord, où les effets
de ce dessèchement se font cruellement sentir, la partie
de la population non complètement vouée au noma-

---

(1) *Traité de Géographie physique*, 1909, p. 603.

disme (1) a cherché dès la plus haute antiquité à enrayer ce fléau. C'est ainsi que les anciens Berbères s'efforcèrent, comme nous l'avons vu, par des travaux appropriés à retenir les eaux sauvages en flanc des reliefs pour les distribuer dans leurs cultures (2).

L'industrie hydraulique d'ailleurs si développée autrefois, de la Mésopotamie au Sud de l'Espagne, si perfectionnée en Egypte, en honneur au Sahara où des forages artésiens paraissent avoir été pratiqués dès les temps les plus reculés, semble avoir été créée par une même race méditerranéenne (3) dans tous ces pays en partie steppiques ou même désertiques.

Ces peuples étaient caractérisés par leur esprit positif et organisateur ainsi que par une grande aptitude aux arts manuels et aux sciences d'application (4). Les Sémites ont des aptitudes tout à fait opposées ; chez eux le

---

(1) Si nombre de Berbères n'ont jamais cessé de *nomadiser dans les steppes*, d'autres, en assez grand nombre apparemment, *s'attachèrent* de bonne heure *au sol*, comme le prouve le tableau tracé par Hérodote des mœurs des Lybiens : tandis que les uns vivaient de brigandage et ne se fixaient nulle part, les autres, qui habitaient des régions fertiles, *se livraient à l'agriculture.*

(2) Leurs lois les obligeaient même à planter des arbres, sinon des essences forestières, du moins des arbres fruitiers, comme en témoignent encore les kanouns des Cherfa de la Grande Kabylie, qui imposent à chaque propriétaire l'obligation de planter au moins dix figuiers chaque année. (V. HANOTEAU et LETOURNEUX, *La Kabylie et les coutumes kabyles*, 1873, III, p. 280).

(3) Voyez notamment sur l'extension géographique de cette race : SERGI, *Origine e diffuzione della stirpe Mediterranea*, 1895 ; RIPPLEY, *Races of Europe*, 1900, et aussi RENAN, *Histoire des langues sémitiques*, 4° éd., 1864, pp. 32, 34, 35, 37, 57, 59, etc.

(4) Voy. RENAN, *Histoire générale des langues sémitiques*, 4° éd., 1864, pp. 59, 60, 502.

développement exagéré des instincts individuels, de l'indépendance, résultat du nomadisme, est en opposition complète avec l'idée de discipline (1). *Aussi les destinées des
peuples primitifs des régions méditerranéennes ont-elles
été sensiblement différentes suivant qu'ils ont subi plus ou
moins l'influence sémitique.*

Incomplètement sémitisées, l'Espagne méridionale, la
Grande Kabylie, les oasis sahariennes, l'Égypte ont conservé, malgré les circonstances physiques toujours plus
ou moins défavorables, une certaine prospérité agricole.
*Profondément sémitisée, la Berbérie intérieure a couru à
la ruine.*

La sémitisation y a aggravé le dessèchement du sol, en
détournant les Indigènes de l'industrie de l'eau ; elle a
amené ainsi l'abandon d'une quantité de lieux jadis cultivés, la disparition d'une multitude de plantations de
figuiers et d'oliviers ; elle a été la cause enfin de la des-
truction plus ou moins complète de la plupart des anti-
ques forêts, par l'incendie volontaire, en vue de faire des
pâturages pour les troupeaux.

Ainsi, parmi les bienfaits que la France peut procurer
à ce pays, il n'en est pas certainement qui s'impose
davantage à sa sollicitude que l'établissement d'un régime
hydraulique plus favorable à l'agriculture, notamment par
la conservation, l'utilisation rationnelle des eaux de
surface.

Les Romains, qui furent de hardis novateurs, semblent
ici s'être bien souvent, contentés d'organiser aussi simplement que possible l'industrie de l'eau... « Personne

---

(1) Voy. Renan, *Histoire générale des langues sémitiques*, 4ᵉ éd.,
1864, pp. 33, 498.

» n'a su comme » eux, quand « il s'agissait d'arroser...
» se servir des moindres sources, en augmenter le débit,
» les entretenir, les aménager, les distribuer selon les
» besoins, en tirer » finalement « le plus de profit pos-
» sible (1) ». Quant aux quelques grands barrages faits
par eux « ils paraissent avoir été uniquemant destinés à
» l'alimentation en eau potable des centres urbains ou à
» l'abreuvage des troupeaux. » Dans un pays où, plusieurs fois par an, les oueds, normalement presque sans
eau, sont, pour un instant, transformés en d'impétueux
torrents par de violentes averses, il faut « s'efforcer de
» profiter méthodiquement des crues... en coupant leurs
» vallées par des barrages de dimensions modestes, et en
» disposant sur leurs rives des réseaux de rigoles qui
» apportent le plus loin possible... par tous les moyens
» ingénieux et simples que pourra inventer l'esprit de
» parcimonieuse épargne, les eaux qui tombent sur les
» hauteurs (2) ».

« Les plaines littorales de la région de Valence » en
Espagne, dit M. Brunhes (3) « restent le type par excel-
» lence de la bonne organisation des irrigations en pays
» aride (4) ». Non seulement l'on y a disposé les *petits
barrages de dérivation* et les acequias de façon à profiter
partout « de la disposition topographique » des terres,

---

(1) Boissier, *L'Afrique romaine*, 1895, p. 136.

(2) Brunhes, *L'irrigation dans la péninsule Ibérique et dans l'Afrique du Nord*, 1902, p. 208-209.

(3) *L'irrigation dans la péninsule Ibérique et dans l'Afrique du Nord*, 1902, p. 427-428.

(4) Les irrigations de la région de Valence sont d'après M. Brunhes (*Loc. cit.*, p. 67) antérieures à l'arrivée des Arabes dans ce pays.

mais l'on s'y est aussi préoccupé « de resserrer... la
» solidarité... des cultivateurs... Comme on l'a fait à
» Murcie et à Bel Abbes, à Biskra et dans la vallée de la
» Mina, on doit viser » dans presque toutes les régions
plus ou moins steppiques voisines de la Méditerranée à
« une simple adaptation des conditions naturelles aux
» besoins... de la culture... La zone sud-orientale de
» l'Espagne a fait l'expérience des... barrages réservoirs
» et la zone de l'Èbre » celle « des grands canaux. Les
» vicissitudes souvent désastreuses de ces énormes entre-
» prises » nous ont appris à « quelle série de compli-
» cations entraîne une trop brutale transformation de la
» circulation... des eaux. Loin de dispenser d'une forte
» organisation collective, ces... travaux » en imposent
une d'autant plus autoritaire qu'ils sont plus importants.

Si l'on veut que de telles entreprises aient quelque
chance de succès en Berbérie, il faut, à mon avis :

1° s'attacher à développer l'organisation des *syndicats
irrigants* aussi bien dans le milieu européen que dans le
milieu indigène ;

2° concentrer tous les efforts matériels *dans la montagne*, en vue de la *réduction au minimum des effets nuisi-
bles du ruissellement* et de l'*utilisation des eaux de pluie*
dans le sens le plus favorable à l'agriculture.

Pour atteindre ce double but on devra procéder d'abord
à une *étude géologique détaillée* qui permettra de reconnaître : *a*) les terrains perméables, où le ruissellement
intensif produit normalement les effets les moins désas-
treux et sur lesquels les *cultures* pourraient être étendues
sans grandes difficultés ; *b*) l'emplacement dans les ravines des barres rocheuses propres à servir d'assises à de
petits barrages (en fascines, en pierres sèches), que l'on

prolongera latéralement par des *murs de terrasse* permettant l'arrosage des pentes ; *c*) les sols qui, dans les parties moyennes des montagnes, ne remplissent pas les conditions propres à la culture, mais sont susceptibles, étant arrosés par des rigoles, de donner de bons *pâturages ;* *d*) les zones non cultivables et ne pouvant fournir que de maigres herbages, dont il y a lieu d'entreprendre le *reboisement.*

TABLE DES MATIÈRES

TABLE DES PLANCHES

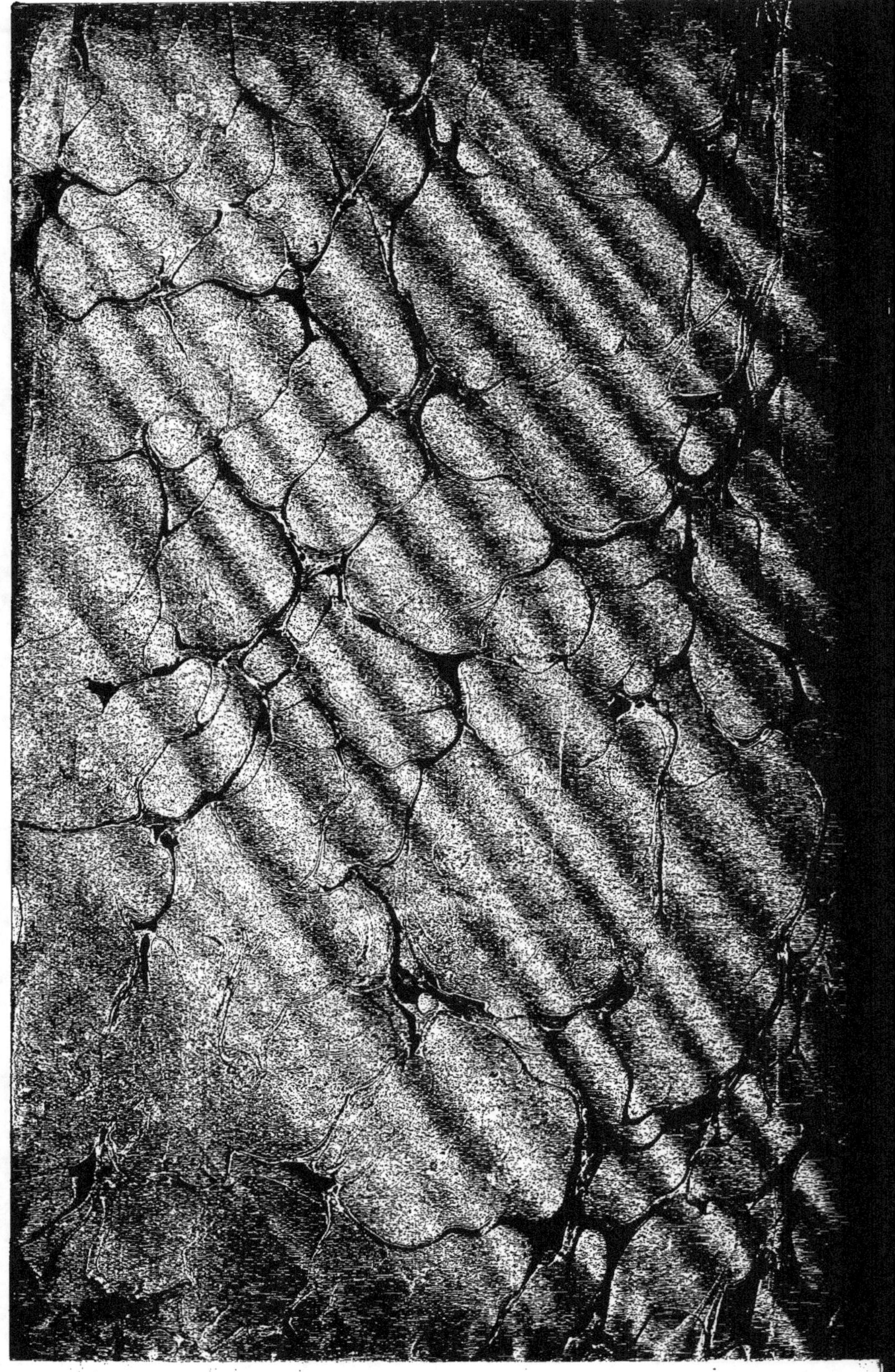

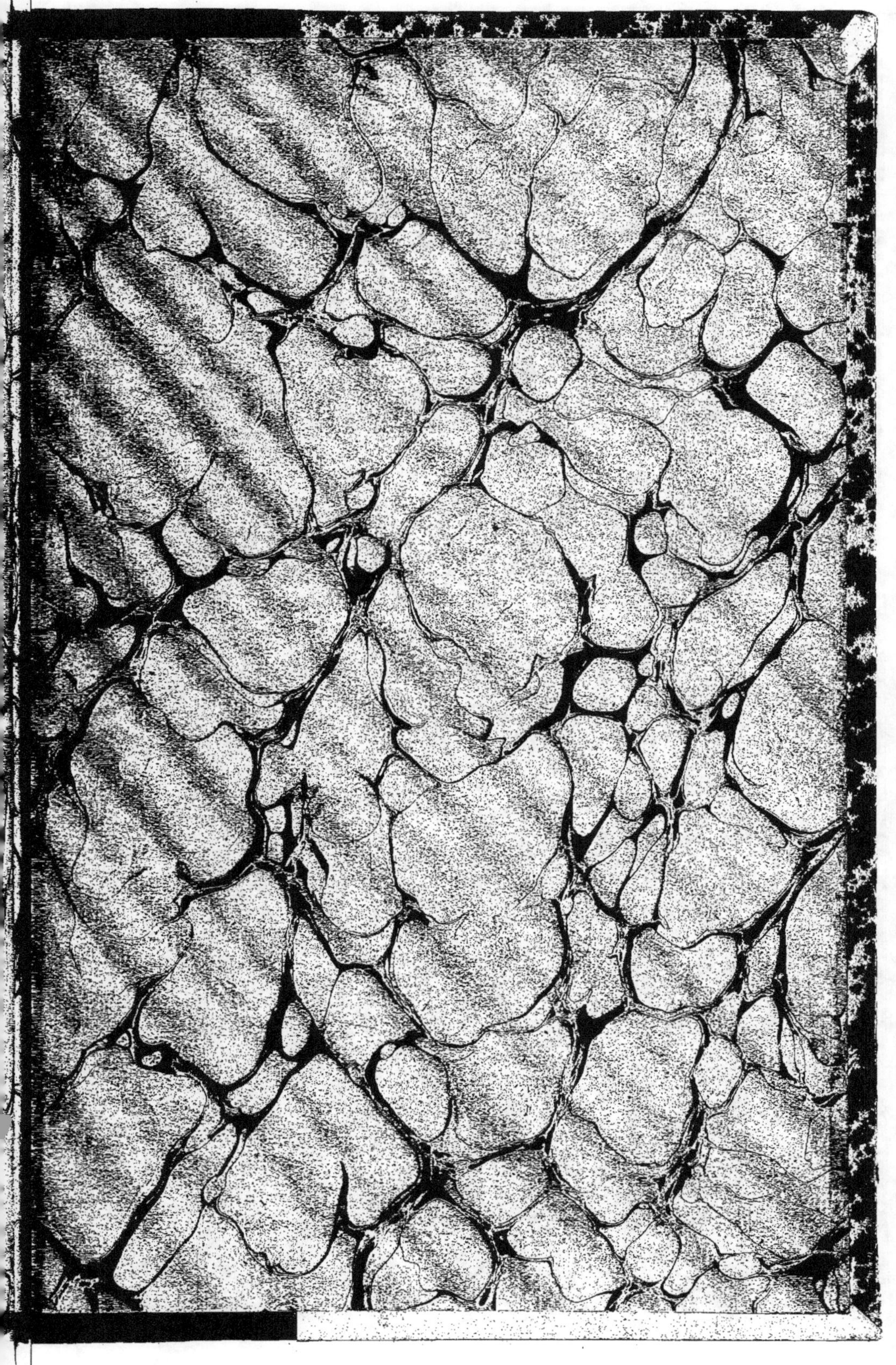

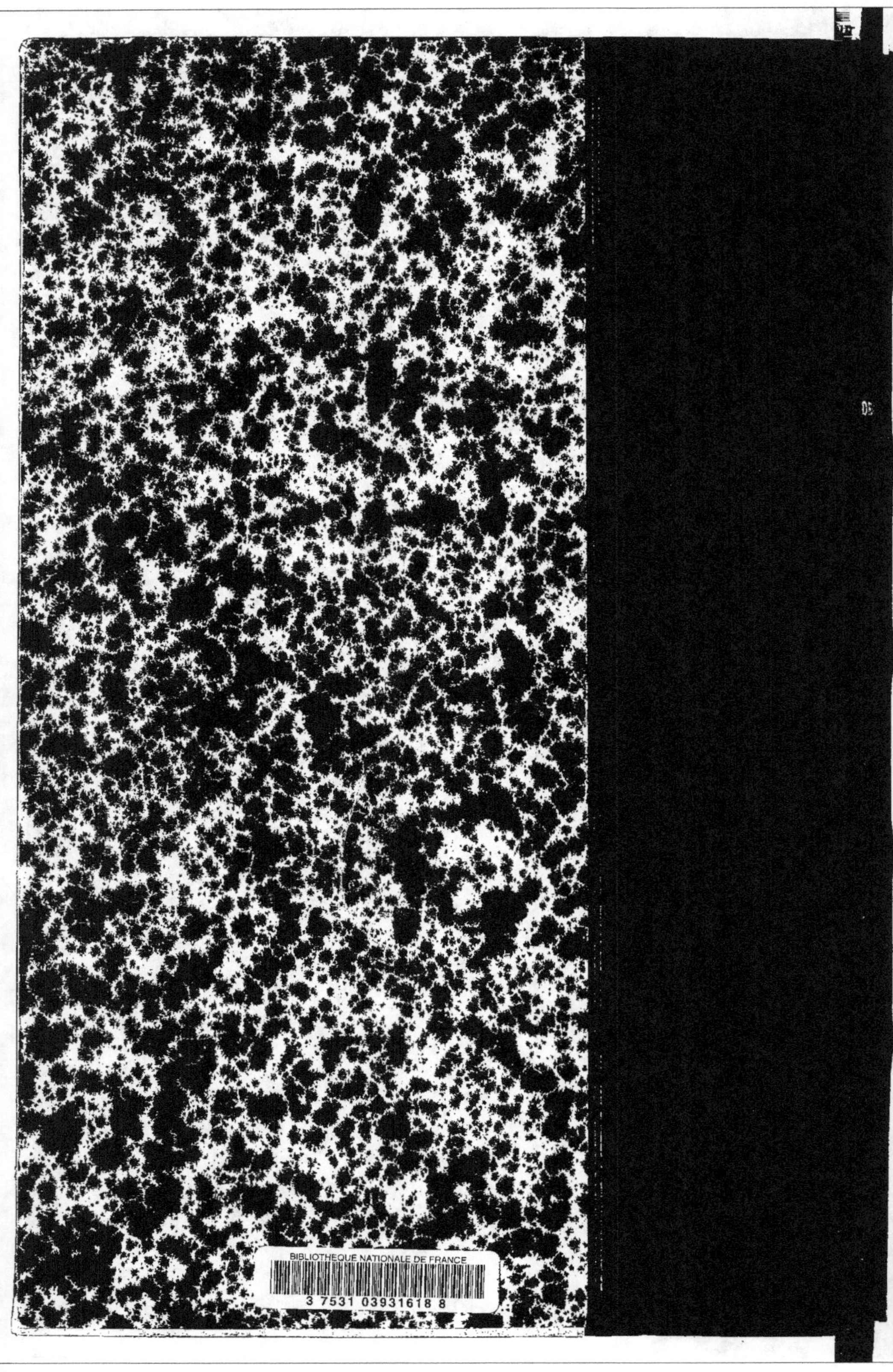